“十二五”普通高等教育本科国家级规划教材

浙江省普通高校“十三五”新形态教材

工业产品设计与表达
——机械产品开发概论

第 2 版

主　编　蒋亚南
副主编　楼应侯
主　审　方志梅

机 械 工 业 出 版 社

本书以培养学生创新能力为目标，在内容编排上以工业产品的全生命周期开发与设计为主线，根据文科、理科及工科的学生就业特点，结合现代工业产品设计中工业设计的造型和色彩、人机工程学、机械设计、产品选材、设计制图、产品加工、市场营销等基础理论、基本方法，详细阐述了工业产品全生命周期设计与开发的相关内容。

本书有配套电子教案，教案中不仅有文字资料，还有大量的图片和部分动画演示，教师可登录 www.cmpedu.com 注册后免费下载。

本书可作为高等院校机械产品及电子产品开发的通识教育教材，或作为近机械类专业的学科基础教材，尤其适合作为非机械类专业本科、专科学生了解产品设计开发一般原理的选修或通识课程教材，也可作为从事产品开发与设计的工程技术人员和企业管理人员的参考书。

图书在版编目（CIP）数据

工业产品设计与表达：机械产品开发概论/蒋亚南主编. —2 版. —北京：机械工业出版社，2021.10

“十二五”普通高等教育本科国家级规划教材

ISBN 978-7-111-69297-3

Ⅰ.①工… Ⅱ.①蒋… Ⅲ.①工业产品－设计－高等学校－教材②机械工业－产品开发－高等学校－教材 Ⅳ.①TB472②TH12

中国版本图书馆 CIP 数据核字（2021）第 203514 号

机械工业出版社（北京市百万庄大街 22 号 邮政编码 100037）
策划编辑：余 皞 责任编辑：余 皞
责任校对：李 婷 封面设计：张 静
责任印制：常天培
天津嘉恒印务有限公司印刷
2022 年 1 月第 2 版第 1 次印刷
184mm×260mm · 15 印张 · 368 千字
标准书号：ISBN 978-7-111-69297-3
定价：49.80 元

电话服务 网络服务
客服电话：010-88361066 机 工 官 网：www.cmpbook.com
010-88379833 机 工 官 博：weibo.com/cmp1952
010-68326294 金 书 网：www.golden-book.com
封底无防伪标均为盗版 机工教育服务网：www.cmpedu.com

前言

PREFACE

随着科技的迅猛发展，当代学科呈现出高度综合化的趋势，现代社会对人才的综合素质要求越来越高。工程图在现代社会的发展中越来越重要，它不仅是工程师从事工程技术工作所必需的工具，也是从事推销及与客户沟通开拓事务所必需的工具，而且可以作为全人类间交流的工具。所以在工程图学基础上编写的《工业产品设计与表达》一书完全可以发挥学科基础平台和通识类教材的作用。

工业产品设计与表达公共平台教育以现代工程为背景，使不同专业（包括文、理科）的学生领略到工程思维的方法，并将其有机地融入工程系统中，学会用工程思维去考虑工程中遇到的各种问题。这种开阔的思维方法必然会促使学生朝着复合型、创新型人才的方向发展，从而在激烈的市场竞争中取得优势。因此，本书的编写具有重要的意义和非常迫切的需求。

本书主要适用于理工科专业、管理专业、部分经济学专业，可作为跨专业的工程产品基础学平台课程教材，也可作为文科类学生的工程启蒙教材和非机械类学生掌握机械产品设计与表达以及制造的公共工程平台教材。

本书在充分调研的基础上，以工程图样的绘制与阅读为基础，将产品设计的概念、设计法则，产品制造的工程材料、加工工艺，以及产品加工工艺的现状和现代先进制造技术发展等部分结合产品的全生命周期展开，编写了 4 篇内容。

本书首先，从内容上拓宽了知识点；其次，从深度上以使学生了解产品设计内涵、能读懂图样、能进行简单的计算机绘图、了解产品制造工艺为定位；最后，紧密围绕产品实际生产展开叙述，将学科前沿内容（如现代先进制造技术等）纳入教材体系中，对学生更有启发性。

本书由蒋亚南担任主编，并负责全书统稿，楼应侯和柳丽负责部分章节的编写与修改。本书的编写还得到了方志梅等多位教师的指导与帮助，由方志梅担任主审。

由于编者水平有限，书中不足之处在所难免，恳请广大读者批评指正。

编　者

目　录

CONTENTS

第3篇 产品工程表达基础

第4篇 工业产品生产加工

第1篇　工业产品开发及全生命周期管理

第1章　工业产品介绍

我国已经成为工业制造大国、世界制造工厂，但还不是工业制造强国。我国产品大多以原始设备制造商（OEM）贴牌加工的方式生产与销售。在21世纪的竞争态势下，企业必须以用户为中心，以市场为导向，增强商品意识，把握市场脉搏，把满足市场当前和潜在需求作为产品设计的出发点和归宿，从设计上促进产品的商品化，增强产品的竞争力，为企业创造实在的效益。

1.1　工业产品概述

1.1.1　产品

现代企业的一切经营活动都是围绕着如何使其产品满足社会和人类需要这个中心的，所以产品的定义一般是以营销观念为基础。

对于产品的含义，人们有各种看法，一般从狭义和广义两个角度进行阐述。

视频讲解

（1）狭义的产品　狭义的产品是指生产者通过生产劳动而生产出来的、用于满足消费者需要的有形实体。这一概念强调产品是有形的实体，在生产观念盛行的时代极为流行。基于此狭义认识，生产者可能只关注产品的物质特征及生产成本，而消费者则关心通过产品实体的消费来满足某种需要。在生产力高度发展、商品日益丰富、市场竞争十分激烈的现代市场环境下，狭义的、传统的产品概念已不能满足需要了。

（2）广义的产品　广义的产品不仅指基本的产品实体这一物质属性，还包括产品的价格、包装、服务、交货期、品牌、商标、企业信誉、广告宣传等一系列有形或无形的特质。物质产品通常是有形产品，具有特定的形状，常见的如家用电器、元器件、机械、汽车、IT产品、家具等；非物质产品和物质产品相对应，通常是无形的，是社会后工业化或信息化的结果，可分为服务产品、软件产品等。广义的产品是从满足消费者需要出发的，是为顾客提供某种预期效益而设计的物质属性、服务和各种标记的组合，是适应现代市场经济发展要求的。

基于以上认识，将产品定义为：产品是能够提供给市场以引起人们注意，让人们获取、使用或消费，从而满足人们某种欲望或需要的一切东西。

1.1.2　产品的三个层次

从市场营销学的角度出发，产品的概念是一个整体概念。产品的整体概念是由三个层次的产品所构成的，它们之间的关系如图1-1所示。

(1) 核心产品　核心产品也叫实质产品，这是产品整体概念中最基本和最实质的层次，是指产品能给购买者带来的基本利益和效用，即产品的使用价值，是顾客需求的中心内容，是消费者购买产品的本质所在。顾客之所以愿意支付一定的货币来购买产品，首先就在于产品的使用价值，拥有它能够从中获得某种利益或欲望的满足。

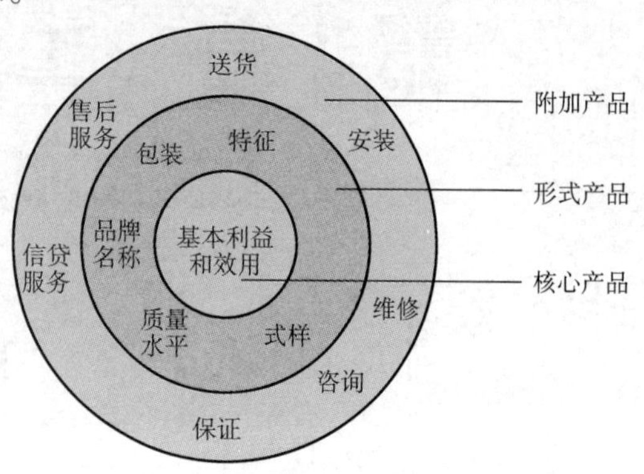

图1-1　产品整体概念的三个层次

(2) 形式产品　这是指核心产品所展示的全部外部特征，即呈现在市场上产品的具体形态或外在表现形式，主要包括产品的式样、质量水平、特征、品牌名称、包装等。具有相同效用的产品，其表现形态可能有较大的差别。因此，企业进行产品设计时，除了要重视用户所追求的基本利益外，也要重视如何以独特形式将这种利益呈现给目标顾客。

形式产品有以下五个基本特征：

1）质量水平。质量水平指产品实体满足消费者需要的可靠程度，是可以用技术参数表现的产品内在本质水平，如水泥的型号表示它能够达到的强度。

2）特征。满足某种需求的产品应该是多种多样、各具特色的，这样才能适合不同层次、不同爱好顾客的需要。

3）式样。式样指物质产品的外观形状、款式，或无形产品（如服务）的不同表现形式。以出租汽车服务为例，可有日夜服务、事先预约、电话随时约车等多种形式。

4）品牌名称。品牌名称即产品和劳务的名称及标志。如“太太”是一种口服液的品牌名称，“EMS”是一种邮政特快专递业务的名称。

5）包装。包装是物质产品的盛装容器及装饰。

以上五个特征，物质产品都具备，而服务也具有相类似的特征，或具备其中的部分或全部特点。

(3) 附加产品　附加产品指顾客因购买产品所得到的全部附加服务与利益，包括保证、咨询、送货、安装、维修等，这是产品的延伸或附加，它能够给顾客带来更多的利益和更大的满足。随着科学技术的日新月异以及企业生产和管理水平的提高，不同企业提供的同类产品在实质产品和形式产品层次上越来越接近，而附加产品在企业市场营销中的重要性日益突出，逐步成为决定企业竞争能力高低的关键因素。

大众汽车有限公司服务部高级经理奥伯尔先生曾说过：“一家成功的公司除了生产优质的产品外，还必须提供良好的售后服务，这一理念是企业成功的根本。”美国市场营销学家里维特教授断言：“未来竞争的关键，不在于工厂能生产什么产品，而在于其产品所提供的附加价值，包装、服务、广告、咨询、消费信贷、及时交货和人们以价值来衡量的一切东西。”因此，企业要赢得竞争优势，就应向顾客提供比竞争对手更多的附加利益。

核心产品、形式产品、附加产品作为产品的三个层次是不可分割和紧密相连的，它们构成了产品的整体概念。其中，核心产品是基础，是本质；核心产品必须转变为形式产品才能

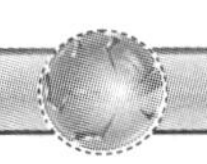

得到实现；在提供形式产品的同时，还要提供更广泛的服务和附加利益，形成附加产品。由此可见，产品的整体概念是以核心产品为中心，也就是以顾客的需求为出发点。企业在充分考虑消费者需要的前提下，做出实现这一需要的产品决策，将核心产品转变为形式产品，并在此基础上附加多种利益，以进一步满足消费者的需要。一种产品的价值大小，是由顾客决定的，而不是由企业决定的。

1.1.3　工业产品的类型

为了更好地经营和开发产品，需要按特征将产品分成不同类型，通用的有下述四种产品类型：

（1）服务　服务通常是无形的，是为满足顾客的需求，产品供方（提供产品的组织和个人）和顾客（接受产品的组织和个人）之间在接触时的活动以及供方内部活动所产生的结果，并且在供方和顾客接触时至少需要完成一项活动的结果，如医疗、运输、咨询、金融贸易、旅游、教育等。服务的提供可涉及：为顾客提供的有形产品（如需维修的汽车）所完成的活动；为顾客提供的无形产品（如为准备税款申报书所需的收益表）所完成的活动；无形产品的交付（如知识传授方面的信息提供）；为顾客创造氛围（如在宾馆和饭店）。服务特性包括安全性、保密性、环境舒适性、信用、文明礼貌以及等待时间等。

（2）软件　软件由信息组成，是通过支持媒体表达信息的一种智力创作，通常是无形产品，并可以语言、记录或程序的形式存在，如计算机程序、字典、信息记录等。

（3）硬件　硬件通常是有形产品，是不连续的具有特定形状的产品，如电视机、元器件、建筑物、机械零部件等，其量具有计数的特性，往往用计数特性描述。

（4）流程性材料　流程性材料通常是有形产品，是将原材料转化成某一特定状态的有形产品，其状态可能是流体、气体、粒状、带状，如润滑油、布匹，其量具有连续的特性，往往用计量特性描述。

上述四种产品类型中，一般服务和软件是无形的，硬件和流程性材料是有形的，是实物产品。一种产品可由两个或多个不同类型的产品构成，产品类型（服务、软件、硬件或流程性材料）的区分取决于其主导成分。例如，外供产品汽车是由硬件（如轮胎）、流程性材料（如燃料、冷却液）、软件（如发动机控制软件、驾驶人手册）和服务（如销售人员所做的操作说明）所组成的。又如，客运航空公司主要为乘客提供空运服务，但在飞行中也提供点心、饮料等有形物质硬件。

1.2　产品整体概念的意义

1.2.1　消费需求由无形向有形的转变

20 世纪 80 年代初，我国开始从封闭的计划经济体系转向了开放的市场经济体系，从单一的卖方市场转向多样化的买方市场，人们的消费水平和消费结构发生了巨大的变化。社会的消费意识逐渐由对消费品数量的拥有转为对消费品品牌的拥有。人们谈论更多的是拥有什么样的品牌，对产品的质量、式样、服务更为挑剔。消费者的消费意识和消费行为也都发生了很大的改变。人们不再单纯把价格因素看成是唯一的购买因素，在消费心理和意识上都更加成熟、独立。

1.2.2　产品整体概念对企业经营的意义

产品整体概念是市场经营思想的重大发展，它对企业经营有着重大指导意义。

1）指明了产品是有形特征和无形特征构成的综合体。产品整体概念既包含了产品的式样、质量水平、特征、品牌、包装等有形部分，又包含了附加服务与利益等无形部分，如咨询、送货、安装、维修等。因此，一方面，企业在产品设计、开发过程中，应有针对性地提供不同功能，以满足消费者的不同需要，同时还要保证产品的可靠性和经济性；另一方面，对于产品的无形特征也应充分重视，因为它也是决定产品竞争能力的重要因素。

产品的无形特征和有形特征是相辅相成的，无形特征包含在有形特征之中，并以有形特征为后盾；而有形特征又需要通过无形特征来强化。

视频讲解

2）产品整体概念是一个动态的概念。随着市场消费需求水平和层次的提高，市场竞争焦点不断转移，对企业产品提出了更高要求。为适应这样的市场态势，产品整体概念的外延处在不断延伸的趋势之中。当产品整体概念的外延再延伸一个层次时，市场竞争又将在一个新领域展开。

3）对产品整体概念的理解必须以市场需求为中心。产品整体概念的三个层次清晰地体现了一切以市场要求为中心的现代营销观念。一个产品的价值是由顾客决定的，而不是由生产者决定的。

4）产品的差异性和特色是市场竞争的重要内容。产品整体概念三个层次中的任何一个要素都可能形成与众不同的特点。企业在产品的效用、包装、式样、安装、指导、维修、品牌、形象等每一个方面都应该按照市场需要进行创新设计。

5）把握产品的核心产品内容可以衍生出一系列有形产品。一般地说，有形产品是核心产品的载体，是核心产品的转化形式。这两者的关系给人们以下启示：把握产品的核心产品层次，产品的式样、包装、特色等完全可以突破原有的框架，由此开发出一系列新产品。

产品整体概念向企业昭示，明确顾客所追求的基本利益十分重要。同时，企业必须特别重视产品的无形方面，包括产品形象、服务等。产品整体概念的提出，给企业带来了新的竞争思路，那就是可以通过在式样、包装、品牌、售后服务等各个方面创造差异来确立地位和赢得竞争优势。

按照上述现代产品的整体概念，企业生产任何一种产品，都不只是生产产品实体本身，而应同时附加有形附加物和无形附加物，所以企业一定要从产品的整体概念去构思、设计、生产和营销。

1.3　工业产品的商品化

1.3.1　产品与商品

有人把产品理解为商品，其实是不确切的。产品是与产业、生产相联系的概念，商品则是与市场、交易相联系的概念。商品是指满足人类生产和生活等需要的，通过市场发生交换的产品。产品和商品的区别在于，商品是用来交换的产品，商品的生产是为了交换，当一种产品经过交换并进入使用过程后，就不能再称为商品了；当然，如果产品又产生了二次交换，那么在这段时间里，它仍能被称为商品。

企业的生存和发展有赖于将产品纳入流通渠道，借以获得其生存与发展的资源，因此大

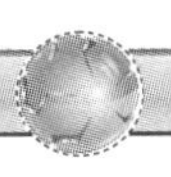

多数产品要经历商品化发展才会对企业做出贡献，商品化发展的成败必然成为判断产品优劣和产品开发活动效果的标准。据统计，每100个新产品提案中，平均只有6.5个能产品化，不到15%的新产品能成功地商品化，37%进入市场的新产品在商业上是失败的。

产品商品化失败的原因有很多，其中设计方面的原因主要是在设计过程中过分强调产品的技术性能，没有从商品生产、流通、使用的全过程来考虑，对市场缺乏全面深入的分析和研究，因而未能从设计方面采取措施，促进产品的商品化。

只有以用户为中心，以市场为导向，增强商品意识，把握市场脉搏，把满足市场当前和潜在需求作为产品设计的出发点和归宿，从设计上促进产品的商品化，增强产品的竞争力，才能为企业创造实在的效益。

1.3.2　商品化的设计思想

1. 商品化产品

商品化产品是指在现有技术条件下，按照市场需求设计制造的具有最佳的时间周期、合理的资源消耗，能够最大限度地满足市场需求、符合环境条件，并且占有一定市场份额的高质量、低成本产品。它具有如下特征：

(1) 功能和谐　符合用户需要，物质功能、精神功能和流通功能有机统一。

(2) 整体和谐　产品从功能配置、质量指标、成本要求，到艺术造型、结构设计、色彩协调、人机工程学等均达到高度协调。

(3) 环境和谐　产品的设计、制造、使用等过程的自然、社会及技术条件满足各方面要求。

(4) 市场和谐　产品的包装、运输、安装、售后服务等满足市场流通要求，基本用户明确，占有一定的市场份额。

(5) 经济和谐　产品价格及使用费用与用户经济能力相一致，即用户买得起。

2. 商品化设计措施

在新产品的开发过程中，始终贯穿工业设计思想，以企业的内部因素（财务、制造）和外部因素（设计开发、销售）为出发点，探讨在产品设计上如何使之良好配合。那些试制成功后只放在陈列室供参观或只在展览会供展览的产品，不能纳入商品之列。商品必须是正式生产并投入市场的产品，因为只有接受消费者的选择，产品才能真正为企业、社会创造效益。

为使工业产品设计适应商品竞争，设计中必须重视采取商品化设计措施。主要是要注重外观设计，降低产品成本，提高产品的适用性和缩短投入市场周期等。全面而优良的商品化设计，将使产品在市场上充满活力。以适用、美观、价廉的市场风格形成强大的吸引力，正是设计者在市场经营机制中为形成竞争优势所追求的目标。

1.3.3　设计与营销策略

新产品设计开发能满足不断增长的消费需求。由于社会生产力的发展和科学技术的不断进步，消费需求不断向多样化和高要求发展，而且人们生活水平的提高正是通过不断增长的收入转化为实际购买所实现的。这就要求消费品的品种、规格不断丰富，产品质量不断提高，就要求大力发展新产品，为消费者提供丰富多彩的产品来满足他们不断增长的消费需求。

新产品设计开发直接关系到企业的生存与发展。随着科学技术的发展和经济全球化的浪潮，企业间的竞争将更加激烈，产品的生命周期将越来越短。西方发达国家的企业都设有强大的研究开发部门，并拥有雄厚的研究开发经费和众多优秀的研究开发人员，因为他们认识到研究开发新产品是企业生死攸关的大事。

营销是20世纪50年代在商品经济高度发达的西方国家中首先形成的一种新的市场经营观念，其核心是以销定产，而非传统观念上的以产定销。市场营销观念改变了以企业为中心的旧的思维逻辑，它要求企业营销管理贯彻“顾客至上”的原则，将管理的重点放在善于发现和了解目标顾客的需要上，并千方百计地去满足顾客的需要，从而实现企业目标。因此，企业必须进行市场调研，根据市场需求及企业本身的条件，选择目标市场，组织生产经营。其产品设计、生产、定价、分销和促销活动，都要以消费者需求为出发点。产品销售出去之后，还要了解消费者的意见，从而改进自己的营销工作，最大限度地提高顾客的满意程度。

如今市场营销的含义是比较广泛的，它的目的是销售，但是它更强调在对市场进行充分分析和认识的基础上，以市场需求为导向，规划从产品设计开始的全部经营活动，以确保企业的产品和服务能够被市场所接受，从而顺利地将其销售出去的过程，而不仅仅是销售这一个活动。

对产品设计师而言，树立营销观念是非常重要的，一方面营销观念符合工业设计的根本宗旨，即设计是为人服务、提高人的生活质量的；另一方面，营销观念的树立有助于克服设计上“闭门造车”的错误倾向，要求设计师注重市场调查和预测，注重对消费心理的研究等。

产品策略、价格策略、销售渠道策略和销售促进策略构成了营销组合策略，这些策略间应是相互配合的，并根据企业的不可控因素——宏观经济环境进行组合，以综合地使与营销有关的工作顺利进行。

第 2 章　工业产品开发

生产制造企业的成功与否，取决于其能否以低成本、短周期制造出满足消费者需求的产品。要达到上述目标，不仅取决于营销方式，还取决于产品的设计和制造是否合适，这就是产品开发需要考虑问题。

2.1　产品开发概述

2.1.1　产品开发的概念与类别

1. 产品开发的概念

产品开发是指从研究、选择适应市场需要的产品开始到产品设计、工艺制造设计，直到投入正常生产的一系列决策过程。从广义而言，产品开发既包括新产品的研制，也包括原有老产品的改进与换代。新产品的研制是指对在原理、结构、性能和用途等具体某一方面或某几方面具有创新意义的产品实行创新工作。老产品的改进是指为满足用户日益增长的消费需求，对性能、技术、款式落后的老产品实行改进工作。它与新产品的研制相结合，实现产品升级和更新换代。产品开发是企业研究开发的重点内容，也是企业生存和发展的战略核心之一。

视频讲解

产品开发是一项交叉学科活动，要求企业在各个环节都做出贡献，其中产品开发的中心环节是营销、设计与制造。

1）营销在企业和顾客之间起到一个桥梁的作用。通过营销环节的市场调研，帮助企业确定产品机会、定义市场细分和满足顾客需求。在营销环节还安排企业与消费者之间进行交流、设定目标价格、监督产品的试销与促销等。这一环节主要实现产品整体概念中的附加产品功能。

2）设计的主要功能在于产生满足消费者需求的产品实物形态。设计的职能包括工程设计（机械、电子、软件等）和工业设计（美学、人机工程、用户界面等）。

3）制造的主要职能是对设计和产品运作的整个过程具体化，即实现产品实物（包括核心产品和形式产品）的展示与呈现。

2. 产品开发的类别

一般按照市场营销理论，产品开发分为以下三种类别：

（1）全新产品研制　全新产品研制是指应用新原理、新结构、新技术、新材料、新工艺等制造前所未有的、具有全新功能的产品，它是科学技术的发明在生产上的新应用，研制出的产品对企业和市场来说都是新产品。如电灯、电话、汽车、飞机、电视机、计算机等第一次出现时都属于全新产品，没有其他任何产品可以替代。由于开发这一产品的难度很大，需要大量的资金和先进的技术，产品开发的风险十分巨大，所以绝大多数企业都很难问津全新产品的研制。有调查表明，全新产品在新产品中所占的比例为 10% 左右。因此，对绝大多数企业来说，是很难研制和生产出全新产品的，一旦开发成功，就会给企业带来巨大的利益。

（2）改进与换代产品开发　改进产品开发是指对现有产品在性能、结构、功能、款式、花色、品种、使用材料等方面做出改进的产品，主要包括质量的提高、式样的更新、花色的丰富、用途的增加等。改进产品开发所受技术限制较小，开发成本相对较低。如从普通牙膏到药物牙膏，从普通酒到药酒和人参酒，以及服装款式的更新等，这类产品与原有产品差别不大，容易被市场接受，但竞争者易模仿，因此，此类新产品的竞争要比全新产品和换代产品更为激烈。

换代产品开发是指在原有产品的基础上，部分采用新材料、新技术而制成的性能有显著提高的产品开发，也称为产品革新。如将黑白电视机革新为彩色电视机；将普通电熨斗改为自动调温、蒸汽电熨斗；将普通缝纫机改为电动缝纫机等。这类产品与原有产品相比，由于性能有显著改善，因此具有较大的市场潜力，但消费者对这类产品的接受通常需要一个过程。

（3）产品仿制　仿制是指模仿市场上已有的其他同类产品生产出以自己品牌命名的产品。如市场上各种品牌的电视机、电风扇、洗衣机、自行车等，由于这类产品的生产技术已公开，有能力的企业均可生产，因此，仿制品的竞争是全方位的，不仅限于产品的质量、价格，在售后服务方面的竞争也很激烈。生产仿制品的企业应综合分析市场供求状况和竞争企业的实力，以尽可能减少或避免盲目仿制所带来的市场风险。一般这种产品的开发不存在设计相关的因素，因此这种产品开发不是本书讨论的主要范畴。

2.1.2　产品开发流程

一个完整的新产品开发过程要经历 8 个阶段：构思产生、构思筛选、新产品概念的形成、制订营销战略计划、商业分析、产品实体开发、试销和商品化，如图 2-1 所示。

视频讲解

1. 构思产生

进行新产品构思是新产品开发的首要阶段。构思是创造性思维，即对新产品进行设想或创意的过程。缺乏好的新产品构思已成为许多行业开发新产品的瓶颈。一个好的新产品构思是新产品开发成功的关键。企业通常可从企业内部和企业外部寻找新产品构思的来源。企业内部构思来源包括研究开发人员、市场营销人员、高层管理者及其他部门人员，这些人员与产品的直接接触程度各不相同，但他们的共同点是都熟悉公司业务的某一个或某几个方面，对公司提供的产品较外人有更多的了解与关注，因而往往能针对产品的优缺点提出改进或创新产品的构思。企业可寻找的外部构思来源有顾客、中间商、竞争对手、企业外的研究和发明人员、咨询公司、营销调研公司等。

2. 构思筛选

新产品构思筛选是采用适当的评价系统及科学的评价方法对各种构思进行分析比较，从中把最有希望的设想挑选出来的一个过滤过程。在这个过程中，力争做到除去亏损最大和必定亏损的新产品构思，选出潜在盈利大的新产品构思。构思筛选的主要方法是建立一系列评价模型。评价模型一般包括评价因素、评价等级、权重和评价人员，其中确定合理的评价因素和给每个因素确定适当的权重是决定评价模型是否科学的关键。

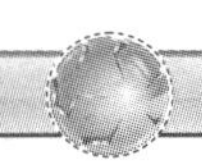

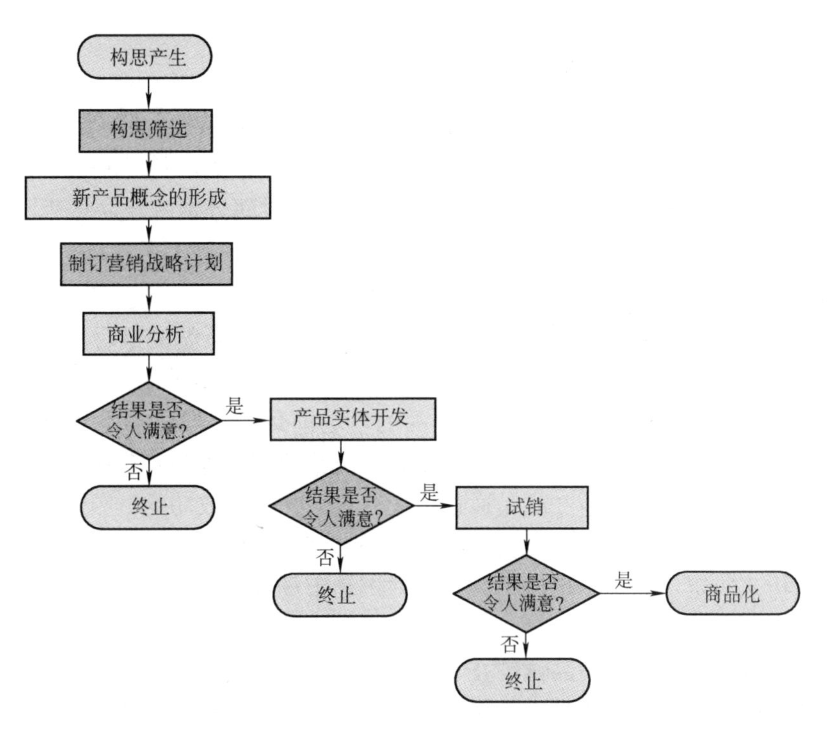

图 2-1 新产品开发流程图

3. 新产品概念的形成

新产品构思是企业创新者希望提供给市场的一些新产品的设想，新产品设想只是为新产品开发指明了方向，必须把新产品构思转化为新产品概念才能真正指导新产品的开发。新产品概念是企业从消费者的角度对产品构思进行的详尽描述，即将新产品构思具体化，描述出产品的性能、具体用途、优点、外形、价格、名称、提供给消费者的利益等，让消费者能一目了然地识别出新产品的特征。因为消费者不是购买新产品构思，而是购买新产品概念。新产品概念形成的过程就是把粗略的产品构思转化为详细的产品概念。任何一种产品构思都可转化为几种产品概念。新产品概念的形成来源于针对新产品构思提出问题的回答，一般通过对以下三个问题的回答，可形成不同的新产品概念：谁使用该产品？该产品提供的主要利益是什么？该产品适用于什么场合？

4. 制订营销战略计划

对已经形成的新产品概念制订营销战略计划是新产品开发过程的一个重要阶段。该计划将在以后的开发阶段中不断完善。营销战略计划包括三个部分：第一部分是描述目标市场的规模、结构和消费者行为，新产品在目标市场上的定位、市场占有率及前几年的销售额和利润目标等；第二部分是对新产品的价格策略、分销策略和第一年的营销预算进行规划；第三部分是描述预期的长期销售量和利润目标以及不同时期的营销组合。

5. 商业分析

商业分析的主要内容是对新产品概念进行财务方面的分析，即估计销售量、成本和利润，判断其是否满足企业开发新产品的目标。

6. 产品实体开发

新产品实体开发主要解决产品构思在技术和商业上是否可行这一问题。它是通过对新产品实体的设计、试制、测试和鉴定来完成的。根据美国科学基金会的调查，新产品开发过程中产品实体开发阶段所需的投资和时间分别占开发总费用的30%、总时间的40%，且技术要求很高，是最具挑战性的一个阶段。

视频讲解

7. 试销

新产品市场试销的实质是对新产品正式上市前所做的最后一次测试，且该次测试的评价者是消费者的货币选票。通过市场试销将新产品投放到有代表性地区的小范围目标市场进行测试，企业才能真正了解该新产品的市场前景。市场试销是对新产品的全面检验，可为新产品是否能全面上市提供全面、系统的决策依据，也为新产品的改进和市场营销策略的完善提供启示，有许多新产品是通过试销改进后才取得成功的。新产品市场试销的首要问题是决定是否试销，并非所有的新产品都要经过试销，可根据新产品的特点及试销对新产品的利弊分析来决定。如果决定试销，则需对试销市场进行选择，所选择的试销市场在广告、分销、竞争和产品使用等方面要尽可能地接近新产品最终要进入的目标市场。之后是对试销技术进行选择，常用的消费品试销技术有销售波测试、模拟测试、控制性试销及试验市场试销。工业品常用的试销方法是产品使用测试，或通过商业展览会介绍新产品。接着是对新产品试销过程进行控制，对促销宣传效果、试销成本、试销计划的目标和试销时间的控制是试销人员必须把握的重点。最后是对试销信息资料的收集和分析。如消费者的试用率与重购率，竞争者对新产品的反应，消费者对新产品性能、包装、价格、分销渠道、促销等的反应。

8. 商品化

对于新产品商品化阶段的营销运作，企业应在以下几方面慎重决策：何时推出新产品，针对竞争者的产品而言，有三种时机选择，即首先进入、平行进入和后期进入；何地推出新产品；如何推出新产品。企业必须制订详细的新产品上市的营销计划，包括营销组合策略、营销预算、营销活动的组织和控制等。

上面讨论的流程图主要是针对新产品开发而言，改进与换代产品的开发流程应着重关注市场调查和营销规划。

2.1.3　产品开发周期

新产品开发所需的时间和成本都是令人吃惊的，据统计，一般很少有产品能在一年内开发出来，许多产品开发需要3~5年甚至更长的时间。尤其是大型工业产品，如波音777客机是美国波音公司首次完全利用计算机绘图进行设计的飞机，而且部分结构是在波音757客机和波音767客机基础上改进的，1990年10月29日正式启动研制计划，1994年6月12日第一架波音777客机首次试飞，1995年4月19日获得欧洲联合适航证和美国联邦航空局型号合格证，1995年5月17日首架波音777客机交付给美国联合航空，1995年5月30日获准180min双发延程飞行，全过程经历近6年时间。因此，缩短新产品开发周期，是成功推出新产品的关键。

1. 充分利用科学技术来缩短开发周期

随着科学技术的发展，新材料、新工艺、新技术不断出现，产品的更新换代周期日益缩

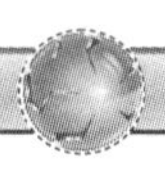

短，如自行车从开始研制到定型经过了约 80 年，19 世纪以前蒸汽机从设计到应用花了近 100 年时间，19 世纪开发电动机用了 57 年（1829—1886）、开发电子管用了 31 年（1884—1915）、开发汽车用了 27 年（1868—1895）。进入 20 世纪后，由于科学理论和新技术的发展，开发雷达用了 15 年（1925—1940），开发电视机用了 12 年（1922—1934），开发核反应堆用了 3 年（1939—1942），而开发激光仅用了 1 年。

现代产品的特点主要表现在广泛采用现代技术，对产品的功能、可靠性、效益提出了更为严格的要求，而这些特点中有 60% ~70% 取决于设计，因此，在设计新产品时，应注重研究和采用新的设计方法与技术。

2. 在产品开发过程中项目组通力合作

为了开发新产品，一般需要组建项目组，即由项目负责人组织一个小组，这个小组将一直工作到新产品开发完成。小组成员来自不同的职能部门，包括市场评估、生产计划、设计、工艺、生产等各部门的人员。尽管小组成员与各自的职能部门保持联系，但他们的工作完全在项目负责人的控制之下，工作业绩同样是由项目负责人考核，项目负责人还可决定小组成员今后能否参加新项目的工作。

在产品开发过程中，项目组成员需要互相沟通，一些重大问题在一开始就要定下来，随着项目的进行，当有其他问题出现时，一般也是集体共同决策，以使项目能较顺利地进行。

3. 协同设计与开发

将各部门人员集中到一起可使许多行动同步地进行，从而大大缩短开发周期。在开发新产品的过程中，模具设计和模具加工周期很长，为了加快开发速度，可使模具毛坯的准备与设计同时进行。由于模具设计者与产品设计者共同工作，模具设计者一开始就从产品设计者那里得到了新设计产品的大致尺寸和零件的种类，于是，可以提前订购模具的毛坯，当设计最终完成时，毛坯就能准备好。在大量生产方式下，一般是顺序地进行各项工作，模具制造周期需要两年，而按同步开发方式，模具制造周期仅为一年，时间缩短了一半。

2.2 新产品开发

2.2.1 新产品定义

视频讲解

新产品概念的界定直接影响新产品开发项目的成功与否。新产品的概念并不很明确，什么是新产品，从不同的角度去理解，可以得出不同的结论，它可以有不同的水准和不同的层次，新产品是一个广义的概念。

市场营销学中所说的新产品可以从市场和企业两个角度来认识。对市场而言，第一次出现的产品就是新产品；对企业而言，第一次生产销售的产品也是新产品。所以，市场营销学中的新产品与科技上的新产品是不同的。作为企业的新产品的定义是，企业向市场提供的较原产品在使用价值、性能、特征等方面具有显著差别的产品。因此，那些在科技上已不新的产品、在市场上已存在多年的产品，对企业来说可能仍然是新产品。

为了便于对新产品进行分析研究，可以从多个角度对其进行分类。

1. 按市场和企业标准分类

（1）世界性新产品　世界性新产品在同类产品中首次出现，并产生了一个全新的需求市场。该类新产品仅占新产品总数的 10%。例如，索尼公司的随身听、飞利浦公司开发的第一台家庭录像机等。

(2) 新产品线　新产品线虽然并非首次在市场中出现，但对特定的企业却是一个全新的产品。例如，Reckitt & Colman公司引进了一条软饮料生产线，对于该企业来讲是一条新产品线，但却处于具有众多竞争者的成熟市场中。大约有20%的新产品属于这一类型。

(3) 补充产品线　补充产品线是企业的新项目，但适用于企业已经建立的产品线，而且对于市场来讲，也是一种全新的产品。例如，惠普公司在已有的激光打印机产品线上推出了更先进的激光打印机新版本Laser Jet 4，增加了许多功能，使之成为市场中的一个新产品。这类产品大约占新产品总数的26%。

(4) 改进产品　改进产品是对企业现有的产品进行必要的更新换代，赋予旧产品以新的功能或价值。这类产品约占新产品总数的26%。

(5) 重新定位产品　重新定位是对现有产品开发新的用途。例如，阿司匹林由医治感冒变为治疗血管阻塞、中风和心脏病的良药。这类产品大约占新产品总数的7%。

(6) 降低成本产品　降低成本产品在所有的新产品中，是“新”成分最少的产品。与原来的产品相比，它们的功能与用途完全相同，只是成本略低。这种产品大约占新产品总数的11%。

2. 按新产品的创新程度分类

(1) 全新产品　全新产品是指利用全新的技术和原理生产出来的产品。

(2) 改进产品　改进产品是指在原有产品的技术和原理的基础上，采用相应的改进技术，使外观、性能有一定进步的新产品。

(3) 换代产品　换代产品是指采用新技术、新结构、新方法或新材料，在原有产品技术基础上有较大突破的新产品。

3. 按新产品的开发方式分类

(1) 技术引进新产品　技术引进新产品是直接引进市场上已有的成熟技术制造的产品，这样可以避开自身开发能力较弱的难点。

(2) 独立开发新产品　独立开发新产品是指从用户所需要的产品功能出发，探索能够满足功能需求的原理和结构，结合新技术、新材料的研究，独立开发制造的产品。

(3) 混合开发新产品　混合开发新产品是指在新产品的开发过程中，既有直接引进的部分，又有独立开发的部分，将两者有机结合在一起而制造出的新产品。

2.2.2　新产品开发的背景与意义

1. 企业开发新产品的背景分析

企业之所以要大力开发新产品，主要原因如下：

视频讲解

1）产品生命周期理论要求企业不断开发新产品。企业同产品一样，也存在着生命周期。如果企业不开发新产品，则当产品走向衰落时，企业也同样走到了生命周期的终点；相反，企业如能不断开发新产品，就可以在原有产品退出市场舞台时利用新产品占领市场。一般而言，当一种产品投放市场时，企业就应当着手设计新产品，使企业在任何时期都有不同的产品处在生命周期的各个阶段，从而保证企业利润的稳定增长。

2）消费需求的变化需要不断开发新产品。随着生产的发展和人们生活水平的提高，消

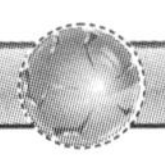

费需求也发生了很大变化，方便、健康、轻巧、快捷的产品越来越受到消费者的欢迎。消费结构的变化加快，消费选择更加多样化，产品生命周期日益缩短。这一方面给企业带来了威胁，使之不得不淘汰难以适应消费需求的老产品；另一方面也给企业提供了开发新产品、适应市场变化的机会。

3）科学技术的发展推动企业不断开发新产品。科学技术的迅速发展带动了许多高科技新型产品的出现，并加快了产品更新换代的速度。如光导纤维的出现，对电报、电话等信息传递设备的更新换代起了巨大的推动作用。科技的进步有利于企业淘汰旧产品，生产性能更优越的新产品，并把新产品推向市场。企业只有不断运用新的科学技术改造自己的产品、开发新产品，才不致被挤出市场的大门。随着国家“技术创新工程”的深入实施，一批国家级、省级、市级企业技术开发中心不断涌现，并正在向更高层次发展，已成为企业拓展生存发展空间的有力“发动机”。

4）市场竞争的加剧迫使企业不断开发新产品。现代市场上企业间的竞争日趋激烈，企业要想在市场上保持竞争优势，必须不断创新，开发新产品。另外，企业定期推出新产品，可以提高企业在市场上的信誉和地位，并促进新产品的市场销售。正如清华大学傅家骥教授所言：“研究开发是企业生存的保障和竞争力的源泉。在市场竞争中，永无疲软的市场，只有疲软的产品。没有任何一种技术能够保证企业长期处于优势地位，更没有任何一种产品能保证企业有永久的优势，使一个企业永久繁荣。”

因此，在科学技术飞速发展的今天，在瞬息万变的国内、国际市场中，在竞争日益激烈的环境下，开发新产品对企业而言，是应对各种突发事件，维护企业生存与长期发展的重要保证。

2. 新产品开发的意义

在科学技术迅猛发展的市场竞争环境中，新产品开发日益成为企业取得竞争主动权的物质基础，是企业技术创新体系中的重要组成部分。如果不及时开发新产品，企业就有被淘汰的风险。开发新产品的重要意义主要在于：

1）只有不断地开发新产品，逐步替代老产品，才能适应不断变化的市场需求，更好地满足现实和潜在的消费需要。

2）积极开发新产品是提高企业市场竞争力的重要保证。在现代市场经营中，企业只有不断地提高产品质量、增加新品种，才能在满足市场消费需求的同时，增加企业盈利，从而增强企业的经济实力。否则，就会被竞争者挤出市场，遭到失败或被淘汰。

3）开发新产品，及时采用新技术、新材料、新设备，不断推陈出新，才能尽快促进社会生产力的发展，提高国家的综合国力，推动社会进步。

4）开发新产品有利于充分利用企业的资源和生产能力，提高劳动生产率，增加产量，降低成本，取得更好的经济效益。

5）开发新产品，不断地开拓新市场，可以满足消费者更广泛的需要，也有利于分散企业的经营风险。

2.2.3　新产品开发途径

从开发成功的新产品中，企业可以获得巨大的收益，然而新产品开发的风险也是很大的。产品开发失败将使企业遭受损失，除了少数大公司可能有财力经受住一个又一个新产品研发失败所造成的经济损失，直到从成功的新产品中取得收益进行补偿外，大多数企业无法承受开发新产品时出现接二连三的失败的打击的。因此，企业管理者极力寻求并沿着风险最小、最有可能成功的一种途径去开发新产品，即力求采取正确的新产品开发策略。

企业开发新产品，把有限的人、财、物有效地分配在急需的开发项目上，使新产品开发取得最佳效果，关键在于准确地确定新产品开发方向。由于市场竞争日益激烈，消费需求日益多样化和个性化，新产品开发呈现出多功能化、系列化、复合化、微型化、智能化、艺术化等发展趋势。

1. 新产品开发方向

（1）考虑产品性质和用途　在进行新产品开发前，应充分考察同类产品和相应替代产品的技术含量及性能用途，确保所开发产品的先进性或独创性，避免“新”产品自诞生之日起就被市场淘汰。

（2）考虑价格和销售量　系列化产品成本低，可以通过降价出售来增加销售量，但是系列化产品比较单调，也可能影响销售量。因此，对系列化、多样化产品以及价格、销售之间的关系，要经过调查研究再加以确定。

（3）充分考虑消费者需求的变化速度和变化方向　随着人们物质生活水平的提高，消费者的需求呈多样化趋势，并且变化速度很快。而开发新产品需要一定的时间，这个时间一定要比消费者需求变化的时间短，只有这样才能有市场，才能获得经济效益。

（4）企业产品创新满足市场需求的能力　曾经代表中国民族通信旗帜的华为、中兴等多家企业，面对的市场机会相似，起步相差不多，但经过三四年时间，华为、中兴已远走在了前面，而很多企业则几乎退出了通信市场。决定这些企业差距的最关键因素，就是各自推向市场的产品所包含的产品和技术创新的能力。

（5）企业技术力量储备和产品开发团队建设　企业技术力量储备和产品开发团队建设是企业具有持续竞争力、持续创新能力的根本保证。

2. 新产品开发策略

（1）新产品开发途径的策略　按新产品开发途径，可分为以市场为中心的开发策略和以技术为中心的开发策略。

1）以市场为中心的开发策略。由于这种策略是以消费者的需求、欲望为核心内容，所以在寻求开发机会时，必须从市场潜在的或未满足的需求出发。在拟定开发需求时，强调需要生产什么，而不是能生产什么。同时应该注意消费需求的不确定性和波动性，消费需求会随着环境因素和个人因素的影响而变动。

2）以技术为中心的开发策略。这种策略是以企业的技术水平、生产能力为开发新产品的出发点，以企业在技术研究上的突破为产生新产品的开发机会。这种策略开发出的新产品可能因为缺乏需求而使企业面临很大的风险，所以在实施这种策略时，必须注意它对消费者的适应性和创造消费需求。

在实际操作中，一般将上述两种策略结合起来使用。以市场为中心要寻找可行的技术，从而创造产品技术开发的机会；以技术为中心要寻找合适的市场，从而满足消费者的需求。

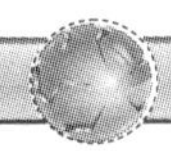

在国际市场上可以找出很多应用上述两类策略获得成功的例子。例如，德国奔驰公司以高性能、质量可靠的技术为中心开发新产品；而日本丰田公司则以市场接受和扩展为中心开发新产品。它们都取得了较大的成功。

（2）新产品开发创新程度方面的策略　从新产品开发创新程度方面，可分为独创策略、模仿策略和改进产品策略。

1）独创策略。独创策略是指采用新原理、新结构、新材料、新工艺研制的市场上还未出现过的新产品。如果这种新产品开发成功，在市场上创造的效益将很可观，市场占有率高，无竞争对手，此时可采用高定价策略，还可以从技术转让、专利保护等方面获利。但进入市场一旦失败，对企业造成的损失将很大，企业甚至会因此而倒闭。

2）模仿策略。模仿策略是指在现有市场成功产品的基础上进行模仿改造而开发的新产品。它具有技术风险小、市场风险小、开发成本低的特点，但也存在市场范围小、竞争力差和竞争对手多的缺点。

3）改进产品策略。改进产品策略是在原有产品的基础上，采纳消费者与其他方面的意见，进行多方面改进而开发的新产品。这种策略具有投入资源较少、开发周期短的优点，原有的销售渠道、管理经验、市场优势得以充分利用。但这种策略也存在着技术突破小、很难占领较大市场的缺点。

（3）新产品特色的策略　按新产品特色，可分为优质策略、价廉策略和新奇策略。

1）优质策略。优质策略是以产品质量的优势来吸引顾客。这是一条基本的策略，能更好地满足消费者的需求，使得消费者在心理上产生优势。企业在有经济实力、有较高的技术和管理水平时可采用此策略。

2）价廉策略。薄利多销是价廉策略的一种形式。这种策略既可以争取消费者，又可促进生产。但要降低价格，就要降低成本。这就要求新产品在制造材料、工艺和生产组织上挖掘潜力。否则，价廉低质的产品是没有生命力的。

3）新奇策略。新奇策略能满足人们追求新异的心理需求，符合人们追求个性化、多样化的要求。但新奇策略开发的产品市场占有率不高，而且如果没有及时进行改进，产品的市场生命周期也较短。

（4）新产品市场竞争策略　新产品市场竞争策略是指企业根据产品在市场中的竞争地位而采取的策略，分为领先策略、超越自我策略、紧跟策略和补缺策略。

1）领先策略。这种策略就是在激烈的产品竞争中采用新原理、新技术、新结构优先开发出全新产品，从而先入为主，占领市场。这类产品的开发多属于发明创造范围，采用这种策略投资金额大，科学研究工作量大，新产品实验时间长。

2）超越自我策略。这种策略的着眼点不在于眼前利益，而在于长远利益。这种暂时放弃一部分眼前利益，最终以更新、更优的产品去获取更大利润的经营策略，要求企业有长远的“利润观”理念，要注意培育潜在市场，培养超越自我的气魄和勇气，不仅如此，更需要有强大的技术做后盾。

3）紧跟策略。采用这种策略的企业往往针对市场上已有的产品进行仿造或局部的改进和创新，但基本原理和结构与已有产品相似。这种企业跟随既定技术的先驱者，以求用较少的投资得到成熟的定型技术，然后利用其特有的市场或价格方面的优势，在竞争中对早期开发者的商业地位进行侵蚀。

4）补缺策略。任何一个企业都不可能完全满足市场的所有需求，所以在市场上总存在着未被满足的需求，从而为企业留下了一定的发展空间。这就要求企业详细地分析市场上现有产品及消费者的需求，从中发现尚未被占领的市场。

2.3　产品改进与换代

2.3.1　现有产品改进的重要性

通过2.2节的讨论，可以知道全新产品的开发不仅需要投入大量的资源、开发周期长，而且工业新产品的失败率之高早已为人所知，于是许多企业选择了在原有产品的基础上，从技术、材料、造型、结构、原理、工艺等工业方面实施改进，同时也从市场销售方面进行改进，如重新定位、产品系列化等，即从产品的三个不同层次实施改进。

无论哪类企业，都应当十分重视从现有产品的改进中去开发新产品，它一般具有以下优点：

1）投入资源较少，开发周期较短。

2）亏损的风险极小。

3）易于协调新产品开发与现有产品的管理，有利于强化现有产品组合。

4）能较快积累生产技术和管理经验。

5）有利于充分发挥企业的优势。

6）可以利用现有的分销渠道。

2.3.2　现有产品改进的途径

1. 开发节能产品

地球上的资源和能源是有限的，开发节能产品势在必行。同时，降低产品使用能耗也是人们开发与改进产品的一个方向。

节能产品的改进方向可以是采用新能源，如传统汽车的能源是汽油或柴油，由于环境污染与能源危机问题，在原有汽车的基础上生产出了电动汽车、天然气汽车等；也可以是提高能源利用率，如现在市场上推出的节能灯、节能冰箱等。

2. 开发或转移原有产品的功能

产品的本质是具有能满足消费者需要的功能。产品满足某种用途需要，必须具有某种特殊功能，为使产品在满足用途需要上具有某种新的特点，挖掘产品新功能和采取功能转移法是非常有效的。

对老产品或其他产品认识其本质功能，然后从该功能出发探索开发出其他改良产品，如唇膏式固体胶、拖把式拖鞋等。

3. 形成产品系列来改进产品

人的需要的多变性与多样性为形成产品系列、改进原有产品和生产换代产品提供了客观基础。不同人群要求产品以不同规格、款式、色彩、功能的多品种系列化来满足他们的要

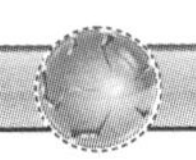

求。如利用不同材料开发出用途基本相同的系列产品（皮箱、皮包可以用人造革、化纤布、真皮等材料制成），来适应不同层次、不同爱好的消费者。

4. 通过改进失败的产品来开发新产品

对市场上已经滞销的产品、淘汰的产品、开发失败的产品等进行分析研究，找出产品滞销或开发失败的原因，然后结合现有的条件和需要，开发出新产品。

5. 产品重定位

产品或品牌在市场上的定位是其能否获利的决定性因素之一。所谓产品定位，是指产品或品牌相对于竞争产品、本企业其他产品给予人的印象。

为什么产品要重定位？一般来说，是因为产品原来的定位已经出现了市场营销方面的问题。因此，企业要改变原产品定位，使产品游离出竞争激烈的细分市场，以适应变化后的消费偏好或进入新形成的消费组群，或者上述三者兼而有之。总之，产品重定位这一改进产品的途径使得在市场营销方面所存在的问题转变为开发新产品的机会。实际上，产品重定位是本企业产品的若干重要属性按照消费新偏好和市场知觉的转移。

总之，由于产品重定位所取得的收益至少要能覆盖产品转移所需的成本，才能考虑采取产品重定位这一途径来改进现有产品。

6. 产品异样化

异样化是指企业为了使其产品区别于并优于竞争产品所做出的市场营销努力。产品异样化可以吸引潜在顾客对本企业产品的注意，从而促进销售，并且可减轻或避免价格竞争。如果说产品重定位是在一个特定的细分市场实行纵向渗透的话，那么产品异样化则是一种横向的扩展。

根据产品三层次理论，对产品组成中的每一层，或其中任何一个要素实行改进，都可实现产品异样化。可以选为异样化基础的属性有很多，最有代表性的是以下四个属性：

1）以品牌为基础的异样化。美国曾对那些表示偏好某一品牌啤酒的消费者做过试验（在不知道啤酒品牌的情况下饮用），几次试验的结果显示出受试者无法区分出其偏好的啤酒品牌。因此，在理论上，品牌可以作为异样化的基础。从某种意义上讲，品牌就是产品。

事实上，竞争产品往往都有各自不同的品牌，并且其商标还可申请法律保护。所谓异样化，实际上就是使本企业产品（品牌）在消费者心目中优越于竞争产品。因此，营销人员必须懂得品牌（品名、符号和商标）的重要性。

2）以包装为基础的异样化。因为包装是产品的一部分，且往往与产品品牌直接联系；包装是产品自带的促销媒介；精美的包装可以导致选购，所以产品开发人员可以利用包装来改进产品。

3）以实体特征为基础的异样化。改变产品的实体特征，如性能、结构与外观，均可使产品异样化而得到改进。消费品中有大量类似的例子，如食盐、味精、卫生纸。工业品则偏重于与功能有关的属性。这里的关键是要善于寻找一些产品特征，使异样化持续并能更长久地吸引顾客。

4）以服务为基础的异样化。企业在完全不改变产品实体的情况下，也可通过服务异样化实现产品改进，即改变产品的伴随服务，特别是工业产品和成套设备的营销。例如，美国汽车业在 1972 年为求生存而提供了“购买者保护计划”，这项计划包括无条件的保证、较好的服务、出租汽车和快速排除故障。当时汽车市场销售量下降，推出该计划后汽车销售量增加了 67%。

7. 提高产品质量

产品质量的提高理所当然是改进产品的重要途径。就产品实体而言，质量是指制造所用的原料类型、原料等级、纯度，或者通过改变生产工艺使产品更有效、更耐用、更可靠。改变原料的类型，可能导致产品性能的改进。改变生产工艺不但可以提高产品性能，而且可以降低产品成本，提高竞争能力。现代营销学之所以十分强调产品质量的提高，是因为任何巧妙的营销手段，总是要以上乘的产品质量为基础。恰当的营销组合可以吸引目标顾客实现一次购买，而实现重复购买则往往要在消费者使用产品并得到满足之后，产品的优质是消费者得到满足的保证。

第 3 章　产品和服务开发

第 2 章详细介绍了新产品开发的流程和内容，本章将结合有形的产品（物质产品）和无形的产品（服务）讨论它们的开发过程。

视频讲解

3.1　产品开发阶段与开发程序

新产品开发是一项极其复杂的工作，从根据用户需要提出设想到正式生产产品投放市场，会经历许多阶段，涉及面广，科学性强，持续时间长，因此必须按照一定的程序开展工作，只有这些程序之间互相促进、互相制约，才能使产品开发工作协调、顺利地进行。以手机开发为例，手机开发设计需要工业设计师、电路设计师、软件设计师、制造工程师、市场营销人员等多个职能部门的人员共同完成，涉及机械制造、艺术学、计算机科学、材料科学、人机工程学、市场营销学、心理学等多个学科领域。可见，产品的开发是一项复杂的系统工程。

产品的开发需要一套严谨的科学设计程序，按照制订的时间进度、设计方法、设计目标等进行设计活动，以确保产品开发获得成功。

3.1.1　产品的开发阶段

产品开发的程序是指从提出产品构思到正式投入生产的整个过程。由于行业的差别和产品生产技术的不同特点，特别是所选择产品开发方式的不同，新产品开发所经历的阶段和具体内容并不完全一样。现以加工装配性质企业的自行研制产品开发方式为例，来说明新产品开发需要经历的各个阶段。

1. 调查研究阶段

在明确了设计任务以后，必须通过资料收集和市场调查等渠道，了解社会和用户需求。用户的需求是新产品开发、选择、决策的主要依据。这个阶段需要用文字将问题定义清楚，文字的主要内容包括产品的市场定位、目标客户、商品的需求、产品的性能特色以及产品的定价。通过此阶段的工作，应该获得市场调查报告、产品相关技术发展趋势、产品竞争分析、市场流行趋势分析等，结合这些情况描述这个阶段，主要是提出新产品构思以及新产品的原理、结构、功能、材料和工艺方面的开发设想和总体方案。

2. 新产品开发的构思创意阶段

新产品开发是一种创新活动，产品创意是开发新产品的关键。在这一阶段，要根据社会调查掌握的市场需求情况以及企业本身条件，充分考虑用户的使用要求和竞争对手的动向，有针对性地提出开发新产品的设想和构思。新产品创意包括三个方面的内容：产品构思、构思筛选和产品概念的形成。

（1）产品构思　产品构思是在市场调查和技术分析的基础上，提出新产品的构想或有关产品改良的建议。

（2）构思筛选　并非所有的产品构思都能发展成为新产品。有的产品构思可能很好，但与企业的发展目标不符合，或缺乏相应的资源条件；有的产品构思可能本身就不切实际，缺乏开发的可能性。因此，必须对产品构思进行筛选。

（3）产品概念的形成　经过筛选后的构思仅仅是设计人员或管理者头脑中的概念，与产品还有相当的距离，还需要形成能够被消费者接受的、具体的产品概念。产品概念的形成过程实际上就是构思创意与消费者需求相结合的过程。

3. 新产品设计阶段

产品设计是指从确定产品设计任务书起到确定产品结构为止的一系列技术工作的准备和管理，是产品开发的重要环节，是产品生产过程的开始，必须严格遵循“三段设计”程序。

（1）初步设计阶段　本阶段一般是为技术设计阶段做准备。这一阶段的主要工作就是编制设计任务书，让上级对设计任务书提出体现产品合理设计方案的改进性和推荐性意见，经上级批准后，作为新产品技术设计的依据。它的主要任务在于正确地确定产品最佳总体设计方案、设计依据、产品用途及使用范围、基本参数及主要技术性能指标、产品工作原理及系统标准化综合要求、关键技术解决办法及关键元器件，对特殊材料资源进行分析，对新产品设计方案进行分析比较，运用价值工程，研究确定产品的合理性能（包括消除剩余功能）及通过不同结构原理和系统的比较分析，从中选出最佳方案等。

（2）技术设计阶段　技术设计阶段是新产品的定型阶段。它是在初步设计的基础上完成设计过程中必需的试验研究（新结构原理、材料元器件工艺的功能或模具试验），并写出试验研究大纲和试验研究报告；做出产品设计计算书；画出产品总体尺寸图、产品主要零部件图，并校准；运用价值工程，对产品中造价高、结构复杂、体积笨重、数量多的主要零部件的结构、材质、精度等选择方案进行成本与功能关系的分析，并编制技术经济分析报告；绘制各种系统原理图；提出特殊元器件、外购件、材料的清单；对技术任务书的某些内容进行审查和修正；对产品进行可靠性、可维修性分析。

（3）工作图设计阶段　工作图设计的目的，是在技术设计的基础上完成供试制（生产）及随机出厂用的全部工作图样和设计文件。设计者必须严格遵守有关标准规程和指导性文件的规定，设计绘制各项产品工作图。

4. 新产品试制与评价鉴定阶段

新产品试制阶段又分为样品试制阶段和小批试制阶段。

（1）样品试制阶段　这一阶段的目的是考核产品设计质量，考验产品结构、性能及主要工艺，验证和修正设计图样，使产品设计基本定型，同时也要验证产品结构工艺性，审查主要工艺上存在的问题。

（2）小批试制阶段　这一阶段的工作重点在于工艺准备，主要目的是考验产品的工艺，验证它在正常生产条件下（即在生产车间条件下）能否保证所规定的技术条件、质量和良好的经济效果。

试制后，必须进行鉴定，对新产品从技术上、经济上做出全面评价。然后才能得出全面定型结论，投入正式生产。

5. 生产技术准备阶段

在这个阶段，应完成全部工作图的设计，确定各种零部件的技术要求。

6. 正式生产和销售阶段

在这个阶段，不仅需要做好生产计划、劳动组织、物资供应、设备管理等一系列工作，

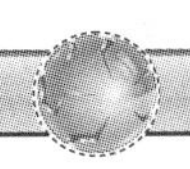

还要考虑如何把新产品引入市场，如研究产品的促销宣传方式、价格策略、销售渠道和提供服务等方面的问题。新产品的市场开发既是新产品开发过程的终点，又是下一代新产品开发的起点。通过市场开发，可确切地了解开发的产品是否适应需求以及适应的程度；分析与产品开发有关的市场情报，可为开发产品决策、改进下一批（代）产品、提高开发研制水平提供依据，同时还可取得有关潜在市场大小的数据资料。

3.1.2　产品设计开发程序

可以将上述新产品的开发设计流程总结为三个阶段：问题概念化、概念视觉化和设计商品化。每一阶段的工作内容如图3-1所示。

工业产品设计开发是一个多部门协作的、综合的、复杂的系统工程，必须制订一个科学合理的程序，才能使设计工作的各个阶段有序地进行。将图3-1中的步骤细化分解，得到一般企业的工业实体新产品的设计开发程序：制订设计计划、设计调查、设计分析、设计定位、设计草图、设计效果图、色彩设计、人机工程学分析、制作模型、结构设计、工程制图、试制改进、生产制造、市场营销、产品投放市场等。

这是一个典型的循序渐进式的新产品开发设计创建程序模式，目前大多数中小企业采用的就是这种模式。大部分中小企业由于工业设计师岗位空缺或水平有限，往往将产品的工业设计部分委托外包，这样一来，对于中小企业，整个产品开发的循序渐进程序是：企业经理层定位产品创意；外包设计机构提供产品概念和设计方案；企业工程部进行产品结构设计、模具及相关生产配套设计；市场部进行营销策划。

这种开发程序是较常采用的开发设计模式，它的优点是能够确保新产品开发设计过程中可能出现的问题或难点都已经过详细的评估和修正，因此风险控制能力较强。但设计开发所需的时间较长，成本相对较高。

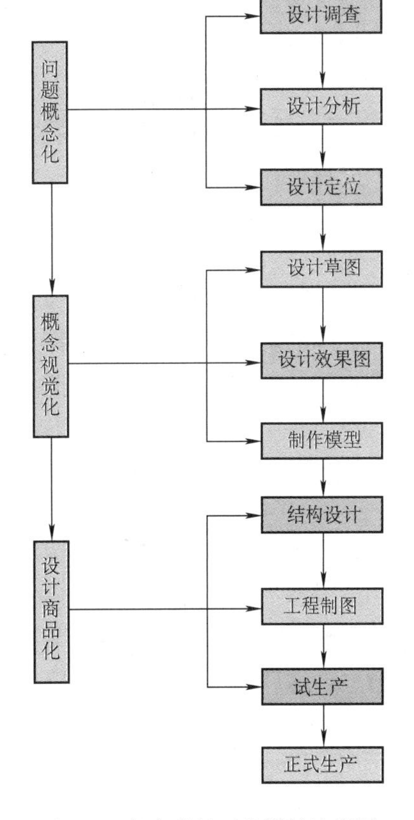

图3-1　新产品的开发设计流程图

由于市场环境的快速变迁，企业进行的新产品开发设计活动要求有较高的弹性与应变能力，能够缩短产品开发周期，从而出现了并行式团队的新产品开发程序，即以多个部门的人员整合成独立的项目开发团队的方式来运作，在概念生成和产品开发的每一个阶段，都是整个团队一起来考虑生产制造和营销计划的问题。并行式团队的特点在于产品开发阶段经常运用质量机能展开（Quality Function Deployment，QFD）的方法，将产品开发各阶段可能面临的实际与规划问题，预先做出整体性的规划，并成为各部门沟通与达成共识的基础。

在这个项目开发团队中，虽然没有明确的作业程序，但大家非常重视成员间共识的建立、产品开发各阶段整个团队工作的同步进行。为克服新产品创新的阻力，一般企业采取这种组织模式来开发项目和产品，经常用预算和绩效来引导与评价开发团队。

3.2 硬件产品开发

下面以硬件产品开发为例来说明上述工业产品的设计开发程序。

3.2.1 制订产品设计计划

在明确产品的开发任务后，需要做好产品开发计划，同时整合、协调多个部门一起协同工作。产品设计程序与方法贯穿于工业设计过程中的指导战略和实施战术，需要总体的战略部署和具体实施阶段的方法支持。

设计计划的制订应该明确以下几项内容：

1）需要进行的工作内容。

2）每项工作内容的负责人。

3）初步确定每项工作的完成期限。

完成设计任务的制订后，应该将设计任务制成设计计划表或流程图。

3.2.2 设计调查与设计定位

设计调查是为设计服务的。设计调查的内容非常多，首先要明确所要调查的内容，如开发产品的市场占有率、产品品牌、涉及的技术及专利、市场同类产品状况和竞争对手、对消费者群体的调查等；其次要确定合理的调查方法，选取调查的样本和调查对象，确保获取的调查数据科学、可靠。

然后对设计调查所得的资料进行汇总分析，从中发现问题，明确设计对象最终所需达到的目标，即产品的具体功能、满足的消费群体细分、产品使用的具体时间和地点等。

3.2.3 设计草图和效果图

设计草图是设计师将设计构思和设计结果通过快速的表现技法展示出来的创作过程。从草图的目的来看，设计草图可以分为以下五种：概念草图、思考草图、技术草图、报告草图和情感草图。图 3-2 所示为某款手机的部分设计草图。大量设计草图记录了设计师的多个设计构思，设计草图应有足够的数量，这样才能从中选出最优方案。

设计效果图则是以较快的速度、尽量接近最终真实产品效果的表现方式。设计效果图主要是用于设计交流、方案评估与决策，有时还可用于现场新产品的宣传、推介等。如在房地产展示会上，开发商往往用房屋效果图来进行宣传与推介。设计效果图要求对产品的形态、色彩、质感等有较为细致的表现，往往用计算机辅助二维、三维设计来表现。图 3-3 所示为某款手机的三维设计表现图。

3.2.4 人机工程学分析

当产品开发进入整体功能结构设计阶段时，为了清楚地表达零件与零件之间、产品与人之间的构成关系和交互关系，需要应用人机工程学的研究方法对设计方案进行可行性和可用性方面的分析。它的表现形式可以是二维的或三维的线图，也可以是三维的黑白或彩色阴影图，这些图形称为人机功能分析图。

3.2.5 模型制作

完成产品的三维设计后，还要制作产品模型或者样机，对设计方案进行评估，以确保产品符合人机工程，具有可制造性、经济性，可以包装运输等。这一阶段可以采用泡沫、塑料、金属、木材等材料对设计方案进行表现。

图 3-2　某款手机的部分设计草图

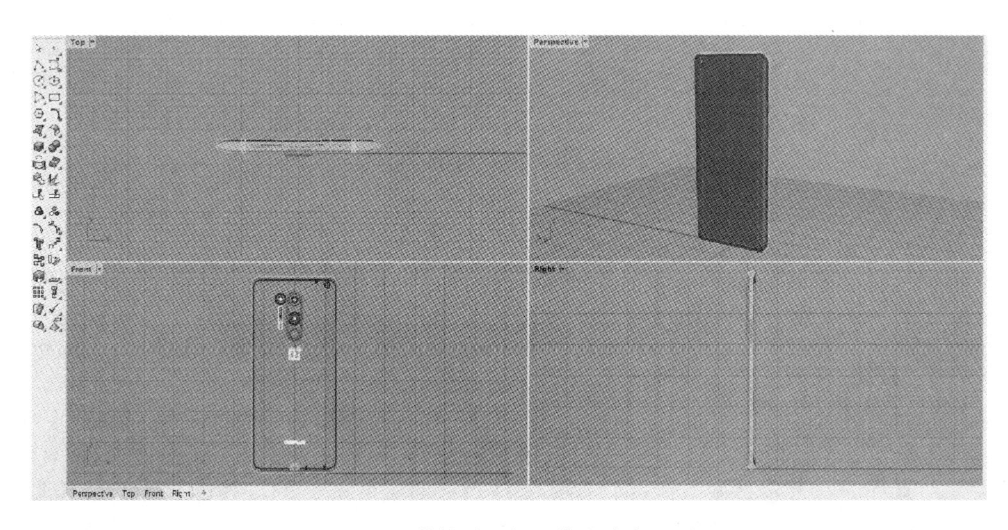

图 3-3　某款手机的三维设计表现图

根据模型用途的不同，模型制作的要求和种类也有所不同，如比例模型、功能模型、展示模型和样机模型等。

图 3-4 所示为某款手机的手板模型。

3.2.6　工程制图和生产制造

在提出了多个解决问题的设计方案后，多个部门和设计人员共同参与决策，选择其中相对优化的方案，进入设计商品化的实施阶段，即工程制图阶段。

这个阶段需要对前面的工业设计方案进行结构设计，绘制外形三视图、产品零件图和装配图。早期常用三视图来表示产品的外观、结构、零件的精确尺寸、加工要求等，现在有许多参数化的软件，在三维软件上进行具体设计时已具有准确的尺寸，可以与加工设备自动对接，也可以生成二维的工程图样，为设计方案的生产加工做准备。

工业产品开发设计的最终目的是将产品大量制造出来，以满足社会和人们的需要，使企业获得利润回报。这个阶段除了需要工程图样外，还需要准备材料、制造模具、调试生产线等。这个阶段的工作以制造工程师为主来完成。

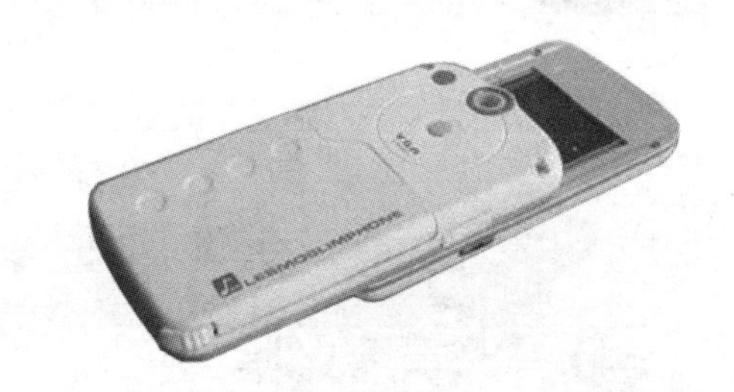

图3-4　某款手机的手板模型

3.2.7　市场营销和投放市场

产品生产出来后，还需要通过市场营销渠道流通到消费者手中，这一阶段的工作以市场营销人员为主来完成，产品的设计开发也基本完成。但不是所有的工作都结束了，产品投放到市场后，企业还需及时收集市场反馈信息，这些信息往往是企业进行产品改进和开发新项目的开始。

从上面的分析可以看到，工业产品的开发是一个复杂的程序，包含了许多的工作和步骤，而且以上程序只是一般产品的开发程序，并不是一成不变的。对于服务等无形的产品，应做相应的调整。

3.3　服务产品开发

21世纪的市场竞争已经从产品竞争、品牌竞争走向服务竞争，服务是形成一个过程并对最终用户具有价值的一系列活动。在ATM机上取钱、乘坐飞机、乘坐出租车、住宾馆、去餐厅吃饭等，人们所接受的都是服务。服务无处不在，紧紧包围着每个人，人们在为他人提供服务的同时，也被他人服务。

3.3.1　服务产品的特点

任何实体产品在顾客购买后都需要伴随某些辅助性服务，如配送、安装调试、维修等。在购买无形服务时常常包括服务产品，如去餐厅就餐时餐厅提供的食物，所以产品和服务总是联系在一起的，可以说有形的产品和无形的服务中都包含着一定比例的服务与产品。图3-5所示为不同比例的产品和服务图。

与实物产品比较，服务产品具有不可感知性、不可分离性、差异性、不可储存性和所有权缺位等特征，服务产品的特征决定了企业服务设计具有以下不同于实物产品设计的特点：

1）服务设计以提供无形服务为目标。

2）服务的不可分离性决定了服务产品的消费与提供是同时进行的，即服务的消费者要直接参与服务的生产过程，并与服务的提供者密切配合。

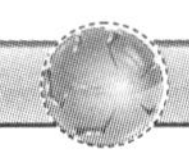

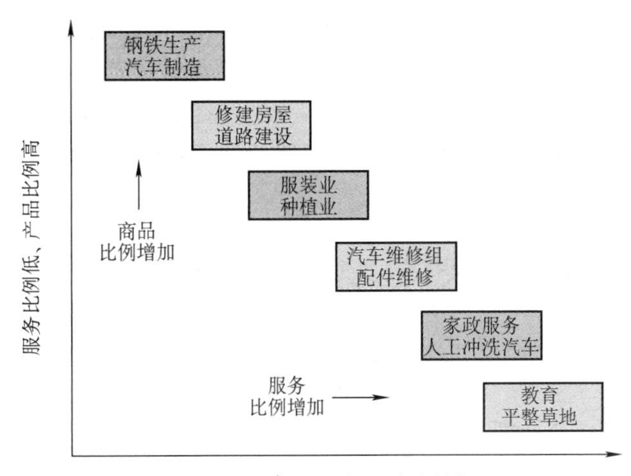

图 3-5　不同比例的产品和服务图

3）服务的差异性导致同一服务者提供的同种服务会因其精力和心情等的不同而有较大的差异，同时消费者对服务本身的要求也参差不齐，这就使得服务产品稳定性差。

4）由于大多数服务的无形性以及生产与消费的同时进行，决定了产品供需在时空上分布不平衡，需要调节供需矛盾，实现供需平衡。

5）服务的所有权缺位特征决定了在服务的生产和消费过程中不涉及任何实体的所有权转移。

3.3.2　服务设计的定义

国际设计研究协会对服务设计的定义：服务设计从客户的角度来设置服务，其目的是确保服务界面；从用户的角度来讲，就是需要服务有用、可用以及好用；从服务提供者的角度来讲，就是保证服务有效、高效以及与众不同。服务设计站在传统的产品和界面设计角度上，将成熟的、创造性的设计方法运用于服务中。

服务设计大致可以分为商业服务设计和非商业服务设计（如公共医疗服务设计、教育服务设计等），商业服务设计又可以分为实体产品的服务设计和非物质性服务设计（如为银行设计新的理财服务）。这里主要指的是产品服务设计。

图 3-6 所示为顾客接触服务的程度。

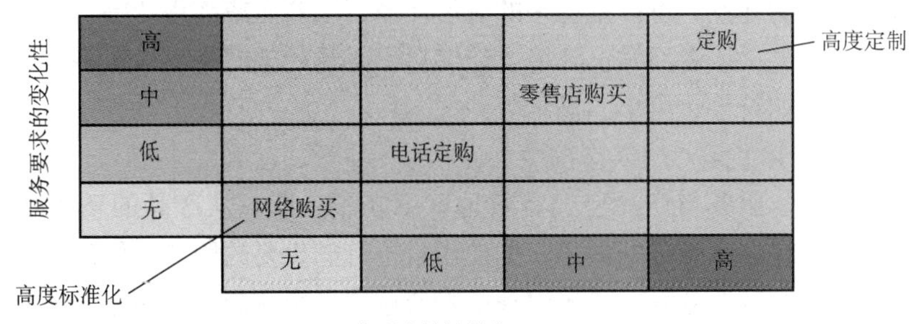

图 3-6　顾客接触服务的程度

3.3.3　服务设计的因素

传统的设计关注消费者与产品之间的关系，在产品设计中主要关注的是人（消费者）

和对象（产品）。相比之下，服务设计应关注更多接触点，如到快餐店就餐，接触点包括快餐店本身的就餐环境设计、吸引顾客进入快餐店的门面设计、营业员着装、营业员的语言、食品的口味、提供食品的快捷程度等，以及顾客与这些接触点之间的互动。这些接触点归纳起来主要有：人、对象、过程和环境。图 3-7 所示为快餐店服务接触点的来源。

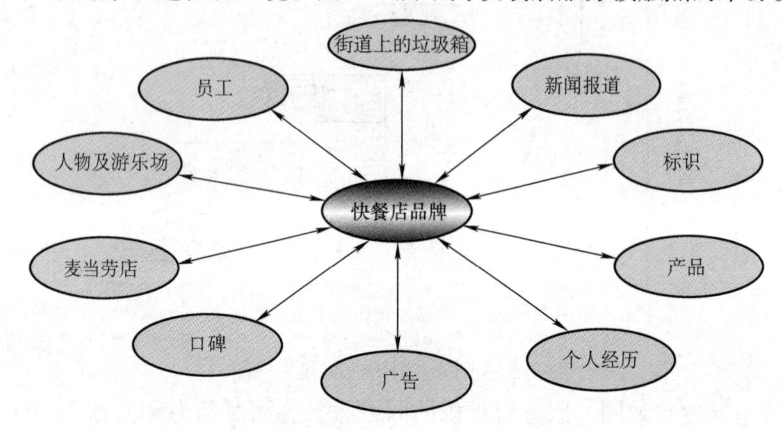

图 3-7 快餐店服务接触点的来源

1. 人

人是服务设计中最重要的部分，只有通过人，服务设计才是“活”的。在服务设计中，人包括最终使用者、服务提供者、合作伙伴和商业用户等，他们在服务中扮演着不同的角色。

2. 对象

对象在服务设计中是用来进行交互的，如餐厅的菜单、机场的登机手续服务站等。这些都是潜在的交互对象和参与者。有些对象是较为复杂的机器，如机场的行李箱分拣机器；有些对象则非常简单。

3. 过程

过程是指服务是如何进行的，如怎样下订单、怎样创造、怎样递送等。服务过程中所发生的任何事情都可以被设计。有些过程很简单和短暂，有些则很复杂。

4. 环境

环境是服务发生的地点，可以是物理的有形环境，如商店或者售货亭；也可以是数字的或者无形的环境，如电话或者网站。环境要能够提供必需的空间来完成服务行为，并应具有相关的指示性线索，如符号、菜单、显示等。

3.3.4 服务设计的内容

随着技术的发展，服务与产品已经有效地联系在了一起，从产品的整体概念可以认识到，任何实物产品都包含了服务的内容，如使用手机订购想要的服务、使用设备上网、在网上购物、用网上银行办理业务等。许多服务都是通过产品来完成的，而且服务与人的情感联系比产品更加密切，例如看数字电视时，人们更加关注的是服务和供应商提供的内容，而不是机顶盒本身。

在设计产品的时候，考虑最多的是人与产品之间的交互问题。而服务设计必须创造资源来连接人与人、人与机器、机器与机器。设计师要考虑环境、渠道以及接触点。服务设计变

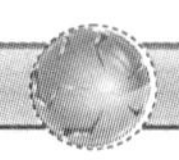

成了一个系统问题。

1. 服务包

由于服务是无形的，容易改变，所以一般企业很难识别其服务产品。服务的突变、停滞以及转变依赖于人的操作与商业规则的管理。

服务包是指在某种环境下提供的一系列产品和服务的组合，包含以下四个方面的内容：

（1）支持性设备　在提供服务前必须到位的物质资源，如滑雪场的缆车、医院和飞机。

（2）辅助产品　消费者购买和消费的物质产品，如滑雪板、医疗设备、食物等。

（3）显性服务　那些可以用感官察觉到的和构成服务基本或本质特性的利益，如经过修理后的汽车可以平稳地行驶。

（4）隐性服务　顾客能模糊感觉到的由服务带来的精神上的收获，或服务的非本质特性，如贷款后金融机构的保密性。

以上几项内容都被顾客经历，并形成他们对服务的感知。所以企业在设计服务时，必须为消费者提供他们所期望的一系列服务。以一家简易旅馆为例，支持性设备是一幢混凝土建筑或简易平房建筑，有一些简单的家具；尽量减少辅助产品，仅有洗漱用具；显性服务是为旅客提供的干净房间及一张舒适的床；隐性服务可能是一位态度和蔼的前台服务员和有安全照明的停车场。

2. 服务接触点的设计

每一项服务都与外界进行接触，存在服务接触点，如图 3-8 所示。每一个接触点都是服务延伸品牌和传播品牌精髓的好机遇。如对服务环境的设计：由于围绕产品展开的服务面临着销售的波动，难以达到规模经济等原因，服务往往在比较困难的经济环境中展开，在设计此类服务时，必须考虑如何克服这些环境问题，如可以采取服务外包的办法。

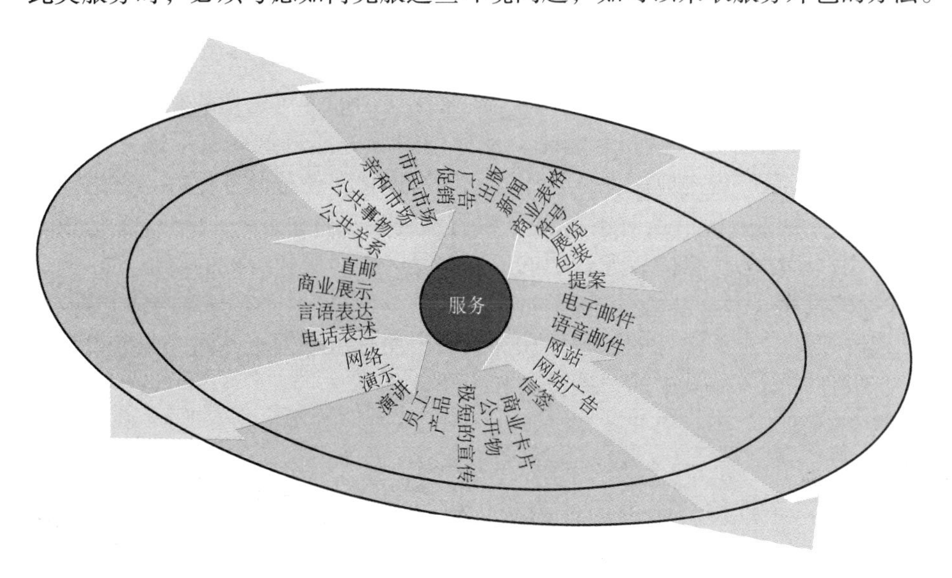

图 3-8　服务接触点

视频讲解

视频讲解

视频讲解

而在以服务为主、产品为辅的服务设计中，可以在设计过程中精心安排一些有形物质的介入，使得消费者利用有形物质来感知此项服务的有效性，如航空公司在飞机内部和外部所做的装饰、服务员的制服、机票册子等。

3. 服务市场的设计

企业要在市场竞争中获胜，必须在每项服务竞争中达到一个资格标准。如家电制造业在商品销售后必须及时配送、安装调试与维修。

企业必须同时关注消费者关心的服务质量：

（1）搜寻质量 消费者在购买前就可以观察到的一些特征，如色彩、款式、价格、质地等。

（2）经历质量 消费者在使用过程中或使用后才能判断的产品特征，如医药公司经常将病人的亲身经历作为宣传的热点。

（3）信任质量 消费者购买并使用后仍然无法判断好坏的那些特征，如大多数病人无法判断医生的诊断是否确切。企业可以借助于权威机构的认证或获得证书等，有助于顾客获得满意感。

4. 服务的有形展示

硬件产品可以自我展示，服务则不能。但是，顾客可以通过服务设施、信息、价格等来感知服务，即通过一些有形的事物为无形的服务提供展示。一般有形展示分为实体环境、信息交互和价格。

（1）实体环境 实体环境包括周围因素、设计因素和社会因素。周围因素指空气的质量、噪声、气氛、整洁度等。这类因素通常被认为是理所当然的，但缺少这类因素，却会削弱顾客对服务的信心。设计因素是指建筑、结构、颜色、造型、风格等美学因素和陈设、标识等功能因素。这类因素能帮助企业建立有形的、赏心悦目的产品形象，有助于引起顾客的积极情绪，有较强竞争力。社会因素是指提供及影响服务产品的员工，他们的人数、仪表和行为都有可能影响顾客对服务质量的期望与认知。

（2）信息交互 不同形式的信息交互都传递了有关服务的线索。在信息交互中强调与服务有联系的有形物，让服务显得实实在在，如肯德基餐厅推出的针对儿童的套餐、礼物和游乐区，就是把目标顾客的娱乐和饮食联系起来，从而使得服务通过这些有形因素被感知到。同时通过积极的传播、在广告中应用保证这些信息的有形化，使得服务更容易被感知。

（3）价格 服务是无形的，价格是对服务水平和质量的可见性展示。价格往往是顾客对服务期望的表现。制订合理的价格能传递适当的信息，是一种对服务有效的有形展示。

3.3.5 服务设计的程序

由于服务设计内容较新，服务设计的过程还在探索中，而且服务领域不同，服务设计的过程也是有差别的。设计师要遵循其中的一些方法和步骤。

视频讲解

1. 服务蓝图

服务蓝图有利于将服务的整个流程表达清晰，如人们会在哪里遇到哪些问题等。下面以某汽车维修公司的服务流程为例进行说明，汽车维修服务蓝图如图3-9所示。

服务蓝图提供了一种全体验过程的概述，将服务的各项内容都绘入服务作业流程图，将服务过程一目了然地展示出来。服务蓝图表明了哪些因素需要设计，服务在哪里会遇到问题等；同时，服务蓝图说明了项目的边界。另外，服务蓝图应该说明每一个阶段的服务接触点。

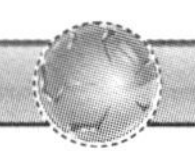

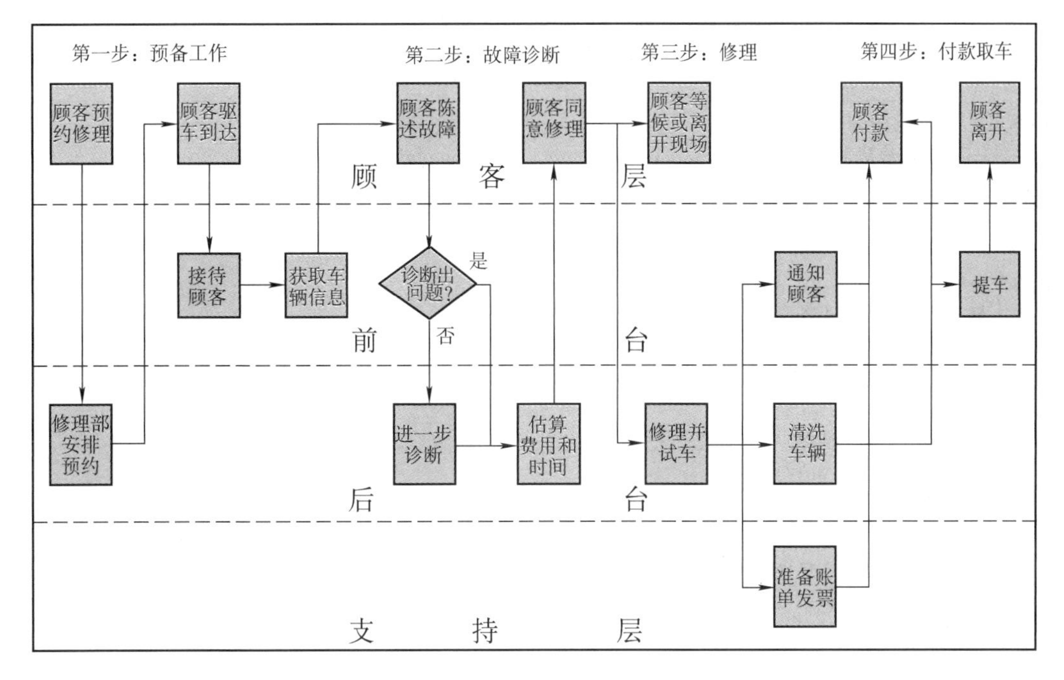

图 3-9　汽车维修服务蓝图

2. 服务设计图

服务设计图是一些重要的文档，主要说明两个问题：服务的时间和服务的顺序。表 3-1 所列为某航空公司的某航班客舱服务流程设计，它不仅显示了服务设计的时间，而且说明了服务展开的顺序关系。

表 3-1　客舱服务流程设计（MU565 浦东—墨尔本）

飞行时间：10h30min	飞行距离：8740km
飞越地标：	
国家：中国　菲律宾　印度尼西亚　澳大利亚	
城市及海域：上海　舟山群岛　温州　福州　厦门　汕头　南海　中沙群岛　三宝颜　达尔文	
时差：夏令时自 10 月 31 日起，与我国相差 3h；冬令时自 3 月 25 日起，与我国相差 2h	
配餐计划：C 正 Y 热正餐/早餐　2 机正/机点	
目的地：墨尔本机场 MEL	
计　划　安　排	
0：30 上客 — 播放登机音乐 — 乘务员各就各位，安排旅客入座，受理“特殊旅客”，出口座位旅客评估 — 接受旅客托管的衣物及非限制性物品 — 头等/公务舱送、收热毛巾及登机饮料（冰镇香槟、橙汁、矿泉水） — 上客完毕向机长汇报 — 关机门前随机文件检查 — 广播：“确认航班”及“禁止使用电子设备” 关机门 — 各号位乘务员安全把手待命并相互确认 — 播放《安全须知》录像 — 起飞前安全检查，检查结果向机长汇报	

（续）

计　划　安　排
0：00 广播：起飞安全带确认 — 乘务员静默30s 0：15 广播：起飞后航线介绍 — 播放录像 — 送书报杂志，头等/公务舱送牙具袋、拖鞋 0：30 供应餐饮 ■ 公务舱：供应正餐 — 发餐谱、订餐 — 送、收热毛巾 — 铺桌布 — 送餐前饮料、酒类、果仁、餐巾纸 — 送冷荤盘 — 送热面包（随时添加） — 添加饮料、酒类 — 收回冷荤盘，送热食 — 添加饮料、酒类 — 收餐盘 — 送热饮、水果或甜点 — 送、收热毛巾 — 收回全部餐具 ■ 经济舱：供应热正餐 — 送餐前饮料、酒类、果仁、餐巾纸 — 送牙具袋 — 送餐盘 — 送冷、热饮 — 收餐盘，添加冷、热饮 1：50 免税品销售 2：00　值班 ● 广播：“夜间飞行” ● 值班乘务员巡视客舱，填写《远程航线客舱值班记录表》 ● 值班要求：按照《客舱服务规范》中6.13执行 8：30 送早餐 ■ 公务舱 — 发餐谱 — 送、收热毛巾 — 铺桌布 — 送餐前饮料 — 送餐食（全盘托出） — 添加冷、热饮 — 收餐盘 — 送、收热毛巾 — 收回全部餐具及餐谱 ■ 经济舱 — 送餐食 — 送冷、热饮 — 收餐盘，加冷、热饮 9：20 发放C. I. Q单据，帮助旅客填写 9：30 广播：喷洒药水

（续）

计划安排
9：40 播放《阳光健身操》录像，责任乘务员领操 10：00 预报到达站的时间、温度、天气 10：05 广播：回收耳机 10：10 广播：飞机下降 — 落地前安全检查，向机长汇报检查结果 — 客舱经理向头等/公务舱旅客征求意见并一一道别 — 归还为旅客保管的衣物及非限制性物品 10：25 广播：确认安全带 — 乘务员各就各位，静默 30s 10：30 飞机着陆 — 广播：飞机到达 — 各号位乘务员解除待命并相互确认 — 征得机长同意后，确认登机桥到位后方可开门 — 随机文件的交接 —“特殊旅客”的交接 — 与旅客道别

3. 服务原型化

对服务进行原型化，通常与产品的原型是不一样的。过程和人对于服务而言是非常重要的，而且总是要等到人使用了服务并完成整个过程之后，服务才是真正存在的。将服务原型化，通常要在服务设计图中将服务划分为多个时刻，建立场景，然后邀请有关人员进行表演。角色在服务设计过程中具有重要的意义。只有通过他们的表演，设计师才能发现服务设计过程中存在的问题。理想的场景最好是用道具搭建的，各种对象也应是原型的，这样可以增加真实性和沉浸性。

第4章　工业产品的全生命周期管理

现代竞争不仅表现在终端的有形产品上，而且扩展到包括服务在内的各个领域，因而人们越来越关注产品设计、制造及服务等的各个方面，即产品全生命周期的各个阶段。产品全生命周期的内涵随着管理技术与开发技术的发展而不断扩展。

4.1　产品全生命周期及全生命周期管理

目前国内外研究人员普遍认为，广义的产品全生命周期是指产品从市场需求分析、工程设计、制造装配、包装运输、营销、使用到报废的整个生命过程，是从产品整个生命周期内质量及可靠性、价值链等角度出发提出的。

产品全生命周期管理（Product Life Cycle Management，PLM）是在网络环境下，从市场的角度以整个生命周期内产品数据集成为基础，研究产品在其生命周期内从产品规划、设计、制造到销售等过程的管理与协同，旨在尽量缩短产品上市时间、降低费用，尽量满足用户的个性化需求。它为企业提供支持产品快速设计和制造优化的集成化产品协同与制造系统，是一种战略性的思想方法。

从PLM的战略地位、范围、管理对象、应用目的、实现途径和功能等方面来看，其具有以下特点：

（1）PLM的战略地位　需要从企业战略层角度来规划PLM系统，包括其体系、工具和实施方法等。

（2）PLM的范围　其范围跨越企业从产品概念产生到产品消亡和回收的所有阶段。

（3）PLM的管理对象　PLM的管理对象是产品信息，这些信息不但包括产品生命周期的定义数据，同时也描述了产品是如何被设计、制造和对其进行服务的。

（4）PLM的应用目的　PLM的应用目的是通过信息技术来实现产品全生命周期过程中协同的产品定义、制造和管理。

（5）PLM的实现途径　PLM的实现需要一批工具和技术支持，并需要企业建立起一个信息基础框架来使其实施和运行。

（6）PLM的功能　PLM的功能是对产品信息的管理，负责对CAD、CAM、CRM等应用工具所产生的产品信息进行获取、处理、传递和存储。

PLM提供了一套完整的技术和服务构架，让制造企业及其合作伙伴和客户共同构思、设计、制造产品，同时在全生命周期中管理产品。

4.2　产品全生命周期的设计

工业产品的全生命周期设计是多学科融合的综合科学，并涉及许多新兴学科和现代先进技术。基于产品的社会效应，全生命周期包括对产品社会需求的形成，产品的设计、试验、

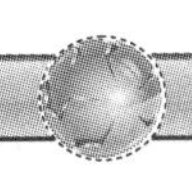

定型，产品的制造、使用、维修以及达到其经济使用寿命之后的回收利用和再生产的整个闭环周期。全生命周期设计的提出和建立是现代设计理论发展的产物，也将是产品设计发展的必然方向。

全生命周期设计实际上是面向全生命周期所有环节、所有方面的设计。产品的全生命周期包括产品的孕育期（产品市场需求的形成、产品规划、设计）、生产期（材料选择、制备，产品制造、装配）、储运销售期（存储、包装、运输、销售、安装调试）、服役期（产品运行、检修、待工）和转化再生期（产品报废、零部件再用、报废件再生制造、原材料回收再利用、废料降解处理等）的整个闭环周期。

面向全生命周期的设计，不仅要缩短产品的开发设计周期，提高产品开发设计质量，还要考虑到缩短产品加工和装配周期、降低产品加工和装配成本，甚至要考虑到减少产品维护和报废后回收所需要的时间与费用。由于产品开发时，产品的性能及相关过程都要确定，为避免和减少返工，在产品开发阶段必须全面考虑产品全生命周期各阶段的要求，为此出现了面向X的设计（Design for X，DFX）技术，包括面向性能的设计（Design for Performance，DFP）、面向制造和装配的设计（Design for Manufacturing Ability and Assembly，DMFA）、面向测试的设计（Design for Test，DFT）、面向环境的设计（Design for Environment，DFE）、面向质量的设计（Design for Quality，DFQ）、面向成本的设计（Design for Cost，DFC）、面向服务的设计（Design for Service，DFS）等。

面向全生命周期的设计过程是一个非常复杂的过程，需要大量信息和知识的支持，如何合理地获取、应用和融合这些信息与知识就是全生命周期设计研究的主要内容。

全生命周期设计的主要目的可以归结为以下三个方面：

1）在设计阶段尽可能预见产品全生命周期中各个环节的问题，并在设计阶段加以解决或设计好解决的途径。

2）在设计阶段对产品全生命周期的所有费用（包括维修费用、停机损失费用和报废处理费用）、资源消耗和环境代价进行整体分析规划，最大程度地提高产品的整体经济性和市场竞争力。

3）在设计阶段对选材、制造、维修、零部件更换、安全保障、产品报废、回收、再利用或降解处理的全过程对自然资源和环境的影响进行分析预测与优化，以积极有效地利用和保护资源、保护环境，创造好的人机环境，保持人类社会生产的持续稳定发展。

4.2.1　面向功能的设计

在当今迅速变化和激烈竞争的市场上，产品开发是竞争优势的关键来源。为了可持续地增加市场份额和利润，企业越来越关注改善新产品的开发实践。企业如果不重视技术和产品创新，导致产品更新慢、质量差，跟不上市场需求，将会被市场所淘汰。因此，新产品开发已经成为企业发展的命脉。要提高产品开发的成功率，必须从研究市场开始，充分理解和把握真正的顾客需求，然后扩展到技术创新的整个过程中去。要想设计出满足不同用户需求的产品，理应从了解用户对产品的需求入手，进而规划出合乎用户需求的功能系统。

需求是产品开发的源头与依据，功能是产品或零部件的特定用途或作用，它是产品存在的价值。产品通过特定的功能来满足用户的需求。无论是全新产品的创新，还是老产品改造，围绕功能进行本质思考是一项基本原则。

功能设计有两种方式：一是对现有产品功能系统与用户需要和产品定位之间的差异进行

研究，即找出不足的功能、不必要的功能、过剩的功能和必要但原有产品中缺乏的功能，对原有功能系统进行改进，这是价值工程的传统方式，可称为改进方式；二是按产品定位重新设计出完整的、理想的新产品功能系统。这种方式是较新发展起来、应用前景更好的方式，可称为创新方式，在产品重大改进、新产品开发、新技术应用中十分重要。

一切产品的设计开发都是围绕顾客需求展开的，所以顾客需求的获取是 DFP 过程中最为关键的一步。顾客需求的获取有多种方式，可以通过询问调查、深度访谈等市场调查方法，也可以活用顾客投诉、意见卡、公司内部信息、行业新闻等信息，最重要的是把握顾客的真正需求。

产品功能和性能设计一直是工业产品设计的核心，也贯穿全生命周期设计的所有环节。产品功能和性能的开发与提高依赖于相关多学科的发展及技术突破，同时也受市场需求的推动。模块化和标准化已被证明是保证产品高性能、低成本及短的开发生产周期的有效方式。

但是，随着人类生活水平的提高，对产品多样性和个性化的要求日益突出。在全生命周期设计中，如何将模块化和标准化要求与多样化和个性化要求协调统一是争夺市场的重要问题。在产品性能与功能方面，可以充分发挥模块化和标准化的优势；而在产品的表现形式、外部结构等方面，则应尽量满足多样化和个性化的市场要求。

集成化和微型化往往会带来产品性能的变革。而绿色、节能已成为产品品质的组成部分。环保节能型汽车、无氟节能冰箱就是最好的例证。

现代产品除了具有安全、可靠、美观等性能指标外，智能化、功能重组和自修复等功能也是产品创新的重要体现，大到多功能军用飞机，小到移动电话，现代产品都需要这些创新功能。全生命周期设计更要注重这方面功能的创新。

借助计算机仿真和计算试验技术，可以在设计阶段考察、改进产品的功能和性能。产品的功能与材料、结构、工艺、质量等是一种互动关系。

4.2.2 面向制造与装配的设计

在设计阶段，可以利用计算机辅助工程（Computer Aided Engineering，CAE）系统对制造过程进行模拟分析、改进设计，来简化加工制造工艺、简化模具和夹具设计、充分利用标准件等。设计中一些小的改进往往会在很大程度上方便制造、降低制造成本、缩短制造周期。

复合材料结构制造与设计的联系更为密切。复合材料本身既是材料又是结构，材料的复合制造与结构制造常常同时进行。在设计阶段就需对材料组分、铺层方式、成形工艺等进行分析并提出明确要求。

制造技术现已形成门类齐全的制造工艺。与现代信息技术、计算机技术、控制技术、人工智能技术等相结合，已由传统的制造技术发展到先进制造技术。产品的设计应充分与各种制造工艺和制造技术相协调，才能发挥各种制造技术的长处，方便制造并提高工效。

方便装配是全生命周期设计必须考虑的又一重要因素，就是在产品设计过程中，从产品的全生命周期考虑其制造、装配和维护的工艺性问题，利用各种技术手段，充分考虑产品装配环节及与其相关的各种因素的影响，通过分析、评价、规划、仿真等手段，在满足产品性能与功能的条件下改进产品装配结构。装配方式、装配强度、装配工艺应在设计阶段确定，以避免装配过程的困难或临时改动对产品完整性的破坏。

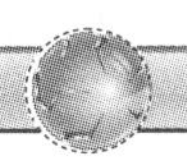

4.2.3 面向环境的设计

面向环境的设计（DFE）也可以叫作绿色设计（Green Design），这是一种在产品整个设计过程中全面考虑环境影响的技术。DFE 的核心是在产品的整个设计过程中，包括产品设计材料的提取、制造、加工、运输、使用到最终废弃等各个步骤，对环境（包括自然生态环境、社会系统和人类健康等因素）产生或者造成的一定影响。

与传统设计不同的是，DFE 涉及产品全生命周期，是从摇篮到再现的过程。DFE 强调：要从根本上防止污染，节约资源和能源，关键在于设计与制造。面向环境的设计是一种系统化的设计方法，即在产品全生命周期内，以系统集成的观点考虑产品环境属性（可拆性、可回收性、可维护性、可重复利用性和人身健康及安全性等）和基本属性，并将其作为设计目标，使产品在满足环境目标要求的同时保证应有的基本性能、使用寿命和质量等。

面向环境的设计要求设计者、制造者及环保工程师组成团队，互相协调，综合考虑产品从概念设计到报废处理过程中影响资源利用与环境污染的所有因素，优化各个设计环节，减少产品生产的往复过程，提高整个制造系统的资源利用率，降低废品率，节约资源。同时，设计者或设计团队应横向地将产品结构设计、产品材料选择、制造环境设计、工艺设计、包装设计和回收处理设计等综合考虑进去。

1. 产品结构设计

产品结构设计是后续设计的基础，结构设计的优劣，对绿色制造有深刻的影响。具体可以通过以下方法进行优化：

1）简化产品的结构，尽量避免可有可无的零件。

2）采用功能多样化与复合化的零件以及简单的连接方法，使整体装置的零件数减少，减少资源消耗。

3）合理地设计产品中零件、支承、载荷的布置，确定适当的整体尺寸，提高材料利用率。

4）设计结构符合工艺性与加工性要求，减少加工过程中的材料损耗与能量消耗。

5）设计结构便于回收，实现资源的重复利用。

6）设计结构便于维修，延长产品使用寿命。

2. 面向拆卸的设计（Design for Disassembly，DFD）

面向拆卸的设计要求在产品设计阶段除了满足传统设计的要求以外，将产品的可拆卸性作为结构设计的一个目标，使产品的连接结构易于拆卸、维护方便、制造工艺性好，并在产品废弃后实现零件或材料的再利用，达到节约资源、能源和保护环境的目的。绿色设计中的拆卸被定义为从产品或部件上有规律地拆卸下可用零部件的过程，同时保证不因拆卸而造成该零部件的损伤。面向拆卸的设计就是使产品易于实现上述拆卸过程的设计方法。

3. 面向回收的设计（Design for Recycling，DFR）

产品报废与回收是产品全生命周期中的重要阶段，产品回收性能的好坏对于环境保护和资源再利用具有重大影响。合理的产品回收会产生巨大的社会和经济效益，然而目前报废产品的回收重用率并不理想，其中一个主要的原因就是产品设计时没有考虑其废弃后的回收和重用，如果能够在设计时将回收和重用作为设计因素，那么就可大大提高报废产品的回收重用率，由此产生了面向回收的设计思想。将可回收设计定义为：一种在产品设计过程中充分考虑产品零部件及材料回收的可能性、回收价值的大小、回收处理方法、回收处理结构工艺性等与回收有关的一系列问题，以达到零部件及材料资源和能源的充分高效利用、环境污染最小目标的设计思想和方法。

4. 面向材料的设计

选择绿色材料是实现机电产品绿色制造的前提和关键因素之一。在全生命周期设计中，材料的选择应考虑以下因素：

（1）材料的产品性能　主要考虑满足产品本身功能、性能、质量设计的有关材料性能，包括材料的常规力学性能、疲劳断裂性能、抗复杂环境侵蚀的性能等。在设计中，材料的选择和结构细节设计是一种互动关系。当材料性能难以满足产品性能或寿命要求时，必须改进结构细节设计。

（2）材料的环保性能　绿色材料概念已经形成，材料在使用过程中对环境的影响、废弃后的可降解性等是全生命周期设计中必须考虑的因素。

（3）材料的加工性能　在设计阶段考虑材料的可加工性可以提高产品经济性，减少能耗和制造过程中的不利副产品。

（4）材料的性价比　材料的性价比是制约设计选材的一个重要因素。但在全生命周期设计中不能单纯看材料价格，而应当全面分析材料的使用效能。

因此，面向环境的设计是一种系统化的产品设计方法，即在产品全生命周期内，不仅要从全局的角度考虑产品的基本属性，而且要考虑产品的可拆性、可回收性、可维护性、可重复利用性和人身健康及安全性等环境属性，以产品的环境属性为设计目标，这样才能使得产品在满足环境目标要求的同时，保证其应该具备的基本功能、基本性能、使用寿命和质量等。

4.2.4　安全性设计

任何设施和设备在使用过程中总有出现事故的可能性。在全生命周期设计中，一方面应优化设计，降低安全使用寿命内事故的发生概率和人为因素导致错误的概率；另一方面应针对具体的系统实行事故安全设计，以避免恶性事故的发生或降低其危害程度。

产品的安全性设计从策划阶段就应开始，通常包含符合产品安全设计标准的要求。产品安全设计的标准包括以下内容：产品的安全标准、产品的环境要求、产品的包装/标签要求、产品的专业标准要求等。在产品安全标准的基础上，还要结合产品的实际情况（对环境的影响、使用人群的定位等），重视产品的各方面因素，并对产品各个标准的内容进行分解，对实际情况进行分解，以确保产品的使用安全性。需要指出的是，安全是相对的，没有绝对的安全，不同情况下产品的安全性会发生改变。因此，产品的安全性设计是尽最大可能提高产品的使用安全性，而不是保证产品的绝对安全。

产品本身包含危险因素。这里所说的产品，包括各种环境、各种人群可能使用到的产品，从工业生产中的大型器械到日常生活用品，从军用产品到民用产品。包含的危险因素来自机械、不健康的物质和射线、电以及部分危险化学品。

使用产品的过程或者环境包含危险因素。某些产品在使用过程中，由于使用产品所从事的活动本身就具有一定的危险性，所以也存在安全问题。这种产品需要注重安全性设计，其安全性设计就是要保证使用该产品的活动过程不会出现危险，或者即使出现危险也可以帮助使用者逃脱。例如，交通工具本身不构成危险，只有在使用的过程中，才会出现危险。使用交通工具产生的危险包括行驶中与其他人或物碰撞，由于速度太快而导致人身和财产受损，

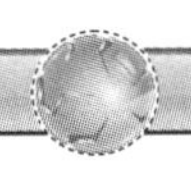

并引起人们的恐慌，还包括行驶中排出的尾气污染环境带来的危险。再如，登山、潜水等活动本身的特点就是充满惊险，所以其安全性设计尤为重要。

从需求层面来看，随着生活水平的提高，人们不再仅仅满足于实现所需功能的产品，而是越来越关注如何方便、简单、安全地使用所需功能。以微波炉为例，设计一套防止人在使用中误操作的操作程序，或采用只有关闭电源才能打开炉门的联锁保护装置，都能达到既实现功能又保证安全的效果。人作为一个不确定系统，其失误在所难免，加之一套既严格又复杂的操作程序往往也增加了需要处理的信息量，更易导致不安全行为，造成事故。对于消费者来说，采用关闭电源时才能打开炉门的联锁保护装置将更加实用。这个例子很好地说明了用不同的设计方法可以达到同样的功能，但安全效果相差很大，通过产品设计改善产品的安全性是很有必要的。优秀的产品设计可以带来美好的生活，无论何种形式的美好生活都是以安全保障为基础的。因此，任何产品设计都必须以保证安全为前提。

4.3　产品全生命周期各个阶段的管理

产品全生命周期可分为概念产生、设计、采购、生产、销售和售后服务等几个阶段。每个阶段都有其特定的活动、产生相应的信息、涉及相关的人员和部门，而 PLM 在每个阶段也起着不同的作用。

（1）概念产生阶段　该阶段基于市场信息，获得新产品或产品设计改进的概念。PLM 系统在该阶段主要对产品的市场预测、产品创意、商业前景预测、客户需求和投资规划等活动提供支持。PLM 系统从所连接的其他系统中提取信息，增加市场需求分析和产品开发计划的准确度。

（2）设计阶段　在该阶段，产品开发团队将通过 PLM 系统交换和共享产品设计数据和思路，协同完成产品的设计工作等。该阶段的主要活动包括产品的概念设计、详细设计、设计评估、工程分析、文档管理及工程物料清单管理等。

（3）采购阶段　该阶段对产品制造所需的器件、材料、部件和设备进行初步分析，确定外构件和自制件计划。PLM 系统将器件/材料的可获得性、报价、潜在供应商、替代器件等信息提供给采购人员制订相应的计划。

（4）生产阶段　该阶段根据研发工程师建立的设计规格，利用所采购的器件和材料进行生产，通过质控/质检或其他过程控制方法，来检查生产是否与设计规格一致。PLM 在该阶段主要涉及制造物料清单的管理、工装计划、生产测试、自制件加工等活动。

（5）销售阶段　该阶段的主要活动包括市场推广、产品发布、销售战略制订、客户管理和订单管理等。PLM 系统负责企业与分销商、客户、供应商之间的信息协调和管理，保证订单、生产、库存和销售等环节的畅通和一致性。

（6）售后服务阶段　主要负责产品维护、服务和维修。PLM 系统将把客户服务信息传递给相关的设计、生产、制造部门，并将相应的处理和解决方案反馈给服务部门与客户，充分利用企业资源，提高服务质量和效率。

4.3.1　产品全生命周期的设计开发技术

1. 网络化产品开发技术

随着网络时代的到来，企业之间的竞争已经跨越了地域的限制。全球一体化经济发展加剧了全球制造业的竞争。为了提高国际竞争力，实现定制化生产，市场驱动的、具有快速反应机制的网络化制造模式将成为广大制造企业关注的焦点。

网络化制造可以打破时空限制，通过网络实现分散的制造资源的快速调集与利用，通过动态联盟或虚拟企业的形式实现制造企业的快速动态重组，通过异地并行设计和虚拟制造方法提高制造企业对市场的快速反应能力。

从市场发展的角度来看，企业不仅需要以最短的时间、最低的成本生产出最好的产品，提供最好的服务，更重要的是提高产品创新设计的能力，能够以最快的速度开发出具有独占性技术的产品。目前在数量上占绝对优势的中小企业的灵活运作基本上局限于市场信息的获取和产品销售等方面，而在产品的开发上，由于技术层次低、资金设备条件有限等因素而得不到快速发展，一个企业，尤其是中小企业，很难独立完成新产品的设计（包括制造等），从而很可能失去市场机会。

根据市场与产品的需要，组成跨企业、跨地域的企业联盟，充分发挥各自在资源、技术及管理等方面的优势，形成优势互补、资源共享、风险共担、以项目为中心的动态联盟式开发团队是企业明智的选择。基于中小企业动态联盟的分散网络化制造正逐渐成为制造系统模式的一个重要发展趋势。为了支持动态联盟的网络化产品开发，利用计算机网络技术、数据库技术、工作流技术及在产品开发方面的相关理论等，为企业提供一个在异构分布环境下的网络化产品协同设计支持系统，帮助企业开展企业业务和实现企业间的协同。

2. 网络化协同设计

中小企业之间通过强强联合的形式形成虚拟组织，来弥补单个企业新产品设计能力的不足。网络化产品协同设计，支持多设计主体在异地、异构环境下工作，为企业提供了一种切实可行的解决方案。

近些年，发达国家纷纷制订了基于网络的先进制造技术发展战略，旨在建立共享、集成、协作的产品开发模式，进一步缩短产品开发周期，提高产品质量，从而在激烈的市场竞争中获胜。国内在相关领域的研究也十分活跃，并取得了初步进展。网络化产品协同设计已经成为产品设计领域的研究热点。

协同设计是指在计算机的支持下，各成员单位围绕一个设计项目，通过由计算机软硬件构成的支撑平台，承担相应部分的设计任务，并行交互地进行设计工作，最终得到符合要求的设计结果。在协同设计时，虚拟组织中的设计专家们需要利用不同的资源，采用不同的手段，从不同的角度进行设计。

网络化产品协同设计的内涵：①在网络化产品协同设计中，合作成员利用网络技术，以协同的方式开展产品设计中的需求分析、方案设计、结构设计、详细设计和工程分析等一系列设计活动；②其核心是利用网络，特别是 Internet，跨越协作成员之间的空间差距，通过对信息、过程、资源和知识等的共享，为异地协同式设计提供支持环境和工具；③通过网络化协同设计。缩短产品设计的时间，降低设计成本，提高设计质量，从而增强产品的市场竞争力。

由于产品结构不同、产品的标准化程度不同、产品设计的范围和方法不同等，有很多种网络化协同设计的模式。企业与企业的协同设计将是网络化协同设计中的一种主要形式，它包括以下内容：

1）不同的企业为了使各自产品中的零部件尽可能通用，以便降低产品的成本，需要进

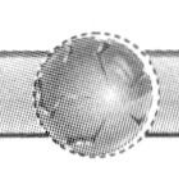

行企业间的协同设计。例如，国外大型汽车制造商之间为了进一步降低成本，正在加紧汽车零部件的通用化工作。

2）一些复杂产品和项目的开发需要不同企业的协同设计，例如，新设计一个发电厂，就需要设计院、锅炉厂、汽轮机厂和电动机厂的协同设计。

3）整机厂与配套零部件制造企业需要进行协同设计，以便在满足功能要求的前提下，尽可能降低零部件成本，并充分考虑配套零部件的可制造性。

Internet 为企业间的协同设计提供了一个很好的环境。参与协同设计的人员可在各自的计算机屏幕上相互讨论和修改产品设计方案、进行产品性能仿真等。服务器可设在协同设计组某一方的计算机上，也可设在某一台代理服务器上。

中小企业虚拟组织的网络化协同设计运行模式主要有：

1）平等协作网络运行模式。在这种运行模式中，各虚拟组织内企业作为网络化制造中的节点企业平等地参与网络化制造的协同设计、协同制造和协同销售等各企业间的协同，发挥自身的核心优势，以获取自身和整个虚拟组织的协调发展。

2）分级承包运行模式。当组织内某企业接到某一订单，发现自身的核心优势不足以完成该订单时，便将非自身核心优势的部分承包给组织内具有该核心优势的企业。同时，其下级承包企业也可将非自身核心优势的部分再往下承包，这样就形成了基于动态合同的分级承包式网络化制造运行模式。

3）合资经营运行模式。这种网络化制造运行模式由虚拟组织内的多家企业共同出资对某一产品或某一项目进行开发、生产和销售活动，发挥各自的核心优势和虚拟组织优势，在企业集群的基础上实施网络化制造。

4）基于虚拟组织内供应链网络的运行模式。在虚拟组织内存在各种各样错综复杂的供应链网络，这种基于产品供应链的组织内的企业协同，为虚拟组织的网络化制造运行提供了简便的模式，虚拟组织内企业可通过组织内计算机网络等基础设施共同参与经营。基于虚拟组织内供应链网络的网络化制造可加强虚拟组织内企业的协作，增进组织内企业的核心优势。在实际的虚拟组织中，各种网络化制造运行模式互相交错、渗透、结合，形成中小企业虚拟组织复杂的网络化制造运行模式。

Internet 的发展为跨地区的协同设计提供了很好的平台，可以比较方便地建立基于 Internet/Intranet 的企业内跨地区的协同设计网络，实现异地的信息反馈、资源共享等。

在异地网络环境中进行工作或协同设计，所遇到的问题远比面对面交流时所遇到的多。例如，对方操作的不可知性、发言权的控制问题、参与者是否诚实参与、在集体参与时会议进程的控制等。在现实设计环境中，人们可以轻易地辨认参与者的真实身份，知晓中途离会人员的情况，所以在协同设计环境中，也应该显示出人员的属性和去留情况。可以利用会议参与者状态显示器来反映参与人员的动向，同时必须将用户的操作以文件形式保存在系统中。

“发言权”问题是协同设计要考虑的另一个重要方面。为了能清楚完整地表达出每位操作者的意图，在同一时刻只能允许一位参与者进行操作或发言。在最“坏”的情况下，某人可能长时间占有发言权，出现霸占会议进程的情况。

此外，在协同设计系统中，因表达的信息种类较多，需传递的数据消息也很多，因此必须对大量的网络消息进行定义和解释，以顺利地在输入和输出端完成消息与操作之间的转换。

当然，协同设计中难免会出现多个设计者同时对同一对象进行操作的情况。另外，由于存在网络传输或处理所产生的延迟，可能出现各节点对象表现不一致的情况，例如，某位设计者编辑的文件可能是另一位设计者刚刚删除的文件。对这一问题，可以采用“加锁”的方法保证共享数据的一致性，即不允许设计者对另一位设计者正在访问的模块进行浏览以外的其他任何操作。

协同设计是通过网络进行的，因此安全问题十分重要，既要防止设计人员因误操作删改别人的文件，也要防止不相关人员的非法进入。目前可采用身份认证、访问控制和加密等措施予以解决。

一般来说，虚拟组织协同设计的组织模型应具有以下特点：①协同应在对等实体间进行，以保证各级团体的技术保密和利益；②小组内的人员协作是不受限、无约束的；③设计团体、小组之间的协同是受限、有约束的；④组织结构处于不断变化中。

经过实际调查分析发现，国内尤其是浙江一带中小企业的一大特色是块状经济、产业集群，即由许多企业尤其是中小企业集聚形成的专业化产业区和一组在地理上靠近的相互联系的公司与关联的机构，它们同处于一个特定的产业领域，由于具有共性和互补性而联系在一起。这些中小企业在人才、资金、技术等方面都面临严峻的考验，从被调查企业的整体情况来看，信息化虽已起步，但应用层次和水平不高，技术集成度较差。企业的“信息孤岛”无处不在，资源浪费现象比较严重。随着网络技术的发展，建立一个区域性网络化协同设计平台已经成为可能并且显得非常必要，基于这个平台，区域内的企业用户可以提出自己的设计要求，与合作对象进行网上协同设计，通过网络得到令人满意的设计结果。

典型区域性网络化协同设计制造平台系统是在整合区域内部制造业信息化技术领域的优势资源的基础上，建立企业与企业之间的动态技术联盟，以实现多种资源共享和最优配置为目标，覆盖整个区域的制造业信息化技术的宣传与技术应用的网络系统。设计和制造人员在工作过程中利用平台能够共享知识资源、大型软件等优势资源，突破环境、技术和材料等因素的限制，实现面向产品性能的网络协同设计和制造。在产品开发生命周期中，企业合作伙伴如供应商、客户和设计者等都会被包括在产品开发过程中，实际上构成了网上虚拟社区的环境。

整体平台系统的总体构架可划分为三个层面，即通用平台、区域资源导航平台和企业窗口。通用平台用于对整个系统进行管理和宣传，下设用户管理模块、项目管理模块、功能展示模块等。用户管理系统将对所有用户的资料、信誉度、权限等进行全面配置，依赖于用户管理系统，各项目可以对各企业的实力、技术资源、核心竞争力等做出评估，从而尽快选择出合适的合作伙伴；项目管理是以网络化协同工作流管理系统为核心的一组项目管理工具，利用它，项目的发起企业可以方便地对项目的全生命周期（包括项目资源调度、寻找合作伙伴、协同设计制造流程等在内）进行管理；功能展示对整个平台及网络化协同设计制造的先进技术进行全面的宣传、展示，包括平台资源展示、专业平台应用展示、在线问题解答等，通过它，企业可以了解到平台丰富的资源和功能。区域资源导航平台可以完成区域整体资源调度与网络化协同设计制造活动的控制，对整个平台的资源和应用进行系统管理。在协作完成某个项目的过程中，通过搜索引擎可以全面搜索系统中的可用资源，资源管理系统不仅对系统中的软件资源、硬件资源、人力资源和文档资源等进行管理，还负责管理各虚拟组

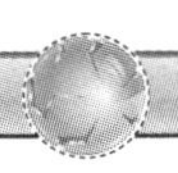

织内的共享资源。专业平台是面向特定行业专业化的协同设计制造平台，是系统的核心资源，分别针对不同的行业用户开放，企业可以选择其中的一个或多个模块，或者根据某个项目建立专用的平台。协同工具提供了各企业可以实现网络化协同设计制造功能的工具，可以是异步交互方式协同工具，如电子邮件等；也可以是同步交互方式的协同工具，如电子白板、视频会议系统以及网络通信引擎系统等。企业窗口是定制开发的一种动态网页功能服务模块，作为整个平台系统的映射内嵌在企业网站、行业网站、区域工业网中。它帮助企业用户通过其计算机桌面操作进入整个平台系统，通过任务管理查看、执行并提交分配给自己的任务，通过需求发布进行信息发布、服务需求申请，利用应用接口调用平台及各专业平台的相关应用、技术资源等来完成任务。

3. 网络化产品协同设计支持系统

网络化产品协同设计支持系统的主要研究内容包括：①基于网络的分布式结构，满足跨区域企业联盟的需要；②基于项目与过程的管理机制，以项目为中心，以任务的需求为节点，建立过程模型，匹配联盟中的伙伴企业；③在协同设计模块中提供产品信息模型的WEB数据发布功能，使用户可以基于网页方式浏览产品数据与模型，并进行视图的操作编辑与修改；④基于XML的网络数据传输机制；⑤基于STEP（Standard Exchange of Product Data Model）的中性数据模型和数据转换接口，满足异构系统对涉及数据，即模型数据共享及交换的需要。

网络化产品协同设计支持系统以网络、通信协议、数据库为基础，以WEB技术、工作流技术、数据交换及共享技术为支撑，通常由项目与过程管理模块、成员组建与管理模块、协同设计模块和信息共享与交换模块组成。成员企业通过统一网页界面与其他成员企业或系统进行信息与管理的交互。

（1）项目与过程管理模块　支持产品开发的过程建模与过程的实例化，并且对产品的开发过程进行自动化管理与动态监督与协调。通过该模块，各成员企业可以协同建立产品开发的过程模型，并及时了解当前整个开发流程的进度与要求。

（2）成员组建与管理模块　某成员企业根据客户需求及初步的产品概念设计结果，通过该模块表达、发布对产品性能、外观、功能等的个性化需求信息和所需联盟企业应具备的条件。在网上需求潜在的合作伙伴与零部件的供应商，相互之间就相对应的产品设计要求与联盟条件进行协商，双向选择，组建适合产品开发所需要的、网络化的虚拟企业；利用该模块，成员企业可及时与客户、产品供应商、伙伴企业进行联系与沟通并进行相关方面的管理。

（3）协同设计模块　利用该模块，成员企业之间可以相互沟通与交流，讨论解决问题的方案、提交与发布最新设计成果，并支持网上设计图形的审阅与编辑。

（4）信息共享与交换模块　该模块为产品设计小组的设计与管理人员提供合同、设计图样、产品数据与模型数据、技术文档等各种数据与文档，并支持各系统之间的数据交换，使跨企业的同地域或不同地域的管理人员、设计人员及客户和产品供应商能够通过网络及时获得所需要的数据与信息，并可相互交互。

网络化产品协同设计支持系统的核心思想如下：

1）把企业原有辅助设计软件的屏幕显示实时、同步地传送给多个分散的异地用户，实现多个用户对同一设计工具界面的实时浏览。

2）通过协同设计模块实现多个用户对辅助设计软件的远程协同操作，从而实现多个用户对同一个零部件图样的异地协同编辑与修改。

3）通过系统的信息共享与交换模块实现辅助软件工具之间、工具软件与用户之间以及用户与用户之间实时的数据文件共享。

4）通过信息共享与交换模块为协同工作小组成员间提供即时的交谈与讨论功能。利用网络技术进行相应接口模块的开发，然后对这些功能进行集成就构成了异地产品协同设计的支持环境。

网络化产品协同设计支持系统有以下特点：

1）重复利用了企业原有的软件资源。系统中采用的辅助设计工具都是企业原有的软件资源，不需要重新开发新的应用系统，因而成本低、周期短、易于实施。

2）支持的是真正意义上的异地协同工作。多个分散用户可以通过网络实时地对同一份设计图样进行在线协同编辑，而且可以实时地进行在线交流与讨论，交换设计思想。

3）对用户端的要求低。由于系统采用B/S结构及Java Applet技术，因而对客户端的要求非常低，用户只要能上网，有支持Java的浏览器就可以参与产品的协同设计过程。这对于知识与经验的广泛集成具有重要作用。尤其有利于客户在异地直接参与其定制的产品设计过程。

4）高度的集成性与灵活性。由于系统采用的是通过接口模块（或称为中间件）将各种辅助设计工具集成在一起的集成方案，因而构建了一种总线型集成结构，企业里几乎所有的软件工具都可以通过接口模块集成到协同设计环境中，即插即用，为系统与用户提供了极大的灵活性。

在动态联盟的模式下，产品开发过程由若干个企业共同完成，各成员企业之间形成了一个有机的整体。一方面，各成员企业根据设计任务，应用不同的软件，从CAD到CAE等，这些软件都有不同格式的输出数据；另一方面，它们之间需要交换与共享支持产品开发的各种数据与信息，为此必须建立支持异构产品或数据的统一形式化描述，便于支持企业应用之间的信息共享与互操作。对于异构数据信息的集成问题，目前常用的解决方法是基于STEP标准的信息集成方式和点对点的专用化集成方式。在动态联盟模式的异地协同设计中，不同企业采用不同的PDM软件，因此，必须解决异构PDM系统之间产品结构信息的共享问题。

协同设计也是一个通信密集型的过程。不同的设计任务和设计数据之间需要相互交换、相互反馈、相互协调，多个设计人员之间也需要及时通信和协调。这一特点也要求建立一个行之有效的协同机制。

4.3.2　产品全生命周期的网络化服务

由于买方市场的要求、企业间竞争的要求和企业自身发展的要求，向服务业拓展已是当前制造企业广泛采取的战略。现代社会中产品的服务正占据越来越重要的地位，制造企业在生产出有形产品的同时，将围绕有形产品为客户提供越来越多的服务。

1. 网络化制造中的定制服务

到目前为止，网上定制服务已经初步显示出巨大的发展前景，来自网络的定制服务不仅能够改变企业与客户的交易方式，而且能够改变产品研究、设计和制造的全部运作过程。

（1）网络化定制服务的背景　在网络经济社会，企业活动的基本准则是使用户满意，依靠服务的优势来争取用户，这已成为众多优秀企业的共识。由于买方市场用户数量急剧增

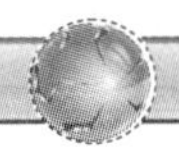

多，用户对产品的需求和文化背景、消费水平、经济背景等方面的差异越来越大；同时，网络技术的交互性和时空压缩性为制造业向服务业拓展提供了巨大的空间和强有力的手段。

制造企业在以大批量的效益向用户提供各种定制产品的同时，也要向用户提供定制服务。网络技术可以以很低的成本实现这种定制服务。定制服务能使网站的访问者和回访率增多，能获得巨大的回报，并且可用于企业经营。

目前，网上定制服务主要是根据用户需求的差异，提供多种类型的定制服务，将信息或服务化整为零或提供定时定量服务，使用户能够根据自己的爱好进行选择和组配。

（2）网络化定制服务的分类

1）数据库深度查询。这种方式在网上用得较多，如许多人才信息网站将应聘者的简历和招聘者的招聘信息放在数据库中，提供若干个检索点，供查询者按需查询。这是一种比较初级的定制服务，这种服务方式在细分程度上还比较有限，每个用户的查询模式基本上是相同的。

2）深度细分的定制服务。深度细分的定制服务的特点是对市场的细分程度较深，对客户服务的定制化程度较高。例如，股票交易中和证券交易所就具有这一定制服务。

3）提示型的定制服务。提示型的定制服务以提示和备忘为主，根据提示的内容不同，有不同的定制服务。

4）需要客户端软件支持的定制服务。这种软件以类似于屏幕保护的形式出现在计算机上，而接收哪些信息则由用户事先选择和定制。这种定制服务的最大特点是，信息并不驻留在服务器端，而是通过网络实时推送到用户端。

5）基于智能代理的定制服务。购物者可以通过被称为智能代理的程序，在网上收集诸如价格一类的信息；在用户服务方面，一些网站已经具有能够回答一般问题的智能代理。

6）基于数据挖掘技术的定制服务。基于数据挖掘技术的定制服务首先要求将用户的采购数据等记录下来，存放在数据库中，然后采用数据挖掘技术进行筛选，将用户的购物习惯、购物爱好与其他买方进行比较，以确定他们下次要购买什么。还可以采用神经网络匹配技术，识别复杂数据中的隐含模式，如产品和购物者的相关性等。

7）协同进化的定制服务。定制服务常常是一种企业与用户互动的、协同进化的过程。因为用户的定制需求常常不能表述得非常清楚，企业也常常不能一下子提供完全使用户满意的服务，在企业与用户的相互作用下，定制服务的水平越来越高。

2. 网络化创新服务

网络空间是一个全新的空间，在网络空间中可以提供各种创新服务，以赢得用户和市场。网络化服务具有很多的创新点，许多企业挖掘了这些创新点，从而取得了很好的效益。

（1）利用网络的特点创造出一种新的服务

1）利用网络的交互性和时空压缩性实现动态服务状态查询。

2）网络没有地域的差别和时间的限制，用户可以实时地跟踪自己托运货物的所在位置和到达目的地的时间。

3）利用网络的互联性，在用户查看某一信息时，可将相关的信息也罗列出来，为用户提供更好的服务。

4）利用网络广泛的连接性，为用户提供随时随地的服务，让用户得到更快捷、高效的服务，企业也可以随时跟踪所有客户群。

(2) 利用网络的特点对服务的方式进行重大改革

1) 利用网络的交互性和时空压缩性为广大货主、货运代办人和运输企业提供虚拟交易场所，从而降低公路货运空载率，减少资源浪费和环境污染。

2) 利用网络的交互性和时空压缩性提供远程设备维护，减少旅费和缩短响应时间，如可联网的数控机床。

3) 利用网络的交互性和信息储存量大的特点，进行“一对一”的服务，开展定制服务，推销商品。

3. 制造企业远程服务支持系统

制造企业远程服务支持系统是指采用系统工程的理论、技术和方法，借助于互联网技术、计算机技术、现代通信技术和多媒体技术等建立的用于支持制造企业与供应商、用户之间进行信息交换、知识共享、协同工作和实时在线工程与用户服务的计算机网络系统。远程服务支持系统对用户定制生产的产品提供全生命周期的服务支持。

在大规模定制生产模式下，用户除了关心产品的个性化和质量功能外，更关心企业如何能够提供其产品全生命周期的服务。所以能否提供高效率、低成本的服务系统将是决定企业赢利水平的关键因素之一，远程服务支持系统是解决这一问题的最好方案。

制造企业远程服务支持系统能为制造企业、供应商和用户之间的请求提供快捷、准确的响应，能使最准确的信息在最短的时间以最有效的方式送到最需要信息的一方，这些信息不仅包括制订生产计划所需的决策信息，还包括产品的设计、制造、安装/调试、销售和售后服务信息，即提供定制产品全生命周期的远程服务系统，如图4-1所示。

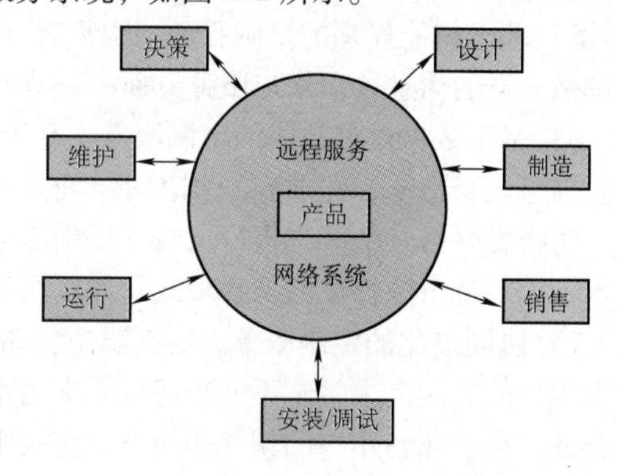

图4-1　支持产品全生命周期的远程服务系统

远程服务系统的主要内容包括：

(1) 在线支持　支持复杂产品的订单制订和复杂制造设备用户在生产启动阶段的安装、调试、初始化工作，可以保证操作者能够快速了解复杂设备、机械，且能充分促进生产率的提高。

(2) 先进全面的技术培训　供货商可以通过视频会议系统和网页向用户提供完整的专家经验培训。用户可以在设备和产品上工作，进而解决其具体问题。

(3) 过程支持　过程支持特别针对复杂设备的复杂生产问题，可以使用户更好、更充分地发挥出设备及机械的能力与柔性，进而缩短反馈咨询时间，发挥产品的最佳性能。

(4) 故障诊断/维护　通过向制造商或特别的服务机构传送设备所特有的状态信息，能够快速有效地进行在线故障诊断，迅速采取对策进行维护与维修。

(5) 工程支持　对于虚拟组织及客户，系统可通过文件共享、计算机支持协同工作、联合问题求解、项目管理等手段提供快速、有力的工程支持。

(6) 支持后勤服务体系　远程服务系统可在用户和供应商之间建立完善、有效的设备生产供应和后勤服务体系，通过网络和多媒体工具，支持现场设备安装和产品生产，从而加速设备的安装和产品的生产等。

(7) 电子商务　提供产品在网上交易和资金流动的场所。

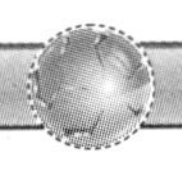

4. 基于互联网和局域网的管理信息系统

合作伙伴之间有效及时的沟通，是保证大规模定制企业正常运行的前提条件。建立一个基于互联网和局域网的管理信息系统，通过互联网和局域网的集成，不但可以解决大规模定制的虚拟组织伙伴间信息交换和有效及时沟通的问题，还可以实现企业全球化的信息资源网络化，提高企业网络的整体运行效率。

基于互联网和局域网的管理信息系统，必须满足虚拟组织内部的信息交换要求。企业内部的信息交换主要通过局域网来实现。局域网是虚拟组织内部凝聚各个合作伙伴的“蜘蛛网”。企业的事务处理、信息共享、协同计算是建立在局域网基础上的，与外部交换信息也是以局域网组织的信息为基础。因此，当大规模定制的虚拟组织组建完毕后，就要决定在互联网上共享信息的组织形式。大规模定制的虚拟组织在互联网上进行交流的信息，主要包括用户需求订单、产品设计方案、各企业的任务分工信息等。另外，必须能有效地进行大规模定制的虚拟组织外部信息的交换。通过互联网，完成对虚拟组织在不同地域联盟体的信息沟通与控制，实现对重要用户的及时访问与信息收集。

第2篇　产品设计方法基础

第5章　工业产品设计与工程设计

通过对第1篇工业产品的开发流程与内容的详细分析，了解到工业产品设计包含工业设计和工程设计两部分，每一个产品的设计必须有工业设计师的参与，也必须有产品工程设计人员的参与。本章将介绍工业产品设计及工程设计基本理论和方法。

视频讲解

5.1　工业产品设计的内容

谈起设计，往往存在两种截然不同的立场、观点和方法：一类是纯工程的设计，另一类是纯艺术的设计。

工程师为了制造具有某种用途的产品，而客观地从国家标准的规定出发进行具体的规划计算，求得符合该功能的合理机构，并用确切的表达方法将它表现为可直接交付生产的图样与文件的过程，称为工程设计。为了最终制造出这种具有一定用途的产品，需要通过名为生产的操作过程。生产一般是机器的大批量制造活动。整个过程往往是分离的，即由工程师进行设计，由工人从事生产制造。

艺术家也进行设计，但他们的设计所关心的往往不是物的用途。如果设计的对象是有所用途的，也只是在不破坏这一可用性的前提下进行设计，并表现出最能符合主观审美意识的形态、色彩等外在形式，这种外在形式往往与物的内在功能没有严格的统一关系，这类设计称为艺术设计。艺术设计往往是由艺术家一人从头至尾完成，而且是以手工为主，数量上以单件、小批量为主。

从现代设计的意义上说，应对两种设计进行有机整合。真正的产品设计活动是要最终制造出具有某种用途的、以现代大工业手段生产的产品。所以设计不仅要客观地实现符合该功能的一种内在合理机构，并且要寻求一种符合广大消费者审美情趣的、能为消费者所接受的形式，并且这种形式与功能必须相适应。

视频讲解

5.1.1　产品设计的内涵

1. 产品设计

产品设计是指根据人们的需求，对产品的造型、结构和功能等方面进行综合性的设计，以便生产出满足人们需要的实用、经济、美观的产品。

产品设计重点研究的是有关工程技术和美学艺术问题，并将这些因素有机地协调起来，表现在产品的结构和造型上，创造出既有物质功能又有精神功能的现代工业产品。产品设计中艺术和技术的结合不是外在的，而是渗透在产品结构中，目的在于获得尽善

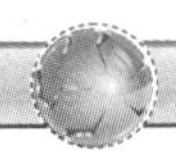

尽美的产品。

随着现代科学技术的发展，产品设计已由过去的单纯结构功能设计发展到今天的功能、结构性能的设计，认知心理和生理因素、环境等综合性、系统性设计。

在任何工业产品设计中，都存在“人与物”和“物与物”的关系。所谓“人与物”的关系，即人与产品的关系。它通过直接影响使用者的生理和心理的因素表现出来，这些由工业设计师解决。所谓“物与物”的关系，即产品内部构造的关系，它不与使用者直接产生关系，表现为构造原理、零部件连接等，决定产品能否使用，由工程师解决。如何处理这两种关系，决定了工业设计师和工程师在现代工业中的合作与分工。当今时代，许多新产品之新，不仅表现在物理性能的“新发现”上，也表现在对用户兴趣的新把握上，以及新的艺术高度上。例如，一般的汽车如果保养良好可以连续使用10年或20年，那么，为什么一些国家的汽车能连续数年保持大量生产呢？原因就在于其新的外形上。从20世纪50年代开始，美国通用汽车公司与福特汽车公司就开始了“汽车式样”之争，年年变换车型。现在汽车的价值在很大程度上取决于造型设计，这实际上是一个产品设计的思路问题。工业产品设计要符合“宜人”原则，即使人更舒适、更方便、更安全、更健康。

所以工业产品的设计既包含工程设计，又包含工业设计。

2. 设计的内涵

由于设计的发展，所涉及的领域正在不断扩大，人们对设计的理解不尽相同，但公认设计有以下基本内涵：

1）存在客观需求，需求是设计的动力源泉。现代市场营销观念的基本思想是以顾客为中心，以需求为导向。设计工作应从和客户沟通开始，深入研究一些可能的需求，澄清用户和开发者期望值，设计出人们真正想要的产品和系统。设计的根本是要动态地把握市场需求的趋势，从而适度超前地引导和创造市场，这样才能掌握竞争的主动权。

2）设计的本质是革新和创造。在设计过程中总有新事物被创造出来，这个“新”字可以指过去从未出现过的东西，也可以指已知事物的不同组合，但这种组合结果不是简单的已知事物的重复，而是总有某种新的成分出现。设计中必须突出创新的原则，通过直觉、推理、组合等途径，探求创新的原理方案和结构，做到有所发明，有所创造，有所前进。

3）设计是建立技术系统的重要环节。设计所建立的技术系统应能实现预期的功能，满足预定的要求，同时应是所给定条件下的“最优解”。

在设计过程中应避免“思维灾害”。设计质量的高低决定着产品一系列技术经济效果，产品的一系列质量问题大多是由设计失误引起的。设计中的失误会造成严重的损失，某些方案性的错误将导致产品被彻底否定。

一个设计者在研制一个技术系统时可能产生的最坏情况是：系统具有归因于设计失误或计划错误的缺陷，在系统实现并运转后，由于这些缺陷的存在，系统遭受强大的干扰，会使系统及其周围环境在一定范围内遭受损害或完全破坏，并有可能使有关人员受到伤害，这是由于系统设计者在思维过程中的缺陷导致的，故称之为“思维灾害”。

4）设计是把各种先进的技术成果转化为生产力的活动。科学技术一旦与生产密切结合起来，就将直接或间接地带来工农业生产、交通运输、邮电通信、能源供应、国民教育以及卫生事业的变化和发展，带来各产业部门之间及其内部结构体系的演变与交替，伴随而来的是新兴产业的出现、传统产业的改造、落后产业的淘汰、新产品的层出不穷；由于科学技术的迅速发展、科学发现和新技术应用于新产品开发的周期大大缩短，产品更新换代加速。而这一切的变化源于产品的设计环节。

5）设计不仅仅是计算和绘图。设计是不断发展的，利用图样进行设计不过是设计中的一个阶段，从人类生产的发展过程来看，在最初的很长时期内，产品的制造只是根据制造者本人的经验或其头脑中的构思完成的，设计与制造无法分开。随着生产的发展，产品逐渐复杂起来，对产品的需求量也开始增大，单个手工艺人的经验或其头脑中的构思已难以满足这些要求，逐渐出现了利用图样进行设计，然后根据图样组织生产的方法。

图样的出现使人们有可能将自己的经验或构思记录下来并传于他人，便于设计质量的提高和改进，以及进行复杂产品的设计制造，满足人们对复杂产品的需求；同时可以让较多的人参加同一产品的制造过程，满足社会对产品的需求及生产率的要求。由此可见，利用图样进行设计只是设计发展过程中的一个阶段。当前，社会及科学技术的发展，尤其是计算机技术的发展和应用，已经对设计的发展产生了很大的影响和冲击，计算机辅助设计技术能得出所需要的生产图样，一体化的计算机辅助设计、制造技术更可实现无图样化生产，如波音777的设计等，这一切使得人们不得不重新认识设计，研究设计理论及先进科技成就对设计的影响。设计所涉及的领域继续扩大、更加深入，当前正逐步推广的并行工程（并行设计）并不是一种具体的工程设计方法，而是一种设计理念，正如前文提到的产品全生命周期设计概念所述：要求在设计过程中自始至终把产品的设计与销售（市场需要）及制造三方面作为整体考虑（甚至应考虑产品的报废及回收）。只有广义地理解设计才能掌握主动权，得到既符合功能要求又成本低廉的创新设计。

6）设计面临的形势。社会的发展和科学技术的进步，使人们对设计的要求发展到了以下阶段：①设计要求由单目标走向多目标；②设计所涉及的领域由单一领域走向多个领域；③承担设计的工作人员从单人走向小组，甚至大的群体；④产品更新速率加快；⑤产品设计由自由发展走向有计划地开展；⑥计算机技术的发展对设计提出了新的要求。

7）设计的变迁。为了寻求保证设计质量、加快设计速度、避免和减少设计失误的方法与措施，并适应科学技术发展的需求，使设计工作现代化，引发了现代设计方法的研究。设计方法可理解为：设计中的一般过程及解决具体设计问题的方法、手段。前者可认为是战略问题，后者是战术问题。

如果对设计方法的发展进行概括，大致可以划分成：17世纪前的“直觉设计阶段”；17世纪后的“经验设计阶段”及其后形成的“传统设计阶段”；目前的“现代设计阶段”。

现代设计强调设计、生产与销售的一体化。设计不是单纯的科学技术问题，要把市场需求、社会效益、经济成本、加工工艺、生产管理等问题统一考虑，最终反映到质高、价廉的产品上。

视频讲解

5.1.2　工业产品设计基本要求

设计产品是为满足人们的需求服务的，而产品设计是为人们的使用而进行的，所以产品设计必须满足以下基本要求。

1. 功能性要求

功能性要求包括物理功能，即产品的性能、构造、精度和可靠性等；生理功能，即产品使用的方便性、安全性和舒适性等；心理功能，即产品的造型、色彩、肌理和装饰给人的愉悦感等；社会功能，即产品象征或显示个人价值、兴趣爱好或社会地位等。

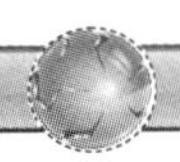

任何一种工业产品，必须是具有实用价值的实物。例如，椅子是给人坐的，电视机是供人看的，空调设备是改善环境温度的，机床是加工机器零件的，它们都有各自的实用价值和生产目的。满足了这些目的，也就实现了产品的设计目标。所以有了设计目标和目的，就必须有针对性地选择对象进行调查，依据有关材料进行分析综合，确定产品的功能及相应结构特点。

2. 审美性要求

产品必须有美观作用，使人得到美的享受。只有满足了消费者的审美需要，才能实现其美观作用。产品的审美一般是通过新颖性和简洁性来体现的，产品必须是在满足功能要求基础上的美好形体本身。当然，审美性带有一定的主观性，人们的审美观也不尽相同，但在调查时应考虑大多数人公认的美。在处理这一问题时，要综合其时代性、民族性、国籍性及个性等因素，以表现出最恰当的美。

设计师绝不能仅仅满足于产品好用、耐用和价廉，还应在形态、色彩和风格上进行必要的艺术处理，令人赏心悦目。另外，工业产品造型设计不同于美术作品的创作，它具有较强的客观性，并受到实用性、技术性、经济性的制约。因此，设计师在考虑客观存在造型美的同时，可适当地进行个性创作，把审美性与实用性、技术性、经济性统一起来考虑。

3. 经济性要求

产品设计必须从消费者的利益出发，在保证质量的前提下，尽量降低产品的成本，做到价廉物美。可以通过合理选择材料，简化结构，延长产品的使用寿命，易于运输、维修甚至回收等来降低企业的生产费用和用户的使用费用。

市场经济应该遵循的一条经济法则，就是以最低费用取得最佳效果。产品一般都是批量生产的，即使单件生产，也希望为使用者提供便宜的价格。当然，也不能一味地追求廉价而粗制滥造，那样不仅违背了产品设计的根本原则，而且产品在市场上也没有竞争力。

4. 创新性要求

设计的内涵就是创新，尤其是在今天这个科技高速发展的社会，产品更新换代越来越频繁，周期越来越短，产品设计必须突出创新性，否则很容易在市场竞争中被淘汰。

设计师进行产品设计时，必须有所创新。创新有两种形式：一种是整体结构的创新，另一种是在现有产品范畴内做局部创新。完全模仿别人的产品或者是同类产品的翻版，既无实际意义，也不符合造型设计的主旨。创新也不可能与现有的东西完全不同，有些产品在总体结构上类似，但在艺术造型构思方面有自己的独创，这样即使在同类产品中，也属于新颖造型，具有一定的竞争力，能够得到社会的承认或保护。

5. 适应性要求

设计的产品是供使用者在特定的使用环境下使用的，因此产品的设计不能不考虑产品与人、时间和环境的关系，如设计鞋子时要考虑是在室内穿还是在室外穿；同时还要考虑产品与社会的关系，如社会风俗中存在的某些忌讳因素。所以产品设计必须符合人、物、时间、地点和社会等因素所构成的使用环境的要求。

5.1.3 工业产品设计流程

1. 设计系统

设计系统是一种信息处理系统，输入的是需求（设计要求和约束条件），设计者运用一定的知识、理论和方法通过计算机、试验设备等工具进行设计，最后输出的是方案、图样、程序、文件等设计结果，如图5-1所示。随着信息和反馈

信息的增加，通过设计者的合理处理，将使设计结果更趋完美。

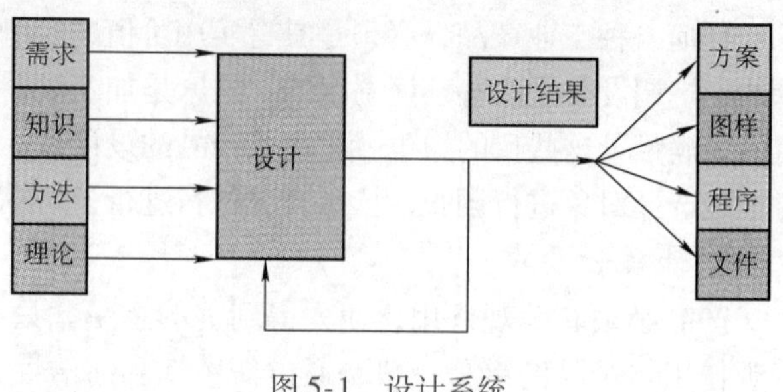

图 5-1　设计系统

从系统工程的观点分析，设计系统是一个由时间维、逻辑维和方法维组成的三维系统。时间维反映按时间顺序的设计工作阶段；逻辑维是解决问题的逻辑步骤；方法维列出设计过程中的各种思维方法和工作方法。设计过程中的每一个行为都反映为这个三维空间中的一个点。

2. 设计工作阶段与流程

（1）设计工作阶段　在不同国家，不同作者的不同著作中对设计阶段的划分不尽相同，特别是繁简不同，重要的是明确不同阶段应当完成哪些工作内容、主要要求是什么。设计进程属于设计管理的内容，了解设计工作阶段有利于自觉掌握设计进程，应尽量完成一个阶段的工作内容后再进入下一阶段。例如，许多设计人员接到设计任务后，不是有计划地进行调查研究、全面分析，弄清设计任务的本质，而是匆匆忙忙地开始设计工作，这样做的结果，可能是根本没有命中要害，或是照旧模式拼凑。掌握设计各阶段的任务，安排设计进程的时间表，使不同阶段都得到应有的时间、人力、物力保证，这是设计管理的重要内容。当然，设计过程中表现出的阶段性又不能截然分开，许多问题在后续阶段才能充分揭示，这时不可避免地要修改前面各阶段中有关的结论或设计。因此设计既有阶段性，又是一个反复进行的过程。

（2）我国的新产品设计流程　根据系统方法论，不仅把设计对象（工业产品）当做一个系统，还把产品设计过程当做系统。不但研究各个设计步骤，而且研究各个设计步骤之间的联系，把全部设计过程按系统方法连接成一个严密的、符合逻辑规律的整体，以便全面考虑问题，使设计过程科学化。

视频讲解

研究设计过程，拟定科学的、具有普遍适用性的产品设计程序，是设计方法学领域内的重要内容，也是设计工作科学化的基础。参考国外学者提出的设计过程模式，结合我国具体情况，提出符合国情的产品设计程序，以帮助设计师通过最经济的途径，获得最满意的解。产品设计过程可分为五个阶段：计划阶段、设计阶段、试制阶段、批量生产阶段和销售阶段。

产品计划阶段进行需求调查、市场预测、可行性论证及设计参数确定，选定约束条件，最后提出详细设计任务书。在此阶段，设计者应尽可能全面地了解所要研究的问题，例如，弄清设计对象的性质、要素、解决途径等。因为客观地认识问题，就是创造过程的开始。

在产品设计阶段中，原理方案设计占有重要位置，它关系到产品设计的成败和质量的优劣。在此阶段，设计师运用他们所有的经验、创新能力、洞察力和天资，利用前一阶段收集到的全部资料和信息，经过加工和转换，构思出达到期望结果的合理方案。结构方案设计是指对产品进行结构设计，即确定零部件形状、材料和尺寸，并进行必要的强度、刚度、可靠性计算，最后画出产品结构草图。总体设计是在方案设计和结构方案设计的基础上全面考虑产品的总体布置、人机工程、工艺美术造型、包装运输等因素，画出总装配图。施工设计是将总装配图拆成部件图和零件图，并充分考虑冷、热加工的工艺要求，标注技术条件，完成

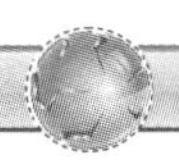

全部生产用图样，编写设计说明书、使用说明书，列出标准件、外购件明细表以及有关的工艺文件。

产品试制阶段是通过样机制造、样机试验来检验设计图样的正确性，并进行成本核算，最后通过样机评价鉴定。在此阶段，设计师深入生产车间，跟踪产品各道加工工序，及时修正设计图样，完善产品设计。同时深入使用现场跟班试验，掌握产品性能并进行维护。这是设计人员积累知识、丰富实践经验的极好机会。

批量生产阶段是根据样机试验、使用、鉴定所暴露的问题，进一步做设计修改，以完善设计图样，保证产品设计质量，同时验证工艺的正确性，以提高生产率、降低成本，确保成批生产的产品质量。

销售阶段的任务是通过广告、宣传、展览会、订货会等形式将产品向社会推广，接受用户订货。同时，设计人员要经常收集用户对产品设计、制造、包装、运输、使用维护等方面的意见和数据，加以分析整理，用于改进本产品或为下一代产品设计积累宝贵的信息。这种用户反馈是改进设计、提高设计质量的重要信息，应予以特别重视。

总之，通过上述分析可以看出，产品设计流程具有很大实用性，并且比较容易被广大设计者所理解和掌握，因为该流程是根据系统工程理论和设计方法学的基本思想结合我国产品设计习惯而编制的。与此同时，应该指出的是：产品设计流程是一种垂直有序的直线结构，但又是不断循环反馈的过程。设计者要按程序有步骤地进行产品设计，以保证设计质量，提高设计效率，少走弯路，减少返工浪费。每个设计阶段完成后，都要经过审查批准，所有图样和技术文件都要由各种技术负责人签字，这种逐级负责的责任制度对设计少走弯路、防止返工浪费具有重要作用。

5.1.4　产品设计中设计图学的运用

对产品设计开发过程的正确理解和认识关系到一个产品的生命。在传统的产品开发模式中，设计师仅仅是执行者。在许多企业中，企业决策是由领导层和工程师层决定的，技术与生产的因素占了主导地位，而市场和消费者的需求现实却得不到反映，设计师只是最后为产品“美化”一番，事实证明这种方式是行不通的。在今天，设计师是产品开发最初阶段的参与者。建立在大规模的市场调查、消费行为和生活方式预测基础上的设计创意，绝不是几张产品效果图，而是一种对生活行为的引导。正是这样的思路开发，才会创造出索尼随身听一类的划时代产品。

一个产品的开发过程涉及许多环节和部门，设计师的目标和任务在每个阶段是不同的，作为设计师最有力的工具——设计图学在每一个阶段的分工和重点也是不同的。其中，每个阶段设计图学的运用情况与目的均有所不同。例如，在方针的确定、准备、调查和可行性研究阶段，设计师必须作为主要开发过程的参与者、决策者，与技术部门、生产部门和市场部门协调一致，才能使产品开发过程合理、正常地进行，使其可行性获得充分保证。在这一阶段，设计草图的作用是非常重要的，大致有以下几点：

1）资料搜集。由于最新科学技术的迅猛发展和人们的生活需求不断更新，加速了产品造型设计步伐，产品造型设计流行性颇强，因而设计师需要不断地再学习，不断地搜集造型资料，即用设计草图的方式观察记录生活，记录世界设计潮流的最新动向，以便分析研究。

2）形态思考。设计师的设计过程是一个思维跳跃和流动的动态过程，设计师的思维往往由一个想法发展到另一个想法，由模糊到具体，再由具体到模糊（在新的基点上产生新的想法），集中、扩展，再集中、再扩展，以这种反复的螺旋上升的过程，设想、分析和优选，从而产生大量的设计方案。这些思考的过程和结果必须通过设计草图表现出来并进行推敲。

3）记录构思。设计构思中，过程性的、阶段性的、小结性的想法，都要用图形语言记录下来。一个完整的设计过程需要有完整的形象记录，这种记录只有设计草图才能完成。

4）意图表达。现代工业设计是一个社会性的、集体化的创造过程，在此过程中，设计师的构思要与有关人员进行传递、沟通；在设计的各个阶段，设计师要把方案表达出来供研讨；设计的结果要与审定者、生产者和使用者见面。在这些阶段的设计表现中，设计草图是最迅速便捷的展示方式或辅助说明手段。在计算机技术快速发展的今天，设计草图也可以通过计算机迅速有效地获得，在许多的二维和三维绘画软件中都提供了创意工具，它能使用户直接在三维模型和二维画布上，建立精确、详细的草图或图形。

又比如在设计展开阶段，设计师在进行产品结构设计时，要考虑各种要素之间的协调关系。要通过各种图样来展现产品的结构与功能，零件图、装配图以及计算机图形技术是这个阶段的主要技术文件与设计实现手段。它能提供多种直观的、合理的结构方式供设计者参考，并且是产品生产加工的有效依据。

另外，现代设计图学已开始关注动态的、与使用者相关的人机界面问题。例如，研究人在产品操作中的动作，用计算机技术与图形语言相结合的方式记录相关数据，从而在设计中，充分使用这些数据作为产品尺度定位的依据。在航空航天、汽车设计等领域，这已是一种常见的设计方式。

设计图学对产品形态的研究，还包括产品的形体构造和表面属性，而表面属性就是色彩及材料表面肌理效果。可以通过各种图形技术提供逼真的色彩还原，使设计人员在整个过程中，直观地评估表面的质量和设计的美观程度。通过应用和更改颜色及纹理，模拟多种产品材料，不需要实体模型就能立即得到直观的反馈，提高了用户使用图形交流思想的能力。

设计人员"用图像表达"产品设计思想。这些图像既可帮助用户选择设计，又可使企业赢得新业务。营销管理等公司内部小组也可以使用这些图像在产品生产前对其进行改进，最终降低开发成本，缩短上市时间。

总之，在设计开发过程中，设计图学几乎介入了所有的设计阶段，只是在每个阶段中的表现不同。只有通过设计图形语言，才能把设计的意图、设计的结果直观地展现出来，供生产、研究、制造、销售。所以设计图学几乎是产品造型设计的基石。

设计图学可以承上启下，客观地反映产品设计的全过程。并且在实施过程中，设计图学也起到了一个沟通设计师和企业决策者的桥梁作用。

5.2 产品工程设计概述

人类为了生存得更好，不断地改造着自然，同时也在改造着人类社会自身。在这个改变主、客观世界的进程中就产生了有目的的意识活动，这实际上就是一般意义上的"设计"。物质世界的飞跃发展、科学技术的进步都离不开设计。

工程设计的最终目的是为市场提供优质高效、价廉物美的工业产品，在市场竞争中取得优势，赢得用户，取得良好的经济效益。

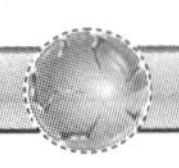

产品的质量和经济效益取决于设计、制造和管理的综合水平，而产品设计则是关键。没有高质量的设计，就不可能有高质量的产品；没有经济观念的设计者，绝不可能设计出性能价格比好的产品。因此，在工业产品设计中，特别强调和重视从系统的观点出发，合理地确定系统的功能；重视机电技术的有机结合，注意新技术、新工艺及新材料等的采用；努力提高产品的可靠性、经济性及保证安全性。

5.2.1　工程设计的概念

设计概念趋于广义化，被认为是“一种始于辨识需要，止于需要满足的装置或系统的创造过程”。横向上，设计包括了设计对象、设计进程甚至设计思路的设计；纵向上，设计贯穿于产品孕育至消亡的全生命周期，涵盖了需求辨识、概念设计、总体设计、技术设计、生产设计、营销回收处理等设计活动，起到促进科学研究、生产经营和社会需求之间互动的中介作用。

工程设计是对工程技术系统进行构思、计划并把设想变为现实的技术实践活动，设计的目的是建立性能好、成本低、价值最优的满足需要功能的技术系统。工程设计是以创造物质世界为目的的活动过程。具体地说，工程设计是应用当代的技术手段，创造性地寻求能更好地满足社会某种特定物质需求的途径的功能过程。

不同国家，甚至同一国家的不同行业对工程设计所下的定义有所不同，下面列举几种典型定义：

美国工科硕士、博士学位授予资格审查委员会和美国机械工程师学会共同给出的定义是：“工程设计是为适应市场明确显示的需求，而拟定系统、零部件、方法的决策过程。在多数情况下，这个过程要反复进行，要根据基础科学、数学和工程科学为达到明确的目标对各种资源实现最佳的利用。”

美国的Wooderson于1966年给出的定义是：“设计是一种反复决策、制订计划的活动，而这些计划的目的是把资源最好地转变为满足人类需求的系统或器件。”

英国Fielden委员会给出的定义是：“工程设计是利用科学原理、技术知识和想象力，确定最高的经济效益和效率，实现特定功能的机械结构、整机和系统的活动。”

日本金泽工业大学的佐藤豪教授给出的定义是：“工程设计是在各种制约条件下为最好地实现给定的具体目标，制订出机器、系统或工艺过程的具体结构或抽象体系的活动。”

这些定义的侧重点不同，但关于设计的依据、目标、要求、设计过程的本质、支持设计工作的基本要素等都有比较全面清晰的说明。工程设计是有目的的活动，它以满足社会某种特定的物质需求为目标；它要充分应用当代的科学、技术手段；它还强调人的创造力的有效发挥。所以，一个成功的工程设计过程，实质上就是人类创造力的转化过程。

5.2.2　工程设计类型与设计原则

1. 设计类型

(1) 开发型设计　在设计原理、设计方案全都未知的情况下，根据产品总功能和约束条件进行全新的创造。这种设计是在国内外尚无类似产品情况下的创新，如发明性产品属于开发型设计。

(2) 适应型设计　在总的方案和原理不变的条件下，根据生产技术的发展和使用部门的要求，对产品结构和性能进行更新改造，使其适应某种附加要求。如电冰箱从单开门变为双开门、单缸洗衣机变为双缸洗衣机等。

（3）变参数型设计　在功能、原理、方案不变的情况下，只是对结构设置和尺寸加以改变，使之满足功率、速比的不同要求。如不同中心距的减速器系列设计、中心高不同的车床设计、传递不同转矩的摩擦离合器的设计等。

2. 设计原则

（1）满足社会需求　工业产品的设计总是以满足社会需求为前提，一项产品的性能应尽量满足用户的需求。没有需求就没有市场，也就失去了产品存在的价值和依据。社会的需求是变化的，不同时期、不同地点、不同的社会环境就会有不同的市场行情和需求。产品应不断地更新改进，适应市场的变化，否则就会滞销、积压，造成浪费，影响企业的经济效益，严重时甚至会导致企业的倒闭。所以，设计师必须确立市场观念，将社会需求和为用户服务作为最基本的出发点。

视频讲解

（2）创新原则　设计本身就是创造性思维活动，只有大胆创新才能有所发明，有所创造。但是，今天的科学技术已经高度发展，创新往往是在已有技术基础上的综合。有的新产品是根据别人的研究试验结果而设计的，有的是博采众长并加以巧妙的组合。因此，在继承的基础上创新是一条重要原则。

（3）可靠原则　产品设计力求技术上先进，但更要保证使用中的可靠性，即无故障运行的时间长短是评价产品质量优劣的一个重要指标。所以，产品要进行可靠性设计。可靠性是指产品在规定条件下和规定时间内完成规定功能的能力。这里所指的产品可以是零部件，也可以是整机系统。规定条件是指对产品进行可靠性考核时所规定的使用条件和环境条件，包括载荷状况、工作制度、应力、强度、湿度、粉尘及腐蚀等，也包括操作规程、维修方法等。规定时间是指对产品可靠性考核时所规定的时间，包括运行时间、应力循环次数、行驶的里程等。规定功能是指对产品考核的具体功能，产品规定功能的丧失称为失效，对可修复产品的失效称为故障。

（4）效益原则　在可靠的前提下，力求做到经济合理，使产品价廉物美，才有较强的竞争力，创造较高的技术经济效益和社会效益。也就是说，在满足用户提出的功能要求的前提下，应有效地节约能源，降低成本。提高产品的经济性，既是提升产品市场竞争力、赢得用户的需要，也是节约社会劳动、提高社会效益的需要。

（5）安全性要求　产品的安全性包括以下两方面：

1）产品执行预期功能的安全性。即机器运行时系统本身的安全性，如满足必要的强度、刚度、稳定性、耐磨性等要求。因此，必须按有关规范和标准进行设计计算。另外，为了避免机器由于意外原因造成故障或失效，通常需要配置过载保护、安全互锁等装置。例如，为了保证传动系统在过载时不致损坏，常在传动链中设置安全离合器或安全销。又如，为保证机器安全运行，离合器与制动器必须设计成互锁结构，即离合器与制动器不能同时工作。

2）人机环境系统的安全性。机器是为人类服务的，同时它又在一定的环境中工作，人、机、环境三者构成了一个特殊的系统。机器工作时，不仅其本身应具有良好的安全性，使用机器的人员及周围的环境也应具有良好的安全性。

（6）审核原则　设计过程是一种设计信息加工、处理、分析、判断、决策、修正的过程。为减少设计失误，实现高效、优质、经济的设计，必须随时对每一设计程序的信息进行审核，不允许有错误的信息流入下一道工序。实践证明，产品设计质量不好，其原因往往是审核不严格。因此，适时而严格的审核是确保设计质量的一项重要原则。

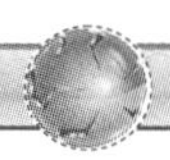

3. 设计过程中的方法与理论

设计过程中的方法与理论见表 5-1。

视频讲解

表 5-1 设计过程中的方法与理论

设计阶段	方法	理论及工具	
明确设计任务（产品规划）	预测技术与方法	技术预测理论 市场学 信息学	—
方案设计	系统化设计法	系统工程学 图论 形态学	计算机
	创造性方法	创造学 思维心理学	
	评价与决策方法	决策论 线性代数 模糊数学	
技术设计	构形法	系统工程学	
	价值设计	价值工程学 力学 摩擦学 制造工程学	
	优化设计	优化理论学	
	可靠性设计	可靠性理论	
	宜人性设计	人机工程学	
	产品造型设计	工业美学	
	系列产品设计 模化设计及模型试验	相似理论	
施工设计	—	工程图学 工艺学	

5.2.3 现代设计方法

1. 传统设计的特点和问题

传统设计是一种经历了直觉设计、经验设计和半理论半经验设计三个发展阶段，并于20世纪50年代后期形成的，至今仍被广泛采用的设计方法。它基本上是凭借直接或间接的经验，通过类比法来确定方案，然后以机械零件的强度和刚度理论对确定的形状与尺寸进行必要的计算及验算，以满足限定的约束条件。

它比因时制宜的、根据直觉进行设计的直觉设计方法有了很大的改进，因为它是在丰富的设计实践的基础上总结出来的，利用类比作为依据，并使用经验数学公式进行必要的计算，是在经验的基础上经过一定的科学总结和提高的方法。

由于运用的数据和计算是经验的总结与概括，因此总要受到当时科学技术条件的限制，其中疏忽了许多重要的因素而造成设计结果的不确切和错误。另外，一个产品的开发需要经过设计、试制、修改等的反复循环。在当今机械产品的功能、原理要求创新，经济寿命周期要求缩短，技术更新速度要求加快的情况下，传统的常规设计方法在设计科学性和周期上都显得十分不足。

2. 现代设计方法及其特点

现代设计方法是一门新兴的多元交叉学科，于20世纪60年代初开始孕育，经过美国、英国、德国、瑞典、丹麦、日本等国学者多年的探索、研究和实践，已形成概括为突变论、功能论、优化论、智能论、系统论、离散论、控制论、对应论、模糊论、艺术论等的科学方法学，是以设计产品为目标的一个知识群体的总称。它运用系统工程，实行了人-机-环境系统一体化设计，使设计思想、设计进程、设计组织更合理化、现代化；大力采用许多动态分析方法，使问题分析动态化，设计进程和设计战略、设计方案和数据的选择广义优化，计算、绘图等计算机化，所以有人以动态化、优化、计算机化来概括其核心。

现代设计方法有以下特点：

（1）程式性　现代设计方法研究设计的全过程，要求设计者从产品规划、方案设计、技术设计、总体设计、施工设计到试验、试制进行全面考虑，按步骤有计划地进行设计。

（2）创造性　现代设计突出人的创造性，充分发挥设计者的创造性思维能力及集体智慧，运用各种创造技法，力求探寻更多的突破性方案，开发创新产品。

（3）系统性　现代设计强调用系统工程处理技术系统问题。设计时分析各部分的有机联系，力求系统整体最优，同时要考虑系统与外界的联系，即人-机-环境的大系统关系。

（4）优化性　通过优化理论及技术，对技术系统进行方案优选、参数优化和结构优化，争取使技术系统整体最优，以获得功能全、性能好、成本低、价值优的产品。

（5）综合性　现代设计方法是一门综合性的边缘性学科，突破了传统、经验、类比的设计。采用逻辑、理论、系统的设计方法，在系统工程、创造工程的基础上，运用信息论、相似论、模糊论、可靠性、有限元、人机工程学及价值工程、预测学等理论，同时采用集合、矩阵、图论等数学工具和计算机，总结设计规律，提供多种解决设计问题的途径。

（6）CAD技术　全面引入计算机辅助设计，提高设计速度和质量。CAD不仅被用于计算和绘图，在信息储存、预测、评价决策、动态模拟，特别是人工智能方面，将发挥更大的作用。

3. 传统设计与现代设计的比较

传统设计与现代设计的比较见表5-2。

4. 现代设计与传统设计的关系

（1）继承的关系　现代设计方法和技术是在传统设计方法的基础上发展起来的，它继承了传统设计方法中的精华之处，例如，设计的一般原则和步骤、价值分析、造型设计、类比原则和方法、相似理论和分析、市场需求调查、冗余和自助原则、积木式组合设计法等。因此，在介绍某些现代设计方法和技术时，不应片面夸大，应当认识到它们的许多内容是传统设计法的继承、延伸和发展。

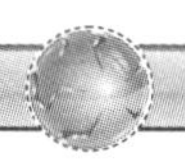

表 5-2 传统设计与现代设计的比较

比较内容	传统设计	现代设计
设计性质	侧重技术	面向功能目标，将技术、经济和社会环境因素结合在一起统筹考虑
设计进程	在战略进程和战术步骤上有随意性	强调设计进程及其步序的模式化
设计手段	计算器、图板加手册的个体手工作业	充分利用电子计算机进行计算、自动绘图和数据库管理，集团分工协作
设计方式	以经验总结、规范依据为主	强调预测与信号分析及创造性的相互配合
设计部署	只限于从方案到工作图这个阶段	贯穿开发的全过程，考虑全生命周期的质量信息反馈
设计思维	朝向结构方案的收敛性思维	面向总体功能目标的发散性思维
设计方法	采用少数的验证性分析，以满足限定的约束条件	多元性方法学直接综合，使其在各种条件下实现方案与全域优化目标
设计目标	局限在微观和结构	注重全局构成及协调，包括造型设计、宜人设计
设计考虑的工况	按确定工况与静态考虑	研究动态的随机工况、模糊性及随机性
设计评估	采用单项与以人为准则	采用科学的模糊综合评判

（2）共存与突破的关系　从直觉设计发展到经验设计以至现代设计，都具有时序性和继承性。其在一定时期内具有共存关系，而当前的现代设计方法和技术还远未达到成熟完善的水平。

5.3 产品方案设计与零部件设计

5.3.1 工程设计的一般过程

工业产品设计的过程是一个复杂的过程，不同类型的产品、不同类型的设计，其产品的设计过程不尽相同。产品的开发性设计过程大致包括规划设计、方案设计、技术设计、施工设计及改进设计等阶段。

1. 规划设计

（1）市场调查　在明确任务的基础上，广泛地开展市场调查。其内容主要包括用户对产品的功能、技术性能、价位、可维修性及外观等具体要求；国内外同类产品的技术经济情报；现有产品的销售情况及该产品的预测；原材料及配件供应情况；有关产品可持续发展的相关政策、法规等。

（2）可行性分析　针对上述技术、经济、社会等各方面的情报进行详细分析，并对开发的可能性进行综合研究，提出产品开发的可行性报告，报告一般包括以下内容：

1）产品开发的必要性，市场需求预测。

2）有关产品的国内外水平和发展趋势。

3）预期达到的最低目标和最高目标，包括设计技术水平以及经济、社会效益等。

4）在现有条件下开发的可能性论述及准备采取的措施。

5）提出设计、工艺等方面需要解决的关键问题。

6）投资费用预算及项目的进度、期限等。

（3）技术任务书　技术任务书下达对开发产品的具体设计要求，它是产品设计、制造、试制等评价决策的依据，也是用户评价产品优劣的尺度之一。

技术任务书的具体内容主要包括：

1）产品功能、技术性能、规格及外形要求。

2）主要物理参数、力学参数、可靠性、寿命要求。

3）生产能力与效率的要求。

4）环境适应性与安全保护要求。

5）经济性要求。

6）操纵、使用维护要求。

7）设计进度要求。

2. 方案设计

市场需求的满足是以产品功能来体现的。实现产品功能是产品设计的核心，体现同一功能的原理方案可以是多种多样的。因此，这一阶段就是在功能分析的基础上，通过创新构思、优化筛选，取得较理想的功能原理方案。产品功能原理方案的好坏，决定了产品的性能和成本，关系到产品的水平和竞争力，它是这一设计阶段的关键。

方案设计包括产品功能分析、功能原理求解、方案的综合及评价决策，最后得到最佳功能原理方案。对于现代机械产品来说，其机械系统（传动系统和执行系统）的方案设计往往表现为机械运动示意图（机械运动方案图）和机械运动简图的设计。

3. 技术设计

技术设计的任务是将功能原理方案得以具体化，成为机器及其零部件的合理结构。在此阶段要完成产品的参数设计（初定参数、尺寸、材料、精度等）、总体设计（包括总体布置图、传动系统图、液压系统图、电气系统图等）、结构设计、人机工程设计、环境系统设计及造型设计等，最后得到总装配草图。

4. 施工设计

施工设计工作内容包括由总装配草图拆分零件图，进行零部件设计，绘制零件工作图、部件装配图；绘制总装图；最后编制技术文件，如设计说明书、标准件及外购件明细表、备件和专用工具明细表等。

5. 改进设计

改进设计包括样机试制、测试、综合评价及改进，以及工艺设计、小批生产、市场销售及定型生产等环节。

根据设计任务书的各项要求，对样机进行测试，发现产品在设计、制造、装配及运行中的问题，细化分析问题。在此基础上，对方案、整机、零部件做出综合评价，对存在的问题和不足加以改进。

5.3.2　方案设计和机械零部件设计概述

机械系统的方案设计和机械零部件设计是产品工程设计过程的重要内容，是决定工业产品质量、水平、性能和经济效益的关键。

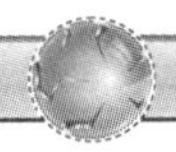

1. 方案设计的主要内容及要求

(1) 方案设计的主要内容　产品系统方案设计包括以下几项内容：

1）功能原理设计。根据产品所要实现的功能，提出一些工作原理方案及相应的工艺动作构思，这一过程就是功能原理设计。

2）机械运动原理方案设计。根据功能原理方案设计中提出的工艺动作过程及各动作的运动规律要求，选择若干种类型的机构，按一定的顺序把它们组合成一个机构系统，该系统能合理、可靠地完成上述工艺动作过程。机械运动原理方案设计又称为机构的型综合。

3）机械运动简图设计。根据各工艺动作的运动规律和运动协调条件，确定机械运动方案中各机构的运动尺寸。上述表达机械系统中各机构的结构形式、相互间连接情况及运动尺寸的图就是机械运动简图。机械运动简图设计又称为机构的尺度综合。

(2) 方案设计的基本要求　根据机械设计的基本要求，在方案设计阶段应满足的主要要求是：

1）运动要求。机构系统应满足工艺动作提出的运动形式、运动规律、运动协调性及运动精度等要求。

2）动力要求。机构系统的动力参数应满足机械的工作要求，具有机械效率高、速度波动小、平衡精度高、冲击振动小等良好的动力特征。

3）经济性要求。机构系统应满足结构组成简单、布局合理、易加工制造、使用维修方便等要求。

另外，机构系统工作稳定可靠、操作方便、环境的适应性也都是不可忽视的要求。

2. 机械零部件设计概述

(1) 设计的主要内容和要求　机械零部件设计是机械设计的重要组成部分，机械运动方案中的机构和构件只有通过零部件设计才能得到用于加工的零件工作图与部件装配图，同时它也是机械总体设计的基础。机械零部件设计的主要内容包括：根据运动方案设计和总体设计的要求，明确零部件的工作要求、性能、参数等，选择零部件的结构构型、材料、精度等，进行失效分析和工作能力计算，画出零件图和部件装配图。

机械产品整机应满足的要求是由零部件设计所决定的，机械零部件设计应满足的要求为：

1）工作能力要求。具体包括对强度、刚度、寿命、耐磨性、耐热性、振动稳定性及精度等的要求。

2）工艺性要求。加工、装配具有良好的工艺性且维修方便。

3）经济性要求。主要指生产成本要低。

此外，还要满足噪声控制、防腐性能、不污染环境等环境保护要求和安全要求等。以上要求往往互相牵制，需全面综合考虑。

(2) 零件的失效形式和计算准则　机械零件会由于各种原因失效而不能正常工作，其失效形式很多，主要有断裂、表面压碎、表面点蚀、塑性变形、过度弹性变形、共振、过热及过度磨损等。

为了保证零件能正常工作，在设计零件时应首先进行零件的失效分析，预估失效的可能性，采取相应措施，其中包括理论计算，计算所依据的条件称为计算准则，常用的计算准则有：

1）强度准则。强度是机械零件抵抗断裂、表面疲劳破坏或过大塑性变形等失效的能力。强度要求是保证机械零件能正常工作的基本要求，其典型的计算公式为

$$\sigma \leqslant [\sigma] = \sigma_{\mathrm{lim}}/s$$

式中，σ 为零件的工作正应力，单位为 MPa；$[\sigma]$ 为材料的许用正应力，单位为 MPa；σ_{lim} 为材料的极限正应力，单位为 MPa；s 为安全系数。

2）刚度准则。刚度是指零件在载荷的作用下抵抗弹性变形的能力。刚度准则要求零件在载荷作用下的弹性变形 y 在许用的极限值 $[y]$ 之内，其表达式为

$$y \leqslant [y]$$

3）振动稳定性准则。对于高速运动或刚度较小的机械，在工作时应避免发生共振。振动稳定性准则要求所设计的零件固有频率 ξ_{ρ} 应与其工作时所受激振源的频率 ξ 错开。当 $\xi_{\rho} > \xi$ 时，要求 $\xi_{\rho} > 1.15\xi$；当 $\xi_{\rho} < \xi$ 时，要求 $\xi_{\rho} < 0.85\xi$。

4）耐热性准则。机械零部件在高温工作条件下，由于过度受热，会引起润滑油失效、氧化、胶合、热变形、硬度降低等问题，使零件失效或机械精度降低。因此，为了保证零部件在高温下正常工作，应合理设计其结构及合理选择材料，必要时须采用水冷或气冷等降温措施。

5）耐磨性准则。耐磨性是指相互接触并运动的零件的工作表面抵抗磨损的能力。当零件过度磨损后，将改变其结构形状和尺寸，削弱其强度，降低机械精度和效率，以致零件失效报废。因此，机械设计时应采取措施，力求提高零件的耐磨性。

关于磨损的计算，目前尚无简单可靠的理论公式，常采用条件性计算。一是验算比压 p 不超过许用值 $[p]$，以保证工作面不致因油膜破坏而产生过度磨损；二是对于滑动速度 v 比较大的摩擦表面，为防止胶合破坏，要限制单位接触表面上单位时间内产生的摩擦功不能过大。当摩擦因数 f 为常数时，可验算 pv 值（压力速度值）不超过许用值 $[pv]$，其表达式为

$$p \leqslant [p]$$

$$pv \leqslant [pv]$$

6）可靠性准则。机械系统的可靠性是靠零件的可靠性要求来保证的。对于重要的机械零件，要求计算其可靠度 R，并作为可靠性的指标，其一般表达式为

$$R = N_{\mathrm{s}}/N_0 = 1 - N_{\mathrm{f}}/N_0$$

式中，N_0 为在一定的工作条件下和在规定时间 t（寿命）内试验零件的总数；N_{s} 为正常工作零件数；N_{f} 为失效零件总数，$N_0 = N_{\mathrm{s}} + N_{\mathrm{f}}$。

（3）机械零件的设计计算　机械零件的主要尺寸常常需要通过理论计算来确定。理论设计计算是根据零件的结构特点和工作情况，将它合理简化成一定的物理模型，运用理论力学、材料力学、流体力学、摩擦学、热力学、机械振动学等理论设计计算或利用这些理论推导出设计公式、试验数据进行设计。理论设计计算可分为设计计算和校核计算两种。

1）设计计算。按设计公式直接求得零件的主要尺寸。

2）校核计算。已知零件各部分的尺寸，用设计公式校核其是否满足有关的设计计算准则。

为了使设计计算的结果更符合实际，应该多方面参考过去成功的设计和实践积累的经验关系式、统计数据等。对于一些大型的、结构复杂的重要零件，必要时还可以进行模型试验

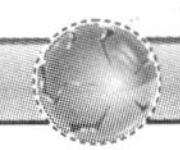

或实物试验。

(4) 机械零部件的标准化　在机械设计中，应尽可能地遵循标准化的原则。机械产品标准化的内容包括标准化、系列化和通用化三方面，简称机械产品的“三化”。

标准化是对机械零件的种类、尺寸、结构要素、材料性能、检验方法、设计方法、公差配合及制图规范等制定出相应的标准，供设计、制造及修配中共同遵照使用。如螺栓、螺母、垫圈等的标准化。

系列化是指产品按主要参数分档，形成一定系列的产品，这样可用较少规格的产品满足不同的需要，如圆柱齿轮减速器系列。系列化是标准化的重要组成部分。

通用化是对不同规格的同类产品或不同类产品，在设计中尽量采用相同的零件或部件，如几种类型不同的轿车可以采用相同的轮胎。通用化是广义的标准化。

第6章　工业产品设计中的工业设计

这一章将学习产品设计开发中的工业设计基本理论和方法。

6.1　工业设计概述

6.1.1　工业设计的概念

“工业设计”一词在我国出现得比较晚，不少工程技术人员对工业设计的基本概念了解甚少，更不用说自觉地使自己所进行的工程设计成为工业设计的一个有机组成部分了。在主管经济的部门，也没有完全统一对工业设计的认识，不少主管人员并未认识到工业设计本身就是巨大生产力与商品经济的巨大竞争力的来源。

现代工业设计的概念，可以说是在现代社会艺术与技术的变革中诞生的。工业设计是一个外来名词，由英语 Industrial Design 直译而来，在我国曾被称为工业美术设计、产品造型设计、产品设计等。近年统一称为“工业设计”。

1980 年，国际工业设计协会联合会（ICSID）在法国巴黎举行的第 11 次年会上对工业设计做了如下定义：“就批量生产的工业产品而言，凭借训练、技术知识、经验及视觉感受而赋予材料、结构、构造、形态、色彩、表面加工以及装饰一新的品质和规格，叫工业设计”。根据当时的具体情况，工业设计师应该在上述工业产品全部方面或几个方面进行工作，而且当需要工业设计师对包装、宣传、展示、市场开发等问题的解决付出自己的技术和经验以及视觉评价能力时，也属于工业设计的范畴。2006 年 ICSID 再次修改定义：“设计是一种创造性的活动，其目的是为物品、过程、服务以及它们在整个生命周期中构成的系统建立起多方面的品质。因此，设计既是创新技术人性化的重要因素，也是经济文化交流的关键因素。”

根据这个定义，工业设计有两种概念，即狭义的工业设计和广义的工业设计。狭义的工业设计是指工业产品造型设计；广义的工业设计是指以工业产品造型设计为核心，还包括推广产品的辅助设计。

几乎一切由机械批量生产的产品（消费品、各种设备），以及为推广产品而进行的一切宣传活动（包装装潢、海报张贴等视觉传达设计），都属于工业设计范畴。也就是说，产品和产品系统是工业设计的主要范畴，它几乎涉及所有关系人类生存环境的工业产品领域。

工业设计不同于自然科学领域的工程设计，也不同于艺术领域中的工艺美术设计，它是融合了自然和艺术两大领域中各种学科的边缘学科。它横跨工程技术、人机工程学、价值工程、生理学、心理学、美学、艺术、经济和市场营销等多门学科。

6.1.2　工业设计基本要素

工业设计把研究对象的产品当作一个系统，运用技术和艺术的手段进行创造、构思、设计，并使一个系统转换为连贯统一的和谐整体。产品存在的基本条件或系统的组成要素为：

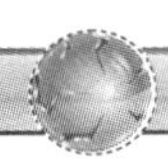

功能、物质技术条件和造型，这三者之间相互联系和作用。功能是目的，物质技术条件是基础，造型是手段，由此构成系统与要素的对立统一。

功能是指产品所具有的某种特定功效和性能；造型是产品的实体形态，是功能的表现形式；产品功能的实现和造型确定需要的材料，以及赋予材料特定的造型和实现功能的各种技术、工艺和设备，这些统称为产品的物质技术条件。

产品的功能、造型和物质技术条件是相互依存、相互制约，而又不完全对应地统一于产品之中的。正是因为其不完全的对应性，才产生了丰富多彩的产品世界。

1. 功能与造型

功能是产品的决定性因素，决定着产品的造型；但功能不是决定造型的唯一因素。同一产品的功能，可以有不同的造型形态，但造型不能与功能相矛盾。功能包含物理功能、生理功能和心理功能。

物理功能是指构成造型的有关材料、结构等因素，不同的材料有着不同的结构，因而塑造的造型也不同。例如，要制作一把椅子，需要考虑用什么材料、什么加工工艺，从而塑造出怎样的造型。

生理功能是指构成造型与使用上的舒适及应用功能等条件的发挥。因为产品是为人所使用的，人在使用过程中如果感觉不舒服，其产品的设计就彻底失败了。因此，设计时必须考虑人机工程学的要求，以达到安全、舒适、方便的多重效果。

心理功能是指该造型的视觉美感效果。产品所塑造的造型应使人类在精神方面产生积极的效果。

功能决定“原则形象”，内容决定“原则形式”，这是现代设计的一个基本原理。任何时候设计师都要了解自己设计的产品功能所包含的内容，并使造型适应它、表现它。造型本身也是一种能动因素，具有相对的独立价值，它在一定条件下会促进产品功能的改善，起到催化剂的作用。

2. 物质技术条件与造型

物质技术条件是实现功能与造型的根本条件，是构成产品功能与造型的中介因素。它既是实现产品功能和造型的客观物质基础，又是塑造产品形象的“语言”。它给产品造型以制约，同时又给它以推动。相同或类似的功能与造型，如椅子，可以选择不同的材料；材料不同，加工方法也就不同。

没有适当的构造，形就“搭”不起来。例如，将质轻、极薄的纸张竖起来时，几乎承受不了任何压力，但若围成圆筒，则能承受一定的压力；若再做折叠，抗压力将大大增强。这说明形的不同、构造的不同，其质也有变化。结构也受材料和工艺的制约，不同材料与加工工艺能实现的结构方式也不一样。不同的材料与加工技术会在视觉和触觉上给人以不同的感觉。由于材料的配置、组织和加工方法不同，使造型产生轻、重、软、硬、冷、暖、透明、反射等不同的形象感。因此，材料的加工，尤其是表面装饰工艺的应用，不仅丰富了造型的艺术效果，而且成为衡量造型质量的重要标志。

充分利用现代工业技术提供的条件，充分发挥材料和加工技术的优势，可以使产品造型的自由度和完整性增加，给产品带来多样化的风格与情趣。物质技术条件也要为功能服务，如果不顾功能是否需要而一味堆砌材料，必将破坏产品的协调整体感。

6.1.3 工业设计对产品的重要性

1. 满足顾客需求的重要性

大多数市场上销售的产品都可以通过较好的工业设计在某些方面得到改进，人们所使用、操纵或所见到的所有产品在商业销售上的成功都在很大程度上依赖于工业设计。

传统的评价工业设计重要性的指标主要是人机工程学和美学。

（1）人机工程学方面的需求

1）使用方便。使用方便对于大多数消费者来说非常重要，尤其是在产品具有多种特性或功能，并且有多种操作模式时。

2）维护的简便性。如果该产品需要经常维修和维护，如家用电器的维护，用户一般希望操作简单方便，在大多数情况下，最好的方案是减少维护的必要性。

3）产品的用户界面。用户界面的新颖性是在改进设计中首先应该考虑的。产品的用户界面越多，工业设计在产品的界面设计上就越重要。

4）安全因素考虑。所有的产品都必须考虑其安全性。对于某些特殊产品，如儿童玩具的设计，安全因素可能是设计人员面临的重大挑战。

（2）美学方面的需求

1）产品的差别化。具有稳定市场和成熟技术的产品在很大程度上依赖于工业设计来创造美观的外形，从而通过产品差异化来吸引消费者。

2）产品的外观。消费者对产品的感受很大程度上取决于产品的外观，即产品的形象和式样，美观的造型和式样往往能吸引顾客，并给拥有者带来强烈的自豪感。相反，看起来粗糙、保守的产品是不会吸引顾客的。

3）美观的产品设计激励着开发人员。当一个具有美观外形的产品最终生产出来时，常常会在设计人员和制造人员心目中产生一种集体荣誉感，而这种集体荣誉感将有助于激励和凝聚每一个开发人员。

2. 工业设计的经济效益

前面主要介绍了工业设计在满足顾客需求方面的重要性，下面来讨论工业设计所产生的经济效益。

（1）工业设计的费用　工业设计的费用包括直接成本、制造成本和时间成本。直接成本是指工业设计服务的开销，取决于雇佣设计师的知名度和人数、项目周期、所需模型的数量，以及材料费用和相关开支；制造成本是具体实现工业设计师所确定的产品细节的费用；时间成本是指延迟产品进入市场的时间所造成的不利后果。

（2）工业设计的利益　工业设计所带来的好处包括以额外或更好的特征来美化产品的外观、增加顾客满意度、强化品牌形象和产品的差异性。这些方面使得相对于那些没有经过工业设计的产品来说，这些产品能卖到更高的价格，占有更大的市场份额。

国外对于上述两者的费用开展过的研究表明，有90%的工业设计开发项目得到了回报，销售额平均增长41%。

6.1.4 工业设计的社会作用

工业设计的目的，不仅仅是制作一个可用的东西，也不仅仅是制作一个可看的东西，而是使人们的生活更加便利、高效、舒适和清洁，为人们创造一个美的生活环境，向人们提供

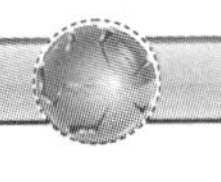

一种新的生活模式。可以说，工业设计是在设计人的生活方式，是在引导人们的生活潮流。纵观当今世界，那些发达的、经济条件好的国家，无不重视工业设计。20世纪70年代，瑞典国家工业委员会着手组织一个专门的政府机构，系统规划国家的工业设计战略。美国、意大利、日本等国均设立国家元首工业设计顾问、全国性工业设计委员会、工业设计奖以及政府的工业设计专职部门。如此众多的国家和政府高级官员给予工业设计高度重视，说明设计在经济发展中已成为举足轻重的因素。工业设计师必须以自己的设计质量向人们表明工业设计的社会作用。在这里，设计已不仅仅是技术工作、经济活动、艺术创作，而且具有指导和教育大众的职能。概括起来讲，工业设计对社会具有以下几个直接的作用：

视频讲解

1）设计质量的提高和对产品各部分合理的设计、组织，促使产品与生产更加科学化，科学化的生产必将推进企业管理的现代化。现代企业不能满足于产品开发一个生产一个。对于产品的开发，应该是生产一代、开发一代、储备一代。采用这样的新产品开发战略才能使企业立于不败之地。

2）创新的设计，能促使产品开发和更新，提高市场竞争能力，促进产品销售，增加企业经济效益。

3）设计充分适应和满足人对产品物质功能与精神功能两个方面的要求，扩大了企业的生产范围，给人们创造出多样化的产品。既丰富了人们的生活，又使企业具备了应付市场劣势、立于不败之地的能力。

4）设计的审美表现力成为审美教育的重要手段之一。在没有工业设计的年代或设计水平落后的年代，提起欣赏艺术，人们总是去美术馆、艺术馆或影剧院。而今天工业设计师们将艺术造型融合于实用品之中，使美的观念从画布、画笔之间的狭窄缝隙中扩展出来，融入一把椅子、一支钢笔、一台电扇或一架飞机中去。优良造型设计所传达的艺术信息，远比纯艺术的绘画和雕塑多得多。它给平凡的、实用的劳动与生活过程带来了艺术的魅力。

5）设计促进了社会审美意识的普遍提高，对发展人类文明有着潜移默化的积极作用。当一个社会的所有成员都努力追求使用优良设计的产品，并使之蔚然成风时，这个社会也就会成为一个文化素质较高的社会。

对工业设计重要性的认识不只是设计界内部的事，它需要整个社会达成共识，设计师们担当着引导作用。当然，设计师们必须深刻理解“吸铁石原理”。设计师们须与大家站在同一起跑线上，但需稍站得靠前一些，不断地引导人们向前走。如果相距太远，吸铁石就失去了磁性，纵然想法再好，也是徒劳的。

6.2　工业设计的创造方法

6.2.1　创造性思维

1. 创造性思维的概念

思维是一种极为复杂的生理现象，一般认为，思维是人脑对客观事物间接的、概括的反映，它既能能动地反映客观世界，又能能动地反作用于客观世界。思维有再现性、逻辑性和创造性。

创造性思维又称为变革性思维，目前还没有一个统一的定义。创造性思维是反映事物本质属性和内在、外在的有机联系，具有新颖的、广义模式的一种可以物化的思想心理活动。这是最能集中表现人类智慧的思维活动。它使人类突破各自的自然极限，在一切领域开创新局面。创造性思维是人类所具有的最有效的生活手段，正是由于无数创造性的想法，才迎来了今天的舒适生活。

创造性思维是人脑特有的属性，人类就是凭着创造性思维不断认识世界和改造世界的，可以说，现实世界中的一切都是人类创造性思维的结果。

2. 创造性思维的类型

创造性思维是整个创造活动中体现出来的思维方式，是人类一种求新、无序、立体的高级思维形式，是多种思维类型的复合体，是逻辑思维、非逻辑思维、形象思维、灵感思维等的有机结合，它在整个创造过程中处于中心和关键地位。

（1）形象思维　形象思维以意象为基本形式，通过想象来描述形象，把头脑中的意象外化为可感的、别人能接受和理解的具体形象，以表达思想、显示真理。在整个思维过程中，形象思维紧扣事物的“形”与“象”，依靠场景、画面、图表、语言和符号等一切可以感知的表象，通过对这些材料的领会与理解，达到认识事物本质的目的。

设计中常用的仿生和类比方法主要应用了形象思维。20世纪最重要的建筑师之一勒·柯布西耶在纽约长岛拾到一只蟹壳，从而设计出建筑史上著名的朗香教堂。为什么要把朗香教堂设计成这样呢？勒·柯布西耶自己解释说，他是把这个教堂当作“形式领域里的声学元件”来设计的。教堂不是人与上帝之间对话的地方吗？所以它“要像听觉器官那样柔软、细巧、精确和不能改动”。也就是说，他把朗香教堂当作一个听觉器官来设计，以便上帝能听到人们的祈祷。丹麦建筑大师约翰·伍重从海中行驶的三角帆船得到灵感，设计出著名的悉尼歌剧院。这些极佳的创意，都来源于思维的创造性。

（2）逻辑思维　逻辑思维又称抽象思维，以概念为思维细胞，通过判断、推理等形式结构来认识世界、表达思想、证明真理。要求从事物中抽象出能够反映事物共同属性和本质属性的概念，在概念的基础上加以推断、推理。在设计中，逻辑思维体现出来的方法有分析和综合、归纳和演绎、抽象和具象等。

（3）求异思维　求异思维是指在相同或相近的事物中找出不同点，通过比较，找出有利于创造的最佳点，依此进行创造。求异思维的另一种思路是在众多的思维路径和结果中，另辟蹊径，克服从众性，使其具有与众不同的特点。与之相反的求同思维是指在相异的事物中找出相同点，利用事物的共性去进行创造。

（4）逆向思维　逆向思维是指从与原来相对立的方向或表面上看似不能并存的两条思路中寻找解决问题的办法的思维方式。如现在流行的“脑筋急转弯”，就是引导人们向事物的反向去探索问题。

（5）发散思维　发散思维是指思维者根据问题提供的信息，不依常规，而是沿着不同的方向和角度，从多方面寻求可能答案的一种思维方式。

（6）收敛思维　收敛思维是针对发散思维而言的，是以某个思考对象为中心，尽可能运用已有的经验和知识，将各种信息重新进行集中组合，从不同的方向和角度，将思维集中指向这个中心。发散思维是“由一到多”，收敛思维是“由多到一”。

（7）联想思维　联想思维是人们通过一个事物的触发而想到另一些事物的一种思维方式。联想能够克服两种事物的差距，在另一种意义上将两者联系起来。

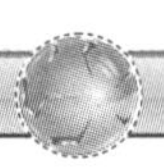

（8）灵感思维　灵感思维是创造性思维的又一种形式，是人们的创造活动达到高潮后出现的一种富有创造性的飞跃性思维。灵感思维常常以“一闪念”的形式出现，并往往能在人的创造活动中完成一个质的飞跃。

6.2.2　定向设计法

设计物是为人所用的，当然希望在考虑某一物时尽可能全面些，考虑的问题尽可能周到些。但是，如果一味地追求“全面性”，也许会失去许多精彩的创意构思。

“全面”通常只是相对于更全面的情况而言，而“片面”也只是相对于全面的情况而言的。有一个关于“金银盾”的故事：一个将军站在盾牌前面，说盾牌是“金子做的”；另一个将军站在盾牌后面，说盾牌是“银子做的”；第三个将军站在盾牌的侧面，说盾牌是“金子和银子做的”。很显然，前面两位将军的话是“片面”的，第三位将军的话是“全面”的，但只是相对于前两位将军来说是“全面”的，也许剖开盾牌，会发现里面是块铁板，金和银是镀在外层的。

在思维实践中，全面性要服从于思维主体的实践目的。在某种目的之下，能够达到相对的全面性人们可能就满足了；而对于这个目的之外的事物及其属性和变化，可以毫不犹豫地予以舍弃。庄子笔下的庖丁，把一只活生生的牛看作一堆骨头和筋肉的组合体，只想着其中骨头缝的宽窄，这显然是片面的。庖丁不像农夫那样，了解牛能拉多重的车，一天吃多少饲料；庖丁也不像画家那样，了解牛在奔跑时的姿态，知道牛抵架时尾巴是夹着的还是翘着的。庖丁就是庖丁，他不想向农夫和画家学习，以便对牛的认识更加全面。对于庖丁的实践目的来说，“目无全牛”就足够了。盲目追求彻底的“全面性”，是完全没有必要的。

因此，在进行设计构思时，往往采用定向设计法：男女之别、老少之差、健残之分，以及职业、文化程度、生活习惯、生活方式、地区民族的不同，使各个具体的人具有特殊点，构思时向某一类群定向。简单地说，就是根据产品的不同特征和人们对它的不同要求，有的放矢地进行产品设计。这类设计往往具有较强烈的使用特征，比其他产品更能满足这一类群消费者的心理，为他们所接受。索尼公司的创始人之一井深大先生是一个高尔夫球迷和音乐迷，他曾梦想在打高尔夫球时可以听音乐，要是能生产一种使两者结合的电器产品就太好了。这样，那些出去散步或赶路的人，也可边听音乐或广播边走路了。这个梦想驱使他苦心研究，最终研制出“Walkman”，梦想变成了现实。而今，当看到那些晨练、旅行、散步的人们戴着耳机边走边听音乐时，怎能不感谢井深大先生最初的创意呢?

当然，定向设计的定向范围越明确，在一定程度上使用范围越窄，功能往往较少或较单一。定向设计由于实践目的明确，其造型往往容易做得有个性，有视觉冲击力。这是在设计构思时常用的一种方法。

6.2.3　反向设计法

反向设计，就是设计者把习惯的事反过来思考，从似乎是无道理中寻求道理。在长期的思维实践中，每个人都形成了自己所习惯的、格式化的思考模式。当面临外界事物或现实问题的时候，能够不假思索地把它们纳入特定的思维框架，并沿着特定的思维路径对它们进行思考和处理。这就是思维的惯常定势。

反向设计构思法就是要突破惯常定势，从全新的角度去思考问题。反向思维常常能够将思考推向深入，将自己头脑中的创意观念挖掘出来。世界上任何创新都不是简单的劳动，应该使用各种方法推进自己的思考。反向思考的方法为社会提供了种类繁多的物品，出现了从绝对观念中解放出来的均衡状态。同时，把人们从固定不变的观念中解脱出来，创造了新的概念。当然，反向思考时不要走极端，必须从某种状态的反面进行彻底的观察，从而发现新的、有效的方法。

例如，一般地说，烧烤食品的“火点”应该在食品的下部，但日本夏普公司的电烤炉，率先将“火点”设在了食品的上部，改变了“火点”在下部才能烧东西的通常概念，使产品造型具有了全新的变化。

又如，一种简易折叠椅的靠背板的板材是硬的，而为了使人们舒适地靠坐应当软一些，于是在靠背板上开有城门形状的齿，当人坐靠上去后，随着靠力点的不同，齿有前后倾角，适应于人的背形，起到增加舒适度的作用。这是一种硬中求软的处理，同时具有装饰作用。

6.2.4　组合设计法

把原来不能单独存在的相近的东西组合起来，或者使一件制品具有两种功能的方法，叫组合设计法，通常称为一物多用。一物多用有两个方面的内容：一是产品具有多种用途，二是产品具有多种功能。

日本的普拉斯公司是一家专营文具企业，该公司经营了10多年仍没有很大起色，经常为积压的各种小文具而头痛。老板在走投无路的情况下，只好对本公司仅有的几位员工说：“眼看公司难以维持了，怎么办呢？要么关门，各自寻找出路，要么大家动动脑筋，开发新产品，闯出一条光明的生路。”几位员工如同老板一样，因为本公司的大量文具销不出去而一筹莫展。按原价销售，则无人问津，若降价抛售，公司财力承受不了，大家心急如焚。一位刚刚在公司工作了一年的女员工——玉春浩美，也为公司苦思冥想。这位员工虽然没有经商经验，但她刚离开学校不久，对学生需要文具的心态非常了解，自己也有切身体会。于是，她根据自己的体会设计了一种“文具组合”销售办法，于1985年进行试销。

市场需求是客观存在的，问题是经营者有没有眼光发现它，并想办法把它吸引过来，这是营销学的核心问题。玉春浩美的“文具组合”一经面市，立即引起轰动，成为划时代的热门商品，在短短的一年零四个月的时间里，共销售出640万盒，不但把普拉斯公司的所有存货卖光了，连工厂刚生产的新货也供不应求。这件事立刻成为日本文具行业的特大新闻。

事实上，所谓“文具组合”，只不过是7件小文具：10cm长的尺子、透明胶带、1m长的卷尺、小刀、订书机、剪子和合成浆糊。7件小文具装在一个设计美观的盒子里，定价2800日元。

这样把一些最普通的，并有大量存货的小文具组合在一起，使滞销变为畅销。道理很简单，它方便了消费者。一般人的办公桌上是不会有那么齐备的小文具的，特别是中小学生的书包里更是缺这少那，难以立刻找到需要使用的文具。玉春浩美的这一创举开发了潜在的消费需求，从而使产品旺销起来。普拉斯公司由于玉春浩美设计的文具组合，很快“起死回生”了。年轻的玉春浩美因此而得到老板的重奖和重用。

当然，不同的设计所遇到的问题也会不同。在组合设计中必须注意的是，组合不能理解为简单的“拼接”，以致多种用途的制品还不如单一用途的制品好用。这一设计法特别强调协调性和合理性。时下常见的组合音响、组合家具和组合桌面系统，都是较为典型的组合设计法的产物。

两物结合制作成一件物品，由于这样的结合，精简了生活用品的数量，使生活更为方便。如果两物组合的同时产生异化，从而产生第三种功能，则是一种高级的组合，这是一个

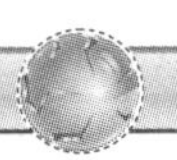

很值得研究的方向。

6.2.5 “借鉴”设计法

在其他产品领域中得到启发，将原理、结构或造型“借鉴”过来使用，从而产生新的产品，这就是“借鉴”设计的方法。

在众多的设计方法中，这种方法有点“抄袭”的味道。它受到其他产品形态的启发，直接运用到自己的设计上，但毕竟是两种完全不同类型的产品，“直接”运用是不可能的。因此，实际上还是启发。只要该设计的某点想法有类似之处，就可能把这种想法用到那种产品中去试一试。例如：从装饰纽扣造型上受到启发，设计一个钟表；从建筑造型上受到启发，设计一把椅子；从构成雕塑中受到启发，设计一盏灯；汽车造型可以借鉴到卧式吸尘器造型上来，随身听造型可以借鉴到医疗用品造型上来等。

但是，“借鉴”设计并非简单的模仿，在一段时间里，人们走进了模仿的误区，把模仿等同于测绘，但在这些测绘的再设计中，却再也没有人去融入中国设计市场的实际、中国人需求的实际、中国工业的实际，一切依样画葫芦，你测绘，我也测绘。同类厂家都在测绘同样的产品，模仿国外的样品已成为解决企业新产品开发问题的全部，其结果从根本上摧残了产品的灵魂——设计。

谈模仿，切忌照搬照抄，而是要通过改良，使产品质量更好、生产成本更低、造型更美，达到创新的目的。在具体设计时，通常采用“推移法”，对原有产品不断地向前改良推移，虽然这一步与下一步变化不明显，但随着推移的深入，最后的结果与最初的产品将具有明显的区别。当然，最后的结果应该比最初的产品更完美。

应该注意的是：同类制品的造型借鉴是仿造而不是类似，必须从无关的制品中引入某种概念，对原有的符号元素再加以设计，才可能得到真正的发展。

6.2.6 仿生设计法

自古以来，自然界就是人类各种科学技术原理及重大发明的源泉。人类生活在自然界中，与周围的生物做邻居，这些生物具有各种各样的奇异本领，吸引着人们去研究和模仿。设计师们也经常以生物系统作为激发灵感的基础，模拟生物优势进行设计创造，这就是仿生设计法。常见的仿生设计法有功能仿生、形态仿生和结构仿生

1. 功能仿生

主要研究生物体和自然界物质存在的功能原理，并用这些原理去改进现有的和建造新的技术系统，以促进产品的更新换代和新产品的开发。

人们发现，自然界中各种各样的动植物能在各种恶劣复杂的环境中生存与活动，这是其运动器官和形体与恶劣复杂环境斗争进化的结果。植物和动物在几百万年的自然进化中，不仅完全适应了自然，而且其进化程度接近完美。在科学技术飞快发展的时代，学习和利用生物系统的优异结构与奇妙的功能，已经成为技术革新和革命的一个重要方向。根据蛙眼原理，科学家利用电子技术制成了雷达系统，能准确、快速地识别目标；蜻蜓的翅膀前缘上方都有一块深色的角质加厚区——翅痣，使其可以在高速飞行时安然无恙，人们仿效这种翅痣在飞机的两翼加上了平衡重锤，解决了因高速飞行而引起振动的棘手问题。

2. 形态仿生

形态仿生设计是对生物体的整体形态或某一部分特征进行模仿、变形、抽象等，借以达到造型的目的，这种设计方法可以消除人与机器之间的隔膜，对提高人的工作效率、改善工

作心情具有重要意义。

建筑师设计的悉尼歌剧院坐落于海边，其构想来源于贝壳。可以看出，在具体的设计过程中，设计师对抽象的形态和比例关系进行了细致的推敲与处理。鼠标的灵感不仅来自于老鼠的形态，而且把老鼠灵活的特性体现在鼠标使用中。

3. 结构仿生

随着仿生学研究的深入开展，人们不但从外形、功能上去模仿生物，而且从生物奇特的结构中得到不少启发。仿生制造不仅是模仿生物的外部结构，而且要学习与借鉴它们身体内部的组织方式与运行模式。这些为人类提供了优良设计的典范。

1991—1992 年，圣地亚哥 · 卡拉特拉瓦在西班牙的塞维利亚举办的国际博览会上为科威特设计的展览馆，其屋顶是可自由启闭的结构，模拟动物关节的自由运动。夜间屋顶肋架敞开，下面的平台上便可以进行露天的各种活动，它不仅在结构与功能上能够有机结合，而且给人以无限的想象。

在运用仿生设计时，必须注意仿生学只能是启示，不能取代设计者的创造。设计者在模拟生物有机体时，必须加以概括、提炼、强化、变形、转换、组合，从而产生全新的冲击力。运用仿生学主要是似物化设计，要特别注意“似”和“化”两字的意义。“似”已经比模仿前进了一步，但它还是受原有形态的约束；“化”就深入得多了。只有仿生学的启示进入高级阶段，扬弃了纯粹自然形态，只运用它的原理，才有可能创造出真正全新的产品。

6.3 产品造型设计

产品造型设计是工业设计的一个重要组成部分，而工业设计的根本任务是对工业化批量生产的产品的功能、材料、结构、工艺、形态、色彩、表面处理以及装饰等诸因素，从技术的、经济的、社会的和文化的各种角度进行综合研究、处理和创造，以确定一种能满足人类现代或将来生活需要的物质形式。

产品造型设计与社会、生产发展同步。从原始的器物造型直至当今现代化的工业产品造型，人们按照不同时期的审美规律和生产技术创造了数之不尽的产品，以满足人类社会的需要。

产品造型设计渗透到社会的各方面，从家庭领域到广泛的生产领域。从家庭日用品、现代家用电器、穿着装饰、家具扩展到各类生产设备、仪器仪表、办公用品以及公共环境中的各类交通工具、公共设施，产品造型设计已成为人类社会生活中不可缺少的重要部分。

产品造型设计是现代工业产品设计的一种方法，是工程技术与美学艺术相结合的产物。它有别于手工业产品与工艺美术品的造型设计，也有别于纯工程技术设计。在产品造型设计过程中，不仅仅设计产品的外形，而是以产品的功能、结构、生产工艺、材料、宜人性、市场销售等因素为出发点，将工程技术与美学艺术结合起来，综合协调地对产品进行塑造、设计的创造性活动。

总而言之，造型设计包括实现产品真实空间立体形象中的所有相关设计。

6.3.1 产品造型设计的基本要求

产品造型设计具有自身的特征，现代工业产品造型设计的基本设计原则可概括为实用、经济、美观和创新。

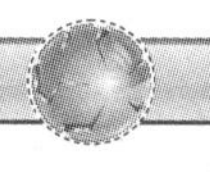

视频讲解

实用是产品设计要达到的基本要求，产品失去了实用性也就失掉了主体作用。产品的实用性表现为具有先进和完善的功能，并且这种功能可以获得最大限度的发挥。为此，造型设计应以实现功能目的为中心，使产品性能稳定可靠、技术先进、使用方便、安全宜人和适应环境。这些是评定产品造型、反映产品功能的综合指标。

经济是指产品造型的经济性，即在产品制造过程中使用最少的财力、物力、人力和时间，以获得最大的经济效益。使产品在满足实用性和审美要求的前提下，达到高性能可靠性和长使用寿命的预期要求，做到经济实惠、物美价廉。

美观是产品造型设计的主要目的之一。产品造型必须在体现实用、经济的前提下，塑造出完美、生动、和谐的艺术形象，满足时代的审美要求，体现社会的精神文明与物质文明。

上述三者是产品造型设计的主要原则，缺一不可，但又有主次之分。实用原则占首位，美观原则处于从属地位，经济原则则是两者的约束条件。

此外，创新原则也是产品造型所必须遵循的。只有追求造型的新意和独创性，才能创造出具有独特艺术风格和新颖的、有魅力、有个性的产品造型，才能不断满足人们随时代进步而不断发展和提高的审美情趣，成为具有时代感的现代产品。因此，产品造型设计不能纯粹地继承和仿造，单纯的模仿而无新意的造型是无意义的艺术再现。造型设计师必须在继承的基础上，不断发展与探求，形成自己的造型风格，产品才能因此而具有强大的生命力。

视频讲解

组成产品造型设计的各个要素是互相影响、互相促进和互相制约的。科学技术要素是产品造型的主要因素，产品的功能和形式美感必须紧密地结合在一起。它既包含着科学的最新成果，又体现时代美感的规律。产品造型设计要在符合功能要求的前提下，能动地发挥物质技术条件和美学因素，给予产品功能以特殊的艺术表现形式，以多种多样的款式、色彩、装饰等艺术处理手段来体现造型的性格，才能反映出一定的时代特征。

6.3.2 产品造型的主体——形态

任何产品的造型都是由形态和色彩两个基本要素组成的。

产品造型设计除了要充分地表现产品的功能特点、反映现代先进的科学技术水平外，还要给人以美的感受。因此，产品造型设计必须在表现功能的前提下，在合理运用物质技术条件的同时，充分地把美学艺术内容和处理手法融合在整个造型设计之中，充分利用材料、结构、工艺等条件体现造型的形体美、线形美、色彩美和材质美。

视频讲解

形态，一般指事物在一定条件下的表现形式。产品造型设计的基本目的，是通过其外在形式和特定功能使人得到美的享受，即实现产品的审美功能。产品的审美功能具有普遍性、新颖性、简洁性。产品是满足大众需要的物品，只有具备大众化的审美情调才能实现其审美功能。美的属性往往需要新颖性和简洁性，任何陈腐、堆砌的风格都不会有美感。人们的生存空间是由各种物体组成的，这些物体都有其基本的外部特征——形态。产品造型的形态应符合产品的功能要求，即同时满足人们对产品的使用要求和审美的精神需求。

1. 形态表现事物的方法

（1）形态与识别　产品自身的解说力，使人可以很明确地判断出产品的属性。例如，尽管电视机、计算机显示器、微波炉等在形态上有很多相似点，但仍然很容易将其区分开。

(2) 形态与操作　将构成产品各部分的形态加以区分，让人轻易就能明白哪些属于可看的（视觉部分）；哪些属于可动的（触摸部分）；哪些部分是危险的，不可随意触碰；哪些部分是不可拆解的。可通过合理的形态设计让使用者能够辨别，或者让使用者根本无法触及。构成产品的部件、机构、操控等部分的形态要符合使用习惯。形态要明确显示产品构造和装配关系。

(3) 形态与使用　产品形态应具有多种组合性、变换性，从而使产品更具有适应性。

(4) 形态与环境　产品往往处于一个具体的环境之中，可能是在一个建筑空间里，或是一个自然环境中，有时也可能与其他产品同在一处，这就出现了产品形态之间、产品与环境之间相互影响的问题。这些问题往往也包括尺度、材质等因素。

(5) 形态与记忆　如何使产品具有魅力，形态的作用是关键。并非只有崭新的形态语言才会产生魅力，如果能让人从形态中读出记忆中所熟悉而喜爱的信息，同样能使人在对往事的回顾中产生亲切感。形态应具有驾驭人心理需求的作用。

2. 形态的现状与未来的发展

通常将形态分为两大类，即概念形态与现实形态。

概念形态由两个要素构成：一是质的方面，有点、线、面、体之分；二是量的方面，有大、小之别。概念形态是不能直接感知的抽象形态，无法直接成为造型的素材。而如果将它表现为可以感知的形态，即以图形的形式展现时，就被称为纯粹形态。纯粹形态是概念形态的直观化，是造型设计的基本要素。

现实形态是实际存在的形态，也可分为两类：一是自然形态，二是人为形态。自然形态可以分为有机形态和无机形态。所谓有机，就是有机体的意思，有生命的有机体在大自然中由于自身的平衡力及各种自然法则，其形态必然具有平滑曲线，体现出生命形态特征。无机形态则相反，往往是体现在几何形态上，给人以理性的感觉。人为形态，是由人通过各种技术手段创造的形态，当然包括设计的形态。

随着市场的全球化，形态表现日趋多变，对于那些能直接影响人们生活方式的形态语言的需要不断增加。从人们跟风时尚、追求“新颖”的现象中不难看出其对丰富形态表现需求的迫切性。现代产品设计所要追求的往往是符合时代潮流的、个性化的形态语言。

新材料及信息技术的应用和发展，迫使设计者改变自身态度。从尼龙开始，随着丙烯、聚酯、聚乙烯、聚苯乙烯、聚丙烯等塑料的工业化生产，经过20世纪50年代以来的飞速进步，给此后的形态设计提供了难得的契机。电子技术的发展，使产品设计语言表现的空间发生了变化。

总之，从功能性的表现转向语意性的表现，从客观到主观，从技术到理论，从理性到感性，从地域性到世界性的形态表现倾向已成为不可回避的潮流。

6.3.3　产品造型要素——色彩

色彩是工业产品造型中的重要因素，是视觉传达中最敏感与反应最快的信息符号。据有关资料统计，人们视觉感官在观察、了解外界事物时，首先引起反应的是色彩，其次是形态，最后是材质。色彩对人的感觉、情绪有着特别显著的影响。因此，产品设计过程中色彩配置是一个非常重要的环节，不能依设计师个人的喜好来决定，认真研究分析使用者的需求才是最关键的。产品色彩配置计划的决定因素是多方面的，有功能方面、技术方面、传统方面，也有流行性方面等。

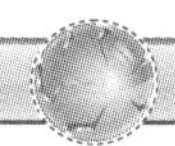

产品色彩设计是一门多学科交叉的创造活动，涉及物理学、生理学、心理学、美学等学科。

1. 色彩的分类与特性

（1）色彩的分类 色彩分为无彩色系和有彩色系两大类。无彩色系是指白色、黑色和由白色与黑色调和而成的各种深浅不同的灰色。无彩色系按照一定的变化规律，由白色渐变到浅灰、中灰、深灰再到黑色，色度学上称为黑白色系列，具有唯一的明度物理属性。有彩色系是指红、橙、黄、绿、青、蓝、紫等颜色，具有色相、明度和纯度三种物理属性（色彩三要素）。

视频讲解

（2）色彩的基本特性 有彩色系的颜色具有三个基本特性：色相、明度和纯度，称为色彩的三要素。

1）色相。每一种色彩所独有的相貌特征即为色相，色相是有彩色的最大特征。从光学物理上讲，各种色相是由射入人眼的光线的光谱成分决定的，对于单色光来说，色相完全取决于该光线的波长；对于混合色来说，则取决于各种光线波长的相对量。

2）纯度。纯度是指色彩的纯净程度或凝聚度，也可理解为某色相中色素的含量。含有色彩成分的比例越高，则色彩的纯度越高，其色彩越艳丽；反之则越低，越灰暗。光谱中的各种单色光纯度最高（其中红色最高，绿色最低，其他色居中），白色、灰色、黑色的纯度最低。颜料中任何一个色彩加入黑、白、灰或其他任何颜色，都会降低其纯度。色彩的纯度与光线的强弱有关，暗处显黑，亮处显白。

3）明度。明度是指色彩的明亮程度。各种有色物体由于反射光量的区别而产生了颜色的明暗强弱。色彩的明度有两种情况：一是同一色相不同明度，如同一颜色在强光照射下显得明亮，弱光照射下显得灰暗；二是各种颜色的不同明度，黄色明度最高，蓝紫色明度最低，红绿色明度适中。

2. 色彩的功能

来自外界的一切视觉形象，如物体的形状、空间、位置的界限和区别等，都是通过色彩和明暗关系来反映的，人们借助色彩才能认识世界、改造世界，因此色彩在人们的生活、社会生产中扮演着十分重要的角色。

在艺术设计中，色彩同样具有十分重要的价值。色彩不仅能引起人们大小、轻重、冷暖、胀缩、前后、远近的心理感觉，而且能唤起各种不同的情感联想。色彩能引起人的各种各样的感情变化，主要表现在三个方面：一是色彩具有感情效应；二是色彩具有联想性与象征性；三是色彩的调和。当配色所反映的情趣与人们所向往的物质、精神生活产生联想，并与人们的审美情趣发生共鸣时，人们将感到色彩和谐的愉悦。

视频讲解

随着人们生活水平的提高，色彩越来越被各领域重视和应用。色彩的科学功能和艺术功能将取得高度的统一，并在设计领域发挥更大的作用。

3. 产品设计中色彩的运用

产品造型的魅力、产品的性格以及所包含的视觉传递方面的各类信息，大多是由色彩来完成的。

视频讲解

产品设计过程中色彩配置是非常重要的一个环节，必须认真研究产品使用者的需求。随着生产的发展，商品的极大丰富，市场竞争日趋激烈，一件产品不可能同时满足所有顾客的需求，而只能针对特定的顾客群，根据其特点进行有针对性的产品开发，产品的配色同样要针对这个顾客群的特点和他们的色彩喜好进行分析。同时还需考虑色彩是否适合功能和产品着色加工的问题，即色彩形成的技术条件。

产品色彩配置计划的决定因素是多方面的，有功能方面、技术方面、传统方面，也有流行性方面。

(1) 色彩的功能对产品设计的影响

色彩的功能是指色彩具有对人视觉、心理、生理的作用，以及信息传达的功能，它与产品的功能是协同的。如果色彩运用得当，能使产品的功能更加完善。所以必须懂得色彩运用的一般规律：

1）优先运用具有识别性、引人注意的色彩。

2）一些产品的活动构件、操作部分与其他部分的连接应用色彩加以区分。

3）与所表达内容相配合，如警告色、警惕色等。

4）注意产品色与环境色的相互影响。

5）一种产品自身的颜色应尽量减少。

(2) 色彩的技术条件对产品设计的影响　色彩的技术条件主要是指呈现色彩的材料特性和着色技术。过去受颜料本身、材料的附色能力、着色工具等的影响，很难获得纯度很高的颜色，也会出现产品的颜料褪色、掉色等问题；现代合成颜料技术及现代着色技术的发展，使设计师在色彩选择上的自由度大大增加，同时人们对着色质量、经济性、安全性等方面也提出越来越高的要求。

选用色彩染料时，应注意经济性、化学性能的稳定性、涂料的附着力、安全性、环保性和加工性好等特点。

(3) 色彩的视觉表现力对产品的影响　利用色彩的视觉表现力进行配色的方案如下：

1）利用色彩表达出产品的功能性，使色彩符合产品功能的要求，反映出产品的功能。

2）利用色彩形成衬托或弥补形态，如在汽车内空间设计中采用明度较高的色彩，使人感觉空间宽敞明亮。

3）利用色彩的强烈对比来吸引消费者，尤其是一些流行产品的设计。

(4) 色彩的运用与产品的商业性高度一致　产品最终都是要推向市场的，即产品的商品化，所以在色彩的运用上应考虑与商业化运作的协调。

1）产品色彩的运用应符合企业形象，企业往往采用某一固定色彩作为企业形象的标志。企业色的应用不仅有象征意义，还具有很强的识别性。

2）系列产品需要和谐统一的视觉效果。配色是表达系列产品的主要途径，通过一些色彩的统一使一些产品产生联系，形成系列。同样情况还有同类产品色彩的运用。

3）推行流行色。一些企业借助流行色，辅以大量的宣传活动，形成一定的风格，促进产品的销售。

4）了解目标顾客的色彩喜好与需求。产品的配色针对特定的顾客群，根据其特点进行有针对性的产品开发。

6.4　造型设计的美学形式法则

在复杂的自然界中，人们能感到一种难以言表的内在规律。从宏观到微观，都存在秩序感。秩序感既存在于自然界中，也存在于人的大脑中。人的大脑具有把握混乱的外部世界里那些有规律的形状的能力。人的知觉偏爱简单结构（直线、圆形）以及其他的简单秩序。对秩序感的研究对设计理论产生了很大的影响。设计中非常重视形式规律和秩序。

形式美的特点和规律，概括起来主要表现为：在统一与变化中求得对比和平调，在对称与平衡中求得安定和轻巧，在比例和尺度中求得节奏与韵律，在主次和同异中求得层次与整合。

6.4.1　统一与变化

统一与变化在美学法则中是最灵活多变、最具有艺术表现力的一个普遍的美学形式法则。变化中求统一，统一中找变化，这是一条形式美的总规律。

对立统一的规律是世界万物之理，变化与统一是同一事物两个方面的对立统一。无规律的变化会带来混乱，完全一样又显得单调乏味。变化是指由性质相异的形态要素并置在一起所造成的显著对比的感觉，如直线与曲线的对比、方形与圆形的对比。统一是指由性质相同或类似的形态要素并置在一起，造成一种一致的或具有一致趋势的感觉，统一并不是只求形态的简单化，而是使各种各样变化的因素具有条理性和规律性。任何一幅设计作品，都必须使构成整体的各个局部具有一种有机的联系。

从产品的整体结构上来看，统一是指外观设计是一个统一的整体，其造型、风格及色彩等方面显示出一致性。变化主要是指产品形、色、质的差异，引起人们视觉和心理上的变化，从而打破单调、刻板的乏味感。

统一中求变化，在统一的前提下利用变化的差异性因素，使造型在统一的情况下显得富于变化、生动、活泼；变化中求统一，以变化为主，强调变化之间的共性因素，从而使造型完整、格调一致。

6.4.2　对称与平衡

在设计领域，有一种占特殊地位的视觉效果，这就是由对称而产生的平衡感。

对称法则是人类最早发现和运用的美学法则之一，也是传统造型的一种法则。对称法则来源于自然界物质的属性，自然界中到处充满着对称的形式，它的优点是给人以简洁明快的感觉。

把中心轴一面的形象安排反映到另一面，这种对称形式，深受知觉系统的欢迎。人类在形式方面最先发现和运用的也是对称美，早在史前的北京猿人所制造的粗糙石器，其形状就是大体对称的。也就是说，人类在初期，就已经开始使用对称的美学原理来美化装饰自己了。自然界中的许多形态是对称的，如树叶、动物、羽毛等。总之，是人类自身及周围物象所具有的对称性培养了人类对于对称性的美感。这种对称规律的发现和运用，其意义是巨大的。

平衡是对称结构在形式上的发展，由形的对称转化为力的对称，体现为“异形等量”的外观。在设计表现中，平衡格式是一种比较自由的形式。采用平衡的造型形式，可使产品的形态在支点两侧构成各种形式的对比，如大与小、重与轻、浓与淡、疏与密。这是一种能产生静中有动或动中有静的条理美、动态美的造型形式，它既具有生动、活泼、轻快、灵巧的特点，又具有稳定、安宁、秩序的感觉。

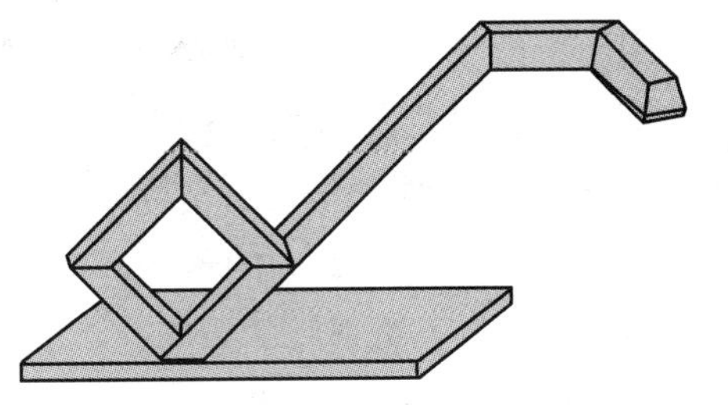
图6-1　台灯设计

图6-1所示的台灯设计，用造型的要素加强形态的稳定感，并突出以支点为重心，保持物体

的平衡。

6.4.3 节奏与韵律

曾有无数关于节奏的研究。“节奏”与“韵律”经常结合使用，有时还交换使用，因为这两个词在含义上并没有本质上的区别。“韵律”的“韵”是变化，“律”是节律，即有节奏的变化才有韵律的美；“节奏”是讲变化起伏的规律，没有变化就无所谓节奏。但在这两个词中，“韵律”较多地强调“韵”的变化，“节奏”则较多地强调“律”的节拍，所以在实际运用中它们还是有事实上的差别的。一般讲韵律感不够，是指缺少变化，过于平板；讲节奏感不强，主要是指变化缺乏条理规则，其侧重点不尽相同。

节奏在设计中是很常见的。建筑上的窗柱结构，就表现出一种节奏感。北京广安门外的天宁寺塔的结构中，从月台、须弥座、塔身、塔檐到尖顶的系列结构便形成了一种节奏感。

韵律原来是指诗歌、音乐中的声韵和节律。韵律的美感借用于装饰艺术之中，其意义和节奏相近，往往指形、色、纹饰等具有明显规律性的和谐组合。韵律存在于宇宙间的一切事物之中，如天体的运行、四季的更替、花开叶落是自然的韵律；春播秋收、卖出购进、放养捕捞是生产的韵律；三餐一宿、呼吸步行、血液循环是生活和生理的韵律等。因此可以说，韵律是宇宙间普遍存在的美感形式。

6.4.4 形的感觉误差及矫正

人们对造型形态基础要素的认识，虽有一般的心理感觉，但是，由于形态要素的存在大多数情况下不是单一的，当所处环境不同，受某些光、形、色等因素的干扰，自身各部分之间的相互作用以及透视感等影响，将引起某些图形产生不同状况的变化，再加上人的自身心理状态的影响，人们对形态的视觉感往往会产生错觉。这种错觉是正常人带有的普遍性、共同性的视觉错误，是人们所具有的共同生理特征。人们把与形状、尺度及色彩等有关的错觉称为视觉误差（视错觉）。

视错觉既普遍存在，又复杂多样，但其产生原因主要有两个：一是由生理特征所致；二是由心理知觉所致。人们在长期的实践中，认识到视错觉是无法排除的，了解视错觉产生的原因及规律，对正确认识形体的性质和掌握图形产生误差的规律是十分必要的。一方面可采取必要的矫正方法减少对造型效果的影响；另一方面可将视错觉作为一种艺术处理手法加以利用，使设计达到预期的效果，符合人们的视觉要求，达到造型效果良好的目的。

产品造型设计中常见的视错觉主要有以下几种：

（1）透视错觉　透视错觉是指人们观察物体时，在透视规律的作用下，由于人所处的观察点位置不同，有时会使得物体的形体和尺寸发生某些变化，而实际上是一种错觉。图6-2中的两人是等高的，但由于透视线的影响，使人感到右边的人高于左边的人。

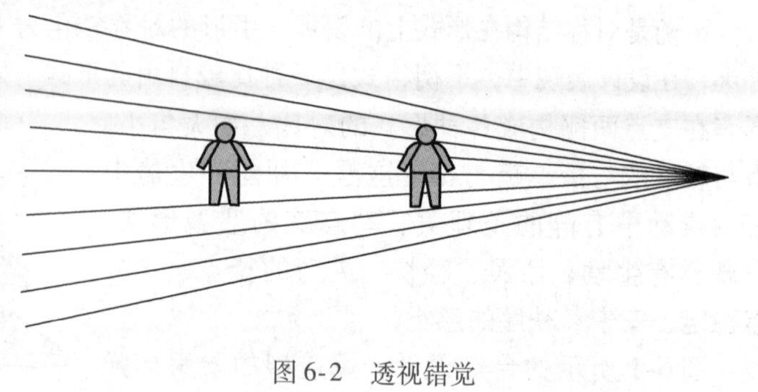

图6-2　透视错觉

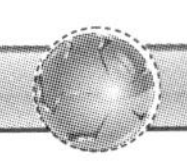

（2）光渗错觉　白色（或浅色）的形体在黑色或暗色背景的衬托下，因为较强的反射光亮，呈扩张性渗出的现象叫光渗。因光渗作用和视觉的生理特点而产生的错觉叫光渗错觉。如图6-3所示，背景为黑色的白框和背景为白色的黑框形状尺寸大小相同，但由光渗引起的感觉是白框扩大、黑框缩小，从而感觉在深色背景下的浅色物体的轮廓，比在浅色背景下的深色物体的轮廓要大一些。

（3）对比错觉　对比错觉是指同样尺寸大小的物体或图形，在不同的环境中，由于与环境图形的对比关系不同，使人感觉它的大小有所不同。图6-4所示的两等长直线AB与AC，由于邻近线条的影响，造成AC比AB长的感觉。

图6-3　光渗错觉

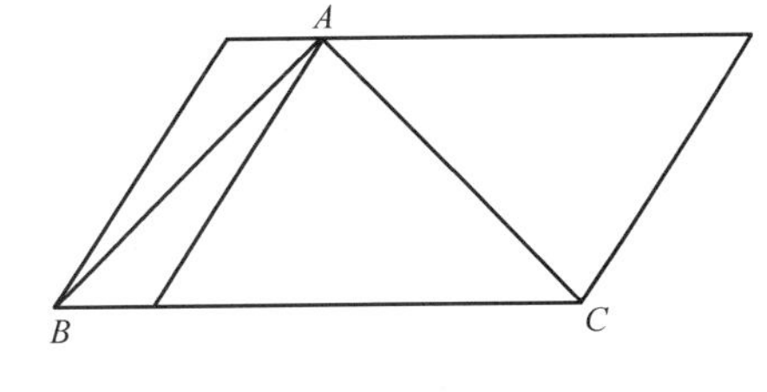

图6-4　对比错觉

（4）变形错觉　变形错觉的产生主要是图形或线形受周围线形和图形的动势变化产生干扰而使视觉上产生了错视。图6-5中的排列斜直线是相互平行的，而且这些相互平行的斜线被水平粗线截为两段后，看起来被截断的这两段斜线似乎不在同一条斜线上，产生了位移。

图6-5　变形错觉

（5）分割错觉　分割错觉是指图形或线段受其他线段的分割（不同方向）时，其线形的方位或面积的尺度感会产生变化。图6-6a所示为没有分割，呈正方形；图6-6b所示为中间竖线分割，产生垂直方向拉长的感觉，呈长方形；图6-6c所示为水平分割，呈扁长方形；图6-6d、图6-6e中由于有排列的竖、横分割线，被大量的竖线或横线吸引，使竖线移动而产生宽度、横线产生高度。分割现象在设计中经常可见，一方面，要避免连续的直线被其他线段分割产生错位感；另一方面，有时又要利用这种分割错觉来调整视觉上的尺寸比例感觉。

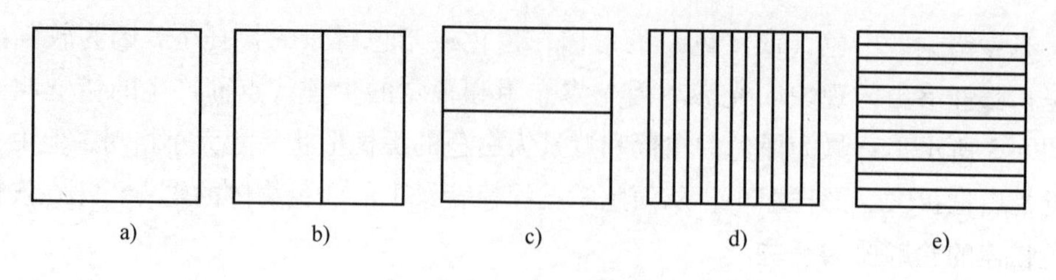

图6-6　分割错觉

6.5　人机工程学应用概述

一件成功的工业产品，除前文所述的符合“实用、经济、美观”的设计原则外，还需有较好的宜人性和与使用环境的和谐性，因为工业设计主要是解决人机问题，也就是说要处理人与人造物的关系。因为物是给人使用的，人通过对物的使用解决了生活中的各种各样的问题，从而满足各种各样的需求。由于人机问题至关重要，专门研究这一问题的学科便应运而生，这就是“人机工程学”。

1898年美国的弗雷德里克·泰勒的“铁锹作业实验”、1911年弗兰克·吉尔布雷斯的“砌砖作业实验”开启了人机工程学研究的先河。作为一门独立学科的人机工程学，是从第二次世界大战后确立起来的。随着军事装备业、航空航天业、汽车行业、家具行业以及计算机行业的迅速发展，人机工程学也得到了迅速的发展，并被广泛应用于各行各业。

6.5.1　人机工程学的研究内容

人机工程学是关于正确使用人的智力和体力的学问，是研究人机环境系统中人、机、环境三大要素之间的关系，为解决该系统中人的效能、健康问题提供理论与方法的科学。这门理论与实践相结合的学科主要研究机与人的各种特点和需求相适应、与人的生理心理结构相适应、与人的生理运动和心理运动的内在逻辑相适应，从而在人机环境系统中取得动态平衡和协调一致，而且使人获得生理上的舒适感和心理上的愉悦感，以最少的代价赢得最高的工作效率和经济效益。这就是现代工业设计所遵循的人机工程学原则。

人机工程学给工业设计提供了有关人和机器关系方面的理论知识与设计依据，使设计师在具体的设计操作中有章可循，减少了时间的消耗和劳动强度，从而可以把更多的精力放在解决人机问题上。比如，在设计椅子时，就可以利用人机工程学的研究成果——座高。从人的解剖特点考虑，人的臀部真皮组织与足跟一样厚，而臀部肌肉丰满，是人体最能够耐受压力的部位之一。所以，合适的座椅应设计成使躯干的重量压在臀部和坐骨上。

座高的设计很重要。椅子太高，人坐着时足部悬空，使大腿肌肉受压，大、小腿肌肉紧张，时间不长就会感到肌肉酸痛，甚至连背部肌肉都会感到疲劳；椅子过低，人坐上去背部肌肉也会紧张，不能保证腰部椎骨的适宜姿势，而增大了背部的负荷。因此，适宜的座高应稍稍低于小腿高。这样，脚部、腿部的全部或大部分自然放松，非常舒适。座深应当使臀部全部得到支持，而座椅的前端与小腿应有一定距离，以保证小腿活动的自由。椅宽应使臀部得到全部支持，并且有一定的宽余，使人能调整坐姿。双人椅应保证人能自由活动，因此，应比人的宽度稍大。人的平均肘宽为33.1～63.5cm，扶手间的距离在此范围内的椅子能满足95%的人的需要。人直坐足踏地时，倘若躯干得不到支持，则背部肌肉紧张，容易疲劳。

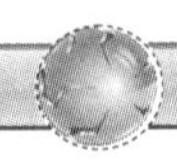

为了减轻正坐时背肌的紧张，必须使躯干也得到支持，靠背则是支持躯干比较合理的部件。如果设计的靠背能恰当地支持11、12胸椎部位，1～3腰椎部位，则能使背部肌肉放松，胸腔舒展，呼吸顺畅。此外，靠背与坐垫的夹角要稍大，这样可使腹部到大腿的血管松弛，有利于血液循环。靠背和坐垫相接处，以不与人臀部接触为宜，以免因臀部受压而引起人体向前滑动。对于靠背的斜度，每个人的要求不同，不同的工作要求也不一样。飞机座椅靠背斜度在警觉条件下，即坐椅者精神集中或工作状态下为110°，非警觉条件下为110°～120°；汽车靠背斜度应为111.7°；学校学生用椅靠背斜度应为95°～100°。座椅面斜度大多采用后倾，后倾角度以小于6°为宜。以上数据都是基于人体工程学的研究成果，都是设计座椅时应该熟悉和掌握的。

为确保操作人员在操作过程中不会有任何行为被强加了不可接受的负荷，使人机间负荷分配合理，在设计时，应注意人的体力极限。影响体力劳动能力的因素有多种，主要因素如图6-7所示。当然，设计师也不能忽视静态工作负荷或者强度较小的工作负荷对人的影响。总之，在设计的任何一处都要考虑人的因素，尽可能符合人机工程学的标准。

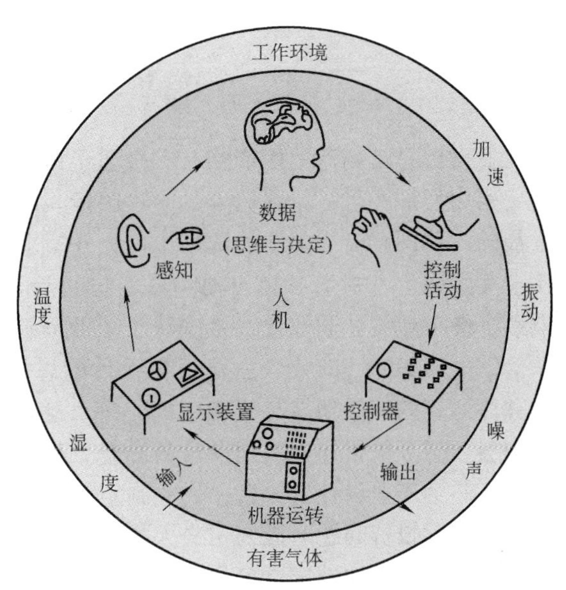

图6-7　影响体力劳动能力的主要因素

人机工程学主要研究人、机、环境系统中三者之间的关系，是为解决该系统中人的效能、健康及其与使用产品的关系等问题提供理论与方法的科学。人机工程学涉及的范围较广，包括人体测量、人的动作研究、视觉信息与人机界面的研究、人的操纵与反应的研究等。

6.5.2　人机系统设计

人机关系是指人与机器、设备、工具等一切产品之间的关系。产品应具有良好的人机关系，即造型与人协调和谐，可以达到宜人、舒适、安全的目的。人机互相适应的设计需要提高到人机系统设计的高度，力求“人尽其能”“机尽其用”，使整个人机系统安全、高效、舒适，以求得最佳的人机系统效能。

1. 人机关系

在产品的造型设计中应以“人”为中心，让“机”来适应和满足人的需要。即

1）机要适于人存在的空间。

2）机的操作区域应在人的肢体活动范围内。

3）机的操作力应在人体所能及的范围内。

4）机的操作模式、位置要符合人的习惯。

5）机的结构、色彩、质感等应给人以轻松舒适感。

6）机的功能及操作应可靠、安全和高效。

2. 人机分工与配合

人机系统中的人和机器有着各自的功能特点，产品设计中如何利用和发挥人机的各自特长、克服各自的不足，是人机系统设计中宜人性设计的重要内容。所以必须根据人机的能力和特点进行人机分工，使之达到最佳配合。

人是人机系统中的主动者，是最佳的信息接收者，也是控制者，所以在人机系统中的设计、制造、编程、监控、维修和管理工作应由人来承担。单调、笨重、规律、快速、危险的工作由机器来承担。

人和机器有各自的优缺点，在人机系统设计中，必须使人和机的优缺点互相弥补、互相依赖，达到最佳配合，才能使效率最高、失误最少。

6.6 经济性法则

工业设计是市场竞争的产物，它来源于市场经济，又服务于市场经济。不少发达国家纷纷把它列为发展经济、增强国力的一项国策。比如，英国的工业设计就是典型的在政府扶持下发展的。英国政府为了增加贸易出口，一直非常重视工业设计，早在1914年就成立了英国工业美术协会，并于1915年成立了英国设计与工业协会。英国率先实行了工业设计师登记制度，使工业设计职业化，并确认了工业设计师的社会地位。1944年成立了英国工业设计协会，大造舆论，向公众灌输优良设计的思想，要求设计最大限度地利用劳动力和原材料，并注意它的使用功能与使用者的心理。随着工业设计领域的扩大，1972年改名为英国设计协会，至今仍指导着英国设计的发展。英国前首相撒切尔夫人曾亲自在唐宁街10号首相府主持一个工业设计研讨会，研究制定英联邦国家发展工业设计的长期战略与具体政策，以及设计教育投资问题。撒切尔夫人指出："为英国的企业创造更多就业机会的希望，寄托于国内外市场成功地销售更多的英国产品上。如果忘记优良设计的重要性，英国工业将永远不具备竞争力，永远占领不了市场。"由于以撒切尔夫人为首的英国政府的巨大努力，英国的经济在经历了一段"昏睡"后，自20世纪80年代以来又出现了较高的增长率。

工业发达国家和地区经济发展的经验告诉人们：在竞争日趋激烈的今天，谁能设计出更符合当代人生活方式的商品，谁就能取得巨大的经济效益，谁就能取得辉煌的成就。

工业设计与经济的关系如此紧密，因此，在市场经济体制下，工业设计师的每一项设计必须把经济上的可行性放在首要地位。因为要实施一项设计，需要有资金，只有当人们确信其资本不会受到损失，而且还可以在其投资额上预期得到一笔可观利润的时候，才可能对某项事业进行投资。如果一项设计既不能使制造者赚钱，又不能给用户带来足够的好处，也就无法证明它的合理性，那么，这项设计就失去了它的实际应用价值。

现代经营观念认为：设计、制造和销售产品只是企业经营的开始，企业经营的真正重点是要使用户在使用产品的过程中感到满意。这时，不仅要求产品的使用性能完全满足使用者的需要，并且要求产品的使用费用最少。当然，产品的使用性能、使用费用和产品的制造费用三者并不是一致的，它们的综合结果就表现为产品设计的经济效果。因此，要对设计的经济效果进行分析，从中得到最佳的设计方案。

设计必须在职业道德、法律和安全限度的制约下取得最大的利润，不能为了增加利润而在设计上偷工减料。因此，设计师在设计产品时，要着重抓好以下几个方面的工作：

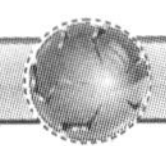

（1）优化设计方案　设计方案的优劣直接决定产品成本的高低，因此，要十分重视方案论证工作。设计经济工作是一项十分认真严肃的事情，不得有半点马虎。在每一个方案的设计中，均应在充分调查研究的基础上进行深入的技术经济分析，通过比较多种方案，最终选择最佳方案。

（2）保证设计质量　高质量的设计，不仅能给企业和社会带来较好的经济效益，而且能合理利用资金，最大限度地发挥投资效益和产品效益。每个设计人员必须以科学参数和可靠资料为依据，认真按照设计程序工作，确保设计质量。

（3）做好预算　对于预测性投资额，要做好计算。这似乎不是设计师的工作，而是业主或预算师的事，其实不然。深入的产品设计方案，必须考虑该产品生产的投入，无论是材料、模具、零部件的加工难易、造型部件的连接、套色以及表面印刷形式等，都涉及成本核算的问题。设计师如果不考虑这些，势必会增加成本。设计师通过精心设计，把投资控制在经济合理的范围之内，将会得到事半功倍的效果。

第7章 材料概论

工程材料是应用十分广泛的一大类材料，主要指用于机械、车辆、船舶、建筑、化工、能源、仪器仪表、航空航天等工程领域中的材料，用来制造工程构件、机械装备、机械零件、工具、模具和具有特殊性能（如耐蚀、耐高温等）的材料。通常用强度、硬度、韧性、塑性等力学性能指标来衡量材料的使用性能。

工程材料种类很多，用途广泛，有许多不同的分类方法，通常按其组成进行分类：

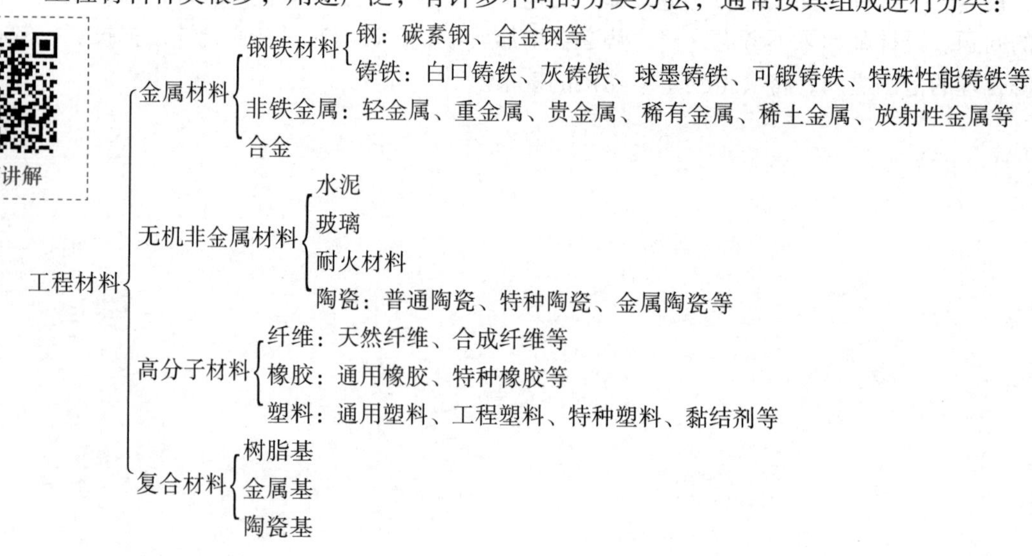

1. 金属材料

金属材料是最重要的工程材料之一，包括钢铁材料、非铁金属及其合金。由于金属材料具有良好的力学性能、物理性能、化学性能及工艺性能，能采用比较简便和经济的工艺方法制成零件，因此是目前应用最广泛的材料。

2. 无机非金属材料

无机非金属材料主要是陶瓷材料、水泥、玻璃和耐火材料。它们具有不可燃性、高耐热性、高化学稳定性、不老化性以及高的硬度和良好的耐压性，且原料丰富，受到材料工作者和特殊行业的广泛关注。

陶瓷可作为各种无机非金属材料的通称。陶瓷是人类应用最早的材料，它坚硬、稳定，可以制造工具、用具，也可作为结构材料。陶瓷是一种或多种金属元素同一种非金属元素的化合物（主要为金属氧化物和非金属氧化物），其硬度很高，但脆性大。按照成分和用途，工业陶瓷材料可分为：

（1）普通陶瓷（或传统陶瓷）　主要为硅、铝氧化物的硅酸盐材料。

（2）特种陶瓷（或新型陶瓷）　主要为高熔点的氧化物、碳化物、氮化物、硅化物等的烧结材料。

（3）金属陶瓷　主要指用陶瓷生产方法制取的金属与碳化物或其他化合物的粉末制品。

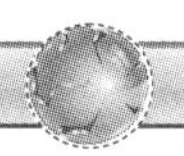

3. 高分子材料

高分子材料包括塑料、橡胶等。因其原料丰富、成本低、加工方便等优点，发展极其迅速，目前已在工业上广泛应用，并将越来越多地被采用。

工程上通常根据高分子材料的力学性能和使用状态将其分为以下三大类：

（1）塑料　主要指强度、韧性和耐磨性较好的、可制造某些机器零件或构件的工程塑料，分热塑料和热固性塑料两种。

（2）橡胶　通常指经硫化处理的、弹性特别优良的聚合物，有通用橡胶和特种橡胶两种。

（3）纤维　指由连续或不连续的细丝组成的物质。其中天然纤维是自然界存在的，根据其来源分成植物纤维、动物纤维和矿物纤维三类。合成纤维指由单体聚合而成的、强度很高的聚合物，通过机械处理所获得的纤维材料。

4. 复合材料

复合材料是两种或两种以上不同材料的组合材料，它的结合键非常复杂，其性能是它的组成材料所不具备的。复合材料通常是由基体材料（树脂基、金属基、陶瓷基）和增强剂（颗粒、纤维、晶须）复合而成的。它既保持所组成材料的各自特性，又具有组成后的新特性，在强度、刚度和耐蚀性方面比单纯的金属、陶瓷和聚合物都优越，且它的力学性能和功能可以根据使用需要进行设计、制造。自 1940 年玻璃钢问世以来，复合材料的应用领域在迅速扩大，其品种、数量和质量有了飞速发展，具有广阔的发展前景。

7.1 金属材料

7.1.1 钢

钢的品种多、性能好，是最常用的工程材料。

视频讲解

1. 钢的分类及性能

根据化学成分的不同，钢可分为碳素钢和合金钢。

（1）碳素钢　碳素钢的生产批量大，价格低，供应充足。碳素钢的性能主要取决于碳的质量分数。碳的质量分数越高，钢的强度越高，塑性越低。碳的质量分数低于 0.25% 的钢称为低碳钢，这类钢的强度极限和屈服强度低、塑性好，适用于冲压、焊接加工。碳的质量分数为 0.25% ~0.60% 的钢称为中碳钢，中碳钢既有较高的强度，又有一定的塑性和韧性，综合力学性能较好，常用来制造螺栓、螺母、齿轮、键、轴等零件。碳的质量分数高于 0.60% 的钢称为高碳钢，它具有很高的强度和弹性，是弹簧、钢丝绳等零件的常用材料。碳素钢又分为碳素结构钢和优质碳素结构钢，其中以 Q235、Q275 较为常用。这类钢不能进行热处理。优质碳素结构钢含磷、硫等杂质较少，其性能优于碳素结构钢，可以进行热处理。优质碳素结构钢的牌号用两位数字表示，代表钢中平均含碳量的万分数，如 45 钢中碳的质量分数为 0.45%。对于含锰量较高的优质碳素结构钢，其牌号还要在碳的质量分数数字之后加注符号“Mn”，如 40Mn 等。

视频讲解

（2）合金钢　为了改善钢的性能，根据不同要求加入一种或几种合金元素而形成的钢称为合金钢。加入不同的合金元素，可使钢获得不同的性能。如铬能提高硬度、高温强度和

视频讲解

耐蚀性；镍能提高强度而不降低韧性；锰能提高强度、韧度和耐磨性；硅可提高弹性极限和耐磨性，但降低韧性。应当指出：合金钢的性能不仅与化学成分有关，在很大程度上还取决于热处理工艺。合金钢价格较贵。

合金钢可分为普通低合金钢、合金结构钢、合金工具钢和特殊合金钢，常用的是合金结构钢。合金结构钢牌号的表示方法是用两位数字表示碳的质量分数（万分数），在其后加注所含各主要合金元素的符号及其质量分数，并规定：合金元素质量分数小于1.5%时，不注质量分数；当质量分数为1.5%～2.5%、2.5%～3.5%、3.5%～4.5%……时，相应以数字2、3、4……表示。例如40SiMn2，其碳的质量分数为0.40%，硅的质量分数小于1.5%，锰的质量分数在1.5%～2.5%之间。

（3）铸钢　铸钢主要用于制造承受重载荷的大型零件或形状复杂、力学性能要求较高的零件，如承受重载荷的大型齿轮、联轴器等。铸钢包括碳素铸钢和合金铸钢。铸钢的力学性能与锻钢基本接近，但其减振性、铸造性均不及铸铁。铸钢牌号的表示方法是在符号“ZG”后加注两组数字，如ZG310－570表示其屈服强度为310MPa，抗拉强度为570MPa。

2. 钢的热处理

热处理是采用适当的方式对金属材料或工件（以下统称工件）进行加热、保温和冷却，以获得预期的组织结构与性能的工艺。

热处理能显著提高钢的力学性能，满足零件使用要求和延长其寿命，还可改善钢的加工性能，提高加工质量和劳动生产率，因此热处理在机械制造中应用很广。如汽车、拖拉机中有70%的零件要进行热处理，各种刀具、量具、模具等几乎100%需要进行热处理。

实践证明：同一化学成分的钢在加热到一定状态后，若采用不同的冷却方法和冷却速度进行冷却，将得到形态不同的各种组织，从而获得不同的性能。$w(\mathrm{C})=0.45\%$的钢加热到840℃以不同方法冷却后的力学性能见表7-1。

表7-1　$w(\mathrm{C})=0.45\%$的钢加热到840℃以不同方法冷却后的力学性能

冷却方法	力学性能				
	R_m/MPa	R_{eL}/MPa	A（%）	Z（%）	硬度
炉内缓冷	530	280	32.5	49.3	160～200HBW
空气冷却	670～720	340	15～18	45～50	170～240HBW
水冷却	1000	720	7～8	12～14	52～58HRC

按目的与作用不同，热处理可分为以下三类：

（1）整体热处理　整体热处理指对工件整体进行穿透加热的热处理，主要包括退火、正火、淬火和回火等（图7-1）。

1）退火。退火是把钢制零件加热到一定温度，保温一段时间后，使其随炉冷却到室温的处理过程。退火能使金属晶粒细化，组织均匀，可以消除零件的内应力，降低硬度，提高塑性，使零件便于加工。

2）正火。正火又称常化处理，其工艺过程与退火相似，不同之处是将零件置于空气中冷却。正火的作用与退火基本相同。但由于零件在空气中冷却速度较快，故可以提高钢的硬度与强度。

3）淬火。淬火是把零件加热到一定温度，保温一段时间后，将零件放入水（油或水基盐碱溶液）中急剧冷却的处理过程。淬火可以大大提高钢的硬度和强度，但材料的韧性降低，同时产生很大的内应力，使零件有严重变形和开裂的危险。因此，淬火后必须及时进行

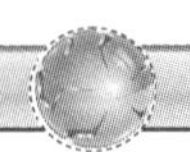

回火处理。

4）回火。回火是将经过淬火的零件重新加热到一定温度（低于淬火温度），保温一段时间后，置于空气或油中冷却至室温的处理过程。回火不但可以消除零件淬火时产生的内应力，而且可以提高材料的综合力学性能，以满足零件的设计要求。

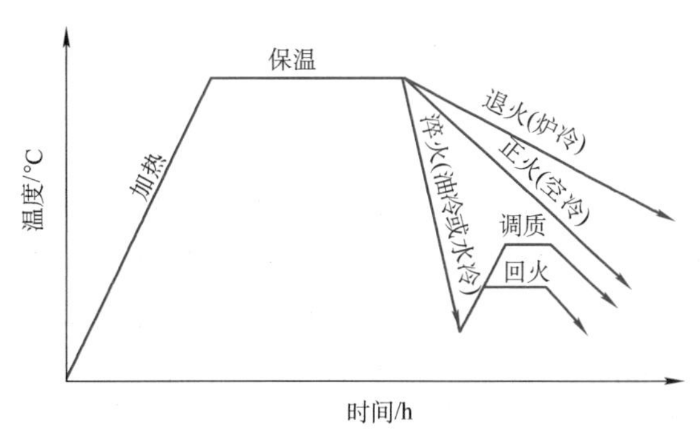

图 7-1 钢的热处理方法示意图

回火后材料的具体性能与回火温度密切相关。根据回火温度的不同，通常分为低温回火、中温回火和高温回火三种。

① 低温回火（150~250℃）。可得到很高的硬度和耐磨性，主要用于各种切削工具、滚动轴承等零件。

② 中温回火（350~500℃）。可得到很高的弹性，主要用于各种弹簧等。

③ 高温回火（500~650℃）。通常把淬火后经高温回火的双重处理称为调质。调质可使零件获得较高的强度与较好的塑性和韧性，即获得良好的综合力学性能。调质处理广泛用于齿轮、轴、蜗杆等零件。适合进行这种处理的钢，称为调质钢。调质钢大都是碳的质量分数在0.35%~0.5%之间的中碳钢和中碳合金钢。

（2）表面热处理　表面热处理指为改变工件表面的组织和性能，仅对其表面进行热处理的工艺，主要包括火焰淬火、感应淬火等。表面淬火是以很快的速度将零件表层迅速加热到淬火温度（零件内部温度仍很低），然后迅速冷却的热处理过程。表面淬火可使零件的表层具有很高的硬度和耐磨性，而心部由于未被加热淬火，仍然保持材料原有的塑性和韧性。这种零件具有较高的抗冲击能力，因此，表面淬火广泛用于齿轮、轴等零件。

（3）化学热处理　化学热处理指将工件置于适当的活性介质中加热、保温，使一种或几种元素渗入它的表层，以改变其化学成分、组织和性能的热处理，主要包括渗碳、渗氮、碳氮共渗等。其中，应用较多的是渗碳。渗碳零件常用的材料为低碳钢和低碳合金钢。零件经过渗碳后，表层碳的含量增加，再经淬火和回火后，零件表面可达到很高的硬度和耐磨性，而心部则具有很好的塑性和韧性。渗碳常用于齿轮、凸轮、摩擦片等零件。

7.1.2　铸铁

视频讲解

铸铁是脆性材料，其抗拉强度、塑性、韧性均较差，不能进行辗压和锻造。铸铁的减振性和耐磨性较好，成本较低。由于它具有良好的液态流动性，因此常用于铸造各种形状复杂的零件。常用铸铁有灰铸铁和球墨铸铁。

1. 灰铸铁

灰铸铁是应用最广的一种铸铁，碳以片状石墨存在于铁的基体中，因此其断口呈灰色。灰铸铁的抗压强度高于抗拉强度，可加工性能好，但不宜承受冲击载荷，常用于制造受压状态下工作的零件，如机器底座、机架等。灰铸铁牌号的表示方法是在符号“HT”后加注一组表示抗拉强度的数字，如HT200，其抗拉强度为200MPa。

2. 球墨铸铁

球墨铸铁中的碳以球状石墨存在于铁的基体中，故其力学性能显著提高。除伸长率和韧性稍低外，其他力学性能基本与钢接近，同时兼有灰铸铁的优点。但是，球墨铸铁的铸造工艺性能要求较高，品质不易控制。用球墨铸铁制造的曲轴、齿轮等，其成本低于锻钢件。球墨铸铁牌号的表示方法是在符号“QT”后加注两组数字，如 QT400－15，它表示抗拉强度为 400MPa，伸长率为 15%。

7.1.3　非铁金属

非铁金属是指铁和铁基合金以外的金属。

与铁和铁基合金相比，非铁金属的冶炼比较复杂，成本高。但是，由于非铁金属具有许多优良特性，因而已成为现代工业，特别是航空航天工业中不可缺少的材料。

视频讲解

1. 铝及其合金

铝及其合金在工业上的重要性仅次于钢，尤其是在航空航天、电力工业及日常生活用品中得到广泛的应用。

（1）工业纯铝　工业纯铝的显著特点是密度小（$2.7g/cm^3$）、强度比较低、塑性较好、导电性和导热性较好、抗大气腐蚀性能好等。因此，工业纯铝主要用于制作电线、电缆，以及要求具有导热性和抗大气腐蚀性而对强度要求不高的一些用品或器皿中。

（2）铝合金概述　铝与硅、铜、镁、锰等合金元素所组成的铝合金具有较高的强度，能用于制造承受载荷的机械零件。提高铝合金强度的方法有冷变形加工硬化和时效硬化。

2. 铜合金

铜合金是最常用的非铁金属材料，分为黄铜和青铜等类型。

视频讲解

（1）黄铜　黄铜（H85 等）是以锌为主要合金元素的铜合金。它具有一定的强度和较高的耐蚀性，常用于制造管件、散热器、垫片以及化工、船用零件等。铅黄铜（HPb61－1 等）具有很高的导热性和疲劳强度，可用于制造高速、重载滑动轴承的轴瓦。

（2）青铜　青铜又分普通青铜（锡青铜）和特殊青铜（铝青铜、铅青铜等）。普通青铜（QSn4－3 等）的减摩性、耐磨性、导热性均良好，常用于制造蜗轮、对开螺母、滑动轴承中的轴瓦等零件。铝青铜（QAl9－2 等）的耐磨性和耐蚀性较好，常用于制造蜗轮、在蒸汽和海水条件下工作的齿轮等零件。

铸造铜合金牌号的表示方法是在“Cu”元素符号前加“Z”（表示铸造），“Cu”元素符号后加注所含各主要合金元素的符号及其质量分数（%）。

3. 粉末冶金

粉末冶金法是一种不用熔炼和铸造，而用压制、烧结金属粉末来制造零件的工艺。用粉末冶金法不但可以制成具有某些特性的制品，而且能节约材料，节省加工工时和减少机械加工设备，降低成本。因此，粉末冶金法在国内外都得到了很快的发展。

（1）粉末冶金简介　粉末冶金工艺过程包括粉料制备、压制、烧结及后处理等工序。

视频讲解

粉料制备包括金属粉末的制取、粉料的混合等步骤。压制是将粉末颗粒压制成形。烧结可按其烧结过程中的形态不同而分为两类：①烧结时不形成液相的，如合金钢、耐熔化合物、青铜-石墨材料等；②烧结时部分形成液相的，如硬质合金、金属陶瓷等。压制坯件经过烧结后，孔隙度减小并发生收缩，这是由于在烧结时进行着扩散、再结晶、蠕变、表面氧化物还原等过程所致。

经过烧结，使粉末压制坯件获得所需要的各种性能。一般情况下，烧结好的制件即可使用。但有时还需要进行必要的后处理。

（2）粉末冶金的应用　粉末冶金用得最多、时间最长的是用来制造各种衬套和轴套，后来又逐渐发展到用粉末冶金法制造一些其他的机械零件，如齿轮、凸轮、含油轴承等。粉末冶金含油轴承的耐磨性能良好，而且材料的空隙能储存润滑油，故可以用这种轴承来代替滚珠轴承和青铜轴瓦。

粉末冶金的另一个重要应用在于，可以制造一些具有特殊成分或具有特殊性能的制件。如硬质合金、难熔金属及其合金、金属陶瓷、无偏析高速钢、磁性材料、耐热材料、过滤器等，都可以用粉末冶金法制取。

硬质合金是将一些难熔的化合物粉末和黏结剂混合在一起，加压成形，再经过烧结而成的一种粉末冶金材料。

硬质合金的特点是硬度高（86～93HRA）、热硬性好（可达900～1000℃）、耐磨性优良。硬质合金刀具的切削速度比高速钢刀具快4～7倍，刀具寿命可提高5～80倍。然而，硬质合金的硬度太高、性脆，极难进行机械加工，因而通常将硬质合金制成一定规格的刀片，镶焊在刀体上使用。

7.2　非金属材料

非金属材料是指除金属材料以外的其他材料。在工业产品中使用的非金属材料主要有高分子材料、陶瓷材料以及复合材料三大类。

7.2.1　高分子材料

视频讲解

高分子科学是20世纪30年代才从有机化学中独立出来的一门科学，也是在近代获得迅速发展的科学之一。它是以三大合成材料（塑料、合成橡胶及化学纤维）为主要研究对象，并已涉及生命科学，研究领域十分广阔，成为综合性强、多学科接壤的一门边缘学科。

高分子科学是人们在生产实践与科学试验的基础上建立和发展起来的。高分子材料的生产和应用的飞速发展，促进了高分子科学试验的发展，而研究方法与工具的创新，使人们可以观察到物质的微观结构，从而加深了对宏观性能的认识。理论研究的进展，必将进一步为高分子材料的应用开拓出更新的领域。高分子材料科学正是这样不断地经过实践—理论—再实践的反复过程，由低级向高级飞速地发展着。

1. 高分子聚合物的基本概念

（1）高分子聚合物的含义　天然的高分子聚合物（如天然橡胶、木材、棉、麻、蚕丝、毛皮等）或人工合成的高分子聚合物（如酚醛树脂、环氧树脂、聚酯、尼龙、聚乙烯、ABS等），都是由成千上万的原子以共价键结合起来的大分子所组成的物质，其相对分子质量高达几万至几十万、几百万，甚至上千万，而普通低分子物质的相对分子质量只有几十或几百。因此，高分子聚合物与低分子化合物在物理、力学性能方面有着显著的差别。

常把塑料、合成橡胶、化学纤维称为高分子材料。

（2）高分子聚合物的独特性　高分子聚合物与低分子化合物的区别，特别显著地表现在高分子聚合物固体与其溶液的力学性质上。例如：

1）几乎所有的动植物材料（棉、麻、丝、毛、草和天然橡胶）与合成橡胶、化学纤维和塑料都具有固体弹性和液体黏性，且在一定条件下，又能表现出相当大的可逆力学形变

（高弹性）。

2）恒温下，它们能被抽成丝或制成薄膜，也就是说，高分子材料具有各向异性。

3）高分子聚合物溶液在溶剂中能表现出溶胀特性，并形成居于固体和液体之间的一系列中间体系。

4）高分子聚合物溶液的黏度特别大，2% ~3%的高分子溶液比同样浓度的低分子溶液的黏度大几十至几百倍。

5）高分子聚合物也能在特定的温度下，经外力作用，通过机械模具或机械加工制成具有空间三维形状的各种产品。

视频讲解

视频讲解

视频讲解

视频讲解

视频讲解

2. 塑料

在日常生活与工农业生产中，人们每天都要接触到各种塑料制品，如饮水用的杯子，椅子，手提包，文具用品，购物用的包装袋，各种电器用品（如电视机、洗衣机、照相机、空调和抽风机等的外壳，厨房用的电冰箱、微波炉、洗碗机等的绝热、绝缘构件），建筑装饰用的塑料门窗，医院用的一次性注射器，农业生产中用的地膜、水管、喷枪及洒水器，工业生产中使用的塑料开关、齿轮、轴承，各类轿车、飞机、轮船与火车上用的仪表、表盘，航天飞机中的耐磨、绝热、隔声、防振部件等，很多都是塑料做成的。

在这些塑料材质物品中，有用通用塑料制成的，也有用工程塑料制成的，还有选用特殊功能塑料制成的，必须清楚它们在应用和选择中该如何区分，即如何合理地选用塑料材质。目前世界上已有几百种不同的塑料，其中最常用的有40多种，且每年还有许多共混塑料的新品种出现。因此，按应用性能和生产状况来区分塑料的种类是目前最好、也是最常用的方法。

（1）通用塑料　通用塑料应用范围广，生产量大，主要有聚氯乙烯、聚苯乙烯、聚烯烃、酚醛塑料和氨基塑料等，是一般工农业生产和日常生活不可缺少的廉价材料。

（2）工程塑料　工程塑料通常是指力学性能较好，并能在较高温度下长期使用的塑料，它们主要用于制作工程构件，如ABS、聚甲醛、聚酰胺、聚碳酸酯等。

（3）塑料成型工艺简介

1）挤出成型。借助螺杆和柱塞的作用，使熔化的塑料在压力推动下，强行通过口模而成为具有恒定截面的连续型材的一种方法。其形状由口模决定。该工艺可生产各种型材、管材、电线、电缆包覆物等，如图7-2a所示。此法的优点是生产效率高、用途广、适应性强。目前挤出制品约占热塑制品产量的40% ~50%。

2）吹塑成型。吹塑成型是将挤出或注射成型的塑料管坯（型坯），趁熔融状态时，置于各种形状的模具中，并及时向管坯内通入压缩空气将其吹胀，让坯料紧贴模胆而成型，冷却脱模后即得中空制品，如图7-2b所示。

3）注射成型。该法又称注塑，它是在熔融塑料流动状态下，用螺杆或柱塞将其通过料筒前端的喷嘴，快速注入温度较低的型模，经过短时冷却定型，即得塑料制品的一种重要成型方法，如图7-2c所示。该工艺生产周期短，适应性强。

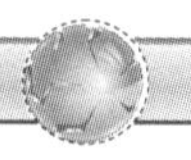

3. 合成橡胶

视频讲解

橡胶在室温下能保持高弹性能，并且在相当宽的温度范围内仍处于高弹态。其特征是在较小的外力作用下，就能产生大的变形，当外力去除后又能很快恢复到近似原来的状态。同时还具有良好的伸缩性、储能能力和耐磨、隔声、绝缘等性能，因而广泛用作弹塑性材料、密封材料和传动材料，在促进工业、农业、交通、国防工业的发展及提高人民物质生活水平等方面，起着其他材料所不能替代的作用。

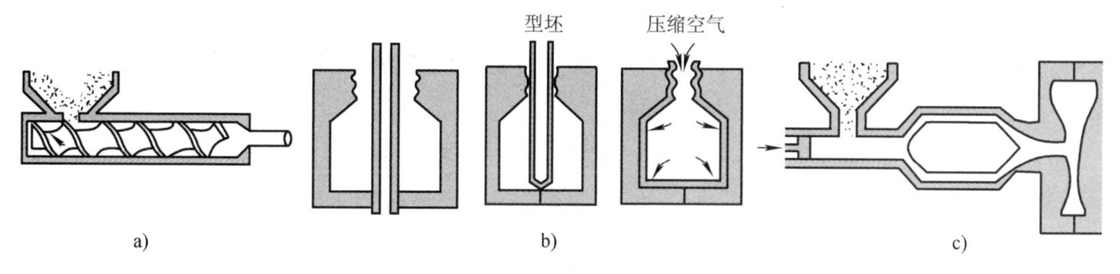

图 7-2　典型的热塑性聚合物成型方法

a）挤出成型　b）吹塑成型　c）注射成型

视频讲解

橡胶分为天然橡胶和合成橡胶。天然橡胶是从热带的橡树或杜仲树上流出的胶乳，呈中性乳白色液体，从外表看很像牛奶，这种胶乳经凝固、干燥、压片等工序制成各种胶片（便于运输）。其主要成分是以异戊二烯为单体的高分子聚合物。合成橡胶同其他高分子聚合物一样，也是由单体在一定条件下经聚合反应而成，其单体的主要来源是石油、天然气和煤等。自石油化学工业迅猛发展以来，合成橡胶的产量随之激增，目前已成为现代橡胶工业的主要原料来源。

4. 合成纤维

视频讲解

合成纤维发展速度很快，产量直线上升，过去几十年中，差不多每年以 20% 的增长率发展，品种越来越多。凡能保持长度比本身直径大 100 倍的均匀条状或丝状的高分子材料，均称纤维，包括天然纤维和化学纤维。化学纤维又分人造纤维和合成纤维。人造纤维是用自然界的纤维加工而成的，如“人造丝”“人造棉”的黏胶纤维和硝化纤维、醋酸纤维等。合成纤维是以石油、煤、天然气为原料制成的。

视频讲解

合成纤维一般都具有强度高、密度小、耐磨、耐蚀等特点，除广泛用于制作衣料等生活用品外，在工农业、交通、国防等部门也有许多重要用途。

7.2.2　陶瓷

陶瓷是无机非金属材料，是我国古代劳动人民的伟大发明之一。由于科学技术的迅速发展，特别是电子技术、空间技术、计算机技术的发展，陶瓷在近几十年得到了迅速发展，应用十分广泛。

传统陶瓷是以天然原料黏土、石英、长石为原料制成的，它是日用陶瓷、建筑陶瓷、绝缘陶瓷、耐酸陶瓷等的主要原料。由于天然原料的组成比较复杂、杂质多，一般不能满足高级陶瓷的要求。近代特种陶瓷是化学合成陶瓷，经人工提炼，用纯度较高的金属氧化物、碳化物、氮化物、硅酸盐等经配料、烧结而成。近代特种陶瓷有金属陶瓷、半导体陶瓷、功能陶瓷和陶瓷基复合材料等，能满足飞速发展的科学技术对材料特殊性能的要求。

陶瓷材料由于熔点高，无可塑性，所以加工工艺性差。目前常用的生产工艺是粉末冶金法，即原料经粉碎→配料混合→压制成形→高温烧结制成陶瓷制品。

在室温下，大多数陶瓷几乎不能产生塑性变形。陶瓷内部存在大量气孔，使抗拉强度降低，冲击强度也低，但它的抗压强度较高。陶瓷的硬度比金属高得多。

陶瓷的组织结构非常稳定，具有优良的耐酸、碱、盐腐蚀的能力。其熔点高（大多数陶瓷的熔点在2000℃以上），有极好的化学稳定性和很强的抗氧化性，比高温金属材料有更高的耐热性，已广泛用作高温材料，如制作特殊的冶金坩埚，火箭、导弹的雷达佩护罩，电炉的发热体等。

大多数陶瓷是良好的绝缘体，可制作绝缘的容器、绝缘保护体等。也可以制造具有导电性的陶瓷，如高温烧结的氧化锡为半导体。

陶瓷产量大，广泛用于电气、化工、建筑等部门，如绝缘子、耐蚀容器、管道、建筑上的装饰瓷等。

7.2.3 玻璃

玻璃是指由熔体冷却得到的具有远程无序、近程有序结构的固体物质。在特定条件下，玻璃也可以成为晶体有机物。玻璃具有透明、质硬、耐蚀、耐热和光电性能，能用多种成形和加工方法制成各种形状及大小的玻璃制品，其原材料十分丰富，价格低廉，因此玻璃的应用极其广泛，在国民经济建设中起着重要的作用。

玻璃的制造已有5000年以上的历史，古代埃及人是玻璃的最早制造者，他们用泥灌进行熔融，用捏塑或压制成形方法制造简单器皿和饰物。公元前1世纪，罗马人发明了用铁管吹制玻璃的方法。11—15世纪，威尼斯成为玻璃制造中心。1790年瑞士人狄南发明了用搅拌法制造光学玻璃的方法。18世纪，由于蒸汽机的发明，机械工业和化学工业不断发展，使玻璃制造技术得到进一步提高。19世纪中叶，玻璃的连续生产应用了发生炉烟气和蓄热室池炉技术，以及机械成形和加工方法。20世纪以来，玻璃的制造技术迅速发展并形成专门学科。

我国在东周时已能制造玻璃珠等饰物。过去我国的玻璃工业十分落后，除极少数几个工厂用机器生产窗玻璃和瓶罐玻璃外，其余为数不多的玻璃工厂多为手工生产，设备简陋，劳动条件很差，品种不多。现在我国的玻璃工业、科研和技术等得到飞速发展，许多自行设计的大型玻璃工厂已经投入生产，某些产品已采用自动化生产，玻璃品种已能适应我国经济建设的需求。

玻璃具有如下特性：

1）各向同性。也就是说，玻璃态物质在各方向上的硬度、弹性模量、热膨胀系数、导热系数和电导率等都是相同的。

2）无固定熔点。玻璃态物质由固体转变为液体是在一定温度区域（软化温度范围）内进行的，它与结晶物质不同，没有固定的熔点。

3）介稳定性。当熔体冷却形成玻璃时，在冷却过程中由于黏度急剧增大，玻璃态的质点不大可能重新排列而自发地形成晶体，因为结晶潜热没有释放出来，还不是处于能量最低的稳定状态，所以玻璃处于介稳定状态。

4）成分变化引起性质的相应变化。玻璃的成分在一定范围内会发生连续变化，其性质也随之发生连续变化。

5）产生可塑性的变化。玻璃态物质以熔融状态冷却（或进行加热）的过程中，其物

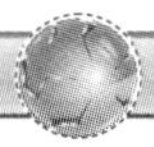

理、化学性质会产生逐渐和连续的变化，这个变化过程是可逆的。

7.2.4　复合材料

1. 复合材料的概念

复合材料在材料科学中是一门新学科，正在不断发展。目前还没有一个统一的、人们普遍接受的定义。国际标准化组织把复合材料定义为“由两种以上在物理和化学上不同的物质组合起来而得到的一种多相固体材料”。

2. 复合材料的性能特点

1）比强度和比刚度高。

2）抗疲劳性能好。

3）减振能力强。复合材料的比模量大，所以它的自振频率很高，在一般加载速度或频率的情况下，不容易发生共振而快速脆断。另外，复合材料是一种非均质多相体系，其中有大量的界面（纤维与基体之间构成）。界面对振动有反射和吸收作用，一般基体的阻尼也较大，因此在复合材料中振动的衰减都很快。

4）高温性能好。增强剂纤维多具有较高的弹性模量，因而常有较高的熔点和较高的高温强度。

5）断裂安全性高。纤维增强复合材料每平方厘米截面上有成千上万根隔离的细纤维，当其受力时，将处于力学上的静不定状态。过载会使其中的部分纤维断裂，但随即迅速进行应力的重新分配，由未断纤维承受载荷，不致造成构件在瞬间完全丧失承载能力而断裂，所以工作的安全性高。

除上述几种特性外，复合材料的减摩性、耐蚀性以及工艺性能也都较好。但是应该指出，复合材料为各向异性材料，其横向抗拉强度和层间抗剪强度不高，伸长率较低，冲击韧性有时也不是很好，尤其是成本太高，所以目前应用还很有限。

3. 常用复合材料

复合材料的种类很多，下面仅介绍几种常用的具有代表性的纤维增强复合材料。

（1）玻璃纤维复合材料　第二次世界大战期间出现了用玻璃纤维增强工程塑料的复合材料，即玻璃钢，使机器构件不用金属制造成为可能。从此，玻璃钢开始迅速发展，并以25%～30%的年增长率增长，现在已成为一种重要的工程结构材料。玻璃钢分热塑性和热固性两种。

1）热塑性玻璃钢。热塑性玻璃钢是以玻璃纤维为增强剂和以热塑性树脂为黏结剂制成的复合材料。同热塑性塑料相比，当基体材料相同时，强度和抗疲劳性能可提高2～3倍以上，冲击韧度提高2～4倍（脆性塑料时），蠕变抗力提高2～5倍，达到或超过了某些金属的强度。

玻璃纤维增强尼龙的刚度、强度和减摩性好，可代替非铁金属制造轴承、轴承架、齿轮等精密机械零件；还可以制造电工部件和汽车上的仪表盘、前后照灯等。玻璃纤维增强苯乙烯类树脂广泛应用于汽车内装制品、收音机壳体、磁带录音机底盘、照相机壳、空气调节器叶片等部件，玻璃纤维增强聚丙烯的强度、耐热性和抗蠕变性能好，耐水性优良，可以制作转矩变换器、干燥器壳体等。

2）热固性玻璃钢。热固性玻璃钢是以玻璃纤维为增强剂和以热固性树脂为黏结剂制成的复合材料。玻璃钢的性能特点是强度较高，接近或超过了铜合金和铝合金。玻璃钢密度小，其比强度高于钢和铝合金，甚至超过了高强度钢；此外在耐蚀、介电性能和成形性能等方面均较良好。但其刚度较差，只有钢的1/10～1/5，耐热性不高（低于200℃），易老化，易蠕变，导热性差，有待改进提高。

玻璃钢主要用于要求自重轻的受力结构件，如汽车、机车、拖拉机的车顶、车身、车门、窗框、蓄电池壳、油箱等构件，也可用于直升机的旋翼、氧气瓶和耐海水腐蚀的结构件，以及轻型船体、石油化工中的管道、阀门等。其应用越来越多，可大量地节约金属。

（2）碳纤维复合材料 碳纤维复合材料是20世纪60年代迅速发展起来的。碳以石墨的形式出现，其晶体为六方结构，六方体底面上的原子以强大的共价键结合，所以碳纤维比玻璃纤维具有更高的强度和弹性模量，并且在2000℃以上的高温下强度和弹性模量基本保持不变，在-180℃以下的低温下也不变脆。当石墨晶体底面取向接近或平行于纤维的轴向时，碳纤维的强度和弹性模量极高。例如，普通碳纤维的$R_m=500\sim1000$MPa，$E=20000\sim70000$MPa；而高模量碳纤维的$R_m>1500$MPa，$E=150000$MPa，并且比强度和比模量是一切耐热纤维中最高的。所以，碳纤维是比较理想的增强材料，可用来增强塑料、金属和陶瓷。

7.3 纳米材料

7.3.1 概述

纳米（nm）是一种几何尺寸的度量单位，$1\text{nm}=10^{-3}\mu\text{m}=10^{-6}\text{mm}=10^{-9}\text{m}$。纳米材料是指尺寸在1～100nm之间的超细微粒。这种超细微粒用肉眼和一般显微镜是看不见的。纳米技术是在20世纪80年代末诞生，20世纪90年代才逐渐兴起的一种高新科技。纳米技术通过直接操纵和安排原子级、分子级的结构而创造新材料，并控制新材料功能的一项综合技术。

纳米技术能够改变材料制造业的现状，制造出纯度很高的材料。用纳米技术可以制造超级嗅觉器，用来检测毒品、炸药、工厂泄漏物质。如果能在原子尺寸水平上控制纳米材料做的机器结构造型，则纳米技术就会为人类创造新技术、新工艺和数不尽的新产品。纳米机器可以奇迹般地回收并提取微量元素，清除废水中有毒的化学物质；可以使器官再生成为可能；能够缩短产品从设计到批量生产所需的时间，并完成每秒数十亿次的操作；能使传统装配工艺变成一次成形工艺；不仅可以控制单个电子，而且可以控制单个光子，实现通信瞬时化。

纳米材料分为纳米超微粒子和纳米固体材料。纳米超微粒子指的是粒子尺寸为1～100nm的超微粒子，它是介于原子、分子与块状材料之间尚未被人们充分认识的新领域。纳米固体材料是用纳米超微粒子制成的固体材料。由于纳米材料是一类尚未被人们充分了解与开拓的新材料体系，它的应用必须是在对其进行全面深入研究的基础上，利用它与大块材料不同的特性，新的物理与化学效应，才有可能开拓出前所未有的、传统材料难以取代的应用新领域。当前，科学家已初步阐明了纳米技术的基本组成，也掌握了纳米材料的合成与制备工艺。为了迎接纳米材料与纳米技术的挑战，自20世纪80年代以来，美国、日本及欧洲先后制订了纳米技术发展规划，竞相投入大量人力物力开展纳米超微粒子的研究。1981—1986年日本将超微粒子列入全国四大重点研究项目之一，总投资1300万美元，全面开展了超微粒子的制备与特性研究，已制造出商品化的高密度磁记录设备与高效催化剂等。美国既重视

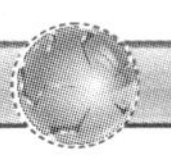

基础研究，又重视应用，已把超微粒吸波材料用于飞机、战舰的隐身用途上。德国萨尔兰大学开展纳米固体材料研究，政府拨款5000万马克给予资助研究。俄罗斯、英国等都从不同领域开展了纳米超微粒材料研究。

中国科学院金属研究所、吉林大学、青岛大学、北京大学、清华大学、复旦大学和四川大学等单位开展了纳米材料和纳米技术的研究，与国际上处于同步发展水平。我国政府十分重视纳米材料和纳米技术的研究，中国科学院已于2000年10月30日成立纳米科技中心。中国科学院化学所工程塑料国家重点实验室已成功制出纳米塑料，它具有优异的物理力学性能，强度高，耐热性好，密度较低，有良好的透明度和较高的光泽度，其耐磨性是黄铜的27倍、钢铁的7倍。部分纳米塑料还具有阻燃自熄灭性能。2000年四川大学生物医学工程李玉宝教授用纳米材料研制出纳米眼球，这种人工眼球有可能像真人眼睛一样同步移动，通过电脉冲刺激大脑神经，能看到精彩的世界，若研制成功，将给盲人患者带来重见光明的希望。据2001年3月9日出版的美国《科学》杂志报道，三位留美中国科学家在世界上首次发现并合成纳米带，这是一种用金属氧化物制造的10～15nm厚、30～300nm宽的新材料。这种纳米材料的电阻几乎为零，而且硬度超过钢，用它可以制造出价格便宜的超微感应器和元件，从而为新兴的纳米材料科学打开了又一扇希望之门，纳米材料和纳米技术可能会引发新的工业革命。

7.3.2 纳米材料的应用

由于纳米超微粒子具有特殊性能，使得它可以广泛应用于电子、机械、生物医学、能源和化工等领域。

1. 电子功能材料

1）纳米电磁波、光波吸收材料。由于超微颗粒对光具有强烈的吸收能力，而颜色又是黑色，能作为防红外线、防雷达的隐身材料。如美国的F-117A隐身战机已应用了这种材料。

2）在磁记录上应用。由于磁性纳米微粒尺寸小，具有单磁畴结构和矫顽力很高等特性，因此制成磁记录器件（如磁带、磁盘等）可以提高信噪比，降低噪声，失真小，改善图像质量。

3）纳米敏感材料。由于超微颗粒表面积大，对环境温度、光、湿度等十分敏感，所以外界环境的改变能迅速引起表面离子价态和电子输运的变化，而且响应速度快、灵敏度高，可以制成气、湿、光敏等多种传感器。

2. 在生物和医学上的应用

1）细胞分离。纳米材料应用到细胞分离的基本原理和过程分为三步进行：第一步是制备非晶态SiO_2的纳米微粒，尺寸控制在15～20nm，然后将其表面包覆单分子层，该层要求具有分离细胞和亲和作用的物质，包覆后形成的复合体尺寸约为30nm；第二步是制取含有多种细胞的聚乙烯吡咯烷酮胶体溶液，适当控制其浓度；第三步是将纳米SiO_2包覆粒子均匀分散到含有多种细胞的聚乙烯吡咯烷酮胶体溶液中，再通过离心技术，利用密度梯度原理将所需细胞分离出来。

2）提高药物疗效和具有杀菌作用。用纳米技术制备的纳米级超微颗粒或有机小分子将更有利于人体吸收，可以提高药物的疗效。有些金属的纳米粒子是嗜菌体，纳米半导体氧化物粒子是抗菌体。

在磁性纳米微粒表面涂覆高分子，外部再与蛋白相结合而注入生物体内，将这种载有高分子和蛋白的磁性纳米粒子（如 Fe_3O_4）作为药物的载体，然后静脉注射到动物体内，在外加磁场下通过纳米微粒的磁性导航，使其移向病变部位（肿瘤），达到定向治疗的目的。

纳米材料还可用于制备耐高温的环境友好的催化剂，对环境无污染。在化工产品中也获得了越来越广泛的应用，如超细的 Ni、Ag 粉末烧结体能做化学电池、燃料电池、光化学电池中的电极，增大与液体、气体分子的接触面积，提高电池效率。在化纤制造中掺入 Cu、Ni 超微粒子，可制成导电性纤维及防电磁辐射的纤维制品和电热纤维制品，还可与橡胶、塑料复合制成导电材料。

7.4 新型材料

7.4.1 超导材料

1. 概述

超导又称为超导电性，当前是指某些材料被冷却到低于某个转变温度时电阻突然消失的现象。具有超导性的材料被称为超导材料。1911 年荷兰莱顿大学的物理学家卡曼林·翁内斯首次发现了超导现象，即在 4.2K（－268.8℃）附近发现水银的电阻突然消失。1933 年迈斯纳发现超导电性的第二个标志——完全抗磁，当金属处于超导状态时，能将通过其内部的磁力线排出体外。零电阻和完全抗磁是超导材料的两个最基本的宏观特性。除此之外，还有约瑟夫森发现的隧道效应和磁通量子化。

自从翁内斯发现超导现象以后，科学家们一直想把超导性用于新技术的开发上。由于超导材料没有电阻，在很多方面会引起重大突破，应用前景广阔。从 1911 年到现在，人们对超导现象进行了大量的研究，在数千种物质中发现了超导性。这其中有我国科学家在超导研究方面做出的卓越贡献。我国在低温超导材料的研制方面具有较高水平，自 1986 年以来，我国的高温超导研究一直处于国际前列，如我国是最早发现液氮温区超导体的国家之一，超导材料实用化主要参数之一的临界电流密度值现在处于世界领先水平。清华大学应用超导研究中心于 2001 年 4 月研制成功 340m 铋系高温超导导线。这种新材料损耗小，制成器件的体积小、重量轻、效率高，可广泛应用于民用和国防领域，如可制造超导变压器、超导电缆、超导电动机、超导磁悬浮列车、超导电磁炮等，对国民经济和国防建设具有重大战略意义，标志着我国创下高温超导长导线的最高纪录和已掌握处于世界先进水平的超导线材产业化技术。在几十年时间里，超导材料之所以没有得到广泛应用，其原因在于：难以制造工程用的超导材料，且难以保持很低的工作温度，人们对超导机制的认识也不是很清楚。1935 年伦敦兄弟写出了第一个超导体的电动力学方程，并推出穿透深度效应。1950 年皮帕德推广了伦敦理论，提出相干长度的概念。1957 年巴丁、库柏、徐瑞佛合作提出微观超导体理论，即 BCS 理论，至此，人们才真正弄清了超导的本质，超导理论才获得了重大突破。特别是近几十年来，超导技术在理论、材料、应用和低温测试方面都取得了很大的进展，有的已开始实际应用，并逐步商品化。超导材料的发现是 20 世纪物理学的一项重大成就，它为人类展现出一个前景十分广阔的崭新技术领域，必将引发一场科学技术革命。

2. 超导材料的应用

1）节能超导材料能应用到发电机、电动机、电力电缆输电、变压器和电感储能器中。用超导材料制成超导线的发电机，具有小型化、重量轻且输出功率高、损耗小等优点。用超

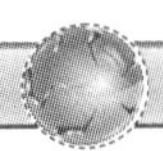

导体的零电阻特性可以无损耗地输送极大的电流。如用铌三锡超导材料能把交流损耗降至最低，使用由超导材料制成的变压器，能大幅度降低励磁损耗、缩小体积、减轻重量和提高效率。超导储能装置是将电能储存在一个线圈中，由于超导体的直流电阻为零，在线圈电路中的电流永不衰减，不会随时间的变化而损耗。

2）超导磁体。用铌三锡和铌钛超导材料可制造出超导磁体，能应用于高能物理实验装置中，如氢泡室超导磁体，同步加速器脉冲二极磁体和粒子输送用二极、四极超导磁体，超导磁悬浮列车。超导磁体可用于核磁共振成像诊断设备中，使设备体积小、场强高，提高灵敏度和分辨率。

3）超导材料在电子工业中的应用。超导材料可制作超导电子仪器，其原理是利用超导体的零电阻、理想抗磁性、持续电流、磁通量子化和超导态转变等特性，使超导电子仪器具有灵敏度高、反应速度快、功耗小和噪声低等优点。还可制造超导电子计算机和超导电子照相机。

7.4.2　形状记忆合金

视频讲解

1. 概述

形状记忆合金是指某些合金材料在某一温度下受外力而变形，当外力去除后，仍保持其变形后的形状，但在上升到某一温度时，合金材料会自动恢复到变形前原有的形状，即对以前的形状保持记忆，这种合金材料称为形状记忆合金。形状记忆合金作为一种新型功能材料，已发展成独立的学科分支。对形状记忆合金的研究始于1963年，当时美国海军的武器实验室奉命研制一种新式装备，在一次试验中他们需要一些TiNi合金丝，但领回的TiNi合金丝是弯弯曲曲的，使用起来不方便，于是将这些TiNi合金丝一根根地拉直，并用在试验中。在试验过程中出现了奇怪的现象：当温度升到一定值时，这些已被拉直的TiNi合金丝突然又全部恢复到原来弯弯曲曲的形状，和原来一模一样，丝毫不差。经反复多次试验，结果都是这样。于是，人们认识到在一定温度范围内可以根据需要改变某些合金的形状，但到了一个特定的温度，它们又会自动恢复原来的形状，并把这种可重复进行的改变-恢复，且记忆能力不会降低的现象称为形状记忆效应。自1963年发现TiNi合金具有形状记忆效应之后，对形状记忆合金材料的研究进入了一个新的阶段。

20世纪70年代初，人们发现CuAlNi合金具有良好的形状记忆效应，后来在Fe基合金、FeMnSi基合金和不锈钢中也发现了形状记忆效应，并在工业中得到了应用。1975—1980年，主要研究形状记忆合金的形状记忆效应机制及与其密切相关的相变伪弹性效应。到20世纪80年代，科学家终于突破了TiNi合金研究中的难点，对形状记忆效应机制的研究逐步深入，应用范围不断拓宽，在机械、电子、化工、宇航、运输、建筑、医疗、能源和日常生活中均获得应用。形状记忆合金是一种有“生命”的合金，相信在若干年或几十年后一定会出现重大突破。

目前，形状记忆合金材料主要分为TiNi系、Cu系和Fe系合金等。

2. 形状记忆合金的应用

（1）形状记忆合金在工业中的应用　形状记忆合金可应用于管接头和紧固件。管接头对防止漏油事故很有效，可靠性很高。形状记忆合金还可用于核潜艇及150mm大口径海底输油管，以及自动电子干燥箱、汽车排热装置、火灾报警器、过电流保护器、过热警告器和控制系统等。

（2）形状记忆合金在医学上的应用　形状记忆合金的形状记忆效应和超弹性能广泛应用在医学上。如制造血栓过滤器、脊柱矫形棒、牙齿矫形弓丝、接骨板、人工关节、人造心脏等。

（3）形状记忆合金的智能应用　形状记忆合金可用于发动机，如制造曲轴偏心式热机和带轮式热机等。还可用于制造和开发形状记忆合金机器人，如小型外科手术、显微镜下精细作业的毫米级微型机械手和微型机器人。

7.4.3　超硬材料

1. 人造金刚石

金刚石和石墨都是由碳元素组成的，它们的差别在于晶体结构不同，石墨的碳原子呈六方层状结构，金刚石中的碳原子以立方结构排列。石墨的层与层原子间距离大，其结合力较弱；而金刚石碳原子间是以共价键结合，结合力强，不易拉断，在宏观性能上的反映就是特别硬。天然金刚石矿床不多，但在工业和商业上需求很大，于是只能靠人工合成金刚石。人造金刚石不能通过简单加压和烧结制成，要在1200℃以上、数千兆帕压力下，并使用催化剂才能把普通碳变成金刚石。金刚石广泛应用在地质勘察、深井和隧道开挖、工具和电子行业。

2. 金刚石薄膜

由于金刚石太硬，难以加工，而且价格昂贵，应用范围受到限制。制造成金刚石薄膜可扩大其应用领域。金刚石薄膜的制造一般采用热丝化学蒸气沉积法、等离子CVD法、等离子喷射法和燃烧火焰法四种。金刚石薄膜涂覆工具比一般的硬质合金工具寿命提高10倍以上，金刚石薄膜可制造电子部件、人工心瓣，还可应用在手术刀、人工关节和人工骨骼方面。

7.5　选材的一般原则和步骤

工业产品设计不仅包括零件结构的设计，同时也包括所用材料和工艺的设计。正确选材是工业产品设计的一项重要任务，它必须使选用的材料保证零件在使用过程中具有良好的工作能力，保证零件便于加工制造，同时保证零件的总成本尽可能低。优异的使用性能、良好的加工工艺性和便宜的价格是工业产品零件选材的最基本原则。

视频讲解

7.5.1　使用性能原则

使用性能是保证零件完成规定功能的必要条件。在大多数情况下，它是选材首先要考虑的因素。使用性能主要是指零件在使用状态下材料应该具有的力学性能、物理性能和化学性能。材料的使用性能应满足使用要求。对大量机械零件和工程构件，则主要是力学性能。对一些特殊条件下工作的零件，则必须根据要求考虑到材料的物理、化学性能。

使用性能的要求，是在分析零件工作条件和失效形式的基础上提出来的。零件的工作条件包括以下三个方面：

1）受力状况。主要是载荷的类型（如动载、静载、循环载荷或单调载荷等）和大小，载荷的形式（如拉伸、压缩、弯曲或扭转等），以及载荷的特点（如均布载荷或集中载荷）等。

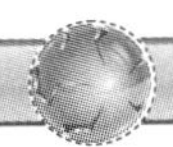

2）环境状况。主要是温度特征（如低温、常温、高温或变温），以及介质情况（如有无腐蚀或摩擦作用）等。

3）特殊要求。主要是对导电性、磁性、热膨胀、密度、外观等的要求。

零件的失效形式主要包括过量变形、断裂和表面损伤三个方面。通过对零件工作条件和失效形式的全面分析，确定零件对使用性能的要求，然后利用使用性能与实验室性能的相应关系，将使用性能具体转化为实验室力学性能指标，如强度、韧性或耐磨性等。这是选材最关键的步骤，也是最困难的一步。之后，根据零件的几何形状、尺寸及工作中所承受的载荷，计算出零件中的应力分布。再由工作应力、使用寿命或安全性与实验室性能指标的关系，确定对实验室性能指标要求的具体数值。

表7-2中列举了几种常用零件的工作条件、失效形式及要求的力学性能指标。在确定了具体力学性能指标和数值后，即可利用手册选材。但是，零件所要求的力学性能数据不能简单地与手册、书本中所给出的完全等同对待，还必须注意以下情况：第一，材料的性能不仅与化学成分有关，也与加工、处理后的状态有关，金属材料尤其明显，所以要分析手册中的性能指标是在什么加工、处理条件下得到的；第二，材料的性能与加工处理时试样的尺寸有关，随截面尺寸的增大，力学性能一般是降低的，因此必须考虑零件尺寸与手册中试样尺寸的差别，并进行适当的修正；第三，材料的化学成分、加工处理的工艺参数本身都有一定波动范围。一般手册中的性能，大多是波动范围的下限值。也就是说，在尺寸和处理条件相同时，手册数据是偏安全的。

表7-2 几种常用零件的工作条件、失效形式及要求的力学性能指标

零件	工作条件			常见的失效形式	要求的主要力学性能
	应力种类	载荷性质	受载状态		
紧固螺栓	拉、切应力	静载	—	过量变形，断裂	强度、塑性
传动轴	弯、扭应力	循环，冲击	轴颈摩擦，振动	疲劳断裂，过量变形，轴颈磨损	综合力学性能
传动齿轮	压、弯应力	循环，冲击	摩擦，振动	齿折断，磨损，疲劳断裂，接触疲劳（麻点）	表面高强度及疲劳强度，心部韧性，韧度
弹簧	扭、弯应力	交变，冲击	振动	弹性失稳，疲劳破坏	弹性强度，屈强比，疲劳强度
冷作模具	复杂应力	交变，冲击	强烈摩擦	磨损，脆断	硬度，足够的强度，韧度

由于硬度的测定方法比较简单，不破坏零件，并且在确定的条件下与某些力学性能指标有大致固定的关系，所以常作为设计中控制材料性能的指标。但它也有很大的局限性，例如，硬度对材料的组织不够敏感，经不同处理的材料常可得到相同的硬度值，而其他力学性能却相差很大，因而不能确保零件的使用安全。所以，设计中在给出硬度值的同时，还必须对处理工艺（主要是热处理工艺）做出明确的规定。

对于在复杂条件下工作的零件，必须采用实验室性能指标作为选材依据。例如，在高温、高压、振动、循环作用力下工作的零件，对其材料的力学性能的选择，必须以实验室性能指标为依据。

7.5.2　工艺性能原则

工业产品零件都是由设计选用的工程材料，通过一定的加工方式制造出来的，金属材料有铸造、压力加工、焊接、机械加工、热处理等加工方式。陶瓷材料通过粉末压制烧结成形，有的还需进行磨削加工、热处理。高分子材料利用有机物原料，通过热压、注塑、热挤等方法成形，有的还需进行切削加工、焊接等加工过程。

视频讲解

材料的工艺性能表示材料加工的难易程度。在选材中，同使用性能比较，工艺性能常处于次要地位。但在某些特殊情况下，工艺性能也可成为选材考虑的主要依据。另外，一种材料即使使用性能很好，但若加工很困难，或者加工费用太高，也是不可取的。所以材料的工艺性能应满足生产工艺的要求，这是选材时必须考虑的问题。

金属材料的工艺性能主要包括下列几种：铸造性能（包括流动性、收缩、偏析、吸气性等），锻造性能（包括可锻性、抗氧化性、冷镦性、锻后冷却要求等），机械加工性（包括表面粗糙度、切削加工性等），焊接性能（包括形成冷裂或热裂的倾向、形成气孔的倾向等），热处理工艺性（包括淬透性、变形开裂倾向、过热敏感性、回火脆性倾向、氧化脱碳倾向、冷脆性等）。

与金属材料相比，高分子材料的成形加工工艺比较简单，其主要工艺是成形加工，其工艺性能良好。高分子材料也易于切削加工，但因其导热性能较差，易使工件温度急剧升高，从而导致热固性树脂变焦，热塑性材料变软。少数高分子材料还可进行焊接和热处理，其工艺简单易行。

陶瓷材料成形后，除了可进行磨削（必须采用超硬材料的砂轮，如金刚石）外，几乎不能进行其他加工。

7.5.3　经济性原则

在满足使用性能和工艺性能的前提下，材料的经济性是选材的重要原则。采用便宜的材料，把总成本降至最低，取得最大的经济效益，使产品在市场上具有最强的竞争力，始终是设计工作的重要任务。

1. 材料的价格

零件材料的价格无疑应该尽量低。材料的价格在产品的总成本中占有较大的比重，据有关资料统计，在许多工业部门中可占产品价格的30%～70%，因此设计人员要十分关心材料的市场价格。

2. 零件的总成本

零件选用的材料必须保证其生产和使用的总成本最低。零件的总成本与其使用寿命、重量、加工费用、研究费用、维修费用和材料价格有关。

如果准确地知道了零件总成本与上述各因素之间的关系，则可以对选材的影响做精确分析，并选出使总成本最低的材料。但是，要找出这种关系，只有在大规模工业生产中进行详尽试验分析的条件下才有可能。对于一般情况，详尽的试验分析有困难，要利用一切可能得到的资料，逐项进行分析，以确保零件总成本降低，使选材和设计工作做得更合理些。

3. 国家的资源

随着工业的发展，资源和能源问题日益突出，选用材料时必须对此有所考虑，特别是对于大批量生产的零件，所用材料应该来源丰富并顾及我国资源情况。近年来，我国研制成功

了一大批符合本国资源的新型合金钢种，为选用国产材料提供了更大的可能。此外，同一单位（企业）所选材料的种类、规格，应尽量少而集中，以便于采购和管理，减少不必要的附加费用。另外，还要注意生产材料的能耗，尽量选用能耗低的材料。

7.5.4 选材的一般方法

具体选材方法不可能规定千篇一律的步骤，图7-3所示的选材一般步骤仅供参考。

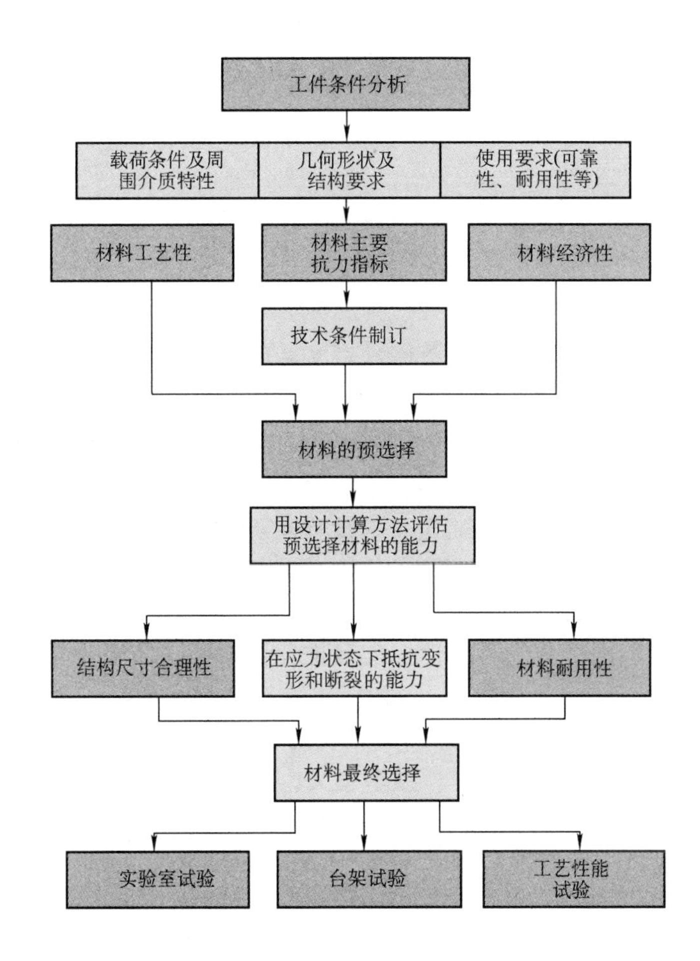

图7-3 工业产品零件选材的一般步骤

对零件的工作特性和使用条件进行周密的分析。通过分析，找出主要损坏形式，从而恰当地提出主要抗力指标，见表7-2。

首先根据工作条件进行分析，对零件的设计制造提出必要的技术要求。根据所提出的技术要求和在工艺性、经济性方面的考虑，对材料进行预选。材料的预选通常是凭借积累的经验，通过与类似机器零件的比较和已有实践经验的判断，或者通过各种材料手册来进行。其次对预选的材料进行计算，以确定是否满足上述工作条件要求。再次进行材料的二次（或最终）选择方案不一定只是一种方案，可以是若干种方案。然后通过实验室试验、台架试验和工艺性能试验，确定合理选材方案。最后，在试生产的基础上，接受生产考验，以检验选材的合理与否。

第3篇　产品工程表达基础

第8章　机械制图基础

8.1　制图基本规定

8.1.1　标准概述

标准是随着人类生产活动和产品交换规模及范围的日益扩大而产生的。我国现已制定了2万多项国家标准，涉及工业产品、环境保护、工业生产、工程建设、农业、信息、能源、资源及交通运输等方面。我国已成为标准化工作较为先进的国家之一。

我国现有标准可分为国家标准、行业标准、地方标准和企业标准四个层次。对需要在全国范围内统一的技术要求，制定国家标准；对没有国家标准而又需要在全国某个行业范围内统一的技术要求制定行业标准；由于类似的原因产生了地方标准；对没有国家标准和行业标准的企业产品制定企业标准。

国家标准和行业标准又分为强制性标准和推荐性标准。强制性国家标准的代号形式为GB ××××—××××，GB是“国标”二字汉语拼音的第一个字母，其后的××××代表标准的顺序编号，而后面的××××代表标准颁布的年号。推荐性标准的代号形式为GB/T ××××—××××。顾名思义，强制性标准是必须执行的，而推荐性标准是国家鼓励企业自愿采用的。但由于标准化工作的需要，这些标准实际都被认真执行着。

标准是随着科学技术的发展和经济建设的需要而发展变化的。我国的国家标准在实施后，标准主管部门每五年对标准复审一次，以确定是否继续执行、修改或废止。在工作中应采用正式发布的最新标准。

下面介绍绘制图样时常用的国家标准。

8.1.2　国家标准介绍

视频讲解

1. 图纸幅面和格式（GB/T 14689—2008）

（1）图纸幅面　绘制图样时，应优先采用表8-1所规定的基本幅面，必要时，也允许选用国家标准所规定的加长幅面。这些幅面的尺寸由基本幅面的短边成整数倍增加后得出。

（2）图框格式　每张图纸均需有用粗实线绘制的图框。要装订的图样应留装订边，其图框格式如图8-1a所示；不需要装订图样的图框格式如图8-1b所示。但同一产品的图样只

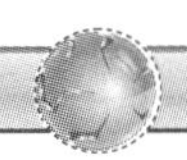

能采用同一种格式，图样必须画在图框之内。

表 8-1　图纸幅面代号和尺寸　（单位：mm）

幅面代号	A0	A1	A2	A3	A4
$B\times L$	841×1189	594×841	420×594	297×420	210×297
a	25				
c	10			5	
e	20		10		

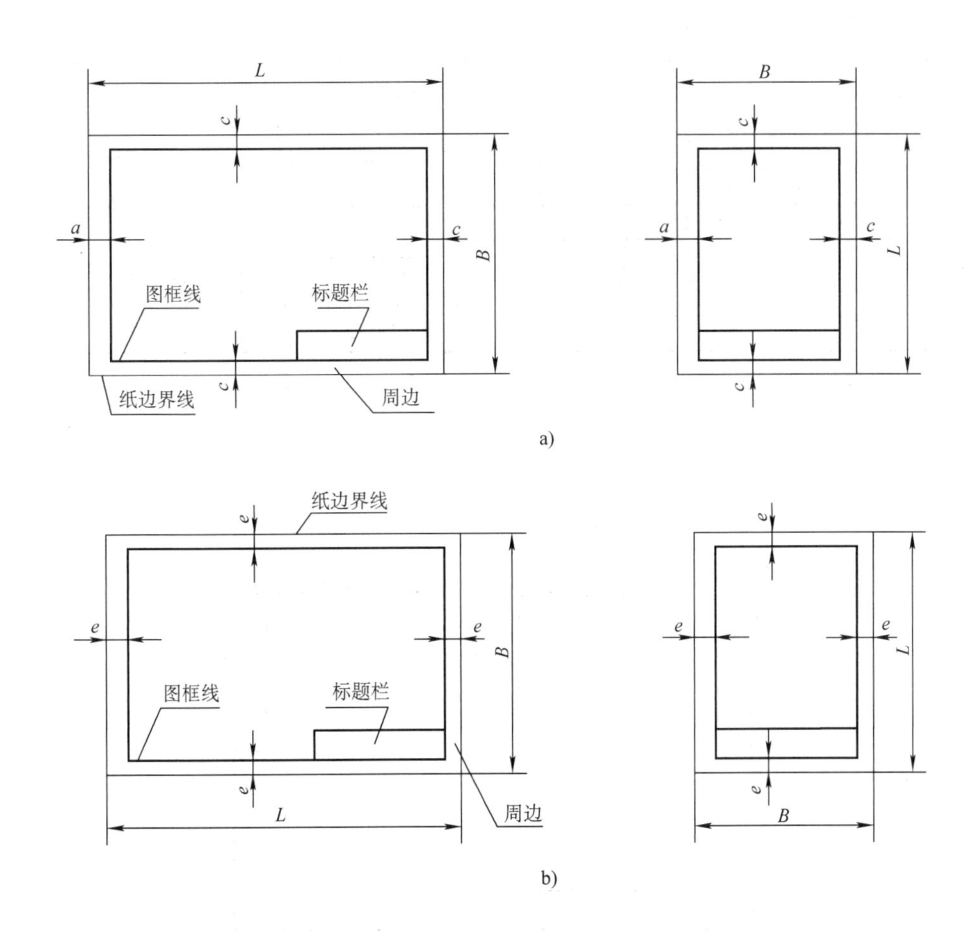

图 8-1　图框格式

a）需要装订图样的图框格式　b）不需要装订图样的图框格式

（3）标题栏及其方位　每张技术图样中均应画出标题栏。标题栏的格式和尺寸按 GB/T 10609.1—2008 的规定，如图 8-2 所示。

标题栏一般应位于图纸的右下角，如图 8-1 和图 8-3a 所示。当标题栏的长边置于水平方向并与图纸的长边平行时，则构成 X 型图纸。当标题栏的长边与图纸的长边垂直时，则构成 Y 型图纸。在此情况下，看图的方向与看标题栏的方向一致，即标题栏中的文字方向为看图方向。此外，标题栏的线型、字体（签字除外）和年、月、日的填写格式均应符合相应国家标准的规定。

有时也按方向符号指示的方向看图，即令画在对中符号上的等边三角形（即方向符号）位于图纸下边看图。这是当 A4 图纸横放，其他基本幅面图纸竖放，且标题栏均位于图纸右上角时的正常情况下所绘图样的看图方向规定。如图 8-3b 所示，标题栏的长边均置于铅垂方向，画有方向符号的装订边均位于图纸下边。

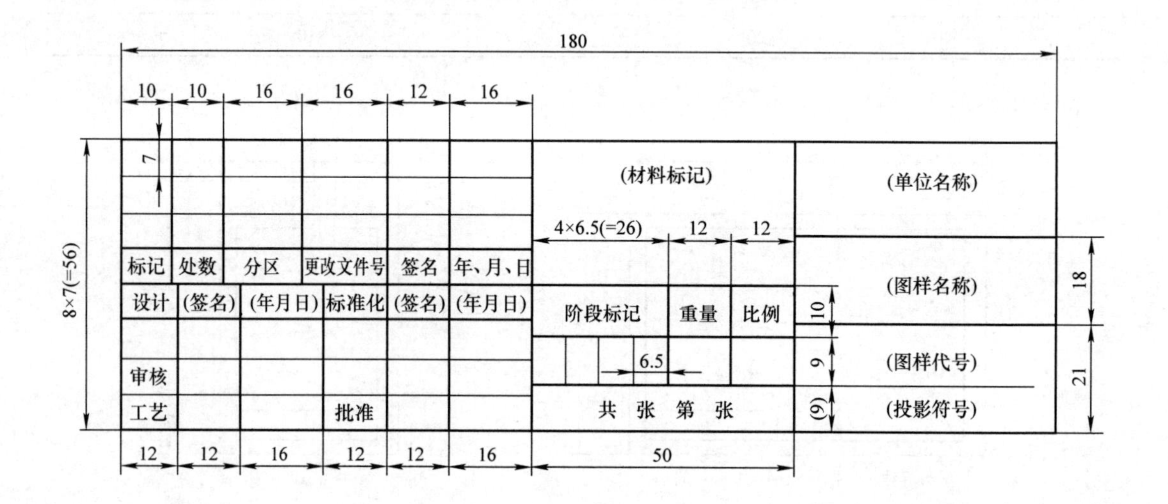

图 8-2　标题栏格式和尺寸

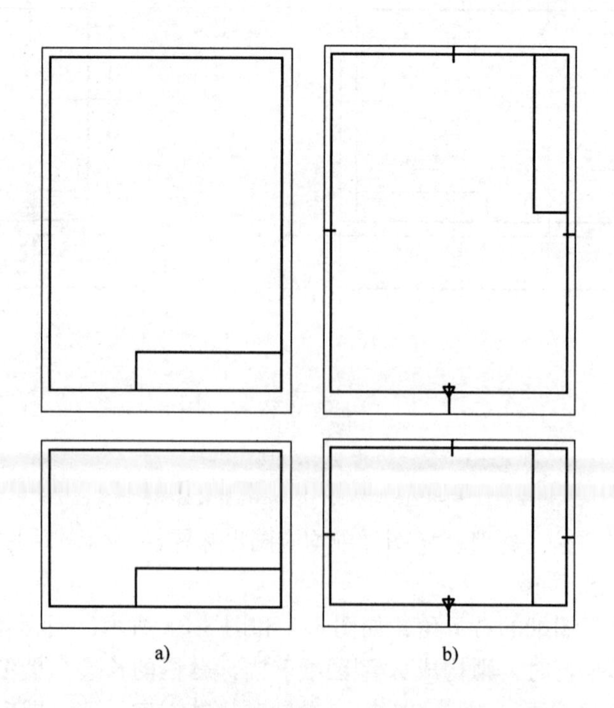

图 8-3　看图方向和标题栏的方位

2. 比例（GB/T 14690—1993）

比例是图中图形与实物相应要素的线性尺寸之比。绘制图样时，应尽量采用原值比例。当机件太大或太小需按比例绘制图样时，应从表8-2规定的系列中选取适当比例。必要时，也允许采用表8-3中的比例。

表8-2　比例

种类	比　例
原值比例	1:1
放大比例	2:1，5:1，1×10^n:1，2×10^n:1，5×10^n:1
缩小比例	1:2，1:5，1:1×10^n，1:2×10^n，1:5×10^n

表8-3　必要时允许采用的比例

种类	比　例
放大比例	2.5:1，4:1，2.5×10^n:1，4×10^n:1
缩小比例	1:1.5，1:2.5，1:3，1:4，1:6，1:1.5×10^n，1:2.5×10^n，1:3×10^n，1:4×10^n，1:6×10^n

比例一般应标注在标题栏中的比例栏内，必要时可在视图名称的下方或右侧标注比例，例如：

$$\frac{I}{2:1}\qquad\frac{A}{1:100}\qquad\frac{B—B}{2.5:1}\qquad\frac{\text{墙板位置图}}{1:200}\qquad\text{平面图 }1:100$$

3. 字体（GB/T 14691—1993）

国家标准GB/T 14691—1993《技术制图　字体》中，规定了汉字、字母和数字的结构形式。书写字体的基本要求如下：

1）图样中书写的汉字、数字、字母必须做到字体端正、笔画清楚、排列整齐、间隔均匀。字体的大小用号数表示，字体的号数就是字体的高度（用h表示，单位为mm），字体高度的公称尺寸系列为1.8mm、2.5mm、3.5mm、5mm、7mm、10mm、14mm、20mm。如果需要书写更大的字，其字体高度应按$\sqrt{2}$的比率递增。用作指数、分数、注脚和尺寸偏差数值的数字，一般采用小一号字体。

2）汉字应写成长仿宋体字，并应采用中华人民共和国国务院正式推行的《汉字简化方案》中规定的简化字。长仿宋体字的书写要领是横平竖直、注意起落、结构均匀、填满方格。汉字的高度h不应小于3.5mm，其字宽一般为$h/\sqrt{2}$。

3）字母和数字分为A型和B型。字体的笔画宽度用d表示。A型字体的笔画宽度$d=h/14$，B型字体的笔画宽度$d=h/10$。字母和数字可写成斜体和直体。

4）斜体字字头向右倾斜，与水平基准线成75°。绘图时，一般用B型斜体字。在同一图样上，只允许选用一种字体。

字体端正笔画清楚
排列整齐间隔均匀

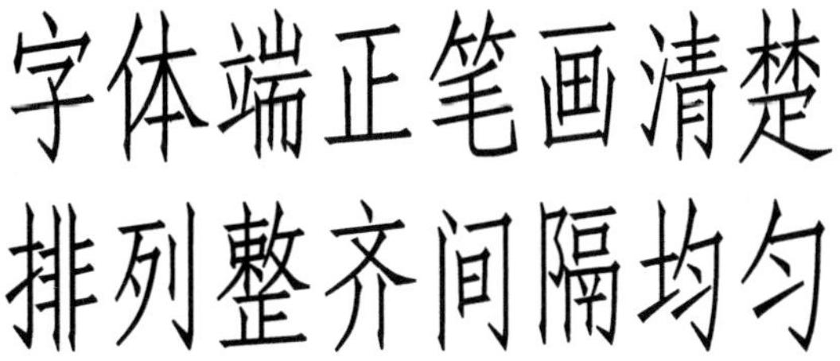

图8-4　长仿宋字

图8-4、图8-5所示为图样上常见字

体的书写示例。字体与图幅的关系见表8-4。

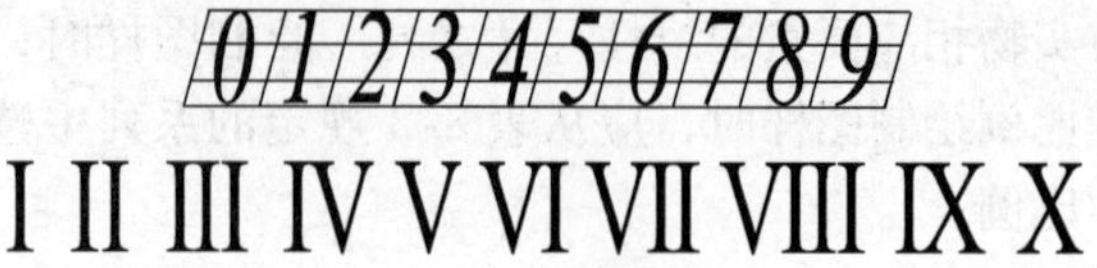

0123456789

I II III IV V VI VII VIII IX X

图8-5　数字书写示例

表8-4　字体与图幅的关系　　（单位：mm）

图幅	A0	A1	A2	A3	A4
汉字字高	7	7	5	5	5
字母与数字字高	5	5	3.5	3.5	3.5

4. 图线及其画法（GB/T 17450—1998、GB/T 4457.4—2002）

图线是起点和终点间以任意方式连接的一种几何图形，其形状可以是直线或曲线、连续或不连续线。

图线是由线素构成的，线素是不连续线的独立部分，如点、长度不同的画和间隔。由一个或一个以上不同线素组成一段连续的或不连续的图线称为线段。

（1）线型　图线的基本线型见表8-5。

表8-5　基本线型

图线名称	图线型式	图线宽度	应用举例
粗实线		d	可见轮廓线，可见棱边线
细实线		$d/2$	尺寸线及尺寸界线，剖面线，重合断面的轮廓线、螺纹的牙底线及齿轮的齿根线、引出线
波浪线		$d/2$	断裂处的分界线，视图与剖视的分界线
双折线		$d/2$	断裂处的分界线
细虚线	2~6　≈1	$d/2$	不可见轮廓线，不可见棱边线
粗虚线		d	允许表面处理的表示线
细点画线	≈20　≈3	$d/2$	轴线，对称中心线
粗点画线	≈10　≈3	d	限定范围表示线
细双点画线	≈15　≈5	$d/2$	相邻辅助零件的轮廓线，可动零件极限位置的轮廓线，中断线

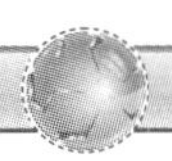

（2）图线宽度　本标准规定了 9 种图线宽度，所有线型的图线宽度 d 应按图样的类型和尺寸大小在下列数值中选择：0.13mm、0.18mm、0.25mm、0.35mm、0.5mm、0.7mm、1mm、1.4mm、2mm。图线的宽度分粗线、中粗线和细线三种，其宽度比率为 4∶2∶1。在同一图样中，同类图线的宽度应一致。

建筑图样上可采用三种线宽，其比率为 4∶2∶1；机械图样上可采用两种线宽，其比率为 2∶1。在机械工程的 CAD 制图中，A0、A1 幅面优先采用的线宽为 1mm 和 0.5mm，A3、A4 幅面采用的线宽为 0.7mm 和 0.35mm。常用的细线线宽为 0.25mm 和 0.35mm。

5. 剖面符号（GB/T 17453—2005）

在绘制剖视图和断面图时，通常应在剖面区域中画出剖面线或剖面符号。无须在剖面区域中表示材料的类别时，可采用通用剖面线。通用剖面线是以适当角度的细实线绘制的，它与主要轮廓或剖面区域的对称线成 45°角。

在专业图中，为了简化制图，往往采用通用剖面线表示量大面广的材料，如机械制图中的金属剖面区域及建筑制图中表示普通砖的剖面区域。若需表示材料的类别，应查阅相应标准，也可在图样上以图例的方式说明。具体剖面符号见表 10-1。

6. 尺寸注法（GB/T 4458.4—2003）

尺寸的标注规则见表 8-6。

表 8-6　尺寸的标注规则

分类	说　明	示　例
基本规则	一个完整的尺寸一般由尺寸数字、尺寸线、尺寸界线及尺寸终端组成	尺寸界线　尺寸线　尺寸数字　箭头　C2　φ20　φ12　25　33　间距应大于7　尺寸界线超出箭头约2
	1. 机件的真实大小应以图样上所注的尺寸数据为依据，与图形的大小及绘图的准确度无关 2. 图样中的尺寸以毫米（mm）为单位时，无须标注计量单位的代号和名称；如果采用其他单位，则必须注明相应计量单位的代号和名称 3. 图样中所标注的尺寸为该图样所示机件的最后完工尺寸，否则应另加说明 4. 机件的每一尺寸一般只标注一次，并应标注在反映该结构最清晰的图形上	10　10　25　φ30　10　10　25　φ30

（续）

分类	说　明	示　例
尺寸数字	线性尺寸数字一般应注写在尺寸线的上方，也允许注写在尺寸线的中断处	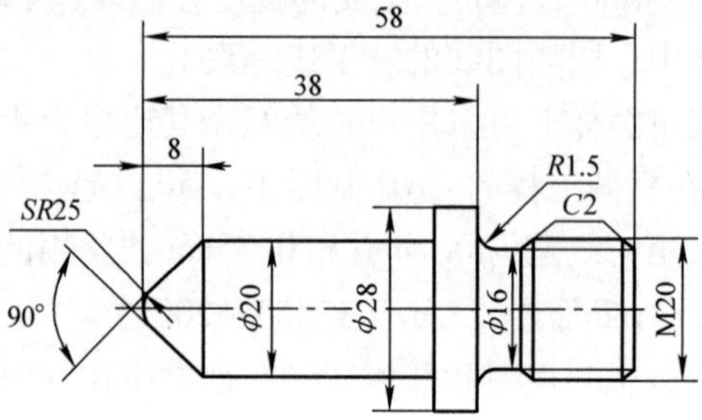 58　38　8　SR25　90°　$\phi20$　$\phi28$　R1.5　C2　$\phi16$　M20
	线性尺寸数字的方向一般按右侧图 a 所示方向注写，并尽可能避免在图示 30°范围内标注尺寸；当无法避免时，允许按图 b 所示标注	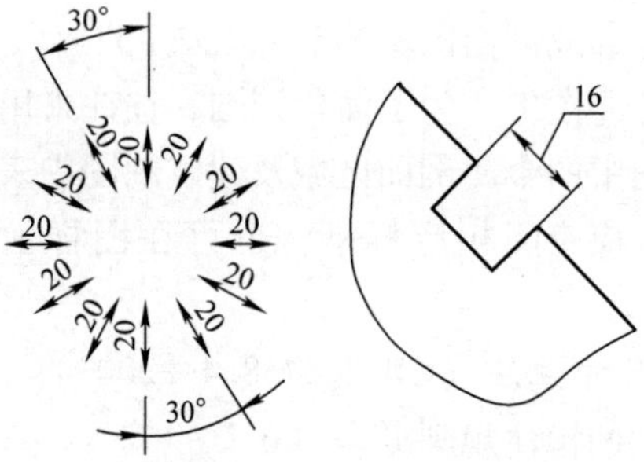 30°　20　30°　a)　16　b)
	尺寸数字不可被任何图线所通过，否则必须将该图线断开	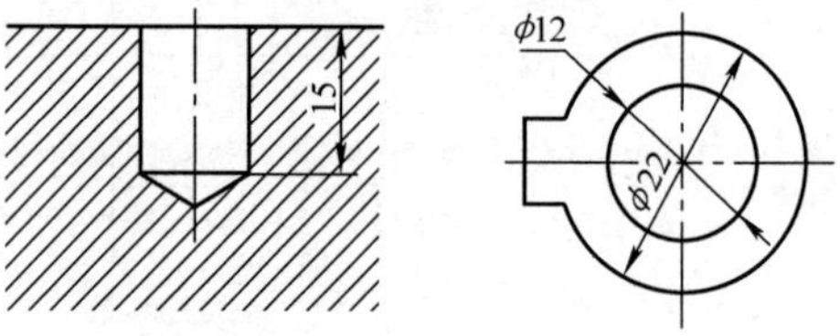 15　$\phi12$　$\phi22$
尺寸线	1. 尺寸线用细实线绘制，不能用其他图线代替，一般也不能与其他图线重合或画在其延长线上 2. 标注线性尺寸时，尺寸线必须与所标注的线段平行	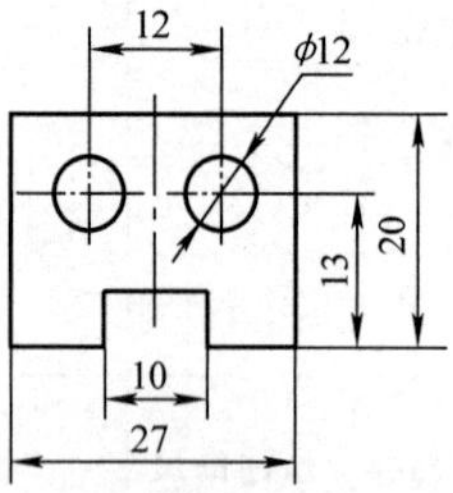 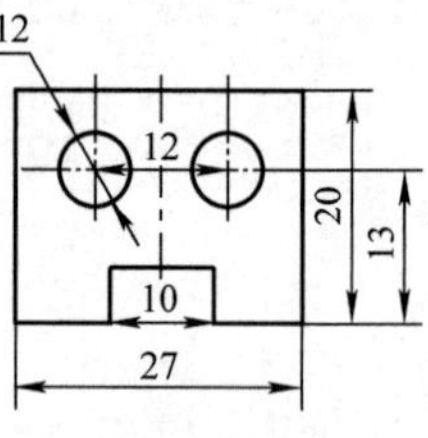 12　$\phi12$　13　20　10　27　正确 $\phi12$　12　20　13　10　27　错误
尺寸终端	1. 箭头：箭头形式的尺寸终端适用于各种类型的图样 2. 斜线：当尺寸线的终端采用斜线形式时，尺寸线与尺寸界线必须相互垂直 3. 一张图样中只能采用一种尺寸线终端的形式，不能混用 4. CAD 制图中的尺寸线终端可选用四种形式中的任一种，手工绘图仅可选用实心箭头和 45°斜线	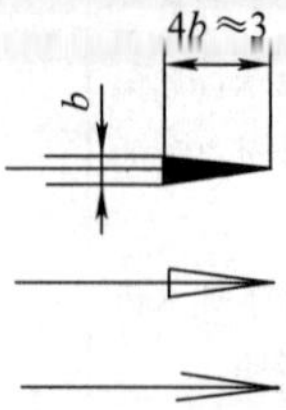 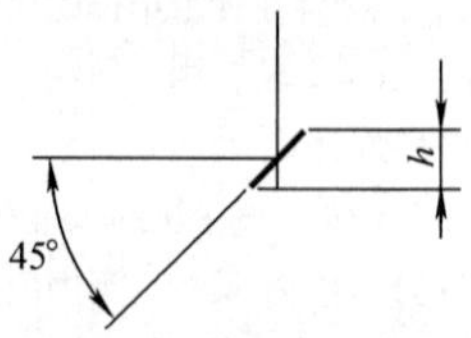 $4b\approx3$　b　箭头 h　45°　斜线

（续）

分类	说　明	示　例
尺寸界线	1. 尺寸界线用细实线绘制，并应由图形的轮廓线、轴线和对称中心线处引出 2. 轮廓线、轴线和对称中心线可以用作尺寸界线	4×ϕ12　62　R10　R8　45　48　68　78　100　轮廓线作尺寸界线 3×ϕ6　ϕ50　中心线作尺寸界线
	1. 尺寸界线一般应与尺寸线垂直，当尺寸界线过于接近轮廓线时允许倾斜画出 2. 在光滑过渡处标注尺寸时，必须用细实线将轮廓线延长，从它们的交点处引出尺寸界线	23　42 ϕ25　ϕ32
直径与半径的注法	1. 标注直径时，应在尺寸数字前加符号“*ϕ*”；标注半径时，应在尺寸数字前加符号“*R*” 2. 圆的直径和圆弧半径的尺寸线的终端应画成箭头 3. 当圆弧大于180°时，应注直径符号；小于180°时应注半径符号	ϕ30　ϕ20　ϕ25　ϕ20 R8　R12　R10　R6
球的注法	标注球面的直径和半径时，应在符号“*ϕ*”和“*R*”前加符号“*S*”	Sϕ20　SR30
角度的注法	1. 角度数字一律写成水平方向 2. 数字一般注写在尺寸线的中断处，必要时也可按图示的形式标注 3. 标注角度时，尺寸线应画成圆弧，其圆心是该角的顶点 4. 角度的尺寸界线必须沿径向引出	60°　60°　30°　45°　90°　75° a) 60°　55°30′　4°30′　25°　20°　90°　5°　20°　15°　65° b)

（续）

分类	说　明	示　例
狭小部位的注法	在没有足够的位置画箭头或注写数字时，可按图示的形式标注	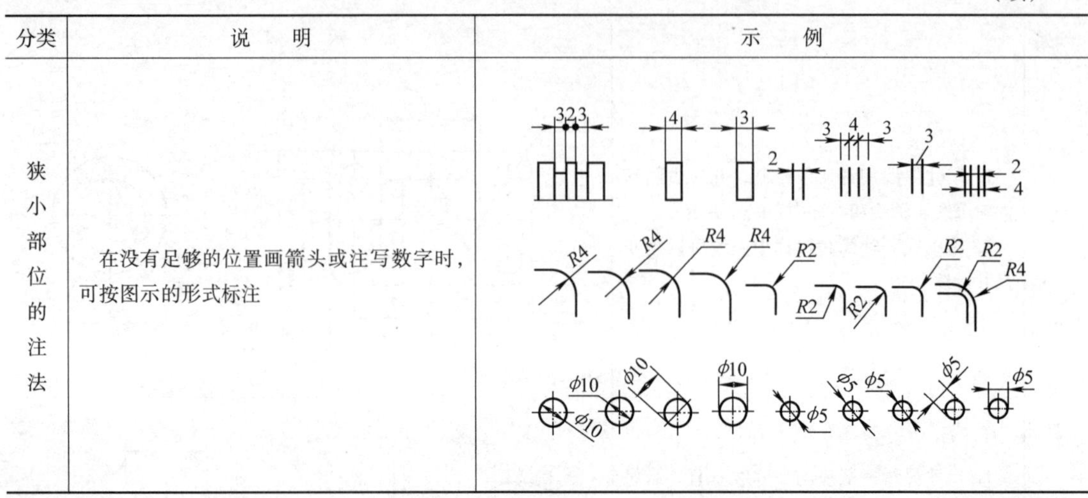

8.2　绘 图 工 具

常用的绘图工具有图板、丁字尺、绘图仪器、三角板等。只有正确使用绘图工具，才能保证绘图的质量。

视频讲解

1. 铅笔

绘图用铅笔的铅芯按其软硬程度分别用B和H表示。一般用标号为B的铅笔画粗实线，用标号为HB的铅笔写字，用标号为H的铅笔画细线。铅笔的磨削及使用如图8-6所示。

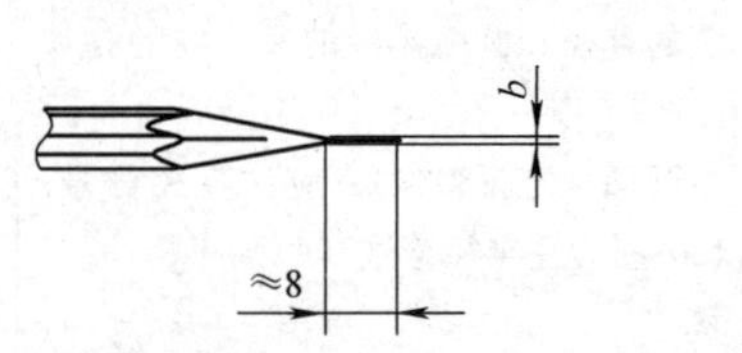

图8-6　铅笔的磨削及使用

2. 图板与丁字尺

绘图时用图板作为垫板，要求图板表面光滑、平坦，用作导边的左侧边必须平直。图纸用胶带固定在图板上。丁字尺与图板（图8-7a、b）配合使用，主要用于画水平线和做三角板移动的导边。

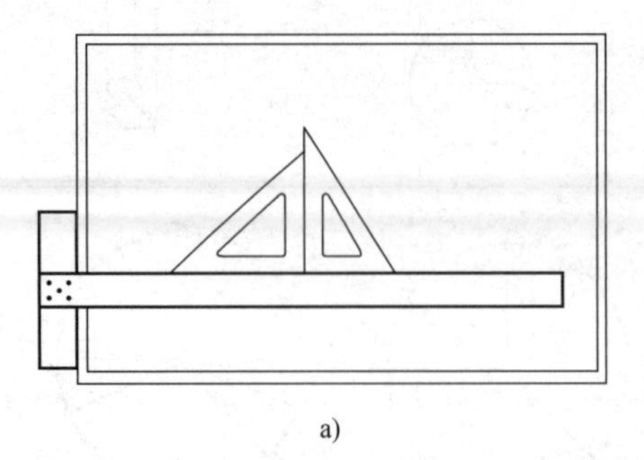

a)

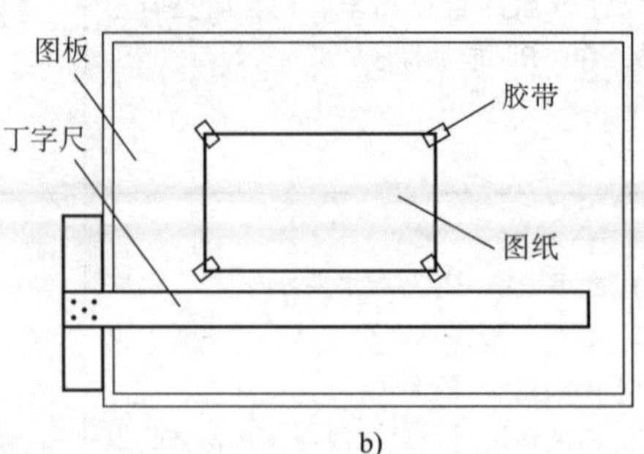

b)

图8-7　图板与丁字尺

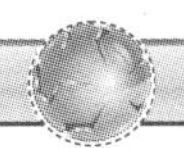

3. 三角板

一副三角板（图8-8）是两块分别具有45°及30°、60°的直角三角形板，与丁字尺配合使用，可绘制垂直线，30°、45°、60°等与水平线成15°倍角的直线。

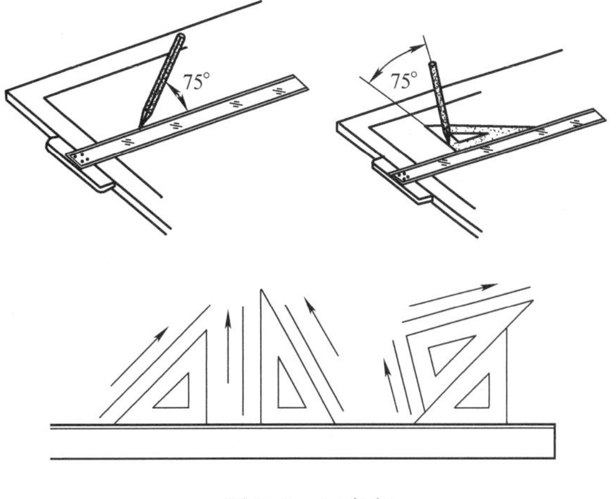

图8-8　三角板

4. 曲线板

曲线板用于绘制非圆曲线。绘制曲线的方法和步骤如图8-9所示。

作图时，先徒手将曲线上的一系列点轻轻连成一条光滑曲线。然后从一端开始，找出曲线板上与该曲线吻合的一段，沿曲线板画出这段线。用同样方法逐段绘制，直至最后一段。需要注意的是：前后衔接的线段应有一小段重合，这样才能保证所绘曲线光滑。

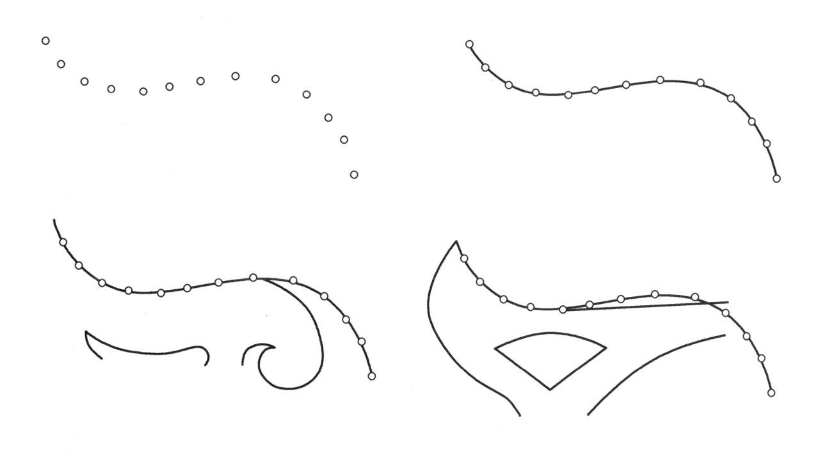

图8-9　绘制曲线的方法和步骤

5. 绘图仪器

（1）分规　分规是用来量取或等分线段的工具，如图8-10所示。先用分规量取尺寸，再画到图纸上。当等分线段时，先估计一等份的长度，再进行试分。若盈余（或不足）为b，再用$l+b/n$（或$l-b/n$）进行试分，一般试分2～3次即可完成。

（2）圆规　圆规（图8-11）是画圆或圆弧的工具。大圆规配有铅笔（画铅笔图用）、鸭嘴笔（画墨线图用）、钢针（作分规用）三种插脚和一个延长杆（画大圆用），可根据需要选用。画小圆时宜采用弹簧圆规或点圆规。

（3）鸭嘴笔　鸭嘴笔（图8-12）是画墨线图的主要工具。笔头由两片叶片和调节螺钉组成。调节调节螺钉可得到不同的墨线宽度，加墨时注意不要弄脏叶片，加墨高度以4～6mm为宜。画线时直线墨笔应与纸面垂直，且笔杆稍倾斜于画线方向，画线速度要均匀。墨线图可以手工描图，也可以采用计算机绘图，用绘图机直接绘制在描图纸上。描图结果可以晒成蓝图。

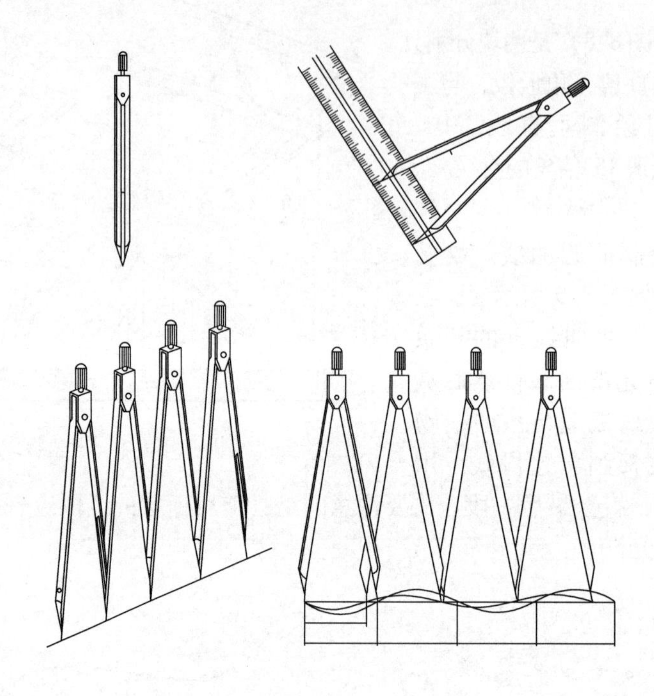

图 8-10　分规

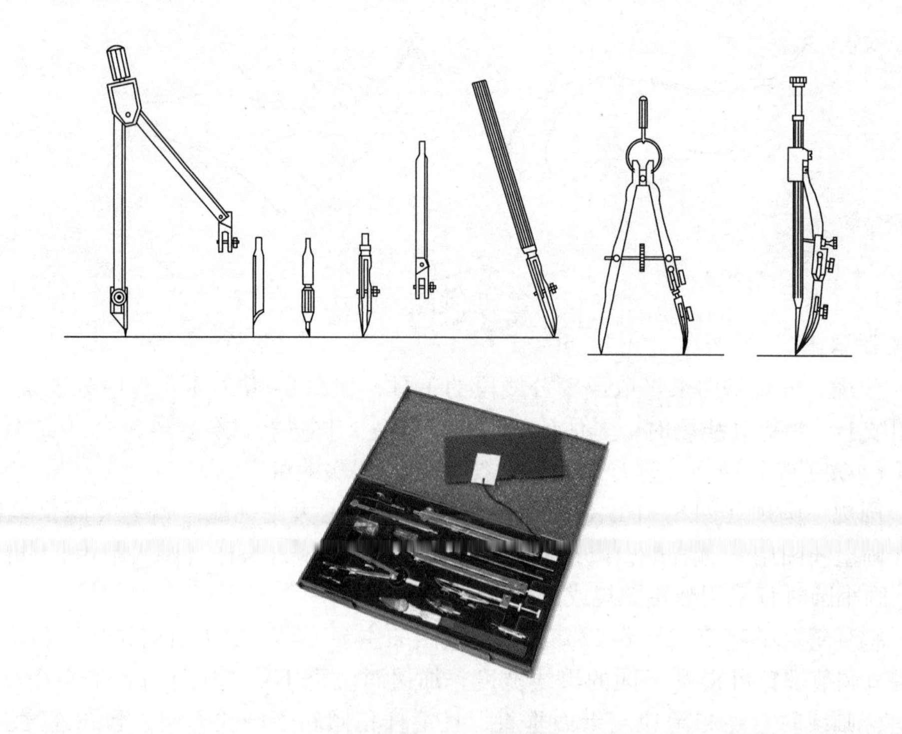

图 8-11　圆规

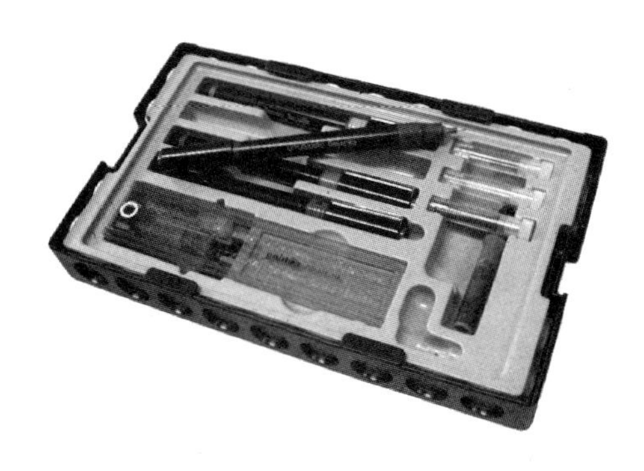

图 8-12　鸭嘴笔

（4）针管绘图笔　针管绘图笔是带有储水装置的上墨工具，适用于技术制图、描图、模板绘图美术设计等，使用广泛。

8.3　绘图方法简介

一般用以下三种方法绘制图样。

1）徒手绘图。以目测估计图形与实物比例，按一定画法要求徒手（或部分使用绘图仪器）绘制图样的草图。

2）计算机绘图。应用计算机软件绘制图样。

3）仪器绘图。使用绘图仪器和工具绘制图样。

8.3.1　徒手绘图

所谓徒手绘图，就是不用工具或只用简单的绘图工具，以较快的速度，徒手目测画出图形。徒手绘图是一项重要的基本功，在实际工作中，经常会碰到徒手绘图的情况。

8.3.2　计算机绘图

计算机绘图是应用计算机绘图系统生成、处理、存储和输出图形的一项技术。常用的计算机绘图方式有两种：一种是编程绘图，即通过运行所编绘图程序，由计算机绘图系统自动绘出图形，若对输出的图形不满意，则需修改绘图程序并重新运行；另一种是交互式绘图，首先在计算机上安装交互式绘图软件，然后由操作人员随机发出指令，交互程序将响应这些指令并控制计算机绘制或修改图形，应用广泛的 CADD（Computer Aided Design and Draft）系统一般都是交互式的。

计算机绘图广泛应用于机械、电子、建筑、纺织等众多领域。

1. 计算机图形系统

计算机图形系统可定义为一系列硬件和软件的集合，硬件子集称为硬件系统，软件子集称为软件系统。

硬件系统由计算机和必要的图形输入设备、输出设备、人机交互设备组成，如键盘、鼠标、数字化仪、图像扫描仪、视频显示器、打印机和绘图仪等。

软件系统是一个使计算机能够进行编辑、编译、解释计算和实现图形输出的信息加工处理系统。图形软件系统一般由以下三部分组成：

1）与设备打交道的驱动程序模块。

2）涉及图形生成、图形变换、图形编辑的图形模块。

3）面向最终用户的专业应用模块。

通常把前两个模块的集合称为绘图平台。美国 Autodesk 公司的 AutoCAD 系统就是一个应用十分广泛的通用交互式绘图平台。

2. 一般绘图软件的基本功能

CAD 软件的基本功能是提供多种用户接口、基本绘图功能、图形编辑修改功能、图形文件管理功能、三维功能、图形交换及其他辅助功能等，还为不同专业提供不同的图形数据库。

3. 命令输入方法

一般 CAD 软件均为用户提供多种命令输入方法，每一种方法都各有特点，在绘图中合理应用命令输入方法，能提高绘图的效率。

1）从命令窗口输入。通过键盘输入命令，并按 <Enter> 键执行命令。例如：

命令：Line ↵（从键盘输入画直线命令）。

2）从菜单栏输入。从菜单栏以选择方式输入命令，是所有应用程序共有的标准特征。例如：

绘图下拉菜单→直线↵（执行画线命令）

3）从工具栏输入。工具栏中的按钮是用图标方式表达命令功能的。输入命令时，只需将指针移动到所需执行的命令按钮上，单击鼠标左键即可。

4. 基本绘图命令

一般 CAD 软件均提供基本绘图、图形编辑修改、图形显示、目标点捕捉、图层管理及线型、颜色设置等基本功能。这里简单介绍几个基本绘图命令。

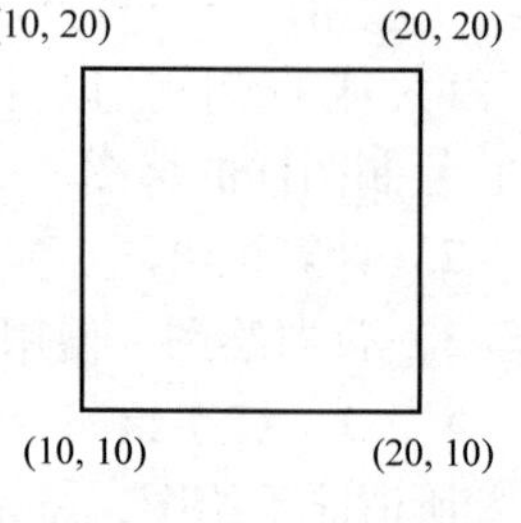

图 8-13　绘制直线

1）绘制直线。执行一次 Line 命令，可绘制一段直线、多段直线、多段封闭直线，如图 8-13 所示。例如：

命令：Line ↵

指定第一点：10，10 ↵

指定下一点或［放弃（U）］：10，20 ↵

指定下一点或［放弃（U）］：20，20 ↵

指定下一点或［闭合（C）/放弃（U）］：20，10 ↵

指定下一点或［闭合（C）/放弃（U）］：C ↵

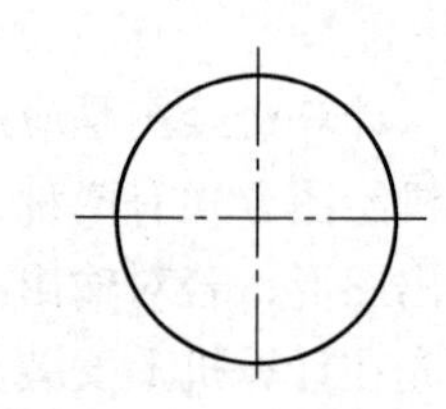

图 8-14　绘制圆

2）绘制圆。可采用多种选项，使用不同方法绘制圆，如图 8-14 所示。例如：

命令：Circle 指定圆的圆心或［三点（3P）/两点（2P）/相切、相切、半径（T）］：120，200 ↵

指定圆的半径或［直径（D）：］40 ↵

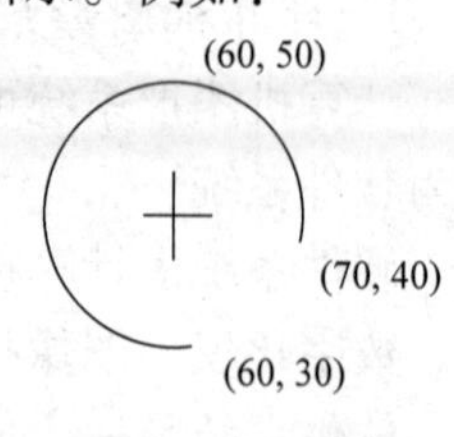

图 8-15　绘制圆弧

3）绘制圆弧。采用多种不同方法绘制圆弧，如图 8-15 所示。例如：

命令：Arc 指定圆弧的起点或［圆心（C）］：70，40 ↵

指定圆弧的第二个点或［圆心（C）/端点（E）］：60，50 ↵

指定圆弧的端点：60，30 ↵

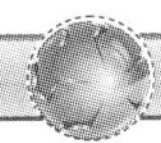

8.3.3　AutoCAD2008 绘图过程举例

1. 建立图形文件

从下拉菜单“文件”中选择“新建”命令，弹出“选择样板”对话框（图 8-16），选择一个样板文件，单击“打开”弹出所选择的样板文件（图 8-17）。

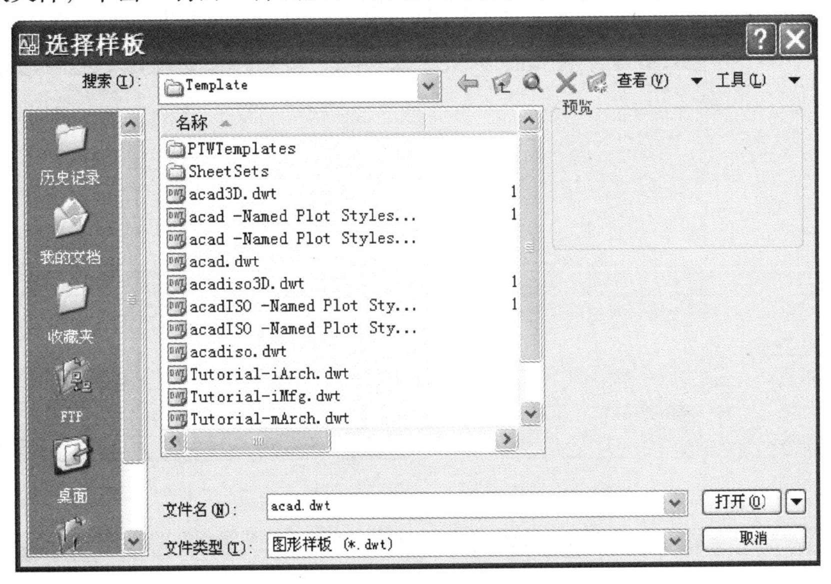

图 8-16　“选择样板”对话框

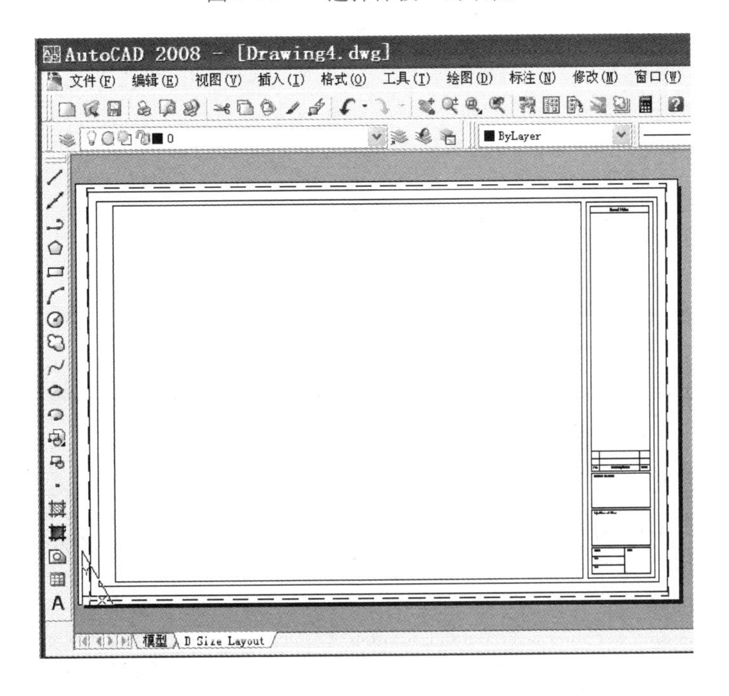

图 8-17　选择的样板文件界面

2. 设置图层、线型、颜色

从下拉菜单“格式”中选择“图层”命令，弹出“图层特性管理器”对话框

（图 8-18），单击“新建图层”图标设置新图层 1、2、3，并将图层 0 中线宽设为 0.3；图层 1 中线型设为点画线，颜色设为白色；图层 2 中线型设为虚线，颜色设为红色；图层 3 中线型设为细实线，颜色设为绿色（图 8-19）。

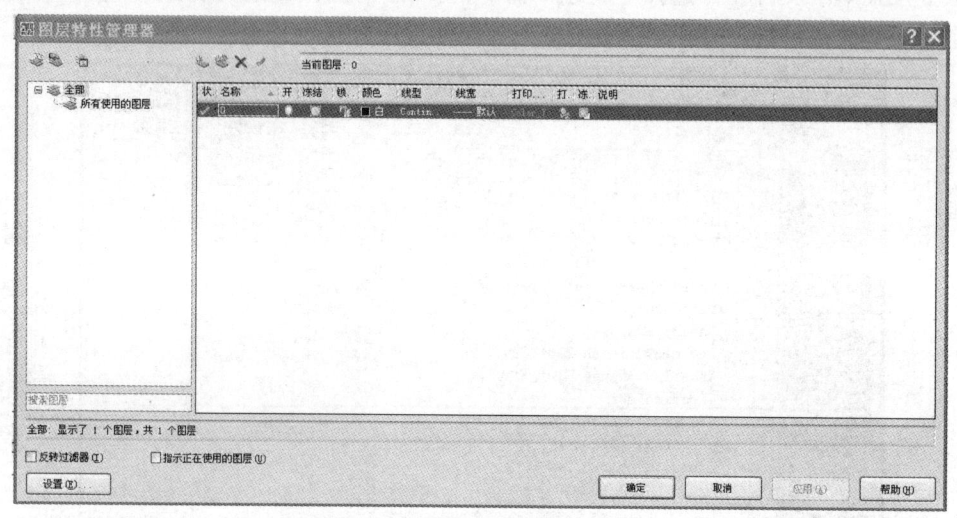

图 8-18　“图层特性管理器”对话框

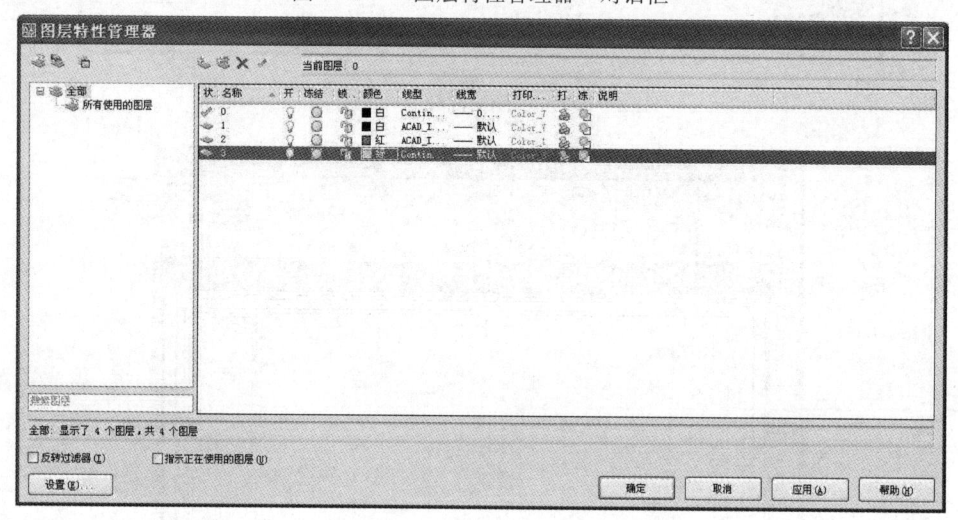

图 8-19　添加与设置图层

3. 绘制修改图形

图 8-20 所示图形的绘图步骤（图 8-21）如下：

1）将图层 2 设置为当前层。

2）用直线命令绘图：

命令：Line ↵

指定第一点：（给点）100，100 ↵

指定下一点或［放弃（U）］：@0，50 ↵

命令：Line ↵

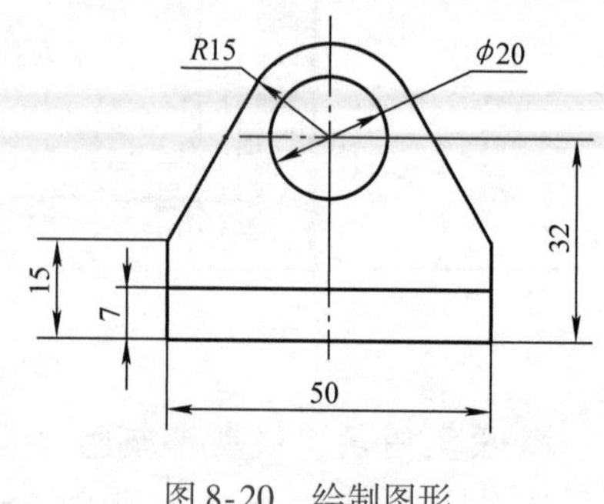

图 8-20　绘制图形

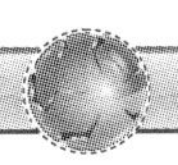

指定第一点：85，135 ↵

指定下一点或［放弃（U）］：@30，0， ↵

3）将图层1设置为当前层，颜色设为绿色。

4）用圆命令绘制 ϕ20mm 的圆：

命令：Circle（用圆心、半径画圆） ↵

指定圆的圆心或［三点（3P）/两点（2P）/相切、相切、半径（T）］：100，135 ↵

指定圆的半径或［直径（D）］：10 ↵

5）用同样方法绘制半径为15mm的圆：

命令：Line ↵

指定第一点：85，10 ↵

指定下一点或［放弃（U）］：@50，0， ↵

命令：Line ↵

指定第一点：85，3 ↵

指定下一点或［放弃（U）］：@0，15， ↵

指定下一点或［放弃（U）］：Tan to（捕捉切点） ↵

命令：Line ↵

指定第一点：150，3 ↵

指定下一点或［放弃（U）］：Tan to（捕捉切点） ↵

6）编辑修改图形。使用“剪切”命令剪切多余图线，完成图形。

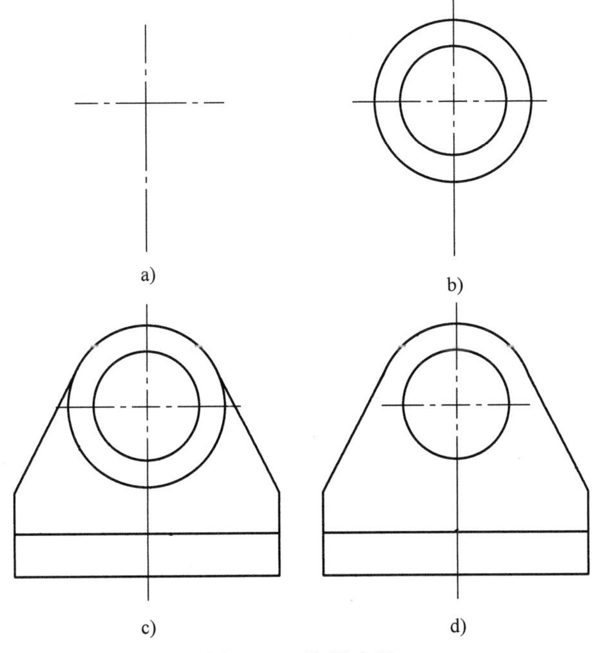

图8-21　绘图步骤

4. 保存图形文件

从下拉菜单“文件”中选择“保存”命令，输入文件名（Drawing5）后单击“保存”，如图 8-22 所示。

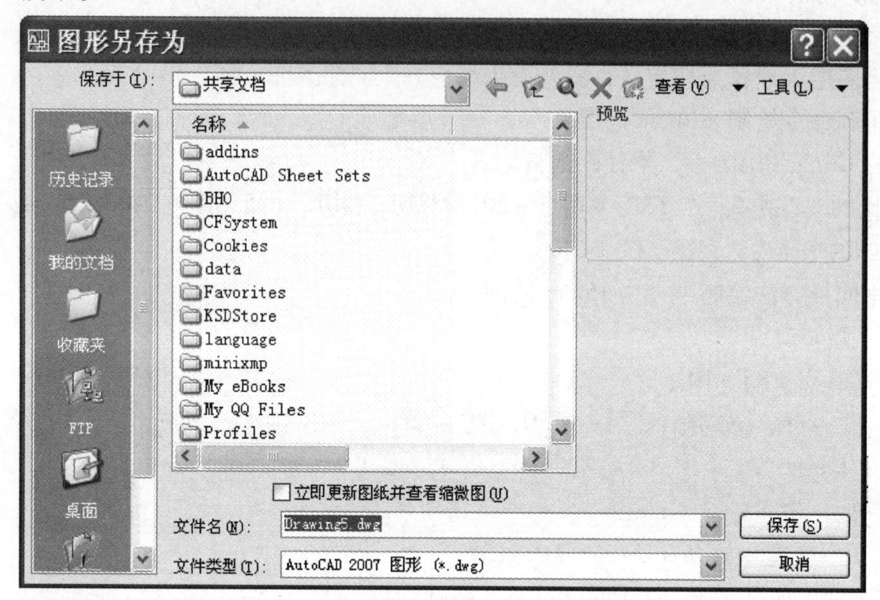

图 8-22 保存图形

5. 退出 AutoCAD

从下拉菜单“文件”中选择“退出”命令，退出 AutoCAD 系统。

第 9 章　产品表达图示技术基础

9.1　投　影　法

9.1.1　工程中常用的图示方法

1. 透视图

透视图是根据中心投影原理绘制的能生动逼真地表现物体形状的工程图样，如图 9-1 所示。这种图样尺规作图复杂，不易度量，多用于建筑工程中的方案设计，以供审批或招投标时使用。

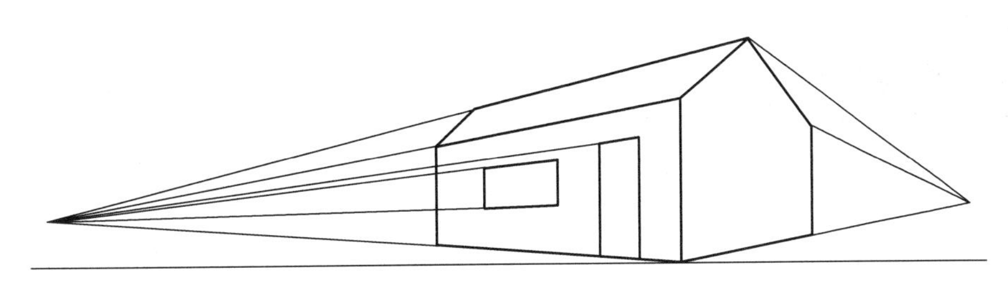

图 9-1　透视图

2. 轴测图

轴测图是根据平行投影原理绘制的具有立体感的工程图样。轴测图的真实感、逼真性不如透视图，但作图比透视图简单，且可以度量，在工程设计中常作为一种辅助图样，如图 9-2所示。

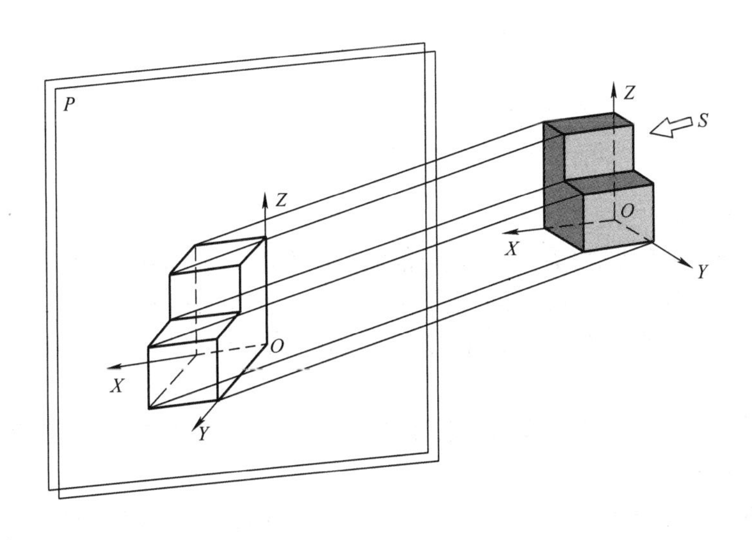

图 9-2　轴测图

3. 等值线图

等值线图是根据正投影原理绘制的由正投影和标高数字共同构成的图样，如图9-3所示。

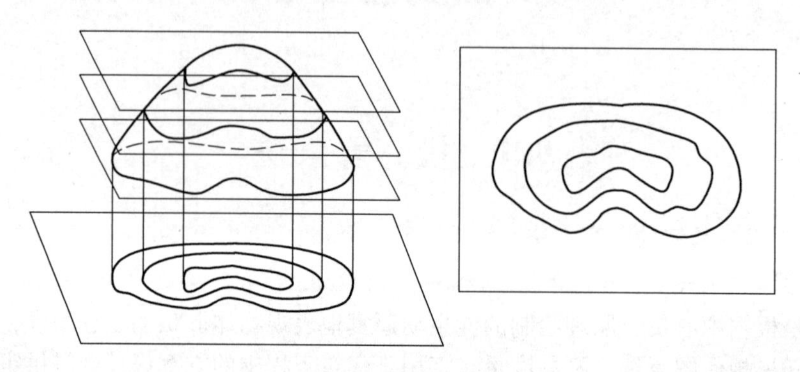

图9-3　等值线图

4. 多面视图

多面视图是根据平行正投影法的原理，将物体向几个投影面投射后所得到的图形，如图9-4所示。它能准确地表达物体的形状和大小，且作图简单，在工程设计中应用广泛。

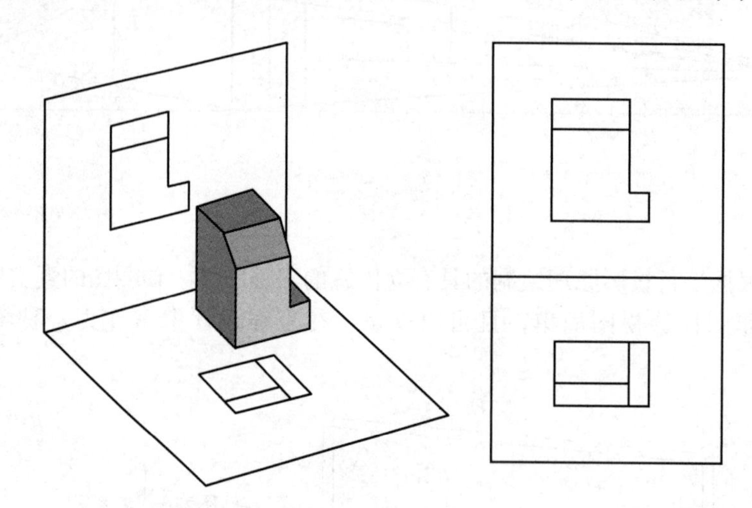

图9-4　多面视图

9.1.2　投影法基本知识

光线照射物体时，可在预设的面上产生影子。利用这个原理在平面上绘制出物体的图像，以表示物体的形状和大小，这种方法称为投影法。工程上应用投影法获得工程图样的方法，是从日常生活中自然界的一种光照投影现象抽象出来的。

由投射中心、投射线和投影面三要素所决定的投影法可分为中心投影法和平行投影法。

1. 中心投影法

如图9-5所示，投射线自投射中心 S 出发，将空间△ABC 投射到投影面 P 上，所得△abc 即为△ABC 的投影。这种投射线自投射中心出发的投影法称为中心投影法，所得投

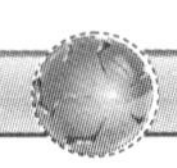

影称为中心投影。中心投影法主要用于绘制产品或建筑物富有真实感的立体图，也称透视图。

2. 平行投影法

若将投射中心 S 移到离投影面无穷远处，则所有的投射线都相互平行，这种投射线相互平行的投影方法，称为平行投影法，所得投影称为平行投影。根据投射线是否垂直于投影面，分为正投影法和斜投影法。若投射线垂直于投影面，则称为正投影法，所得投影称为正投影，如图9-6a所示；若投射线倾斜于投影面，则称为斜投影法，所得投影称为斜投影，如图9-6b所示。

正投影法主要用于绘制工程图样；斜投影法主要用于绘制有立体感的图形，如斜轴测图。

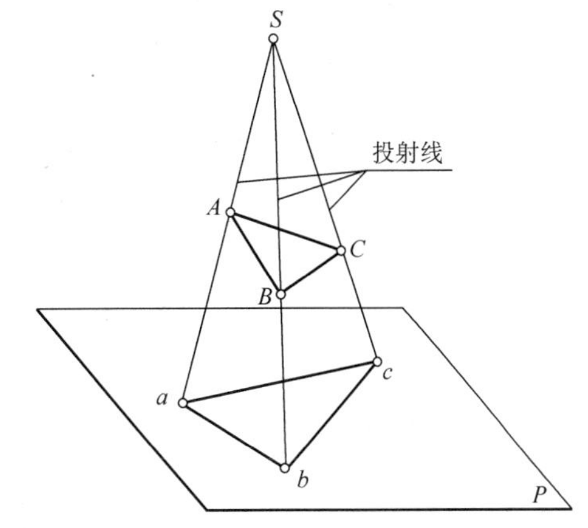

图9-5　中心投影法

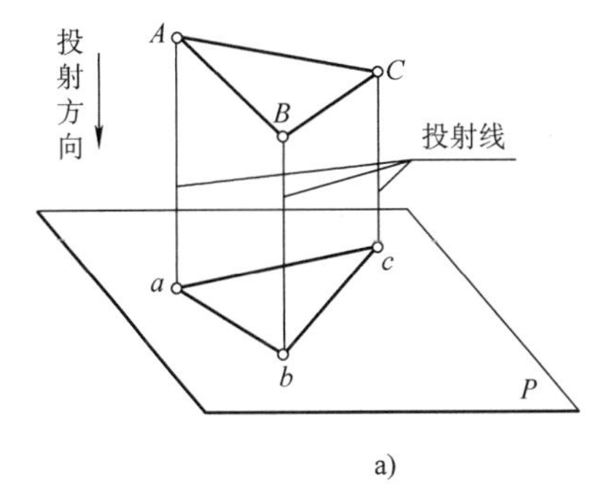

a)

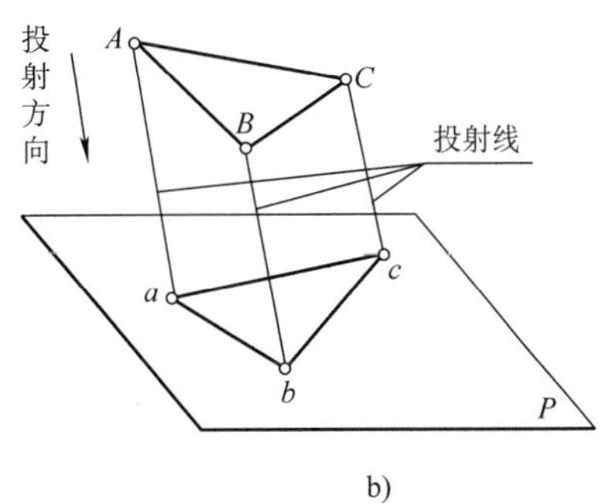

b)

图9-6　平行投影法

a）正投影法　b）斜投影法

9.1.3　投影面体系

要唯一确定几何元素的空间位置及形状和大小，乃至物体的形状和大小，必须采用多面正投影的方法。通常选用三个互相垂直的投影面，建立一个三投影面体系。三个投影面分别称为正立投影面 V、水平投影面 H 和侧立投影面 W。它们将空间分为八个部分，每个部分为一个分角，其顺序如图9-7a所示。由于国家标准中规定采用第一分角画法，因此本书主要讨论第一分角画法。三投影面体系的立体图在后文中出现时，都画成图9-7b所示的形式。

三个投影面两两垂直相交，得到的三个投影轴分别为 OX、OY、OZ，其交点 O 为原点。画投影图时，需要将三个投影面展开到同一个平面上，展开的方法是 V 面不动，H 面和 W 面分别绕 OX 轴或 OZ 轴向下或向右旋转90°与 V 面重合。展开后，画图时去掉投影面边框。图9-8所示为点在三投影面体系中的投射过程。

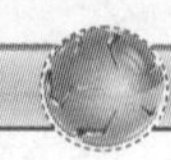

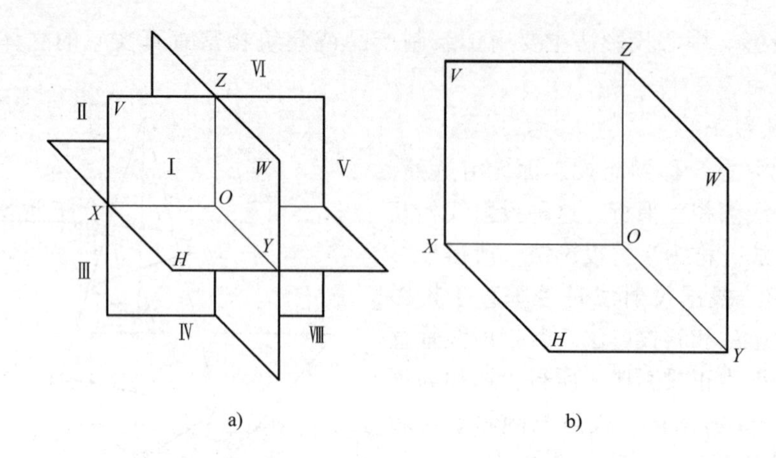

图 9-7　三投影面体系和第一分角画法

a）三投影面体系　b）第一分角画法

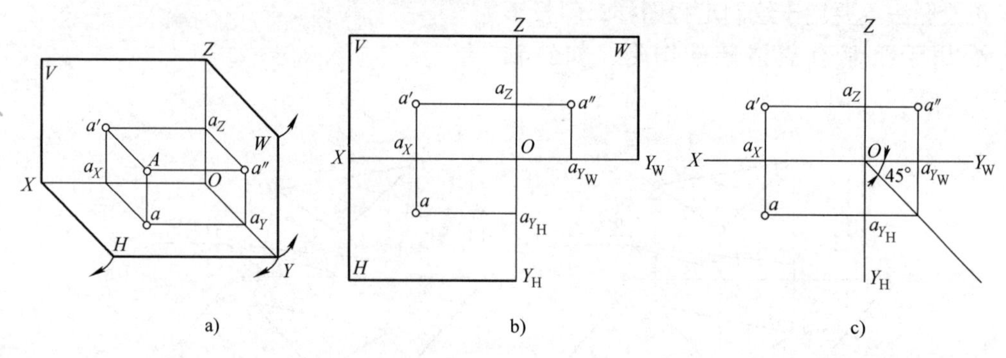

图 9-8　点的三面投影图

9.2　立体的投影

任何复杂的零件都可以视为由若干基本几何体经过叠加、切割以及穿孔等方式形成的。按照基本几何体构成面的性质，可将其分为两大类：

1）平面立体。这是由若干个平面所围成的几何形体，如棱柱体、棱锥体等。

2）曲面立体。这是由曲面或曲面和平面所围成的几何形体，如圆柱体、圆锥体、圆球体等。

本节介绍立体的三视图形成原理及基本几何体的三视图。

1. 三视图的形成

将立体向投影面投射所得到的图形称为视图。在正投影中，一般一个视图不能完整地表达物体的形状和大小，也不能区分不同的物体。如图 9-9 所示，三个不同的物体在同一投影面上的视图完全相同。因此，要反映物体的完整形状和大小，必须有几个从不同投射方向得到的视图。

如图 9-10a 所示，在三个互相垂直的投影面体系中对支架进行投射时，可得到支架的三个投影。由前向后投射，在正面上所得的视图称为主视图；由上向下投射，在水平面上所得的视图称为俯视图；由左向右投射，在侧面上所得的视图称为左视图。

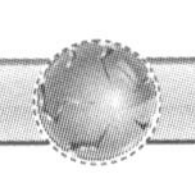

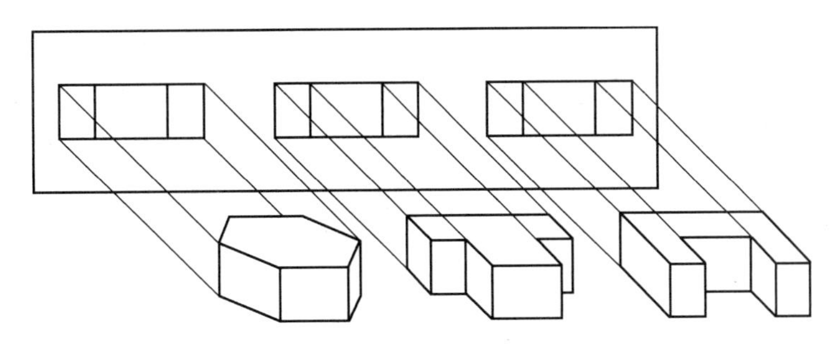

图 9-9　不同物体在一个投影面上的投影

为了在图样上（一个平面）画出三视图，三个投影面必须像图 9-10a 那样，使正面不动，水平面和侧面分别绕各投影轴旋转 90°，从而把三个投影面展开在同一平面上，如图 9-10b所示。在图样上通常只画出零件的视图，而投影面的边框和投影轴都省略不画。图 9-10b所示即为支架的三视图。在同一张图样内按图 9-10b 所示配置视图时，一律不注视图的名称。

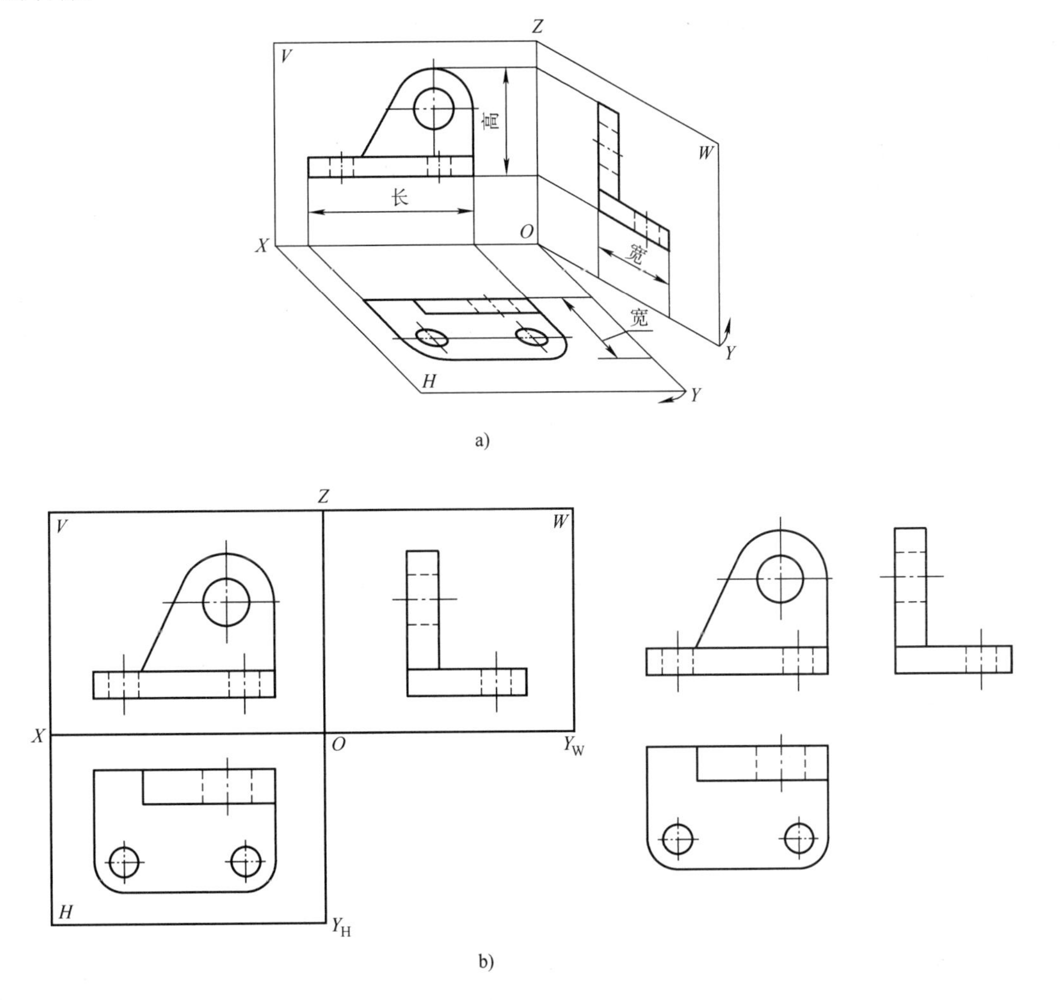

图 9-10　三视图

a）三视图的形成　b）投影面的展开及三视图

2. 三视图的关系

由图 9-11 可见，主视图反映了支架的长度和高度，俯视图反映了支架的长度和宽度，左视图反映了支架的宽度和高度，且每两个视图之间有一定的对应关系。由此可得到三个视图之间的如下投影关系：

主、俯视图长对正；

主、左视图高平齐；

俯、左视图宽相等。

3. 三视图的位置关系

支架各部分的相对位置关系如图 9-12 所示。由主视图可见带斜面的竖板位于底板的上方；从俯视图可见竖板位于底板的后边；从左视图还可看出竖板位于底板的上方后边。由此可见，一旦零件对投影面的相对位置确定后，其各部分的上、下、前、后及左、右位置关系在三视图上也就确定了。这些关系是：

主视图反映上、下、左、右的位置关系；

俯视图反映左、右、前、后的位置关系；

左视图反映上、下、前、后的位置关系。

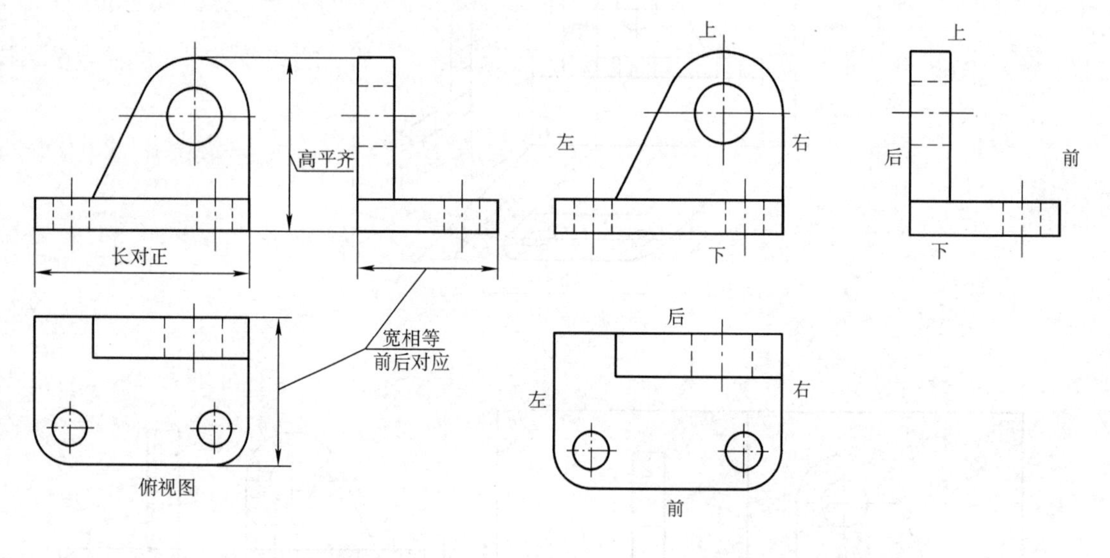

图 9-11　三视图的投影关系　　图 9-12　三视图的位置关系

9.3　组合体的投影

9.3.1　组合体的形成

常把机械零件抽象并简化为由若干基本几何体组成的“体”，这种“体”称为组合体。组合方式有叠加和切割两种，一般较复杂的机械零件往往由叠加和切割综合而成。图 9-13 中的上面一组模型称为叠加型组合体，图 9-13 中的下面一组模型称为切割型组合体。

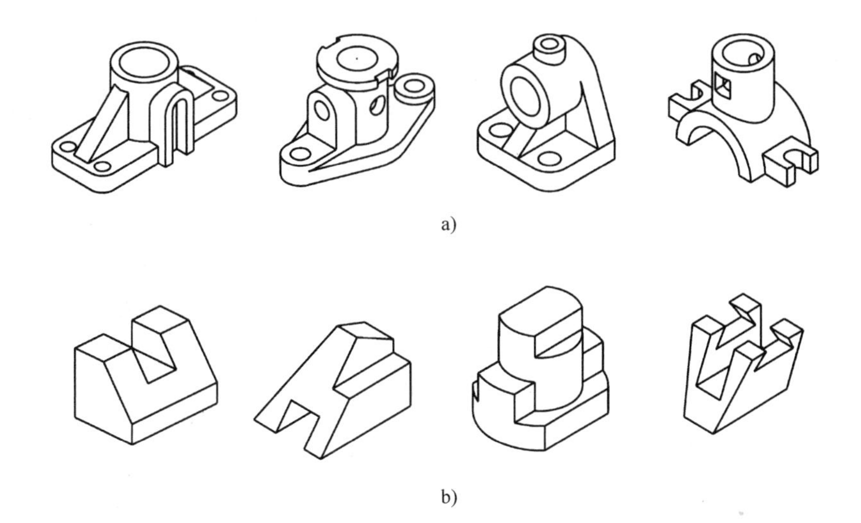

a)

b)

图 9-13　典型的组合体

a）叠加型组合体　b）切割型组合体

9.3.2　组合体的组合形式

常见组合体的组合方式有叠加、切割、综合等，如图 9-14 所示。

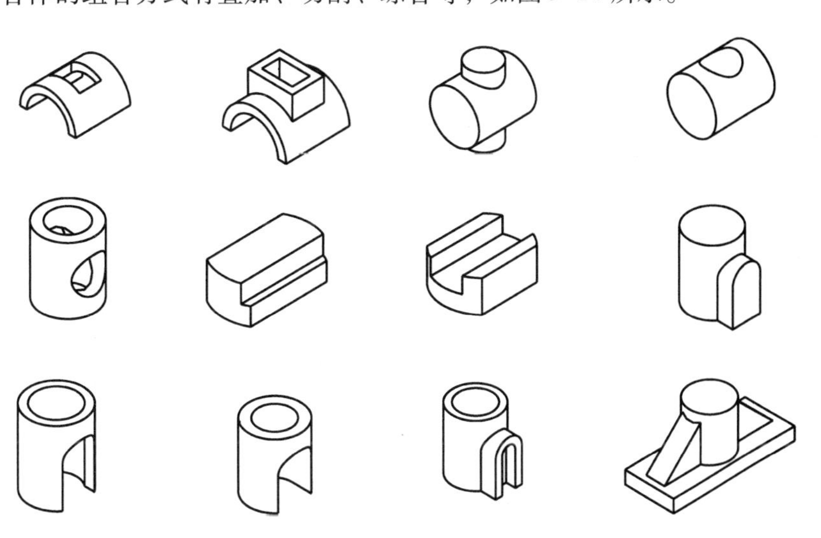

图 9-14　常见组合体的组合形式

9.3.3　几何形体间表面连接关系

常见的组合体表面连接形式有平齐、相错、相切、相交，如图 9-15 所示。

9.3.4　组合体的形体分析法及其三视图的画法

把一个组合体分解成若干个基本形体或部分，弄清各部分的形状、相互位置和组合形式，以达到了解整体的目的，这种思考的方法称为形体分析法。

画组合体的三视图时，应采用形体分析法把组合体分解为几个基本几何体，然后按它们的组合关系和相对位置有条不紊地逐步画出三视图。

下面以图 9-16 所示轴承架为例，说明画叠加型组合体三视图的方法和步骤。

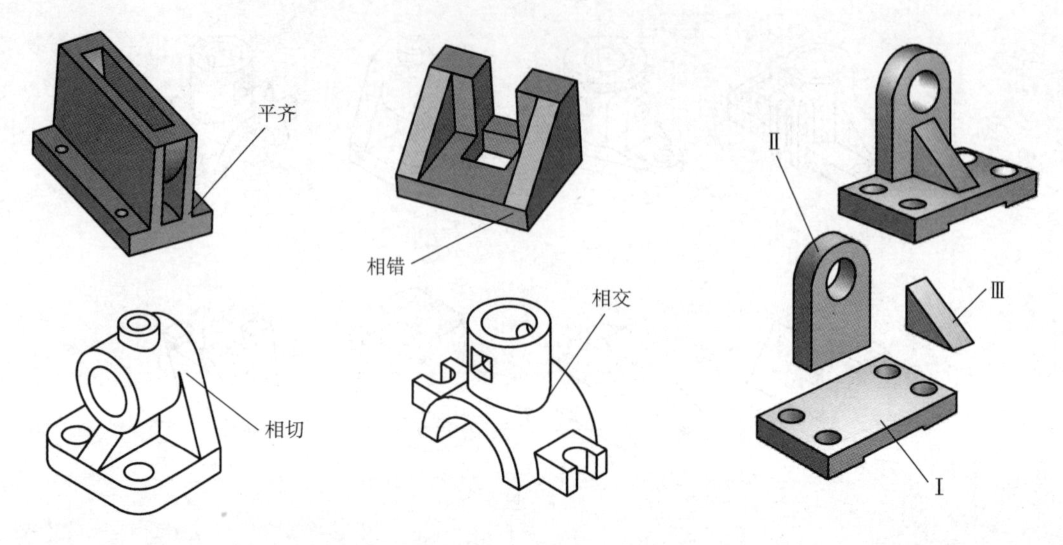

图 9-15　组合体表面连接关系

图 9-16　轴承架

首先进行形体分析，轴承架由长方形底板Ⅰ、半圆端竖板Ⅱ和三角形肋板Ⅲ三个基本部分组成。

(1) 长方形底板　如图 9-17a 所示，长方形底板的外形是一个四棱柱，下部中间挖一贯通的长方形槽，在四个角上挖四个圆柱孔。其三视图如图 9-17b 所示。

(2) 半圆端竖板　如图 9-18a 所示，竖板的下部是一个四棱柱，上部是半个圆柱，中间挖一圆柱孔。其三视图如图 9-18b 所示。

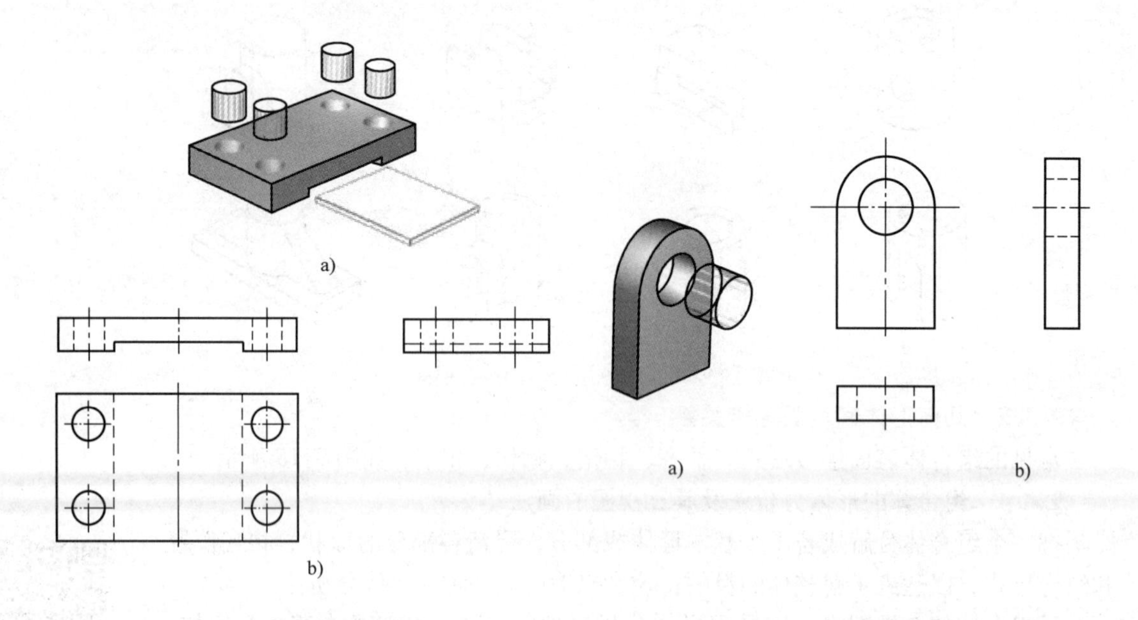

图 9-17　长方形底板

a) 底板的形体分析　b) 底板的三视图

图 9-18　半圆端竖板

a) 竖板的形体分析　b) 竖板的三视图

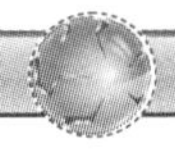

（3）三角形肋板　如图 9-19a 所示，肋板为一个三棱柱，其三视图如图 9-19b 所示。

画图时，首先要确定主视图。将组合体摆正，其主视图应能较明显地反映出该组合体的结构特征和形状特征。对于本例中的轴承架，按图 9-20 所示箭头方向投射画主视图，就可明显地反映出长方形底板、半圆端竖板和三角形肋板的相对位置关系与形状特征。读图者在看了主视图后，就能对该组合体的全貌有一个初步的认识，知道它是由哪些部分组成的。轴承架三视图的画图步骤如图 9-21 所示。

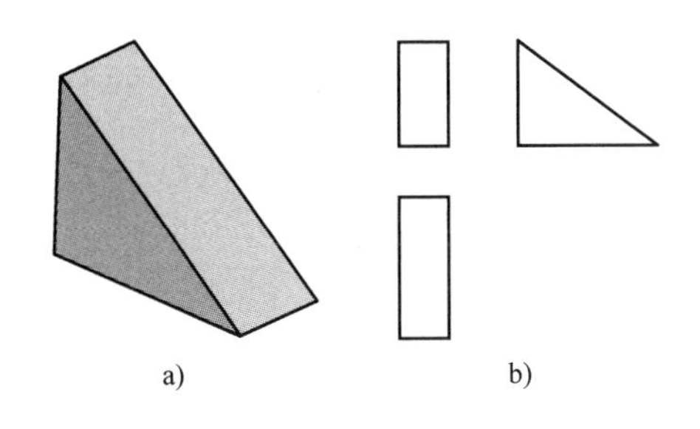

图 9-19　三角形肋板

a）肋板的形体分析　b）肋板的三视图

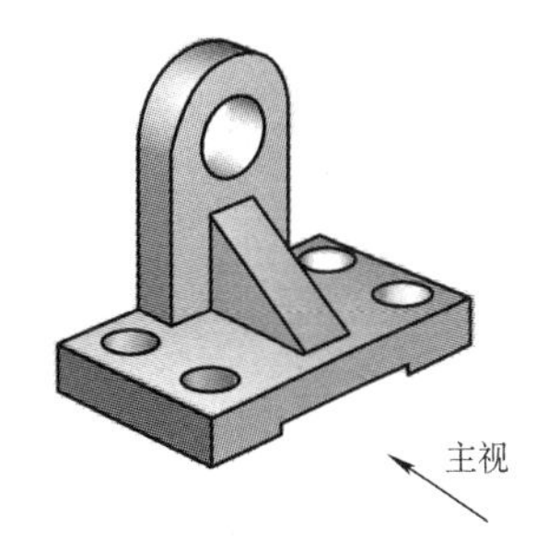

图 9-20　轴承架主视图投射方向

下面总结一个叠加型组合体的画图步骤及有关注意事项：

1）选定比例后画出各视图的对称中心线、回转体的轴线、圆的中心线及主要形体的端面线，并把它们作为基准线来布置图样。

2）运用形体分析法逐个画出各组成部分。

3）一般先画较大的、主要的组成部分（如轴承架的长方形底板），再画其他部分；先画主要轮廓，再画细节。

4）画每个基本几何体时，先从反映实形或有特征的视图（椭圆、三角形、六角形）开始，再按投影关系画出其他视图。对于回转体，先画出轴线、圆的中心线，再画轮廓线。

5）画图过程中，应按长对正、高平齐、宽相等的投影规律，几个视图对应着画，以保持正确的投影关系。

9.3.5　组合体的尺寸注法

机件的视图只表达其结构形状，它的大小必须由视图上所标注的尺寸来确定。机件视图上的尺寸是制造、加工和检验的依据，因此，标注尺寸时，必须做到正确（严格遵守国家标准规定）、完整和清晰。

第 8 章中已经介绍过尺寸注法标准及平面图形尺寸注法的具体内容，下面进一步介绍几何体和组合体的尺寸注法。

（1）几何体的尺寸注法　常见的基本形体形状和大小的尺寸注法及应标注的尺寸数量如图 9-22 所示。任何几何体都需标注出长、宽、高三个方向的尺寸，虽因形状不同，标注形式可能有所不同，但基本形体标注的尺寸数量不能增减。图 9-23 所示为几个具有斜截面或缺口的几何体的尺寸注法。图 9-24 所示为几种不同形状板件的尺寸注法。

（2）组合体的尺寸注法　标注组合体视图尺寸的基本要求是完整和清晰。为保证组合体尺寸标注的完整性，一般采用形体分析法将组合体分解为若干基本形体，先注出各基本形

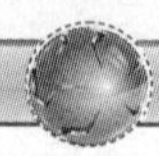

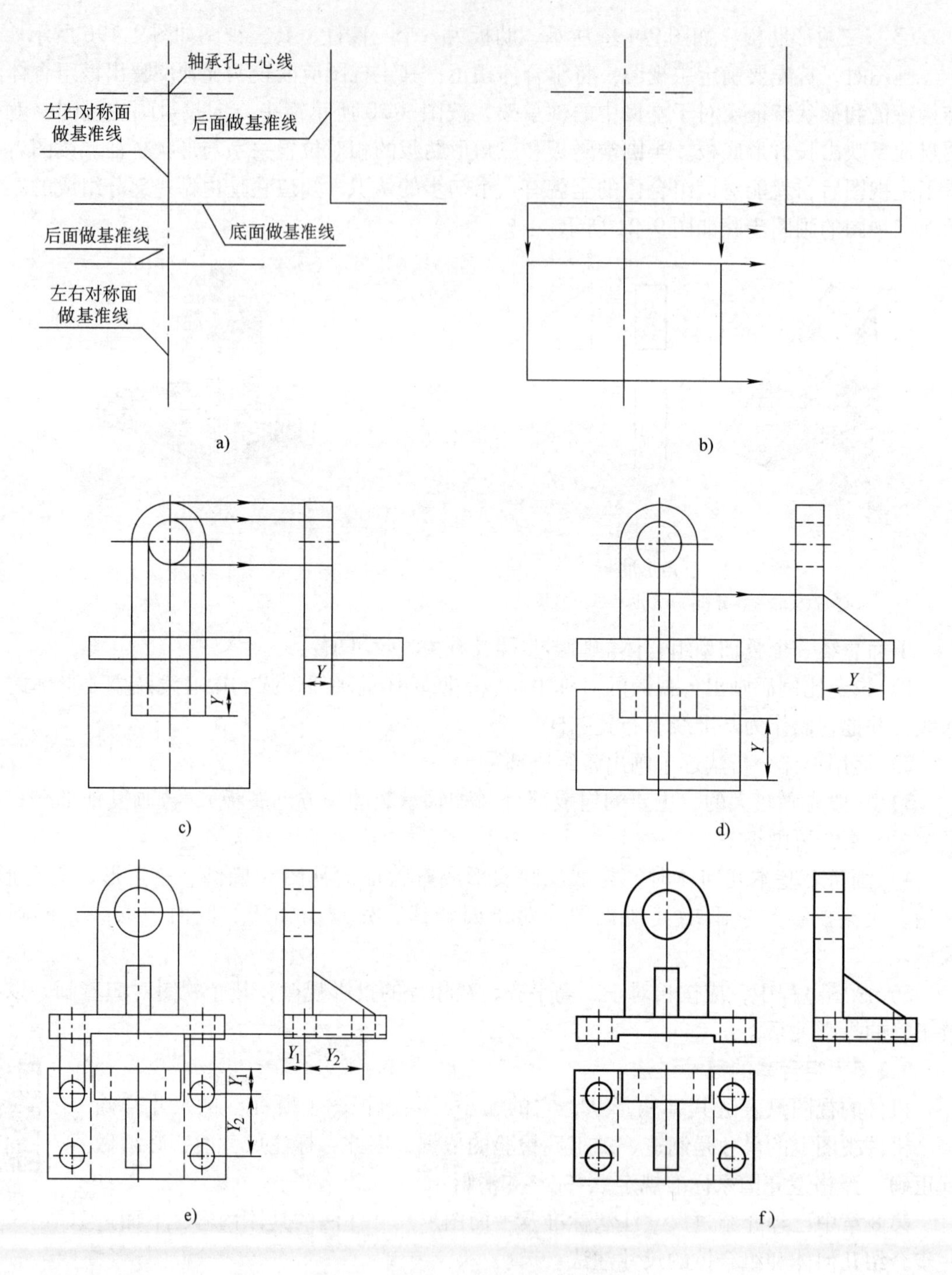

图 9-21　轴承架三视图的画图步骤

a）布置视图，画作图基准线　b）画长方形底板　c）画半圆端竖板　d）画三角形肋板

e）画长方形底板上的凹槽及圆孔　f）校对、擦去作图线、加深

体的定形尺寸，然后再确定它们之间的相互位置，注出定位尺寸。现分述如下：

1）定形尺寸。图 9-22 所示各基本形体的尺寸都是用于确定形体大小的定形尺寸。在图 9-25b的主视图中，除 21mm 以外的尺寸均属定形尺寸。

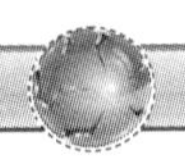

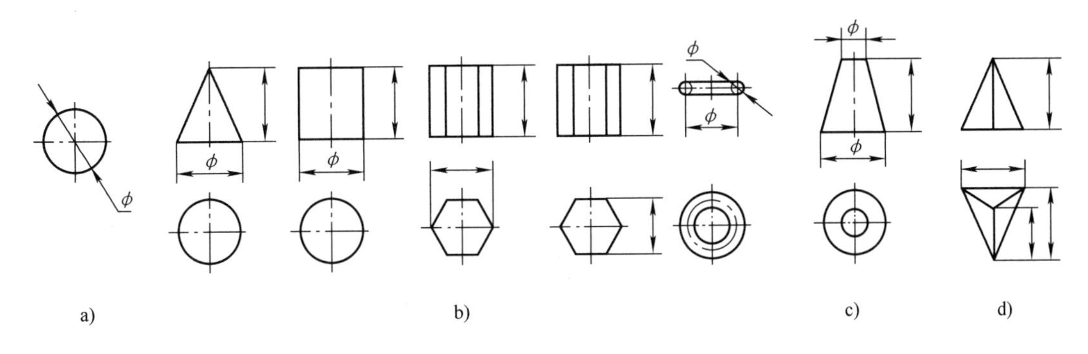

图 9-22　基本形体的尺寸注法

a）一个尺寸　b）两个尺寸　c）三个尺寸　d）四个尺寸

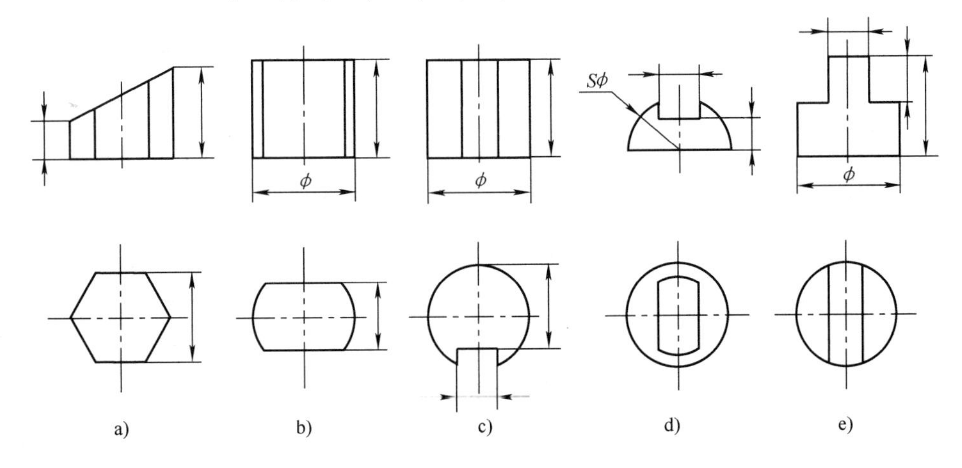

图 9-23　具有斜截面或缺口的几何体的尺寸注法

2）定位尺寸。图 9-25b 主视图中的 21mm，以及俯视图中的尺寸 27mm、14mm，都是确定形成组合体各基本形体间相互位置的定位尺寸。

标注组合体的定位尺寸时，应先确定尺寸基准，即确定标注尺寸的起点。在三维空间中，应有长、宽、高三个方向的尺寸基准。一般采用组合体（或基本形体）的对称中心面、回转体的轴线和较大的底面、端面作为尺寸基准。图 9-25a 所示的支架，长度方向的尺寸基准为对称中心面，宽度方向的尺寸基准为后端面，高度方向的尺寸基准为底面。

3）总体尺寸。这是决定组合体总长、总宽、总高的尺寸。总体尺寸不一定都直接注出。图 9-25b 所示支架的总高可由 21mm 和 *R*8mm 确定；长方形底板的长度 35mm 和宽度 18mm 即为该支架的总长与总宽。

要使尺寸标注清晰，必须注意以下几点：

1）尺寸应尽可能标注在形状特征最明显的视图上，半径尺寸应标注在反映圆弧的视图上，如图 9-24 中的半径 *R* 和图 9-25b 中的 *R*8mm。要尽量避免从虚线引出尺寸。

2）同一个基本形体的尺寸应尽量集中标注，如图 9-26 主视图中的 34mm 和 2mm。

3）尺寸应尽可能标注在视图外部，但为了避免尺寸界线过长或与其他图线相交，必要时也可注在视图内部，如图 9-26 中肋板的定形尺寸 8mm。

4）与两个视图有关的尺寸应尽可能标注在两个视图之间，如图 9-26 主、俯视图间的 34mm、70mm、52mm 及主、左视图间的 10mm、38mm、16mm 等。

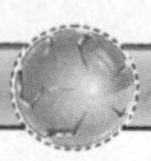

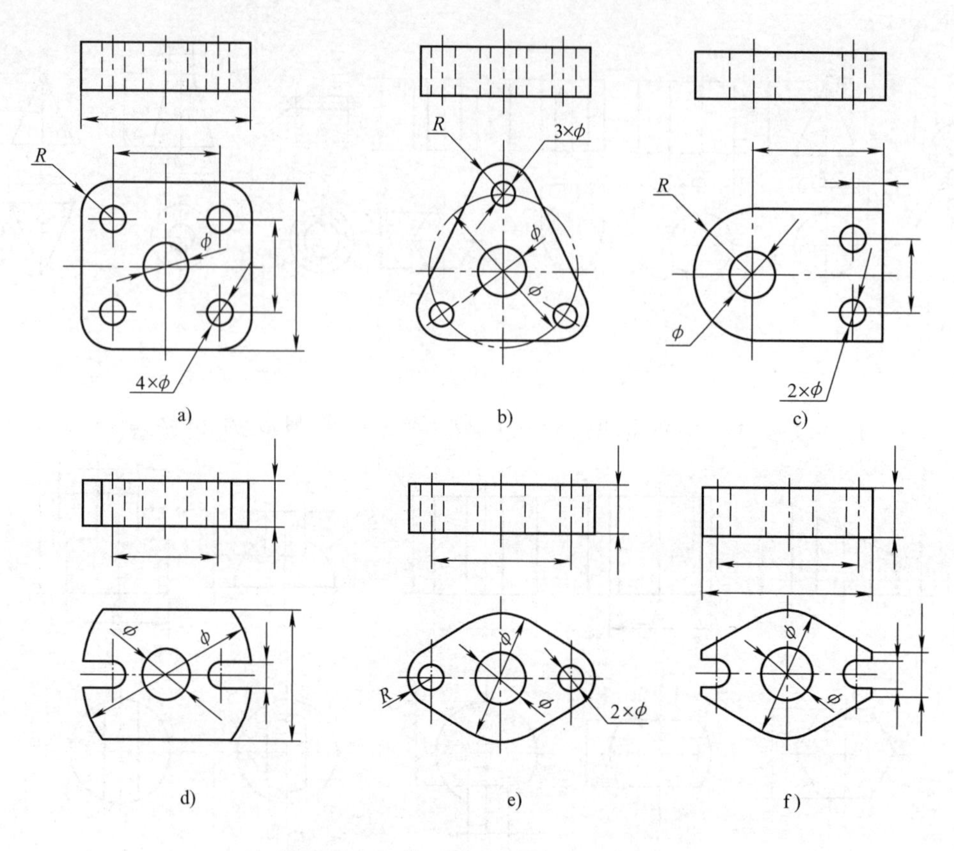

图 9-24　几种不同形状板件的尺寸注法

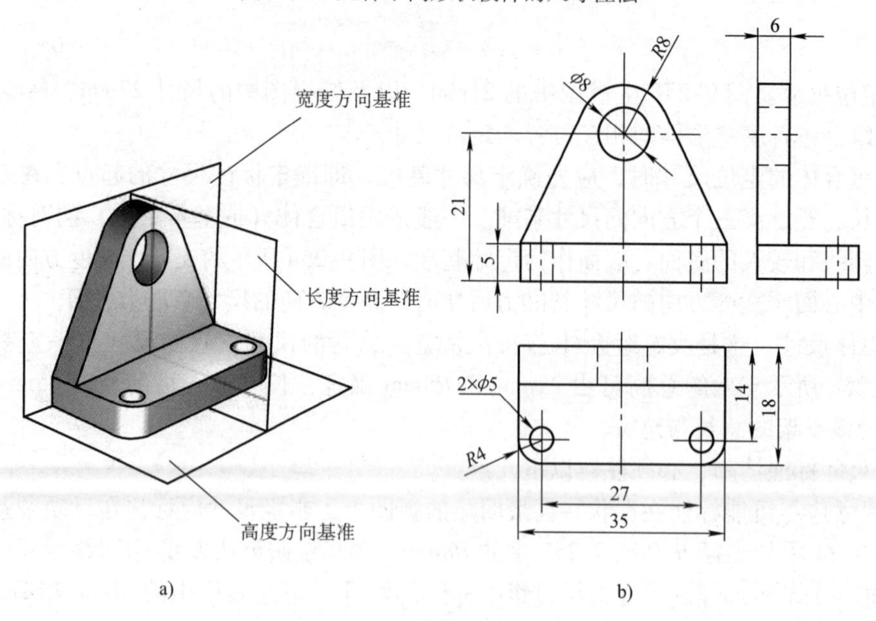

图 9-25　支架

a）支架三维图　b）支架三视图

5）尺寸布置要整齐，避免过分分散和杂乱。在标注同一方向的尺寸时，应做到小尺寸在内、大尺寸在外，以免尺寸线与尺寸界线相交。

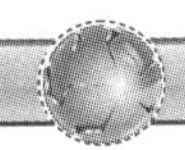

（3）标注组合体尺寸的步骤　下面以图9-26所示轴承架为例说明标注组合体尺寸的方法和步骤。

1）形体分析。轴承架的形体分析已在前面讲述过（图9-17a、图9-18a和图9-19a），在此不再重复。

2）选择基准。标注尺寸时，应先选定尺寸基准。这里选定轴承架的左、右对称中心面及后端面、底面作为长、宽、高三个方向的尺寸基准。

3）标注各基本形体的定形尺寸。图9-26中的70mm、38mm、10mm是长方形底板的定形尺寸；底板下部中央切割出的长方形板的定形尺寸为34mm和2mm；其他各形体的定形尺寸请自行分析。

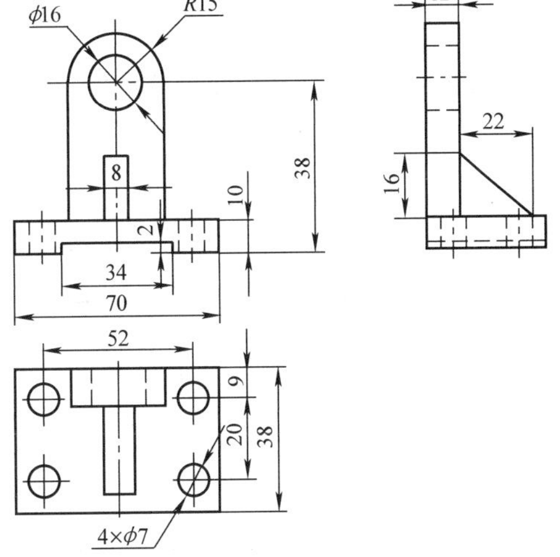

图9-26　轴承架尺寸标注

4）标注定位尺寸。底板、切割的长方形板、三角形肋板、半圆端竖板都处在此选定的基准上，不需要标注定位尺寸；竖板上切去的ϕ16mm圆柱，其长度方向的定位尺寸为零，不必标注，轴线方向（宽）同半圆端竖板，高度方向应注出定位尺寸38mm；底板上切割形成的四圆孔和底板同高，故高度方向不必标注定位尺寸，长度和宽度方向应分别注出定位尺寸52mm、9mm和20mm。

5）标注总体尺寸。尺寸38mm和R15mm确定轴承架的总高，底板的长和宽决定它的总长和总宽，故不必另行标注总体尺寸。应当指出，由于组合体的定形尺寸和定位尺寸已标注完整，如再加注总体尺寸会出现多余尺寸。为保持尺寸数量的恒定，在加注一个总体尺寸的同时，就应减少一个同方向的定形尺寸，以避免将尺寸注成封闭式的。例如，图9-26中竖板的高度由28mm（既定形又定位）加上R15mm确定，图中把它调整为距基准底板的尺寸38mm而减少了高度方向的尺寸28mm。

9.3.6　看组合体视图的方法

看图就是根据物体的视图，想象出被表达物体的原形。看组合体视图的方法有下述几种。

1. 用形体分析法看图

看图是画图的逆过程。画图过程主要是根据物体进行形体分析，按照基本形体的投影特点，逐个画出各形体，完成物体的三视图。因此，看图过程应是根据物体的三视图（或两个视图），用形体分析法逐个分析投影的特点，并确定它们的相互位置，综合想象出物体的结构、形状。下面以图9-27a所示三视图为例加以说明。

（1）联系有关视图，看清投影关系　先从主视图看起，借助于丁字尺、三角板、分规等工具，根据长对正、高平齐、宽相等的规律，把几个视图联系起来看清投影关系，做好看图准备（图9-27c～e）。

（2）把一个视图分成几个独立部分加以考虑　一般把主视图中的封闭线框（实线框、虚线框或实线与虚线框）作为独立部分，如图9-27b中的主视图分成5个独立部分：Ⅰ、Ⅱ、Ⅲ、Ⅳ和Ⅴ。

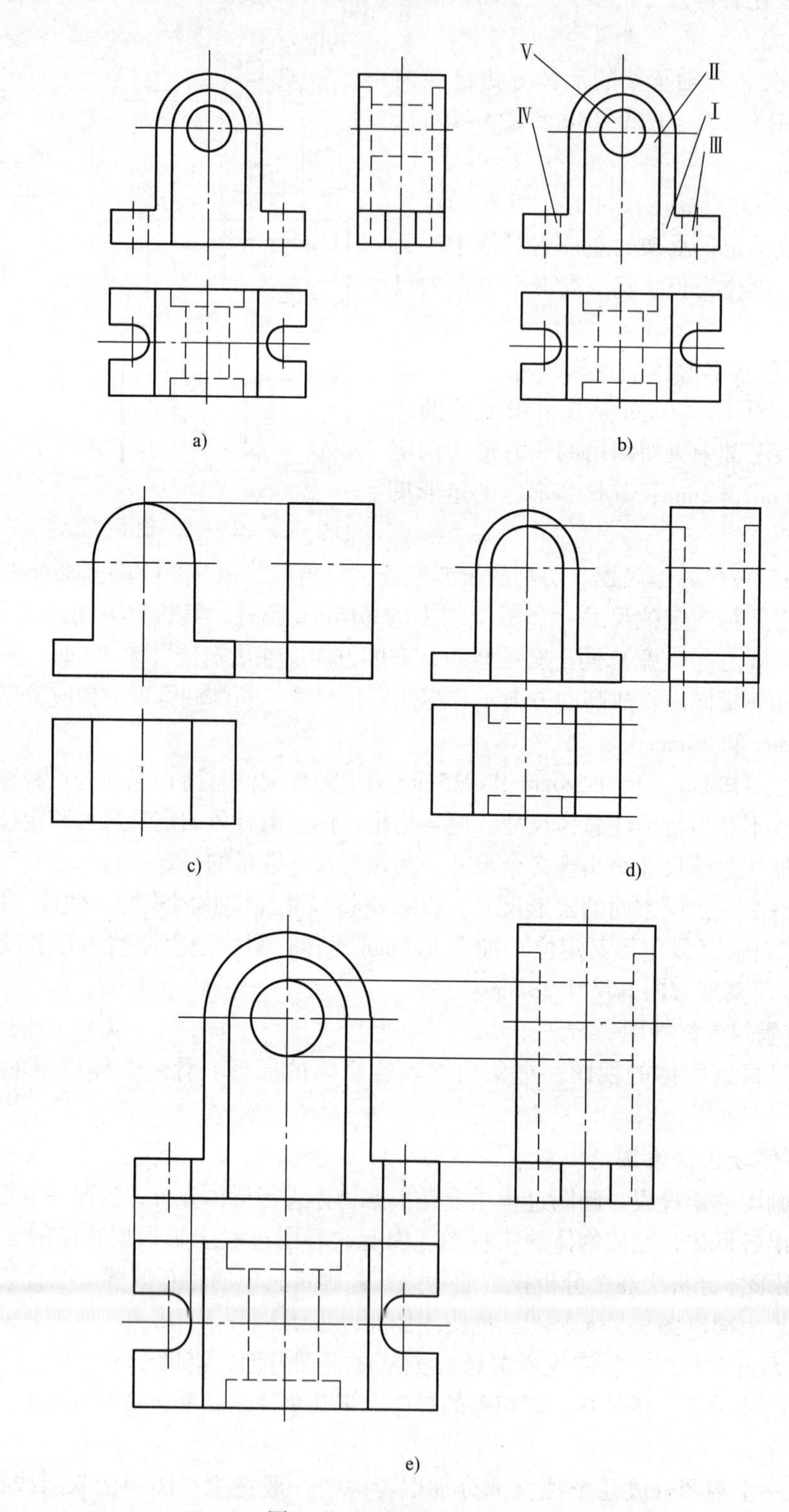

图 9-27 三视图的画法

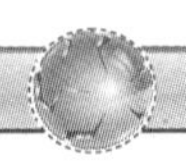

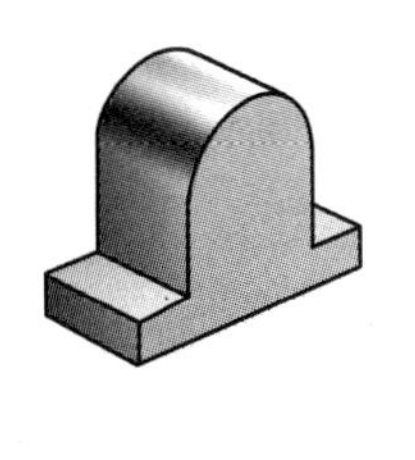
f)

g)

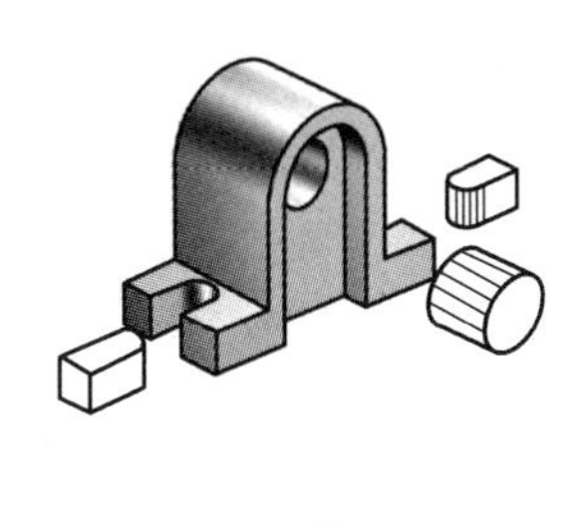
h)

图 9-27　三视图的画法（续）

（3）识别形体，定位置　根据各部分三视图（或两视图）的投影特点想象出形体，并确定它们之间的相对位置。在图 9-27b 中，Ⅰ为四棱柱与倒 U 形柱的组合；Ⅱ为倒 U 形柱（槽），前后各切割出一个 U 形柱；Ⅲ、Ⅳ都是横 U 形柱（缺口）；Ⅴ为圆柱（挖切形成圆孔）。请自行分析它们之间的位置关系。

（4）综合起来想整体　综合考虑各个基本形体及其相对位置关系，整个组合体的形状就清楚了。通过逐个分析，可由图 9-27a 所示的三视图，想象出图 9-27f、图 9-27g、图 9-27h所示的物体。

在上述讨论中，反复强调要把几个视图联系起来看，只看一个视图往往不能确定形体的形状和相邻表面的相对位置关系。在看图过程中，一定要反复对照各个视图，直至其都符合投影规律时，才能最后定下结论，切忌看了一个视图就下结论。

2. 用线面分析法看图

视频讲解

组合体也可以看成是由若干面（平面或曲面）、线（直线或曲线）所围成的。线面分析法就是把组合体分解为若干面、线，并确定它们之间的相对位置以及它们与投影面相对位置的方法。下面以图 9-28 所示压块为例说明用线面分析法看图的一般步骤。

（1）先分析整体形状　由于压块三个视图的轮廓基本上都是长方形（只是缺少几个角），所以它的基本形体是一个长方体。

（2）进一步分析细节形状　从主、俯视图可以看出，压块右方从上到下有一阶梯孔。主视图的长方形缺一个角，说明在长方体的左上方切掉了一个角。俯视图的长方形缺两个角，说明长方体左端切掉了前、后两个角。左视图也缺两个角，说明长方体前后两边各切去一个角。

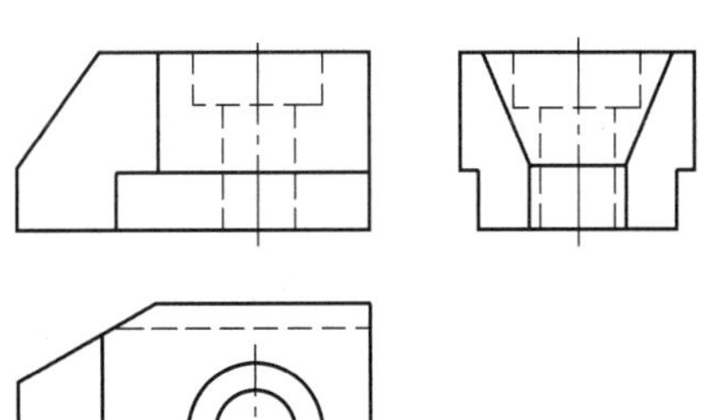
图 9-28　压块的三视图

采用上述形体分析法，即可大致了解压块的基本形状。但是，究竟是被什么样的平面截切？截切以后的投影为什么是这样？还需要用线面分析法进行分析。

下面应用三视图的投影规律，找出每个表面的三个投影。

1）先看图 9-29a。从俯视图中的梯形线框 p 出发，在主视图中找出与它对应的斜线 p'，可知 P 面是垂直于正面的梯形平面，长方体的左上角就是由这个平面切割而成的。平面 P 相对侧面和水平面都处于倾斜位置，所以它的侧面投影 p'' 和水平投影 p 是类似图形，不能反

映 P 面的真实形状。

2）再看图 9-29b。由主视图的七边形 q' 出发，在俯视图上找出与它对应的斜线 q，可知 Q 面是垂直于水平面的。长方块的左端就是由这样的两个平面切割而成的。平面 Q 相对正面和侧面都处于倾斜位置，因而侧面投影 q'' 也是一个类似的七边形。

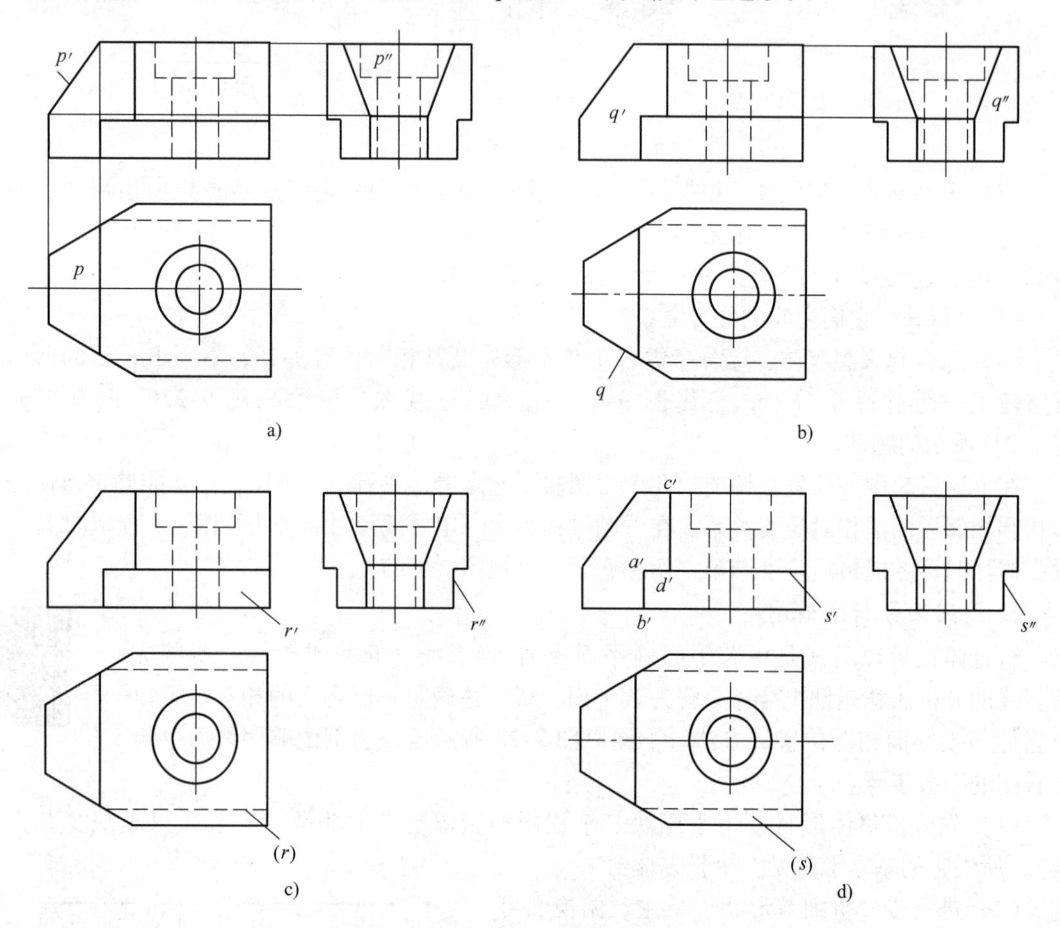

图 9-29　压块的看图方法

3）从主视图上的长方形 r' 入手，找出 R 面的另两个投影（图 9-29c）；从俯视图的四边形 s 出发，找到 S 面的另两个投影（图 9-29d）。不难看出，R 面平行于正面，S 面平行于水平面。长方体的前后两边，就是由这两个平面切割而成的。在图 9-29d 中，$a'b'$ 线不是平面的投影，而是 R 面与 Q 面的交线。请自行分析 $c'd'$ 线是哪两个平面的交线。

其余的表面比较简单易读，不需要一一分析。这样，既从形体上，又从线、面的投影上，彻底弄清了整个压块的三视图，就可以想象出压块的空间形状如图 9-30 所示。

看图时一般是以形体分析法为主，线、面分析法为辅。线、面分析法主要用来分析视图中的局部复杂投影，对于切割型的零件用得较多。

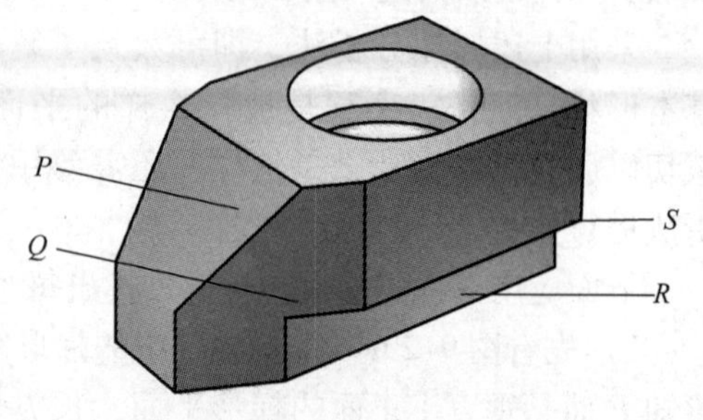

图 9-30　压块

第 10 章　图样表达方法

10.1　视　　图

视频讲解

10.1.1　基本视图

国家标准规定，用正六面体的六个平面作为基本投影面，从零件的前、后、左、右、上、下六个方向，向六个基本投影面投射，得到的六个视图称为基本视图。在六个基本视图中，除前面已介绍过的主视图、俯视图、左视图外，还有右视图、仰视图、后视图。

各投影面的展开方法如图 10-1 所示。

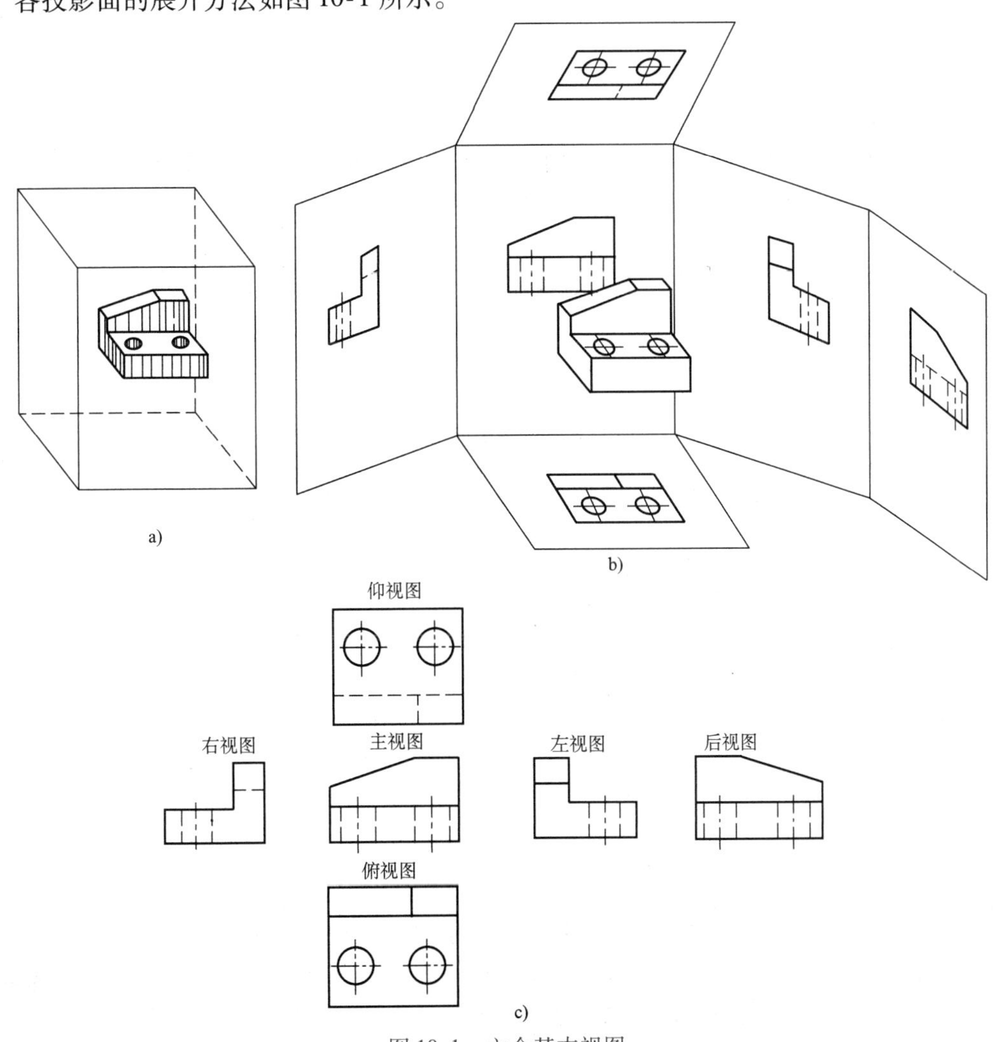

图 10-1　六个基本视图
a）六投影面体系　b）六个投影面的展开　c）各基本视图的配置

六个基本视图之间仍然符合长对正、高平齐、宽相等的投影规律。从图 10-1 中可看出，左、右、俯、仰视图上离主视图较远的部位表示零件的前面，离主视图较近的部位表示零件的后面。

在同一张图样内，按图 10-1 配置视图时，一律不注视图的名称。由于考虑到各视图在图样中的合理布局问题，当不能按图 10-1 配置视图时，必须注出视图的名称“*X*”（*X* 为大写英文字母），在相应的视图附近用箭头指明投射方向，并注上同样的字母，如图 10-2 所示。

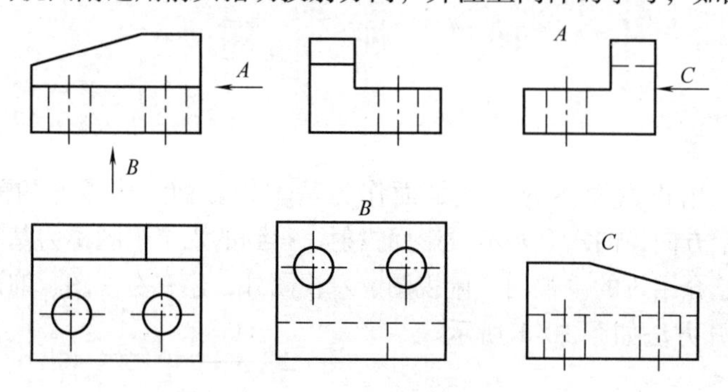

图 10-2　标注名称的六视图

10.1.2　向视图

将零件向不平行于任何基本投影面的平面投射所得的视图，称为向视图。向视图通常只要求表达该零件倾斜部分的实形，故其余部分不必全部画出，其断裂边界用波浪线表示，如图 10-3 所示。

向视图一般按投影关系配置，也可配置在其他位置，还允许将向视图的图形旋转。

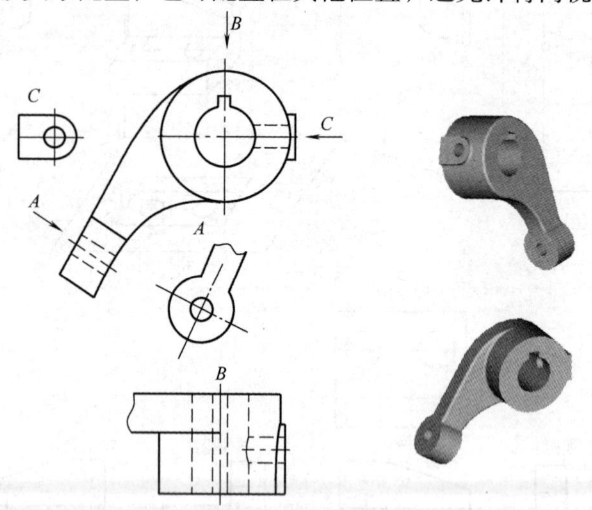

图 10-3　向视图

10.1.3　局部视图

将零件的某一部分向基本投射面投射所得的视图，称为局部视图。局部视图的断裂边界一般用波浪线表示，但当所表示的局部结构是完整的，且外轮廓线封闭时，波浪线可以省略不画，如图 10-4 所示。当局部视图为斜向时，在不引起误会的情况下，可以旋转成水平方向表示，如图 10-4 所示。

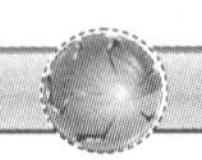

10.2　剖　视　图

剖视图主要用来表达机件的内部结构形状。剖视图分为全剖视图、半剖视图和局部剖视图三种。获得三种剖视图的剖切面和剖切方法有：单一剖切面（平面或柱面）剖切、几个相交的剖切平面剖切、几个平行的剖切平面剖切、组合剖切平面剖切。

10.2.1　剖视图的概念

零件上不可见的结构形状规定用虚线表示，不可见的结构形状越复杂，虚线就越多，这样对读图和标注尺寸都不方便。为此，对机件不可见的内部结构形状经常采用剖视图来表达，如图10-5所示。

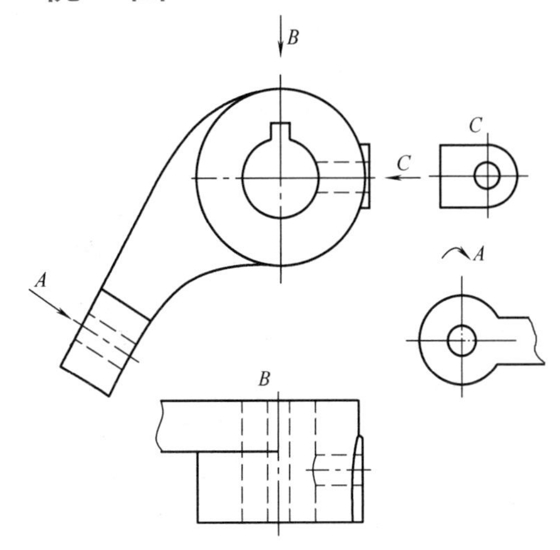

图10-4　局部视图

视频讲解

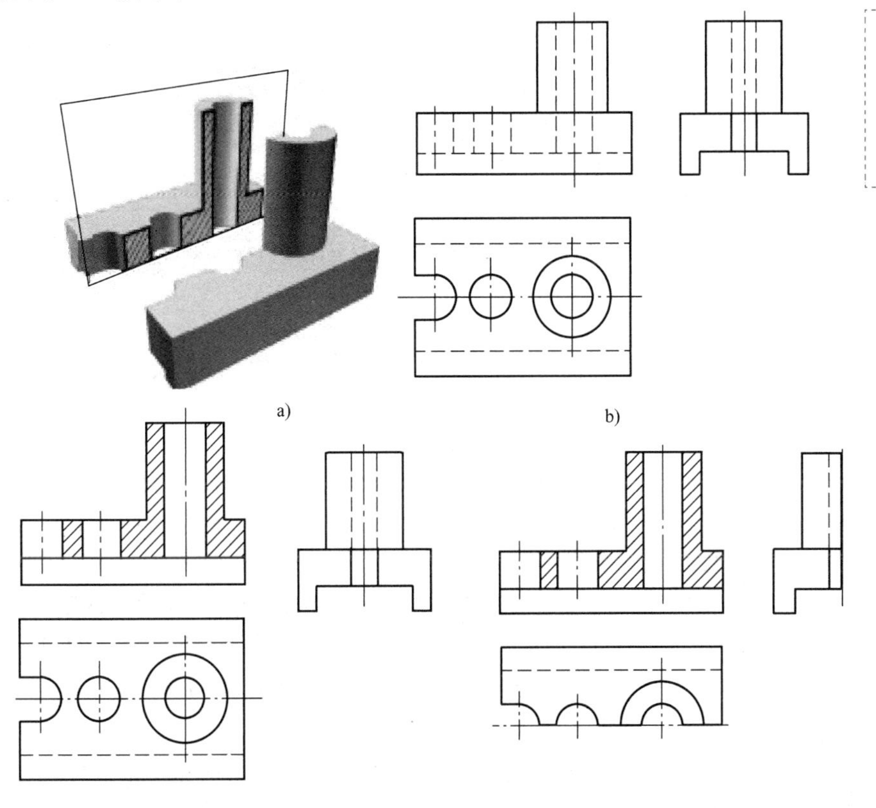

图10-5　剖视图

a）立体图　b）三视图　c）正确　d）错误

图 10-5b 所示为机件的三视图，主视图上有多条虚线。

图 10-5a 所示为剖切视图过程的立体展示，假想用剖切平面 R 把零件切开，移去观察者与剖切平面之间的部分，将留下的部分向投影面投射，这样得到的图形就称为剖视图，简称剖视，如图 10-5c 所示。

剖切平面与零件接触的部分称为剖面。剖面是部切平面 R 和物体相交所得的交线围成的图形。为了区别剖到和未剖到的部分，要在剖到的实体部分上画上剖面符号，如图 10-5c 所示。

因为剖切是假想的，实际上零件仍是完整的，所以画其他视图时，仍应按完整的零件画出。因此，图 10-5d 中的左视图与俯视图的画法是不正确的。

为了区别被剖到零件的材料，国家标准 GB/T 4457. 5—2013 规定了各种材料剖面符号的画法，见表 10-1。

表 10-1　剖面符号（摘自 GB/T 4457. 5—2013）

材料名称	剖面符号	材料名称	剖面符号
金属材料（已有规定剖面符号者除外）		砖	
线圈绕组元件		玻璃及供观察用的其他透明材料	
转子、电枢、变压器和电抗器等的叠钢片		液体	
型砂、填砂、粉末冶金、砂轮、陶瓷刀片、硬质合金刀片等		非金属材料（已有规定剖面符号者除外）	

注：1. 剖面符号仅表示材料的类别，材料的名称和代号必须另行注明。

2. 叠钢片的剖面线方向，应与束装中叠钢片的方向一致。

3. 液面用细实线绘制。

在同一张图样中，同一个零件所有剖视图的剖面符号应该相同。例如，金属材料的剖面符号都画成与水平线成 45°（可向左倾斜，也可向右倾斜）且间隔均匀的细实线。

10. 2. 2　剖切平面位置的选择

因为画剖视图的目的在于清楚地表达零件的内部结构，因此，应尽量使剖切平面通过内部结构比较复杂的部位（如孔、沟槽）的对称中心平面或轴线。另外，为便于看图，剖切平面应取平行于投影面的位置，这样可在剖视图中反映出剖切到的部分实形。

1. 虚线的省略问题

剖切平面后方的可见轮廓线都应画出，不能遗漏。不可见部分的轮廓线（虚线）在不影响机件形状完整表达的前提下，不再画出。

2. 标注问题

剖视图标注的目的，在于表明剖切平面的位置和数量，以及投射方向。一般用断开线（粗短线）表示剖切平面的位置，用箭头表示投射方向，用字母表示某处做了剖视。

剖视图如满足以下三个条件，可不加标注：

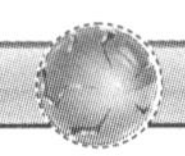

1）剖切平面是单一的，而且是平行于要采取剖视的基本投影面的平面。

2）剖视图配置在相应的基本视图位置。

3）剖切平面与零件的对称中心面重合。

凡完全满足以下两个条件的剖视，在断开线的两端可以不画箭头：

1）部切平面是基本投影面的平行面。

2）剖视图配置在基本视图位置，而中间又没有其他图形间隔。

10.2.3　剖视图的种类及其画法

根据零件被剖切范围的大小，剖视图可分为全剖视图、半剖视图和局部剖视图。

1. 全剖视图

用剖切平面完全地剖开零件后所得到的剖视图，称为全剖视图。

图10-5c所示的主视图为全剖视图，因它满足前述不加标注的三个条件，所以没有加任何标注。图10-6b所示的俯视图做了全剖视，它不满足不加标注的三个条件中的第三条，所以要标注。

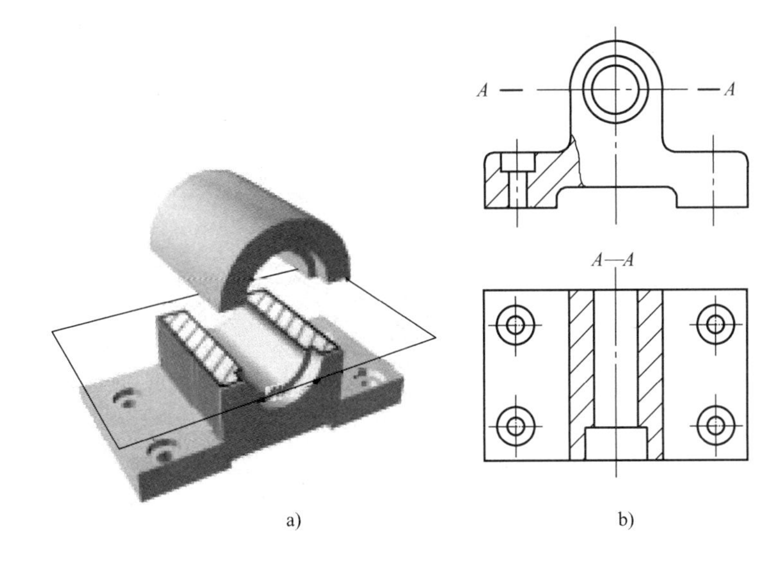

图10-6　全剖视图

标注方法为在剖切位置画断开线（断开的粗实线）。断开线应画在图形轮廓线之外，不与轮廓线相交，且在两段粗实线的旁边写上两个相同的大写字母，然后在剖视图的上方标出同样的字母，如“*A—A*”，如图10-6b所示。因为这个剖视符合前述不画箭头的两个条件，所以没有画箭头。

全剖视图用于表达内形复杂且无对称平面的零件，如图10-6所示。为了便于标注尺寸，对于外形简单且具有对称平面的零件也常采用全剖视图，如图10-5所示。

2. 半剖视图

当零件具有对称平面，向垂直于对称平面的投影面投射时，以对称中心线（细点画线）为界，一半画成视图用以表达外部结构形状，另一半画成剖视图用以表达内部结构形状，这样的组合图形称为半剖视图，如图10-7所示。

半剖视图的特点是用剖视和视图的一半分别表达零件的内形与外形。由于半剖视图的一半表达了外形，另一半表达了内形，因此在半剖视图上一般不需要把看不见的内形用虚线画出来。

图 10-7b 中的两个视图均采用半剖视。主视图的半剖视符合前述剖视不加标注的三个条件，所以不标注。而俯视图的半剖视不符合不加标注的三个条件中的第三条，所以需要加注；但它符合不画箭头的两个条件，故可不画箭头。

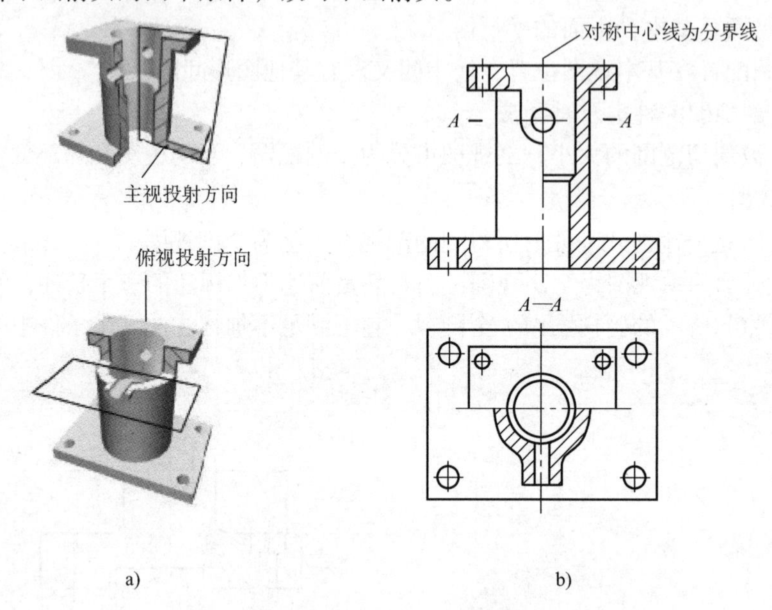

图 10-7　半剖视图

3. *局部剖视图*

当零件尚有部分内部结构形状未表达清楚，但又没有必要做全剖视或不适合做半剖视时，可用剖切平面局部地剖开零件，所得的剖视图称为局部剖视图，如图 10-8 所示。局部剖切后，零件断裂处的轮廓线用波浪线表示。为了不引起读图的误解，波浪线不要与图形中的其他图线重合，也不要画在其他图线的延长线上。图 10-9 所示为波浪线的错误画法。

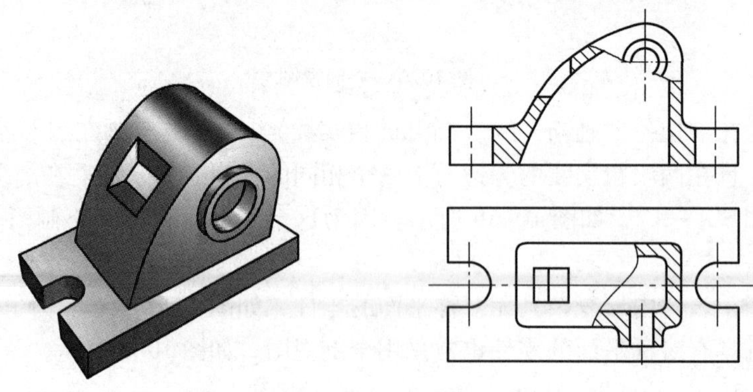

图 10-8　局部剖视图（一）

应该指出的是，图 10-10 所示零件虽然对称，但由于零件的分界处有轮廓线，因此不宜采用半剖视，而应采用局部剖视，而且局部剖视范围的大小视零件的具体结构形状而定。

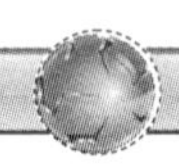

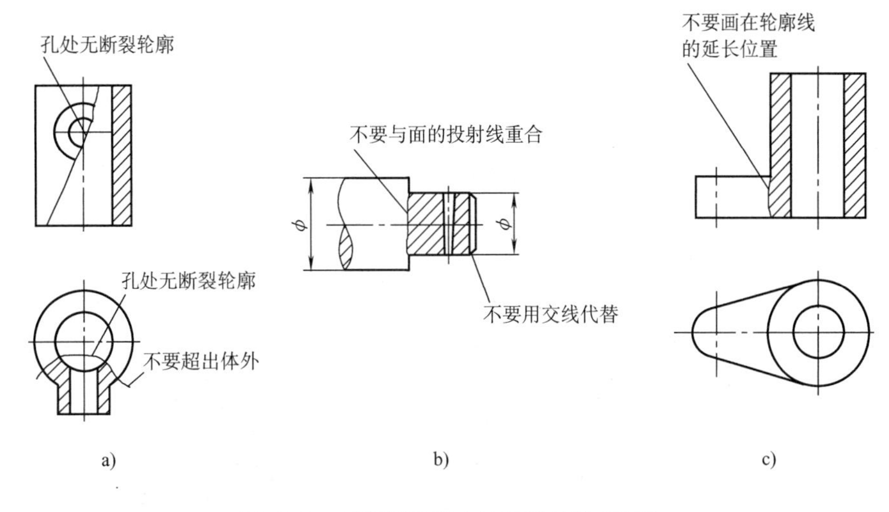

图 10-9　局部剖视图中波浪线的错误画法

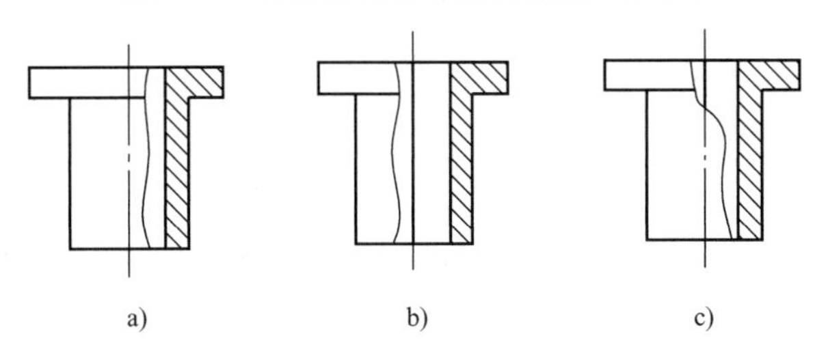

图 10-10　局部剖视图（二）

10.2.4　剖切平面的种类及剖切方法

1. 单一剖切平面

单一剖切平面中用得最多的是投影面的平行面，前面所举图例中的剖视图都是用这种平面剖切得到的。

单一剖切平面还可以用垂直于基本投影面的平面，当零件上有倾斜部分的内部结构需要表达时，可和画斜视图一样，选择一个垂直于基本投影面且与所需表达部分平行的投影面，然后再用一个平行于这个投影面的剖切平面剖开机件，向这个投影面投射，这样得到的剖视图称为斜剖视图，简称斜剖视。

斜剖视主要用以表达倾斜部分的结构，机件上与基本投影面平行的部分在斜剖视中不反映实形，一般应避免画出，常将它舍去而画成局部视图。

画斜剖视时应注意以下几点：

1）斜剖视最好配置在与基本视图的相应部分保持直接投影关系的地方，标出剖切位置和字母，并用箭头表示投射方向，还要在该斜剖视图上方用相同的字母标明图的名称，如图 10-11a所示。

2）为使视图布局合理，可将斜剖视保持原来的倾斜程度，平移到图样上适当的地方，如图 10-11b 所示；为了画图方便，在不引起误解时，还可把图形旋转到水平位置，表示该剖视图名称的大写字母应靠近旋转符号的箭头端，如图 10-11c 所示。

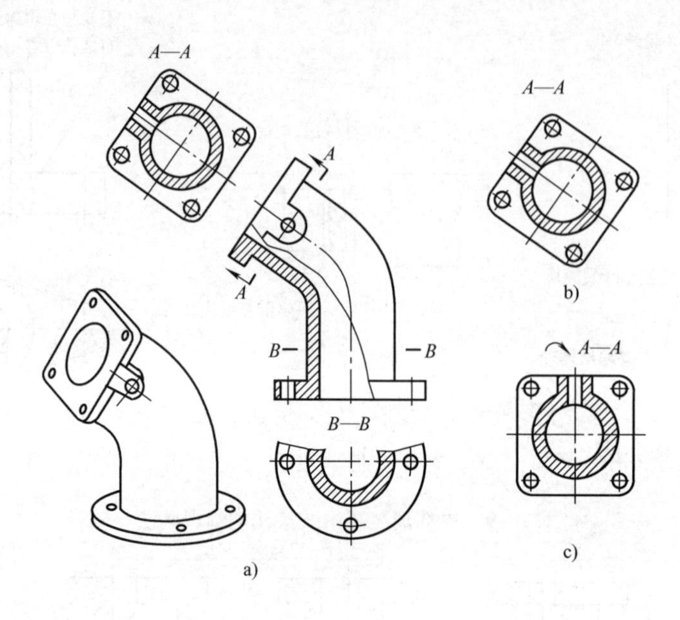

图 10-11　斜剖视

3）当斜剖视的剖面线与主要轮廓线平行时，剖面线可改为与水平线成 30°或 60°，原图形中的剖面线仍与水平线成 45°，但同一零件中剖面线的倾斜方向应大致相同。

2. 几个相交的剖切平面

当零件的内部结构形状用一个剖切平面不能表达完全，且这个零件在整体上又具有回转轴时，可用两个相交的剖切平面将其剖开，这种剖切方法称为旋转剖，图 10-12b 所示的俯视图为旋转剖后所画出的全剖视图。

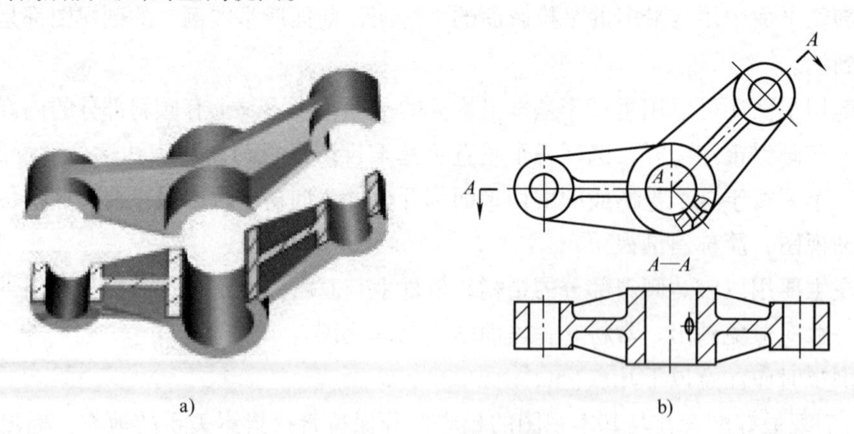

图 10-12　旋转剖

采用旋转剖面剖视图时，首先把由倾斜平面剖开的结构连同有关部分旋转到与选定的基本投影面平行，然后再进行投射，使剖视图既反映实形又便于画图。需要指出的是：

1）旋转剖必须标注，在剖切平面的起、讫、转折处画上剖切符号，标上同一字母，并

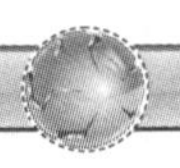

在起、讫处画出箭头表示投射方向，在所画剖视图的上方中间位置用同一字母写出其名称“×—×”，如图 10-12b 所示。

2）在剖切平面后的其他结构一般仍按原来位置投射，如图 10-12b 中小油孔的两个投影。

3）当剖切后会产生不完整要素时，应将该部分按不剖画出，如图 10-13 所示。

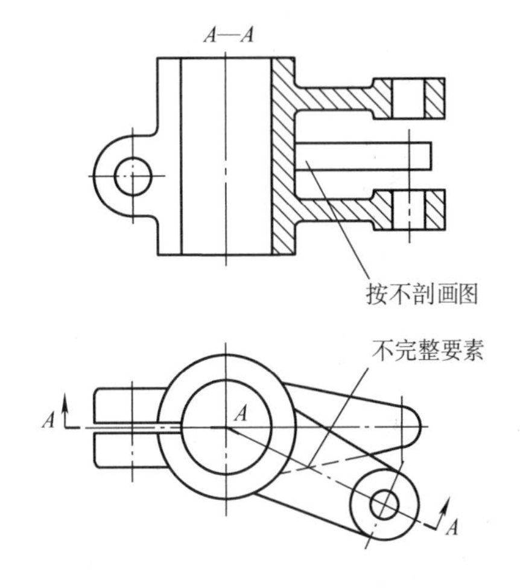

图 10-13　剖切后产生不完整要素时的画法

3. 几个平行的剖切平面

当零件上有较多的内部结构形状，而它们的轴线不在同一平面内时，可用几个互相平行的剖切平面进行剖切，这种剖切方法称为阶梯剖。图 10-14 所示零件用了两个平行的剖切平面剖切，得到*A*—*A*全剖视图。

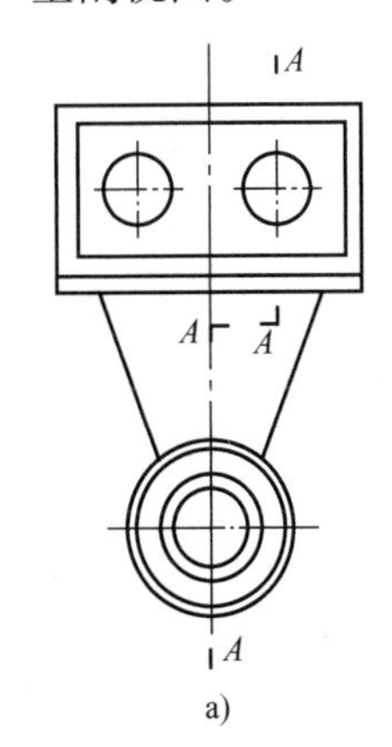

a)

b)

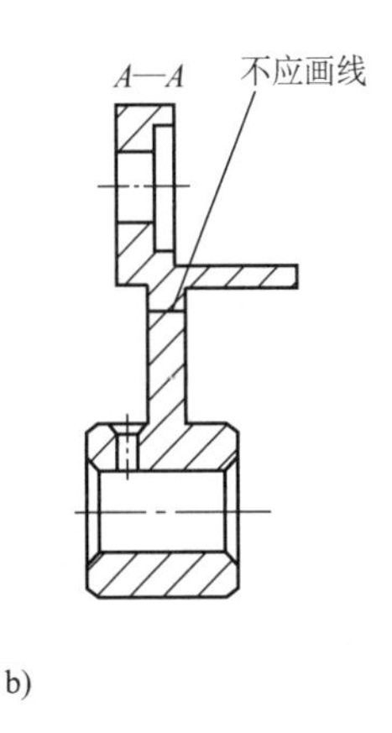

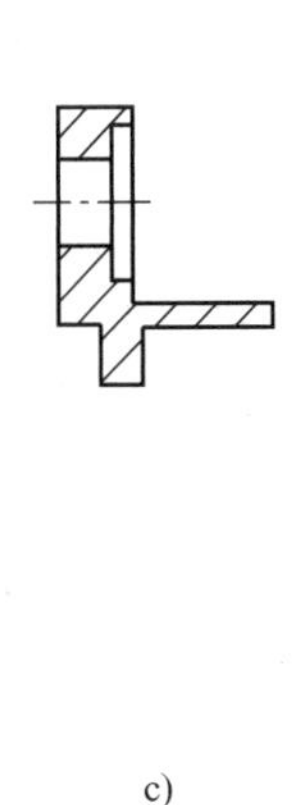

c)

图 10-14　阶梯剖的画法

采用阶梯剖面剖视图时，各剖切平面剖切后所得的剖视图是一个图形，不应在剖视图中画出各剖切平面的界线，如图 10-14b 所示；在图形内也不应出现不完整的结构要素，如图 10-14c所示。

阶梯剖的标注与旋转剖的标注要求相同。在相互平行的剖切平面的转折处不应与视图中的粗实线（或虚线）重合或相交，如图 10-14a 所示。当转折处的空间很小时，可省略字母。

10.3　断　面　图

断面图主要用来表达零件某部分断面的结构形状。

10.3.1　断面图的概念

假想用剖切平面把零件的某处切断，仅画出断面的图形，此图形称为断面图（简称断面）。如图 10-15b 所示吊钩，只画了一个主视图，并在几处画出了断面形状，就把整个吊钩的结构形状表达清楚了，比用多个视图或剖视图显得更为简便、明了。

断面图与剖视图的区别在于，断面图只画出剖切平面和零件相交部分的断面形状，而剖视图则须把剖面和剖面后的可见轮廓线都画出来，如图 10-16 所示。

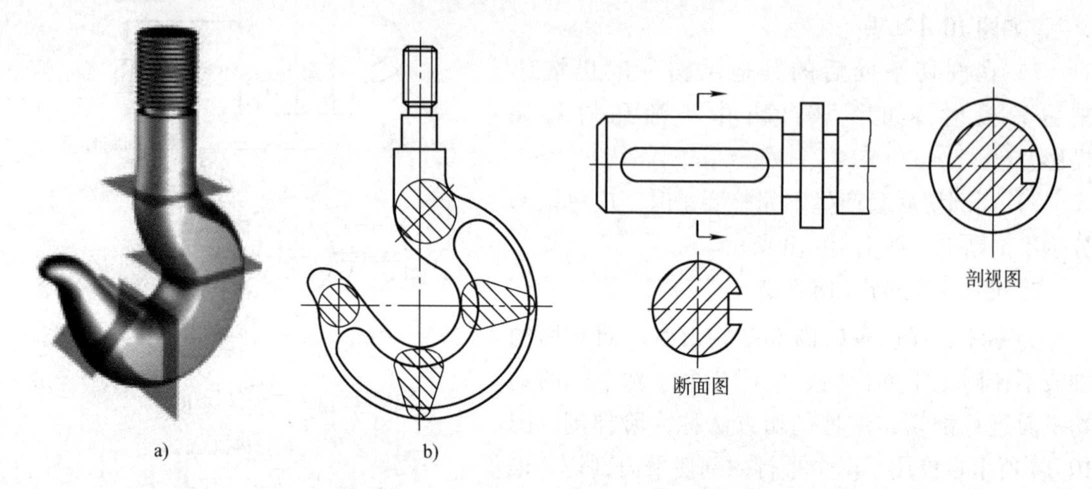

图 10-15　吊钩的断面图　　　　图 10-16　断面图和剖视图的区别

10.3.2　断面的种类

断面按其在图样上配置的位置不同，分为移出断面和重合断面。

1. *移出断面*

画在视图轮廓线以外的断面，称为移出断面。如图 10-17a ~ d 所示均为移出断面。

移出断面的轮廓线用粗实线表示，图形位置应尽量配置在剖切位置符号或剖切平面迹线的延长线上（剖切平面迹线是剖切平面与投影面的交线），如图 10-17a、b 所示；也允许放在图上的任意位置，如图 10-17c、d 所示。当断面图形对称时，也可将断面画在视图的中断处，如图 10-18 所示。

一般情况下，画断面时只画出剖切的断面形状，但当剖切平面通过零件上回转面形成的孔或凹坑的轴线时，这些结构按剖视画出，如图 10-17a、c、d 所示。当剖切平面通过非圆孔会导致出现完全分离的两个断面时，这些结构也应按剖视画出，如图 10-19 所示。

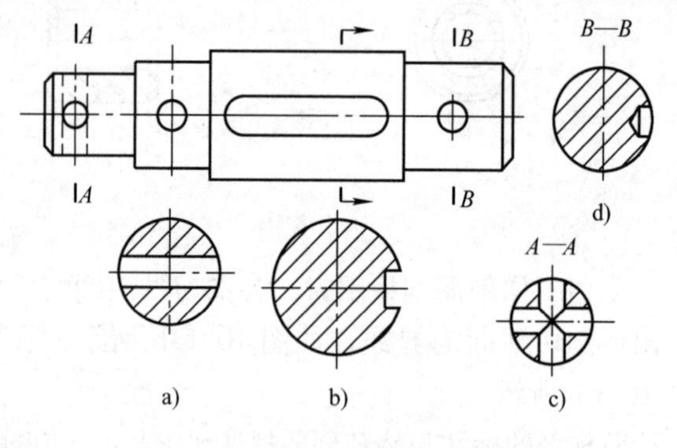

图 10-17　移出断面

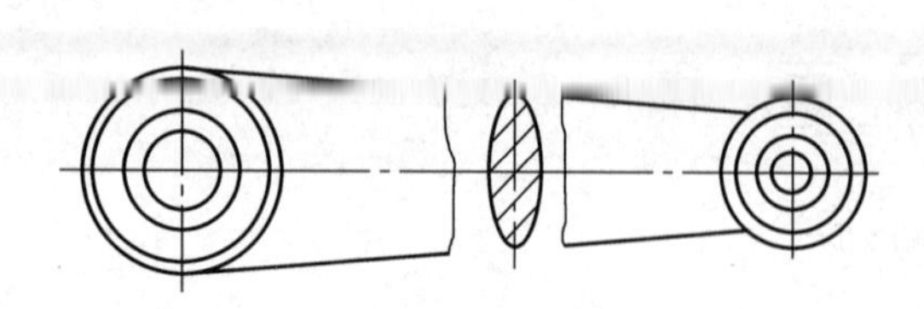

图 10-18　断面图形配置在视图中断处

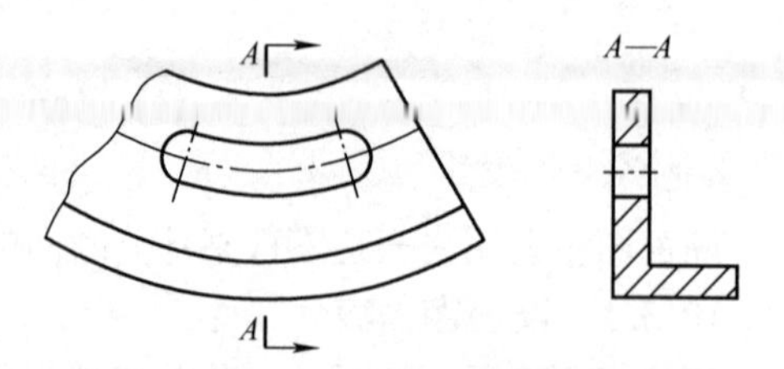

图 10-19　完全分离的两个断面的画法

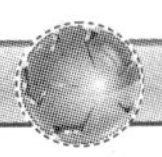

2. 重合断面

画在视图轮廓线内部的断面，称为重合断面，例如，图 10-15b、图 10-20a 所示都是重合断面。

重合断面的轮廓线用细实线绘制，剖面线应与断面图形的对称中心线或主要轮廓线成 45°角。当视图的轮廓线与重合断面的图形线相交或重合时，视图的轮廓线仍要完整地画出，不得中断，如图 10-20b 所示的画法是错误的。

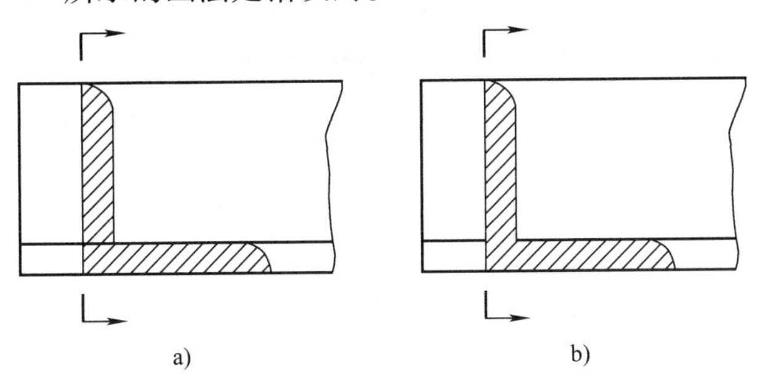

图 10-20　重合断面画法
a）正确　b）错误

表 10-2 列出了画断面时应注意的问题。

表 10-2　断面正误对照表

说　　明	正确	错误
断面应符合投影关系	A A A—A	A A A—A
当剖切平面通过回转面而形成孔（或凹坑）等结构时，这些结构按剖视画出（即外轮廓封闭）		
重合断面的轮廓线应为细实线		
断面应与零件轮廓线垂直。由两个或多个相交平面切出的移出断面，中间应断开		

10.3.3　断面的标注

断面图的一般标注要求见表 10-3。

表 10-3　断面图的一般标注要求

断面种类及位置		移出断面		重合断面
		在剖切位置延长线上	不在剖切位置延长线上	
断面图形	对称	省略标注（图 10-17a），以断面中心线代替剖切位置线	画出剖切位置线，标注断面图名称（图 10-17c）	省略标注（图 10-15b）
	不对称	画出剖切位置线与表示投射方向的箭头（图 10-17b）	画出剖切位置线，并给出投射方向，标注断面图名称（图 10-17d）	画出剖切位置线与表示投射方向的箭头（图 10-20a）

10.4　习惯画法和简化画法

对零件上的某些结构，国家标准 GB/T 16675.1—2012 规定了习惯画法和简化画法，下面将分别介绍。

10.4.1　断裂画法

对于较长的零件（如轴、连杆、筒、管、型材等），当其沿长度方向的形状一致或按一定规律变化时，为节省图纸幅面和画图方便，可将其断开后缩短绘制，但要标注零件的实际尺寸。

画图时，可用图 10-21 所示方法表示。折断处的表示方法一般有两种：一种是用波浪线断开，如图 10-21a 所示；另一种是用双点画线断开，如图 10-21b 所示。

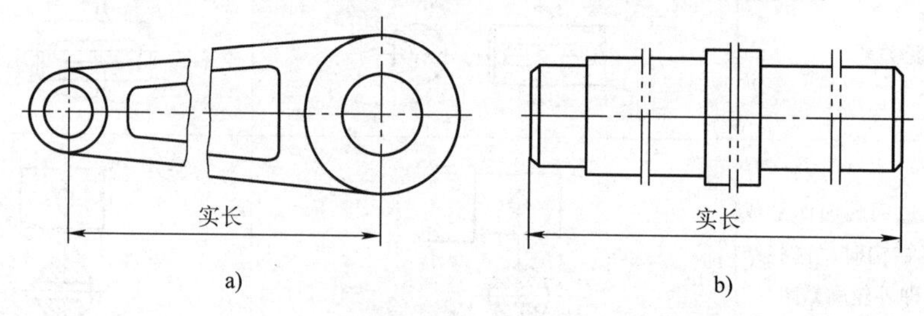

图 10-21　各种断裂画法

a）拉杆轴套断裂画法　b）阶梯轴断裂画法

10.4.2　局部放大图

当零件的某些局部结构较小，在原定比例的图形中不易表达清楚或不便标注尺寸时，可将此局部结构用较大比例单独画出，这种图形称为局部放大图，如图 10-22 所示。此时，原视图中该部分结构可简化表示。

10.4.3　其他习惯画法和简化画法

当零件具有若干相同结构（齿、槽等）并按一定规律分布时，只需要画出几个完整的结构，其余用细实线连接，在零件图中则必须注明该结构的总数，如图 10-23 所示。

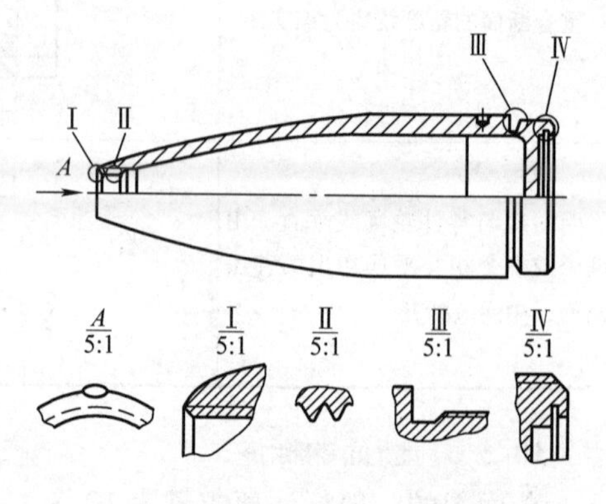

图 10-22　局部放大图

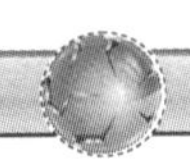

若干直径相同且按规律分布的孔（圆孔、螺孔、沉孔等），可以仅画出一个或几个，其余只需用细点画线表示其中心位置，在零件图中应注明孔的总数，如图 10-24 所示。

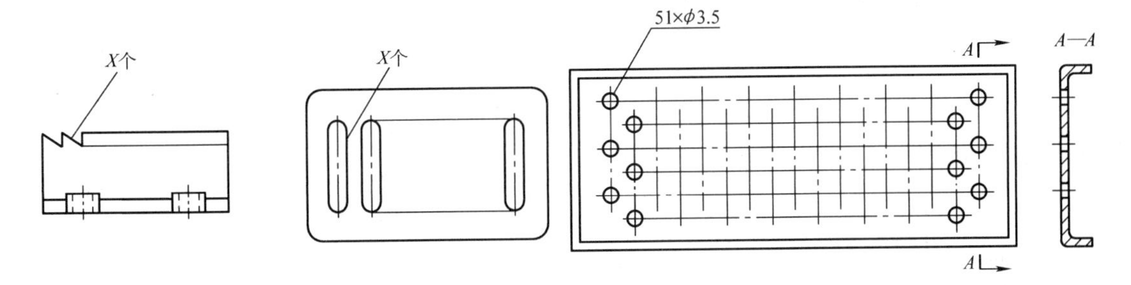

图 10-23　按规律分布的若干相同结构的简化画法　　图 10-24　按规律分布的相同孔的简化画法

对于零件的肋、轮辐及薄壁等，如果按纵向剖切，这些结构都不画剖面符号，而用粗实线将其与邻接的部分分开。当零件回转体上均匀分布的肋、轮辐、孔等结构不处于剖切平面上时，可将这些结构旋转到剖切平面上画出，如图 10-25 所示。

当某一图形对称时，可画略大于一半的图形，如图 10-25b 所示的俯视图。在不致引起误解时，对于对称零件的视图也可只画出一半或四分之一，此时必须在对称中心线的两端画出两条与其垂直的平行细实线，如图 10-26所示。

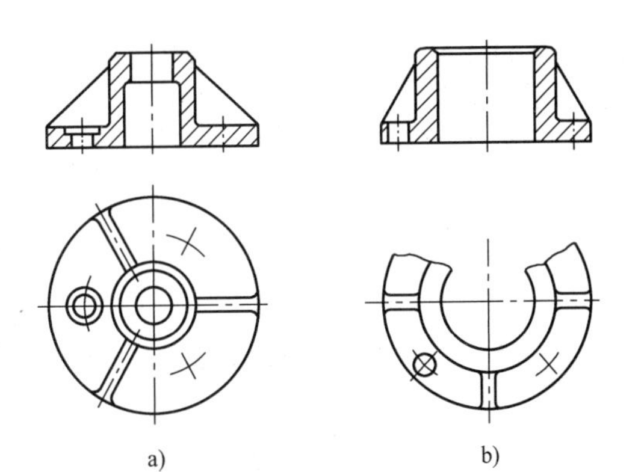

图 10-25　回转体上均匀分布的肋、孔的画法

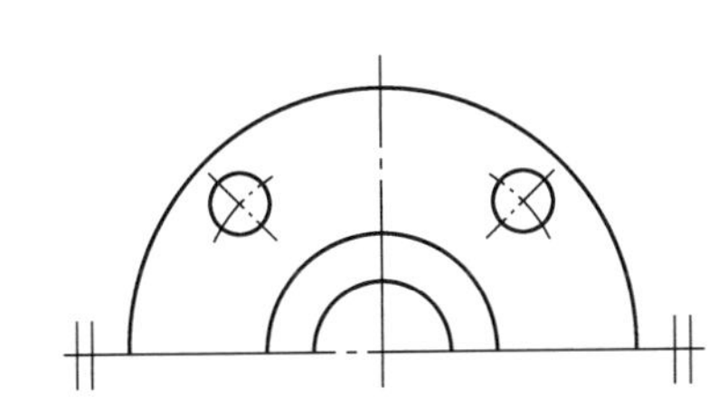

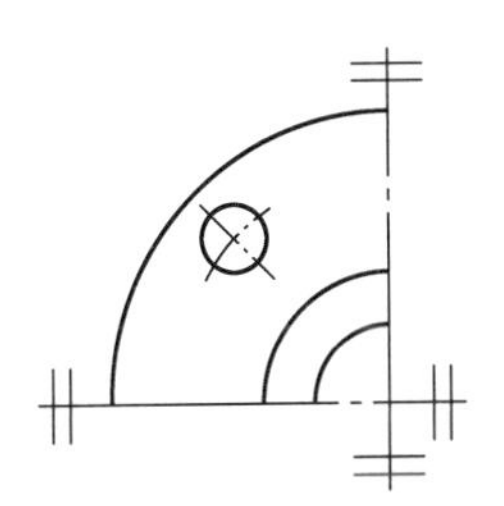

图 10-26　对称零件的简化画法

对于网状物、编织物或零件上的滚花部分，可以在轮廓线附近用粗实线示意画出，并在图上或技术要求中注明这些结构的具体要求，如图 10-27 所示。

当图形不能充分表达平面时，可用平面符号（相交的两细实线）表示，如图 10-28 所示。

零件上的一些较小结构，如果在一个图形中已表达清楚时，其他图形中可简化或省略，如图 10-29 所示。

零件上斜度不大的结构，如果在一个图形中已表达清楚

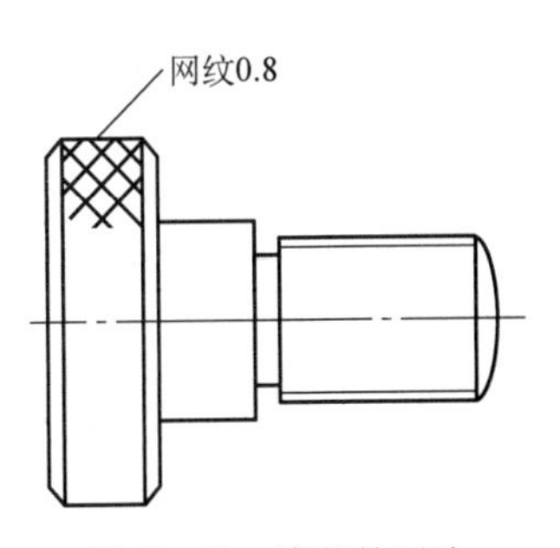

图 10-27　滚花的画法

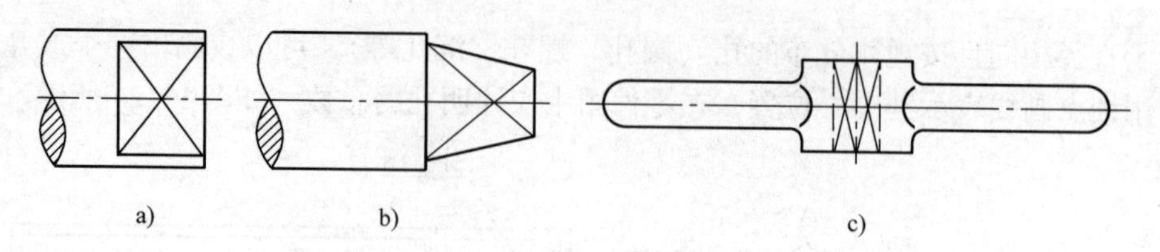

图 10-28 平面的简化画法

时，在其他图形中可按小端画出，如图 10-30 所示。

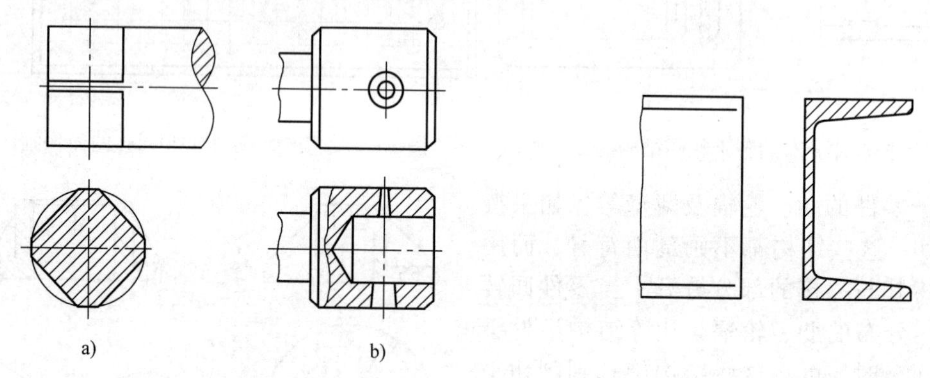

图 10-29 机件上较小结构的简化画法

图 10-30 斜度不大结构的简化画法

零件上对称结构的局部剖视图，如键槽、方孔等，可按图 10-31 所示的简化画法表示。

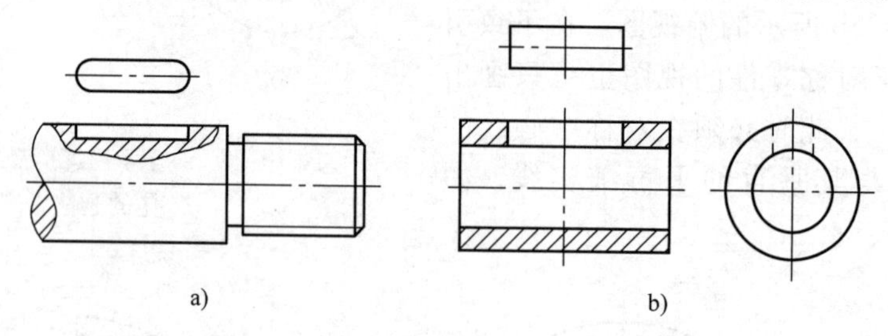

图 10-31 零件上对称结构局部剖视图的简化画法

第 11 章　产品图样表达

11.1　零　件　图

11.1.1　零件图的内容

表达零件的图样称为零件工作图，简称零件图。它是制造和检验零件时所依据的重要技术文件。一张完整的零件图应包括下列基本内容：

（1）一组图形　用视图、剖视图、断面图及其他规定画法来正确、完整、清晰地表达零件的各部分形状和结构。

（2）尺寸　正确、完整、清晰、合理地标注零件的全部尺寸。

（3）技术要求　用符号或文字来说明零件在制造、检验等过程中应达到的一些技术要求，如表面粗糙度、尺寸公差、几何公差、热处理要求等。技术要求的文字一般注写在标题栏上方图纸空白处。

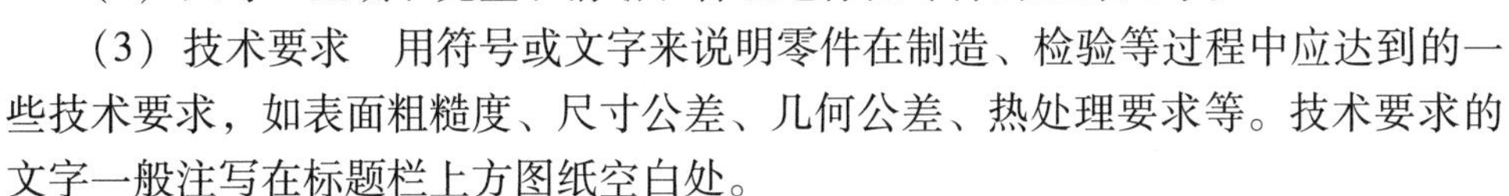

（4）标题栏　标题栏位于图纸的右下角，应填写零件的名称、材料、数量、图的比例以及设计、绘图、审核人的签字、日期等各项内容。

11.1.2　典型零件的视图与尺寸

本节将结合若干具体零件，讨论零件的视图选择和尺寸分析问题。

选择视图时，要结合零件的工作位置和加工位置，选择最能反映零件形状特征的视图作为主视图，包括运用各种表达方法，如剖视图、断面图等，并选好其他视图。选择视图的原则是：在能够完整、清晰地表达零件内外形状和结构的前提下，尽量减少视图数量。

在零件图上标注尺寸，除满足完整、正确、清晰的要求外，还要求标注得合理，即所标注尺寸能满足设计和加工要求，使零件有令人满意的工作性能且便于加工、测量和检验。

合理的尺寸标注，需要较多的机械设计与加工方面的知识，这里只做一些简单分析。

零件的种类繁多，不能一一介绍，这里仅就以下有代表性的零件进行简单分析。

1. 轴套类零件

（1）视图选择　轴套类零件一般在车床上加工，要按形状和加工位置确定主视图。图 11-1 所示的柱塞阀即属于轴套类零件，轴线水平放置，大头在左、小头在右，键槽和孔结构可以朝前。轴套类零件的主要结构形状是回转体，一般只画一个主视图。对于零件上的键槽、孔等，可作移出断面。砂轮越程槽、退刀槽、中心孔等可用局部放大图表达。

（2）尺寸分析

1）这类零件的尺寸主要是轴向和径向尺寸，径向尺寸的主要基准是轴线，轴向尺寸的主要基准是端面。

2）主要形体是同轴的，可省去定位尺寸。

3）重要尺寸必须直接注出，其余尺寸多按加工顺序注出。

4）为了清晰和便于测量，在剖视图上，内外结构形状尺寸应分开标注。

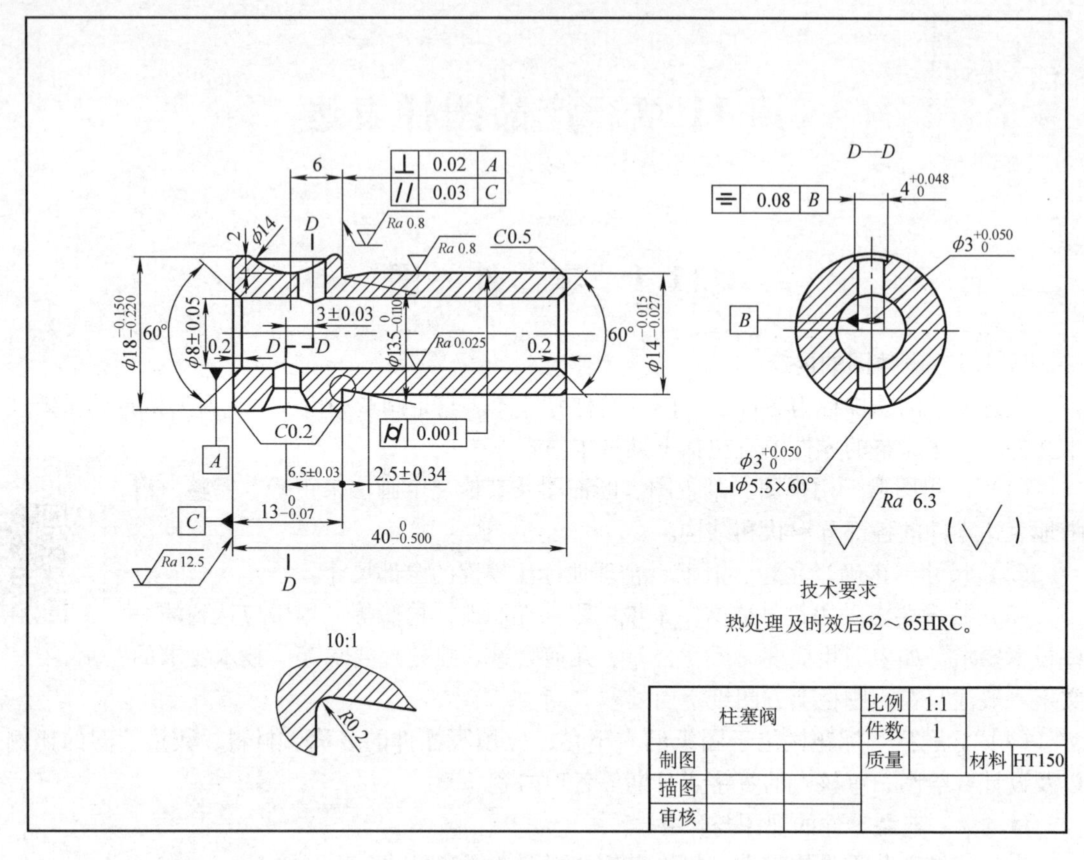

图 11-1　柱塞阀零件图

5）零件上的标准结构，应按该结构标准尺寸注出。

2. 轮盘类零件

（1）视图选择

1）轮盘类零件的毛坯有铸件或锻件，机械加工以车削为主，主视图一般按加工位置水平放置，但有些较复杂的盘盖因加工工序较多，主视图也可按工作位置画出。图 11-2 所示的轴承盖以及各种轮子、法兰盘、端盖等属于轮盘类零件，其主要形体是回转体，径向尺寸一般大于轴向尺寸。

2）一般需要两个以上基本视图。

3）根据结构特点，当视图具有对称面时，可作半剖视；无对称面时，可作全剖视或局部剖视。其他结构形状，如轮辐和肋板等，可用移出断面或重合断面，也可用简化画法。

（2）尺寸分析

1）轮盘类零件的尺寸一般分为两大类：轴向尺寸及径向尺寸，轴向尺寸的主要基准是重要的端面，径向尺寸的主要基准是回转轴线。

2）定形和定位尺寸都较明显，尤其是在圆周上均布的小孔的定位圆直径，是这类零件的典型定位尺寸，多个小孔一般采用图 11-2 中“$3\times\phi5$EQS”的形式标注，“EQS”即等分圆周，角度定位尺寸就不必标注了。

3）内外结构形状尺寸应分开标注。

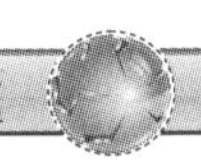

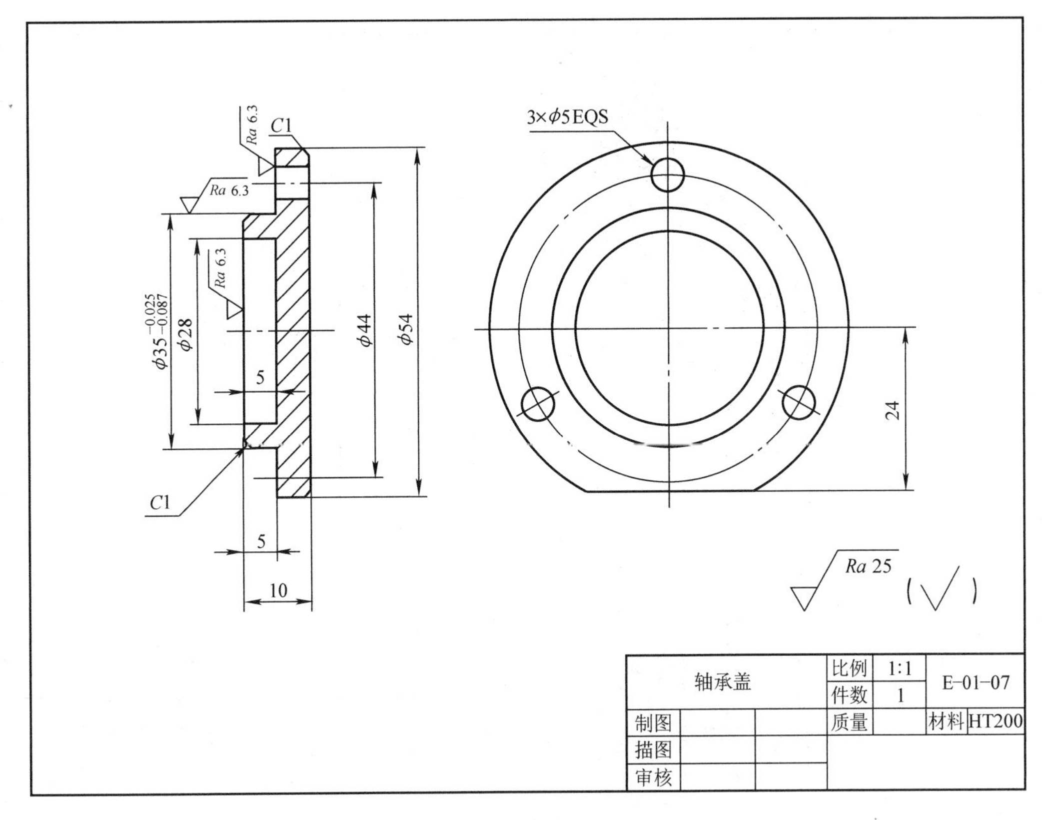

图 11-2　轴承盖零件图

3. 叉架类零件

（1）视图选择

1）叉架类零件结构较复杂，需经多种加工，主视图主要由形状特征和工作位置来确定。图 11-3 所示的托架以及各种杠杆、连杆、支架等均属于叉架类零件。

2）一般需要两个以上基本视图，并用斜视图、局部视图，以及剖视图、断面图等表达内外形状和细部结构。

（2）尺寸分析

1）叉架类零件的长、宽、高方向的主要基准一般为加工的大底面、对称平面或大孔的中心线。

2）定位尺寸较多，一般注出孔中心线之间的距离，或孔中心线到平面的距离，或平面到平面的距离。

3）定形尺寸多按形体分析法标注，内外结构形状要保持一致。

4. 箱体类零件

（1）视图选择

1）箱体类零件一般经多种工序加工而成，因而主视图主要根据形状特征和工作位置确定。图 11-4 所示阀体以及减速器箱体、泵体、阀座等均属于箱体类零件，大多为铸件，一般起支承、容纳、定位和密封等作用，内外形状较为复杂。图 11-4 中的主视图就是根据工作位置选定的。

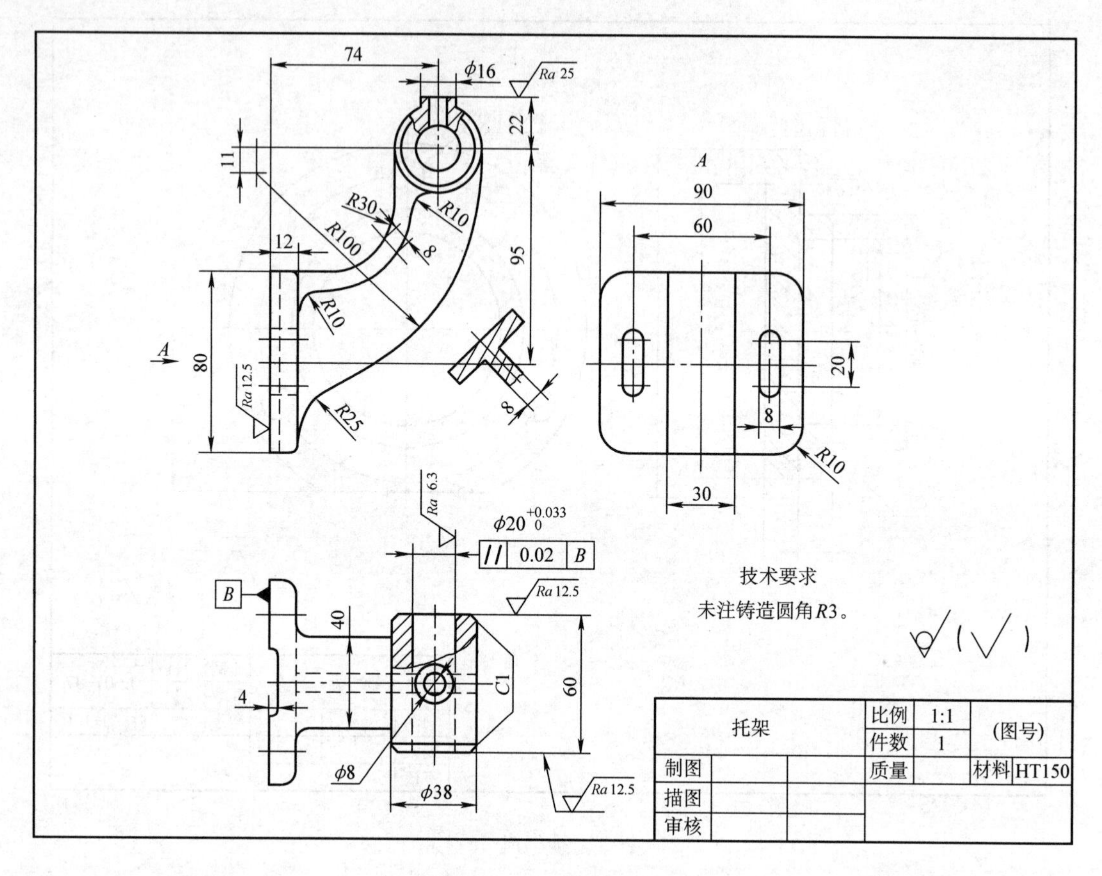

图 11-3　托架零件图

2）由于零件结构较复杂，常需三个以上的视图，并需广泛应用各种方法来表达。在图 11-4 中，由于主视图上无对称平面，故采用了大范围的局部剖视来表达内外形状，并选用了*A*—*A*剖视、*C*—*C* 局部剖和密封槽处的局部放大图。

（2）尺寸分析

1）箱体类零件的长、宽、高方向的主要基准是大孔的中心线、对称中心线、对称平面或较大的加工面。

2）较复杂的零件定位尺寸较多，各孔中心线或对称中心线间的距离要直接标注。

3）定形尺寸仍用形体分析法标注。

5. 冲压类零件

（1）视图选择

1）冲压类零件是将金属板料经冲压、剪切、弯曲等工序制成的零件。这类零件常用在电信、仪表工业中，如簧片、罩壳、机箱等。冲压类零件多数经较多工序制造而成，其主视图一般按工作位置放置，投射方向则以能充分显示出零件的形状、结构为选取原则。

这类零件一般需两个以上的基本视图，内部结构形状一般采用剖视图表示。图 11-5 所示为某汽车座板左门锁，其主视图投射方向充分反映了零件的形状和结构特点，左视图补充反映出各部分之间的相对位置关系。此外，还通过几个局部剖视图分别表达出零件上孔、槽等内部结构。

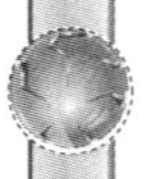

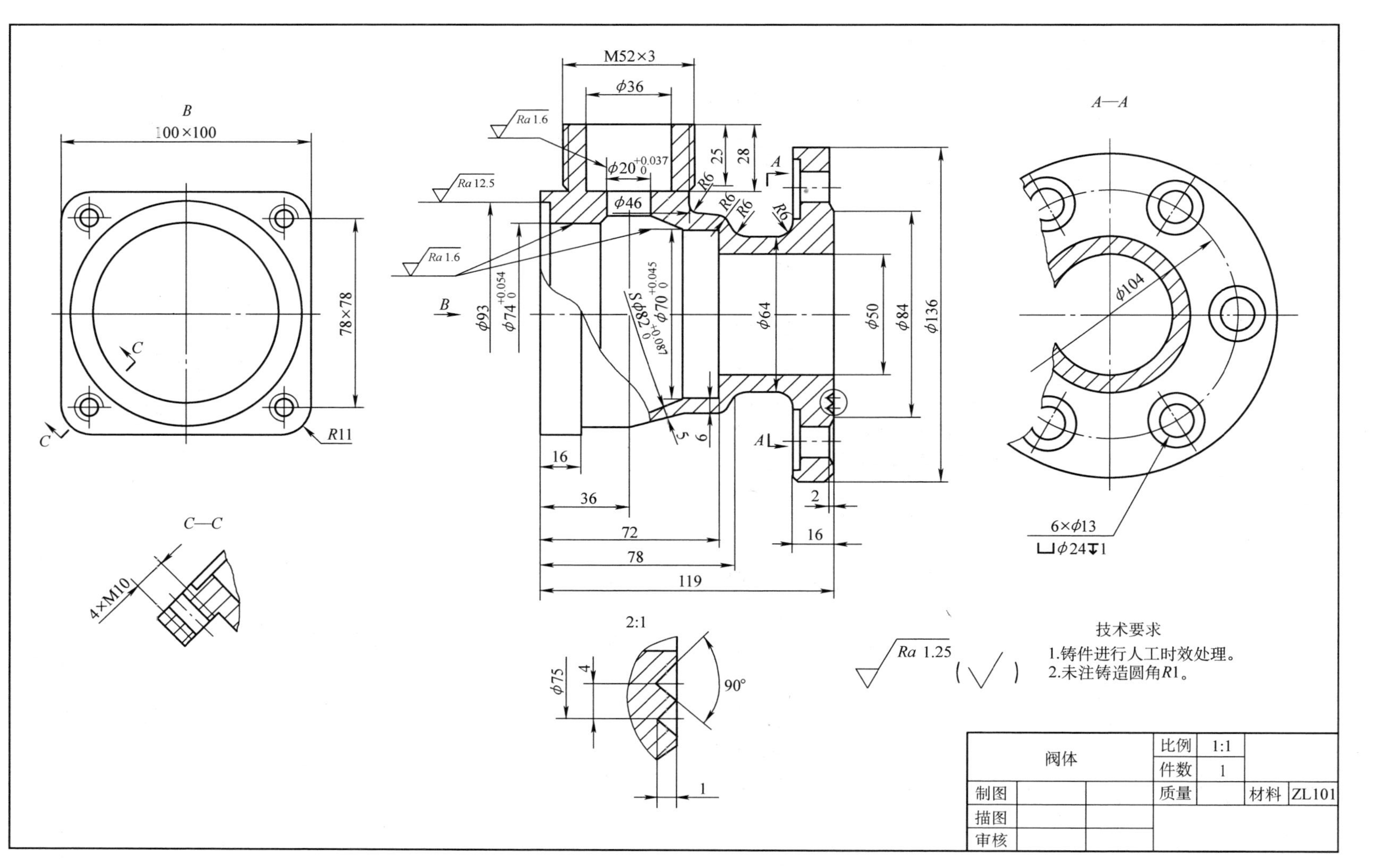

B
100×100
78×78
R11
C
C—C
4×M10
M52×3
φ36
Ra 1.6
Ra 12.5
Ra 1.6
φ20 +0.037 0
φ46
25
28
R6
A
B
φ93
φ74 +0.054 0
Sφ82 +0.087 0
φ70 +0.045 0
φ64
φ50
φ84
φ136
5
9
16
36
72
78
119
2
16
A—A
φ104
6×φ13
⌴φ24↧1
2:1
φ75
4
90°
1
Ra 1.25
技术要求
1.铸件进行人工时效处理。
2.未注铸造圆角R1。
阀体
比例 1:1
件数 1
质量
材料 ZL101
制图
描图
审核

图 11-4 阀体零件图

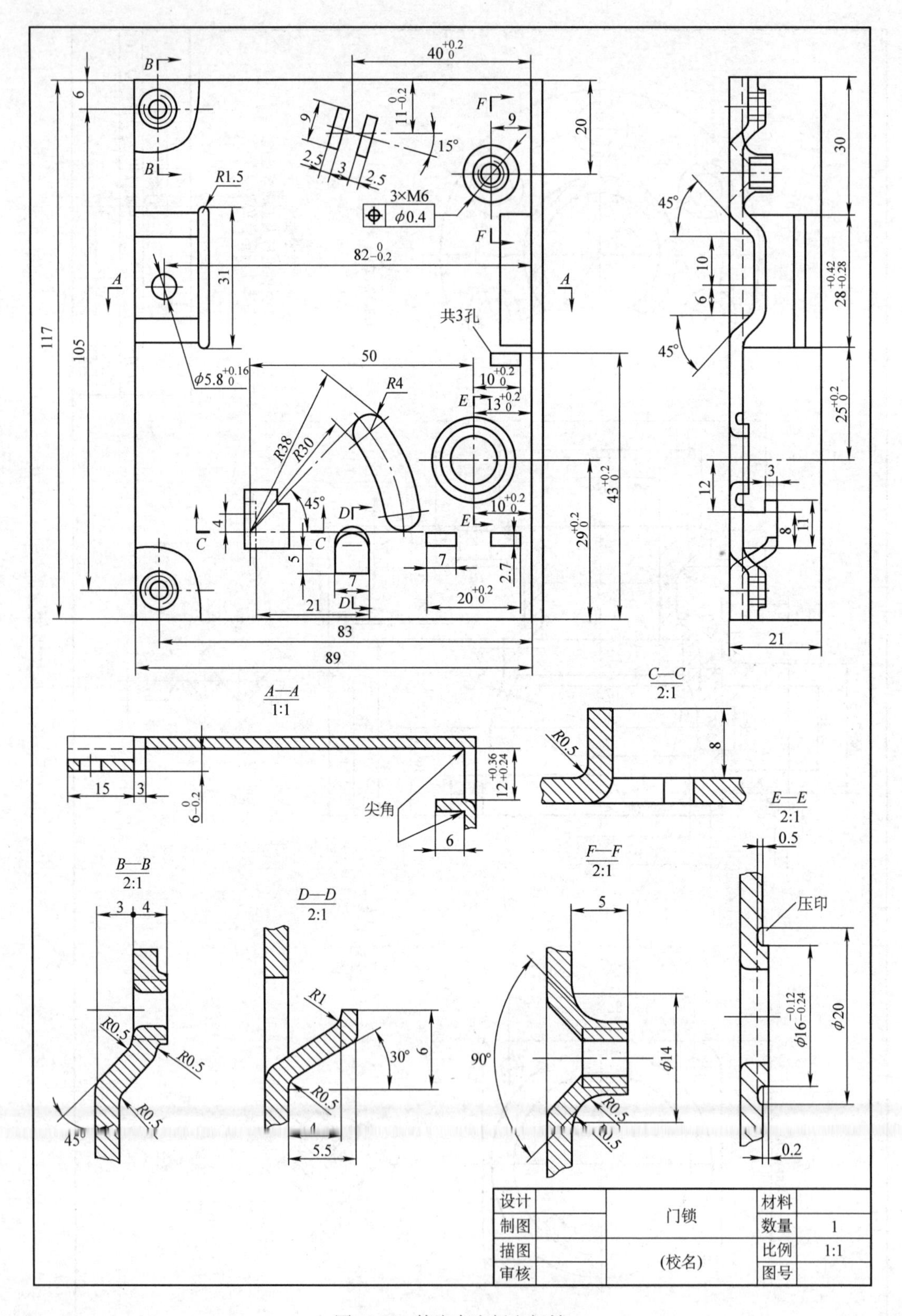

图 11-5　某汽车座板左门锁

2）有些电信、仪表设备中的底板、支架大多是用板材剪裁、冲孔，再冲压成形的。为了防止零件弯曲部分产生裂纹，冲压件在弯折处，一般是以圆角过渡。零件的板面上冲有许多孔和槽口，以便安装电气元件或部件，并将该零件安装到机架上。冲压件的壁厚很小，其上面的孔一般都是通孔，在不致引起看图困难时，只将反映其实形的视图画出，而在其他视图中画出中心线即可，不必用虚线或剖视图表示。图11-6所示的电容器架是用冷轧钢板冲压成形的。从俯视图和左视图中可以看到弯折处带有小圆角，从俯视图中还可以看到底板上有许多冲孔，并标注了尺寸，作为通孔，在其他视图中就不需要再表示了。

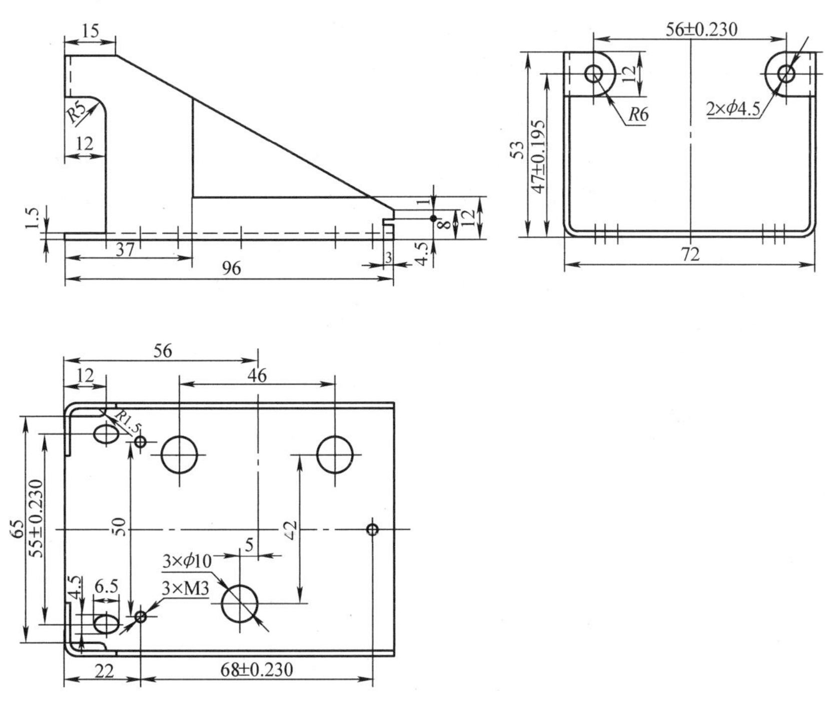

图11-6　电容器架

3）对于弯曲成形的零件，为了表达它在弯曲前的外形尺寸，往往需要画出展开图。展开图可以是局部要素的展开或整体零件的展开。在展开图的上方必须标注“展开图”字样，展开图在弯曲区域的中间位置应用细实线画出弯折线，如图11-7所示。

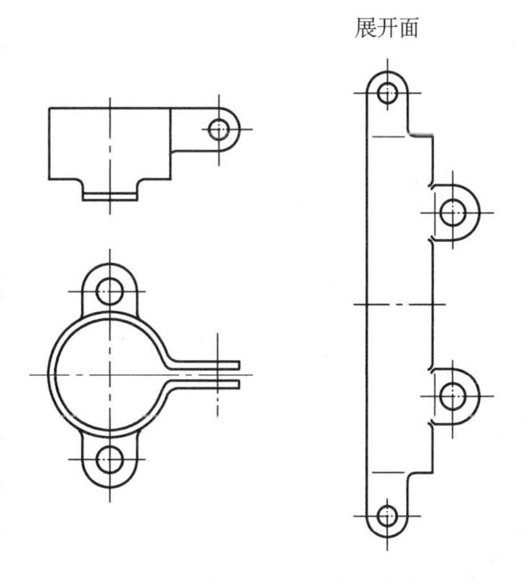

图11-7　固定板的展开图

（2）尺寸标注

1）长度方向、宽度方向和高度方向的尺寸基准主要采用对称平面、中心线或薄板的端面。

2）定形尺寸按形体分析法标注。

3）定位尺寸较多，一般标注两孔中心线或者孔中心到板边的距离。如图11-6中3×ϕ10mm的定位尺寸46mm、42mm、56mm、5mm，3×M3的定位尺寸50mm、22mm、（68±0.230）mm等。

4）对于采用弯曲或拉延工序成形的冲压件，由

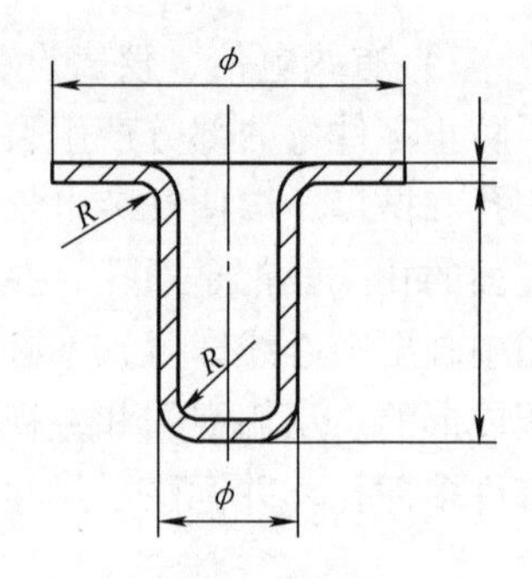

图 11-8 冲压件的尺寸注法

于板材厚度在弯曲或拉延后会发生变化，不能同时标注内、外轮廓尺寸，只能标注板厚和根据设计要求必须保证的内轮廓或外轮廓尺寸。对于弯曲部分的过渡圆角，则应标注内圆角半径，如图 11-8 所示。

6. 注塑与镶嵌类零件

注塑零件是把熔融的塑料压注在模具内，冷却后成形；镶嵌类零件是把金属材料与非金属材料镶嵌在一起成形。许多压塑件中需要嵌装轴套、焊片等金属零件，组成压塑嵌接件。它们可以制成轴套、轮盘、叉架、箱体等零件，如电器上应用的各种触头及机械上常用的塑料手柄、手轮等。

这类零件根据各自的特点选择基本视图的数量，并且常采用断面图和局部视图等表达方法。在剖视图中，应该用不同的剖面符号来区分嵌装的材料，如图 11-9 和图 11-10 所示。

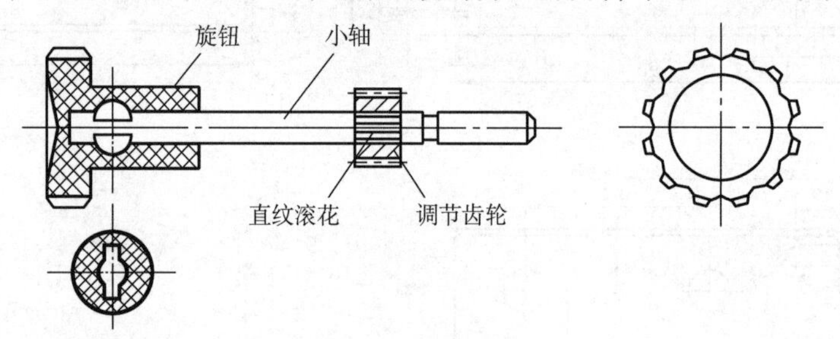

图 11-9 调节齿轮轴

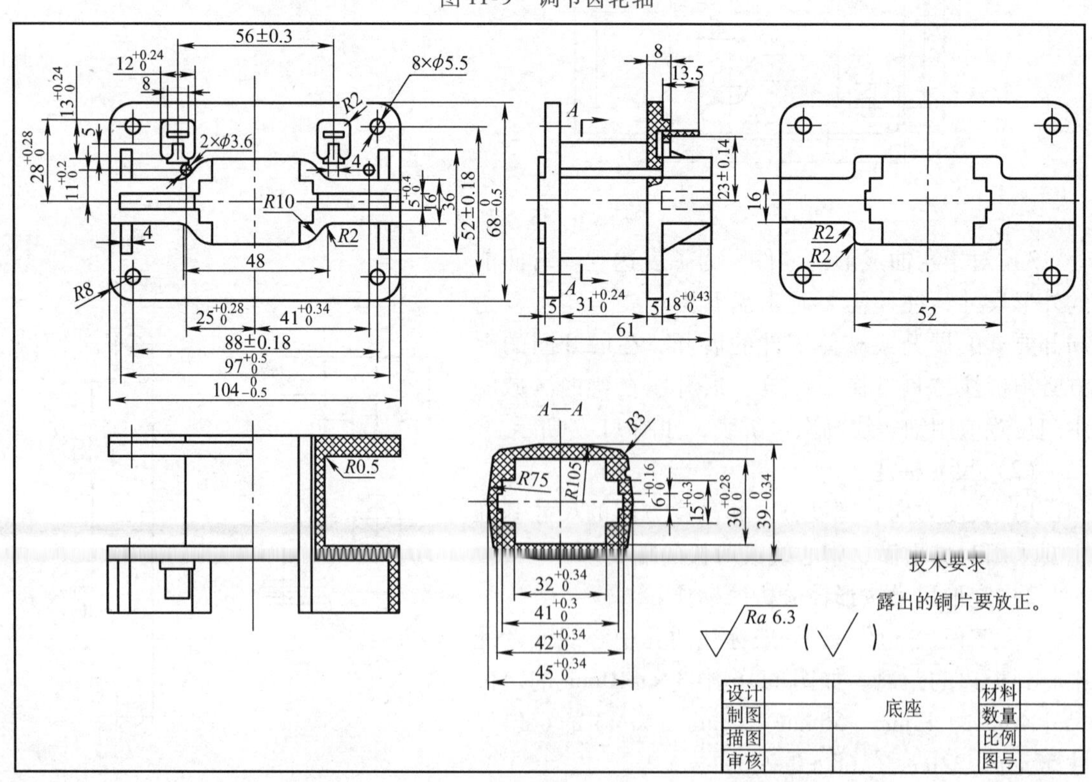

图 11-10 底座零件图

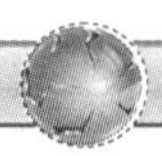

11.1.3　零件上的常见结构

零件的结构形状主要是由其在部件或机器中的作用决定的。但是，制造工艺对零件的结构也有某些要求。因此，为了正确绘制图样，必须对一些常见结构有所了解，下面介绍它们的基本知识和表示方法。

1. 螺纹

（1）螺纹的形成　平面图形（如三角形、矩形、梯形等）绕一圆柱（或圆锥）做螺旋运动，形成一圆柱（或圆锥）螺旋体。工业上，常将螺旋体称为螺纹。在外表面上加工的螺纹，称为外螺纹；在内表面上加工的螺纹，称为内螺纹。

在加工螺纹的过程中，由于刀具的切入（或压入）构成了凸起和沟槽两部分，凸起的顶端称为螺纹的牙顶，沟槽的底部称为螺纹的牙底。在通过螺纹轴线的剖面上，螺纹的轮廓形状称为螺纹的牙型，螺纹的最大直径称为螺纹大径，螺纹的最小直径称为螺纹小径，如图 11-11 所示。

图 11-11　外螺纹和内螺纹

a）外螺纹　b）内螺纹

（2）螺纹的结构

1）螺纹末端。为了防止外螺纹起始圈损坏和便于装配，通常在螺纹起始处做出一定形式的末端，如图 11-12 所示。

2）螺尾、退刀槽和肩距。车削螺纹的刀具接近螺纹末尾时要逐渐离开工件，因而螺纹末尾附近的螺纹牙型不完整，如图 11-13a中标有尺寸的一段长度称为螺尾。有时为了避免产生螺尾，在该处预制出一个退刀槽，如图 11-13b、c 所示。螺纹至台肩的距离称为肩距，如图 11-13d 所示。

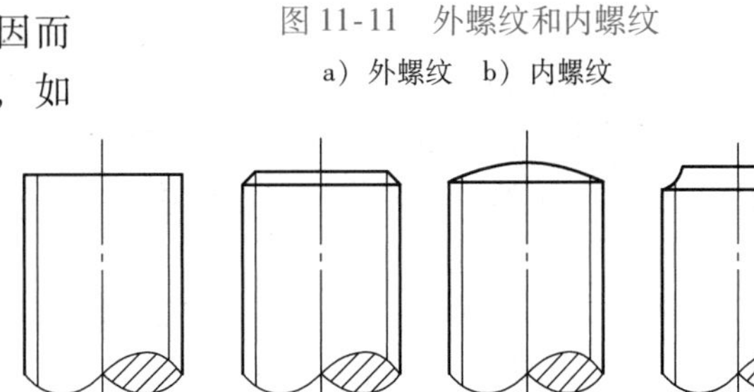

图 11-12　螺纹末端

（3）螺纹的要素

1）螺纹牙型。通过螺纹轴线的螺纹牙齿的剖面形状称为螺纹牙型，如三角形、梯形、锯齿形等。

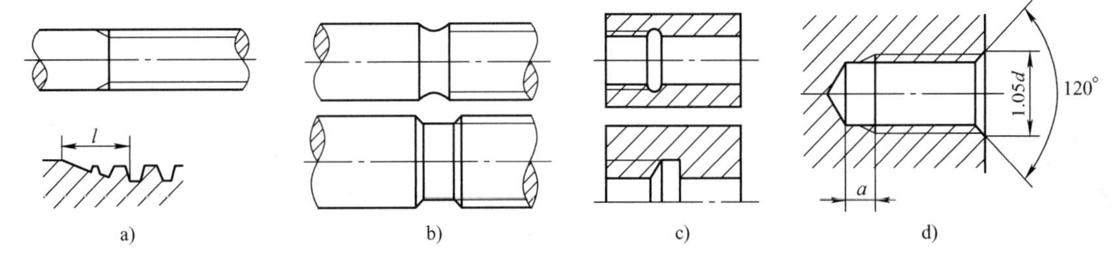

图 11-13　螺尾、退刀槽和肩距

a）外螺纹的螺尾　b）外螺纹的退刀槽　c）内螺纹的退刀槽　d）肩距

2）大径、中径、小径。螺纹的最大直径称为大径，也称为公称直径。螺纹大径是与外螺纹牙顶或内螺纹牙底相切的假想圆柱面的直径；小径是与外螺纹牙底或内螺纹牙顶相切的假想圆柱面的直径；设想在大、小径之间有一个圆柱，其素线通过牙型上沟槽和凸起宽度相等处，该假想圆柱的直径称为螺纹中径。

3）旋向。旋向分为左旋或右旋。沿逆时针方向旋转时旋入的为左旋，沿顺时针方向旋转时旋入的为右旋。图 11-14a 所示为左旋，图 11-14b 所示为右旋。

4）线数。在同一圆柱面上切削螺纹的条数称为线数。只切削一条螺纹线的称为单线螺纹，切削两条螺纹线的称为双线螺纹，如图 11-15 所示。通常把切削两条以上螺纹线的螺纹称为多线螺纹。

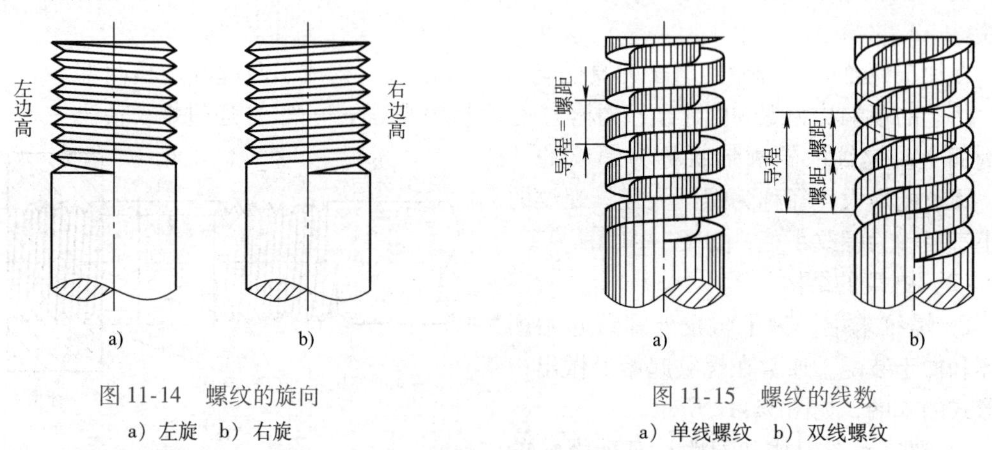

图 11-14　螺纹的旋向
a）左旋　b）右旋

图 11-15　螺纹的线数
a）单线螺纹　b）双线螺纹

5）螺距与导程。螺纹相邻两牙对应点间的轴向距离称为螺距。导程为同一条螺旋线上相邻两牙对应两点间的轴向距离。单线螺纹的螺距和导程相同，如图 11-15a 所示；而多线螺纹螺距等于导程除以线数，如图 11-15b 所示。

要想把图 11-11 所示的两个零件装配在一起，内、外螺纹的牙型、大径、旋向、线数和螺距五要素必须相同。

（4）螺纹的分类　螺纹按用途不同分为两大类，即联接螺纹和传动螺纹，见表 11-1。

1）联接螺纹。联接螺纹常用的有四种标准螺纹，即粗牙普通螺纹、细牙普通螺纹、管螺纹、60°密封管螺纹。四种螺纹的牙型皆为三角形，其中普通螺纹的牙型为等边三角形（牙型角为 60°）。细牙和粗牙的区别是在大径相同的条件下，细牙螺纹比粗牙螺纹的螺距小。管螺纹和锥螺纹的牙型为等腰三角形（牙型角为 55°），管螺纹和锥螺纹以英寸（in）为单位，并以每英寸（1in＝25. 4mm）螺纹长度上的螺纹牙数表示。管螺纹多用于管件和薄壁零件的联接，其螺距与牙型均较小。

2）传动螺纹。传动螺纹是用于传递动力或运动的，常用的有两种标准螺纹：

① 梯形螺纹。梯形螺纹的牙型为等腰梯形，牙型角为 30°。它是最常用的传动螺纹。

② 锯齿形螺纹。锯齿形螺纹是一种受单向力的传动螺纹，其牙型为不等腰梯形，一边与铅垂线的夹角为 30°，另一边为 3°，形成 33°的牙型角。

以上是牙型、大径和螺距都符合国家标准的螺纹，称为标准螺纹。若螺纹仅牙型符合标准，大径或螺距不符合标准，则称为特殊螺纹。牙型不符合标准的，称为非标准螺纹（如矩形螺纹）。

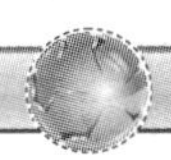

表 11-1　螺纹

螺纹分类	螺纹种类	外形及牙型图	牙型符号
联接螺纹	粗牙普通螺纹	60°	M
	细牙普通螺纹		
	非螺纹密封的管螺纹	55°	G
联接螺纹	螺纹密封的管螺纹	55°	Rc Rp R
传动螺纹	梯形螺纹	30°	Tr
	锯齿形螺纹	3°　30°	B

下面讨论四个例题，以进一步熟悉螺纹各要素间的关系及螺纹标准。

例 11-1　有一牙型为等边三角形、公称直径为 48mm、螺距为 2mm 的螺纹，其是否为标准螺纹?

解　由所给条件查表可知，牙型剖面为等边三角形、螺距为 2mm 的螺纹是普通螺纹。

在有关普通螺纹的直径与螺距的国家标准中，可找到公称直径 48mm（在第一系列中），再沿横向找螺距，在细牙栏中可找到螺距 2mm。因此，所给螺纹是标准细牙普通螺纹。

例 11-2　已知粗牙普通螺纹的公称直径为 20mm，试查出它的小径值。

解　在有关普通螺纹公称尺寸的国家标准中，竖向找公称直径 $d=20\text{mm}$，由公称直径 $d=20\text{mm}$ 一栏与螺纹小径 d_1 一列相交处查得 17.294mm，即为所求小径尺寸。

例 11-3　试查出管螺纹尺寸代号为 G1 的螺纹大径、螺距和每英寸长度上的螺纹牙数。

解　在有关非螺纹密封的管螺纹的国家标准中，在螺纹尺寸代号 G1 处横向可找出所需的数据：螺纹大径 $d=33.249\text{mm}$，螺距 $P=2.309\text{mm}$，每英寸长度上的螺纹牙数 $n=11$。

这里需要指出两个问题：

① 管螺纹的螺纹尺寸代号是指管螺纹用于管子孔径的近似值，不是管子的外径。图 11-16 所示的 G1 是在孔径为 $\phi25\text{mm}$ 管子的外壁上加工的螺纹，该螺纹的实际大径是 33.25mm。

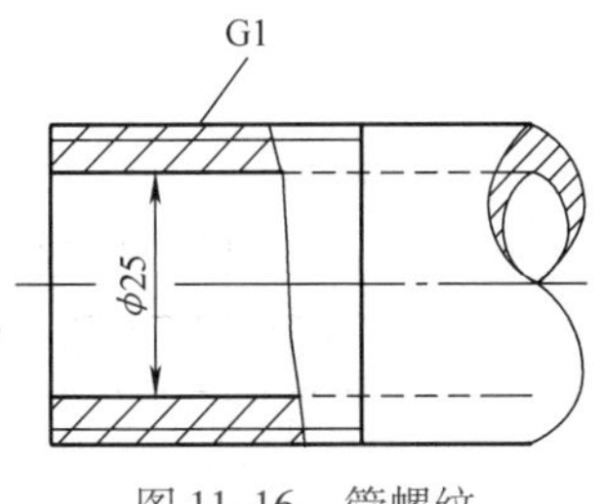

图 11-16　管螺纹

② 管螺纹是用每英寸长度上的螺纹牙数来表示的，其螺距计算后均为小数（如 G1 的 $n=11$，螺距 $P=25.4\text{mm}\div11=2.309\text{mm}$）。

例 11-4　试查出公称直径 $d=36\text{mm}$、螺距 $P=6\text{mm}$ 的梯形螺纹（Tr36）的中径、大径和小径。

解　在有关梯形螺纹的标准中，公称直径 ϕ36mm 处的螺距有三种：3mm、6mm 和 10mm。在螺距 $P=6\text{mm}$ 的位置横向可找到所需数据：中径 $d_2=D_2=33\text{mm}$、大径 $D_4=37\text{mm}$、外螺纹小径 $d_3=29\text{mm}$、内螺纹小径 $D_1=30\text{mm}$。

（5）螺纹的规定标注　国家标准规定，螺纹的标注应包括螺纹的牙型符号、公称直径×导程（螺距）、旋向、螺纹的公差带代号、螺纹旋合长度代号。各种螺纹的标注内容和方法见表 11-2。其中，螺纹公差带是由表示其大小的公差等级数字和基本偏差代号所组成的（内螺纹用大写字母表示，外螺纹用小写字母表示），如 6H、6g 等。如果螺纹的中径公差带与顶径公差带不同，则分别注出，如 M10－5g 6g，5g、6g 分别表示中径和顶径的公差带代号。如果中径与顶径公差带代号相同，则只注一个代号，如 M 10×1－5H。

螺纹的旋合长度规定为短（S）、中（M）和长（L）三种。在一般情况下，不标注螺纹旋合长度。必要时，加注旋合长度代号 S 或 L，中等旋合长度可省略不注，见表 11-2。

表 11-2　各种螺纹的标注内容与标注方法

螺纹种类	图例	说明	螺纹种类	图例	说明
普通螺纹（单线）	粗牙普通螺纹 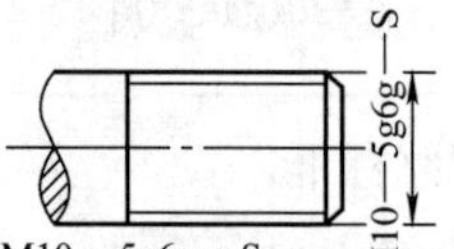 M10—5g6g—S M10—5g6g—S　顶径公差带代号　中径公差带代号 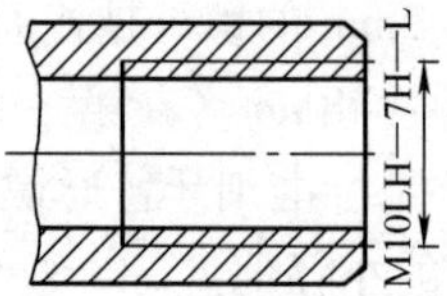 M10LH—7H—L M10LH—7H—L　中径和顶径公差带代号 M10—5g6g—S 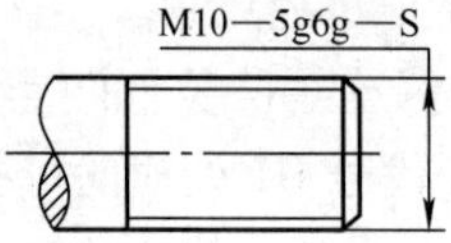 M10—5g6g—S	1. 不注螺距 2. 右旋省略不注，左旋要标注 3. 一般情况下，不注螺纹旋合长度，其螺纹公差带按中等旋合长度确定	梯形螺纹（单线或多线）	1. 单线梯形螺纹 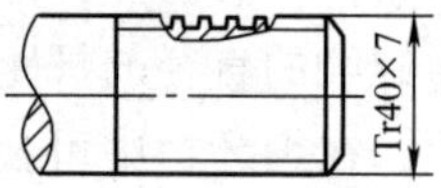 Tr40×7 Tr40×7　螺距　公称直径 2. 多线梯形螺纹 Tr40×14(P7)LH 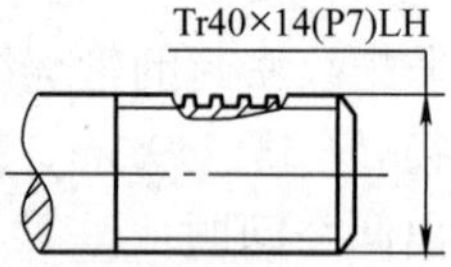 Tr40×14(P7)LH　左旋　螺距　导程　公称直径	1. 要标注螺距 2. 多线要标注导程 3. 右旋省略不注，左旋要标注
	细牙普通螺纹 M10×1.5—5g6g 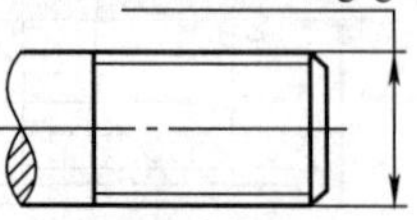 M10×1.5—5g6g	1. 要标注螺距 2. 其他规定同上			

（续）

螺纹种类	图例	说明	螺纹种类	图例	说明
管螺纹（单线）	1. 非螺纹密封的内管螺纹 G1/2 G1/2 2. 非螺纹密封的外管螺纹 G1/2A 公差等级为 A 级 G1/2A	1. 不注螺距 2. 右旋省略不注，左旋要标注 3. G 右边数字为管螺纹尺寸代号	锯齿形螺纹（单线或多线）	1. 单线锯齿形螺纹 B40×7 B40×7 螺距 公称直径 2. 多线锯齿形螺纹 B40×14(P7) B40×14(P7) 螺距 导程 公称直径	

标注特殊螺纹时，其牙型代号前应加注“特”字。

（6）螺纹的规定画法

1）外螺纹。国家标准规定，螺纹的牙顶（大径）及螺纹终止线用粗实线表示，牙底（小径）用细实线表示，在平行于螺杆轴线的投影面视图中，螺杆的倒角或倒圆部分也应画出，在垂直于螺纹轴线的投影面视图中，表示牙底的细实线圆只画约 3/4 圈，此时螺纹的倒角圆规定省略不画，如图 11-17 所示。

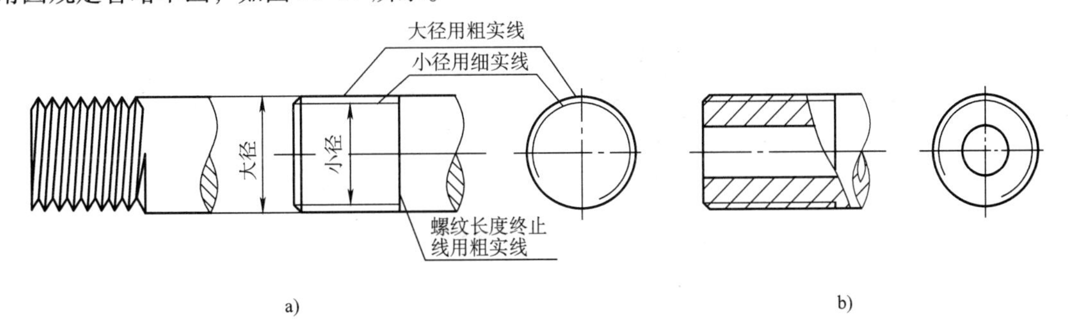

图 11-17　外螺纹的画法

2）内螺纹。图 11-18 所示为内螺纹的画法。剖开表示时（图 11-18a），牙底（大径）为细实线，牙顶（小径）及螺纹终止线为粗实线；不剖开时（图 11-18b），牙底、牙顶和螺纹终止线皆为虚线。在垂直于螺纹轴线的投影面视图中，牙底仍画成约为 3/4 圈的细实线，并规定螺纹孔的倒角圆也省略不画。

绘制不通的螺孔时，一般应将钻孔深度和螺纹部分的深度分别画出，如图 11-19a 所示。当需要表示螺尾时，螺尾部分的牙底用与轴线成 30°角的细实线表示，如图 11-19b 所示。图 11-19c 所示为螺纹孔中相贯线的画法。

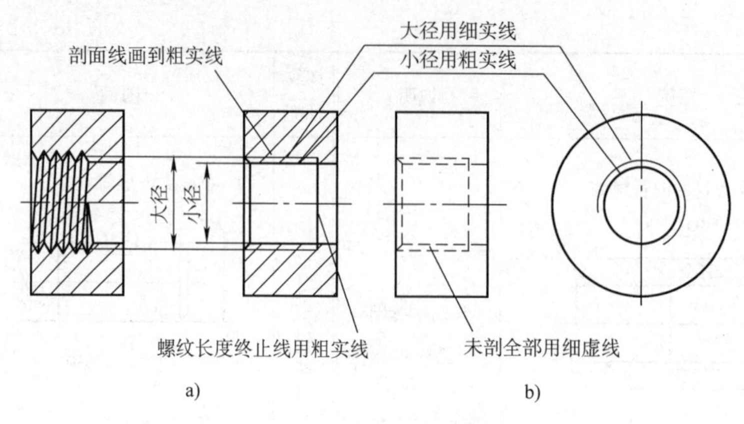

图 11-18　内螺纹的画法（一）

a）剖开画法　b）不剖画法

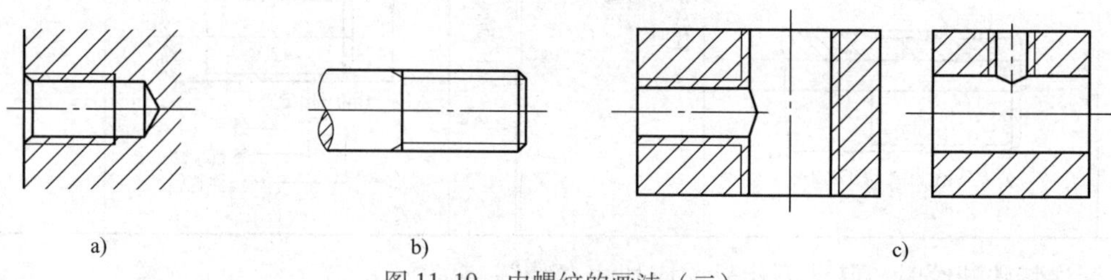

图 11-19　内螺纹的画法（二）

a）不通螺孔的画法　b）螺尾的画法　c）螺纹孔中相贯线的画法

3）内、外螺纹联接的画法。图 11-20 所示为装配在一起的内、外螺纹联接的画法。国家标准规定，在剖视图中表示螺纹联接时，其旋合部分应按外螺纹的画法表示，其余部分仍按各自的画法表示。当剖切平面通过螺杆轴线时，实心螺杆按不剖绘制。

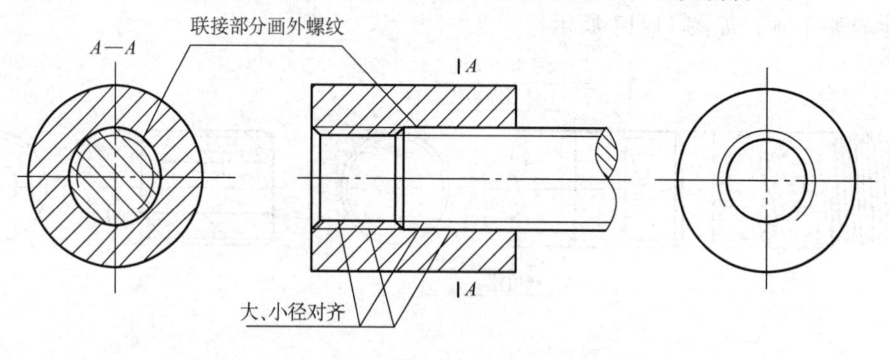

图 11-20　内、外螺纹联接的画法

4）非标准螺纹的画法。画非标准牙型的螺纹时，应画出螺纹牙型，并标出所需的尺寸及有关要求，如图 11-21 所示。

视频讲解

2. 铸造零件的工艺结构

（1）起模斜度　用铸造方法制造零件的毛坯时，为了便于将木模从砂型中取出，一般沿木模起模的方向做成约 1:20 的斜度，叫作起模斜度。因而铸件上也有相应的斜度，如图 11-22a 所示。这种斜度在图上可以不标注，也可不画出，如图 11-22b 所示。必要时，可在技术要求中注明。

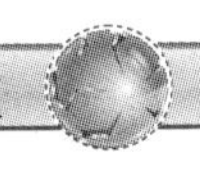

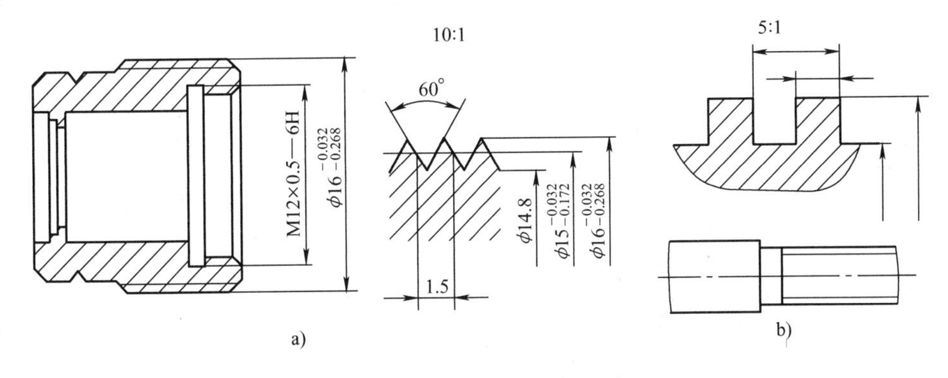

图 11-21　非标准螺纹的画法

（2）铸造圆角　在铸件毛坯各表面的相交处都有铸造圆角（图 11-23）。这样既便于起模，又能防止浇注时金属液将砂型转角处冲坏，还可避免铸件在冷却时产生裂纹或缩孔。铸造圆角半径在图上一般不注出，而写在技术要求中。

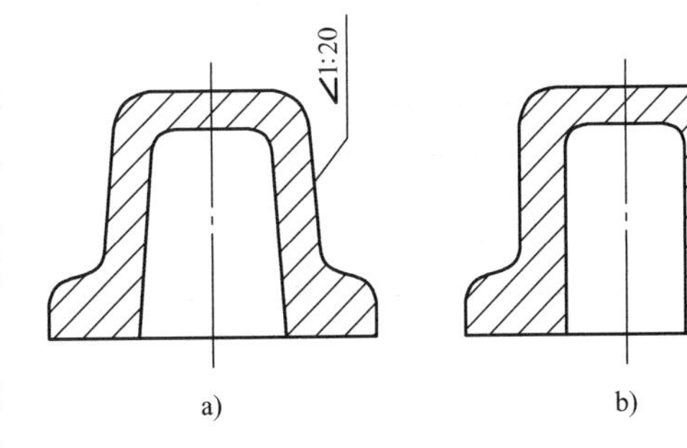

图 11-22　起模斜度

a）表示出起模斜度的画法　b）不表示出起模斜度的画法

由于圆角的存在，使铸件表面的交线变得不是很明显，如图 11-24 所示，这种不明显的交线称为过渡线。过渡线的画法与交线的画法基本相同，只是过渡线的两端与圆角轮廓线之间应留有空隙。图 11-25 所示为常见几种过渡线的画法。

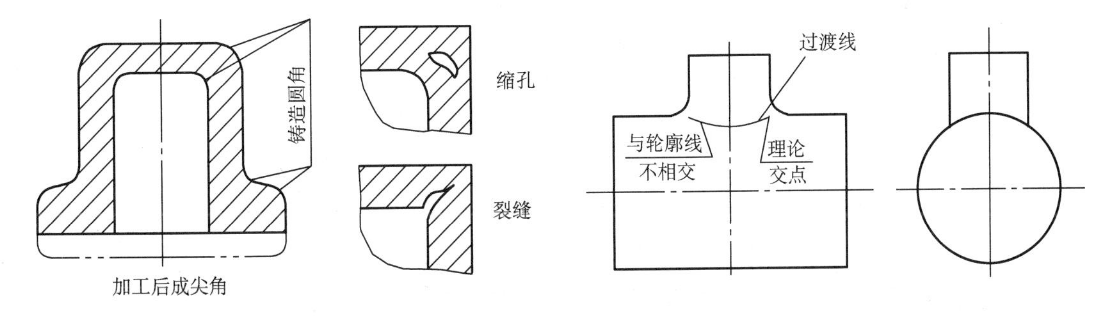

图 11-23　铸造圆角　　　　图 11-24　过渡线及其画法

（3）铸件壁厚　在浇注零件时，为了避免各部分因冷却速度不同而产生缩孔或裂纹，铸件的壁厚应保持大致均匀，或采用渐变的方法来尽量保持壁厚均匀，如图 11-26 所示。

3. 零件加工的工艺结构

（1）倒角与倒圆　为了便于零件的装配并消除毛刺或锐边，在轴和孔的端部都应做出倒角。为减少应力集中，有轴肩处往往制成圆角过渡形式，称为倒圆。两者的画法和标注方法如图 11-27 所示。

（2）退刀槽和砂轮越程槽　在切削加工，特别是车削螺纹和磨削时，为便于退出刀具或使砂轮可稍微越过加工面，常在待加工面的末端先车出退刀槽或砂轮越程槽，如图 11-28 所示。

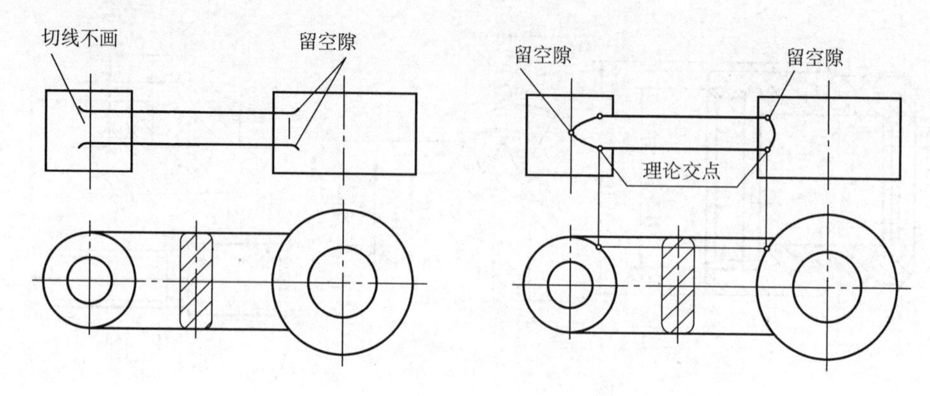

图 11-25　常见几种过渡线的画法

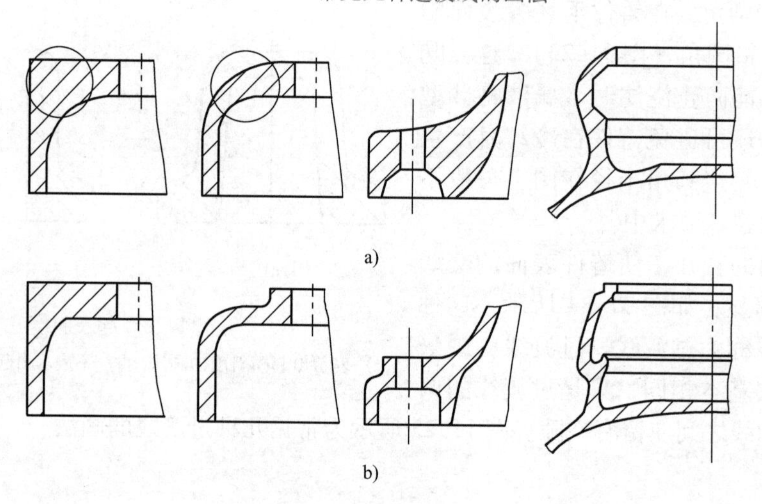

图 11-26　铸件壁厚的变化

a）错误　b）正确

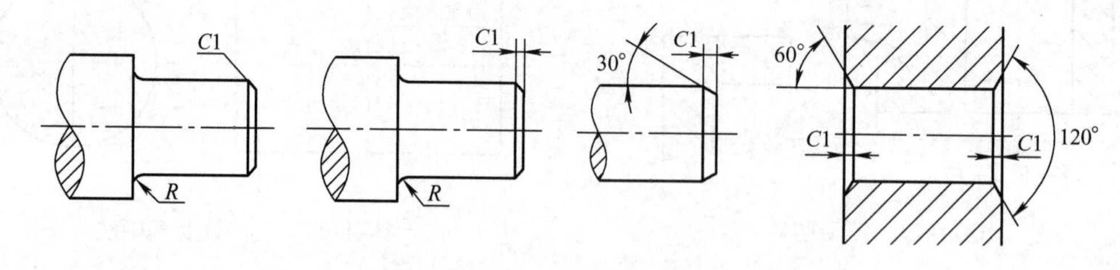

图 11-27　倒角与倒圆

（3）钻孔结构　用钻头钻出的不通孔，底部有一个 110°的锥顶角。圆柱部分的深度称为钻孔深度，如图 11-29a 所示。在阶梯形钻孔中，有锥顶角为 110°的圆锥台，如图 11-29b 所示。

用钻头钻孔时，要求钻头轴线尽量垂直于被钻孔的端面，以避免钻头折断。图 11-30 所示为三种钻孔端面的正确结构。

（4）凸台和凹坑　零件上与其他零件的接触面，一般都要进行加工。为减小加工面积并保证零件表面之间有良好的接触，常在铸件上设计出凸台和凹坑。图 11-31a、b 所示为螺

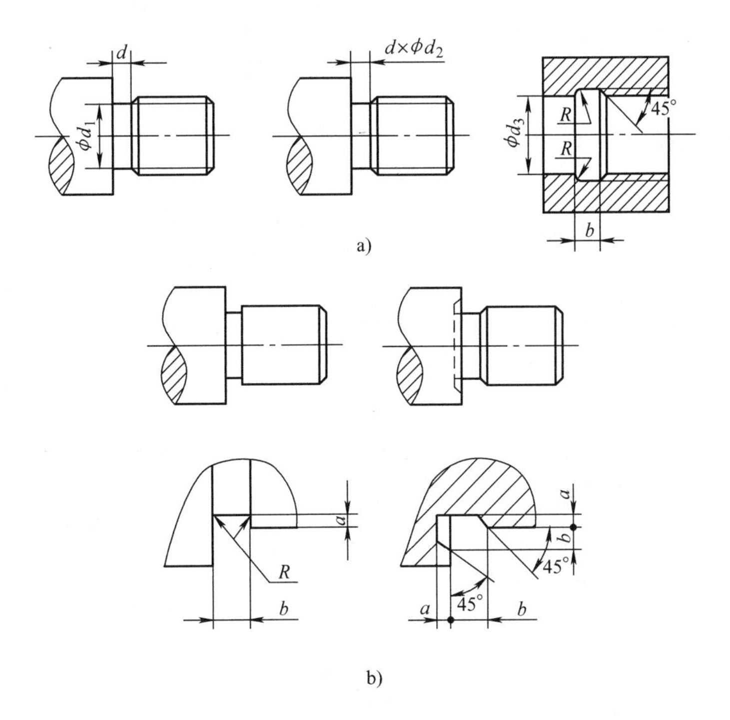

图 11-28　退刀槽与砂轮越程槽

a）退刀槽　b）砂轮越程槽

栓联接的支承面做成凸台和凹坑的形式，图 11-31 c、d 所示为减小加工面积而做成的凹槽和凹腔结构。

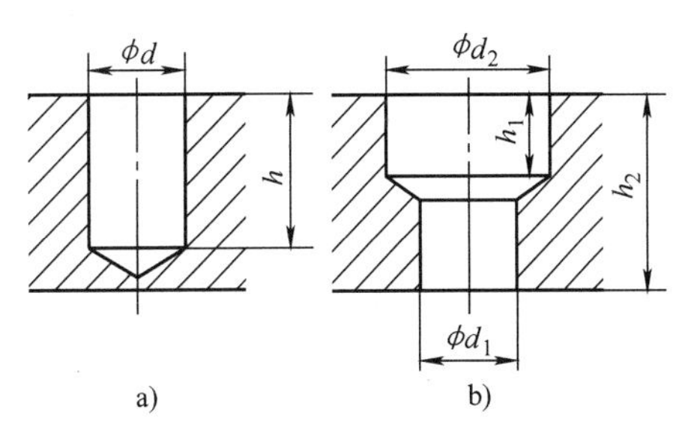

图 11-29　钻孔结构

a）不通孔　b）阶梯孔

11.1.4　零件的加工精度及其注法

现代化的机械工业，要求机械零件具有互换性，这就要求必须合理地保证零件的表面粗糙度值、尺寸精度以及几何精度。为此，我国制定了相应的国家标准，在生产中必须严格执行和遵守。下面分别介绍国家标准 GB/T 131—2006《产品几何技术规范（GPS）技术产品文件中表面结构的表示法》、GB/T 1800.1—2020《产品几何技术规范（GPS）　线性尺寸公差 ISO 代号体系　第 1 部分：公差、偏差和配合的基础》、GB/T 18780.1—2002《产品几何量技术规范（GPS）　几何要素　第 1 部分：基本术语和定义》的基本内容。

1. 表面结构表示法

（1）GB/T 131—2006《产品几何技术规范（GPS）技术产品文件中表面结构的表示法》的适用范围　GB/T 131—2006 规定了技术产品文件中表面结构的表示法，技术产品文件包括图样、说明书、合同、报告等。本标准适用于对表面结构有要求时的表示法，具体涉及以下参数：

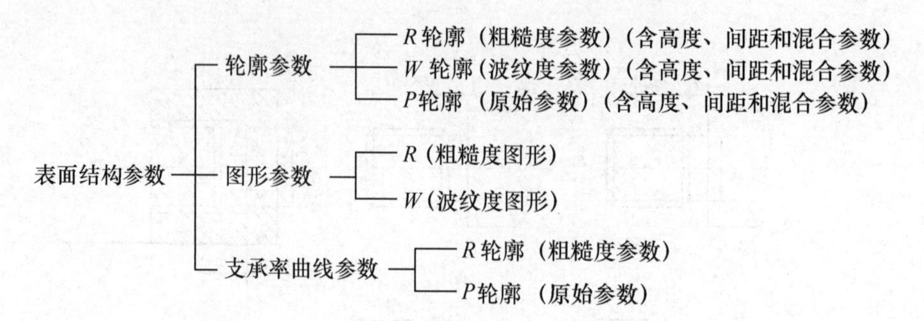

本国家标准不适用于对表面缺陷（如孔、划痕等）的标注方法。

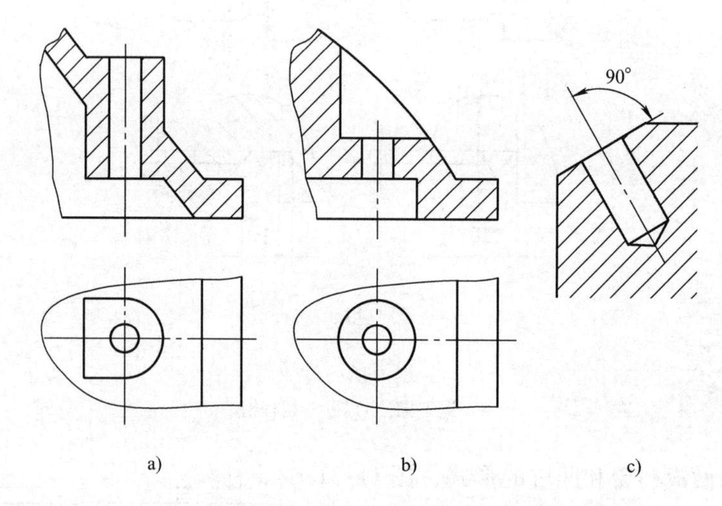

图11-30　钻孔端面的正确结构

a）凸台　b）凹坑　c）斜面

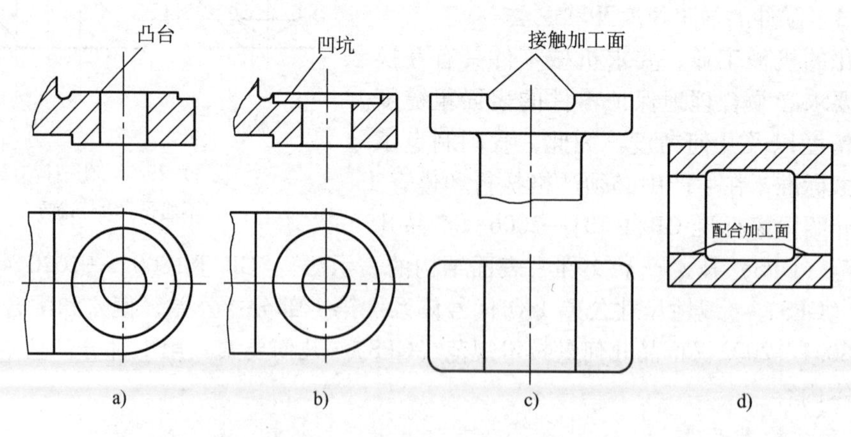

图11-31　凸台、凹坑、凹槽和凹腔

a）凸台　b）凹坑　c）凹槽　d）凹腔

（2）表面结构的图形符号分类　表面结构的图形符号分类见表11-3。

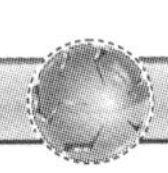

表 11-3　表面结构的图形符号分类

序号	分　类	图形符号
1	基本图形符号	
2	扩展图形符号	
3	完整图形符号	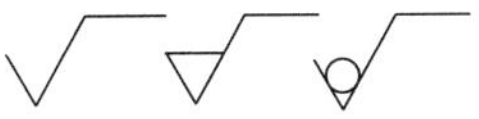
4	视图上封闭轮廓的各表面有相同表面结构要求时的符号	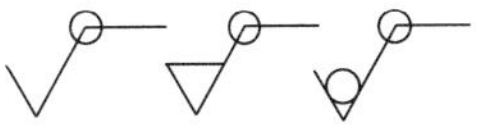

（3）表面结构的图形符号及其含义　表面结构的图形符号及其含义见表 11-4。

表 11-4　表面结构的图形符号及其含义

符号名称	基本图形符号	扩展图形符号	完整图形符号
符号	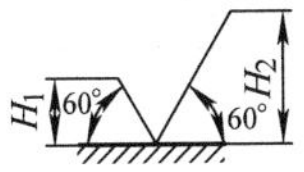 H_1 60° 60° H_2 H_1 =3.5mm H_2 =7.5mm	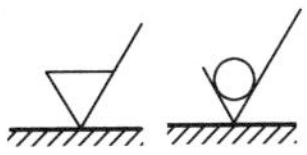 基本符号上加一短划，表示用去除材料的方法获得；基本符号上加一小圆，表示用不去除材料的方法获得	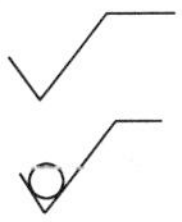
含义	对表面结构有要求的图形符号，简称基本符号	对表面结构有指定要求（去除或不去除材料）的图形符号，简称扩展符号	对基本图形符号或扩展图形符号扩充后的图形符号，用于对表面结构有补充要求的标注

（4）表面结构完整图形符号的注写位置（图 11-32）

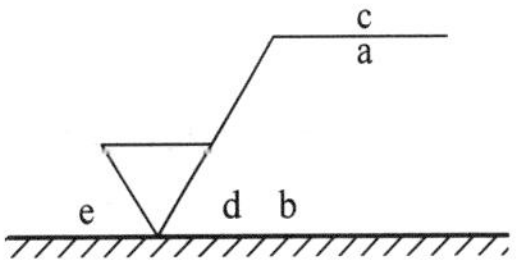

1）位置 a 注写表面结构的单一要求，如 *Ra* 6.3。

2）位置 a 和 b 注写两个或多个表面结构要求，在位置 a 注写第一个表面结构要求，在位置 b 注写第二个表面结构要求。

3）位置 c 注写加工方法、表面处理或其他加工工艺要求等，如车、磨、镀等。

图 11-32　表面结构完整图形符号的注写位置

4）位置 d 注写表面纹理方向。纹理方向是指表面纹理的主要方向，通常由加工工艺决定。“＝”表示平行，“⊥”表示垂直，“X”表示交叉，“M”表示多方向，“C”表示同心圆，“R”表示放射状，“P”表示颗粒、凸起、无方向。只有在有表面纹理要求时，才需标注相应的符号。

5）位置 e 注写加工余量，以 mm 为单位。

（5）表面结构在图样上的标注方法

1）表面结构符号应标注在可见轮廓线、尺寸线、尺寸界线或其延长线上，如图 11-33、

图 11-34 所示，符号的尖端必须从材料外指向表面。

2）表面结构图形符号不应倒着标注，也不应指向左侧标注，遇到这种情况时应采用指引线标注，如图 11-34 所示。

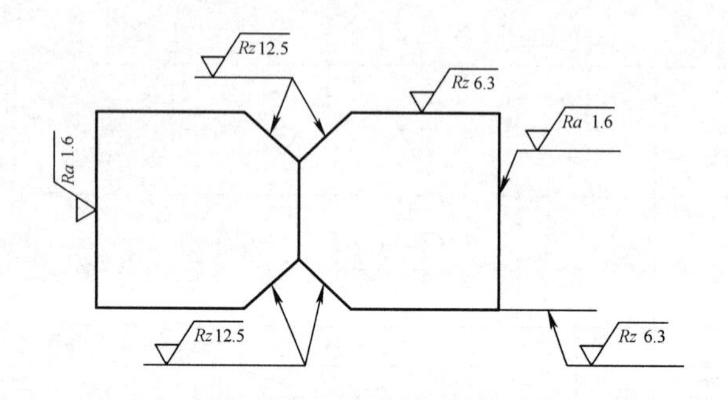

图 11-33　表面结构要求在轮廓线上的标注

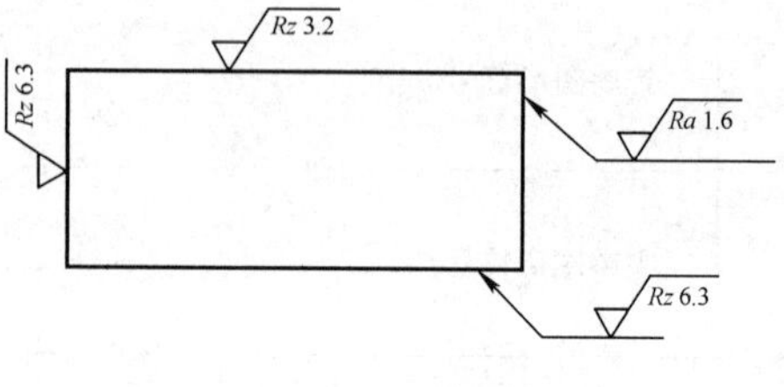

图 11-34　采用指引线标注的示例

3）在同一图样上，每一表面一般只标注一次表面结构符号，当空间狭小或不便标注时，符号可以引出标注，或标注在尺寸线、指引线和几何公差的框格上，如图 11-33、图 11-35 所示。

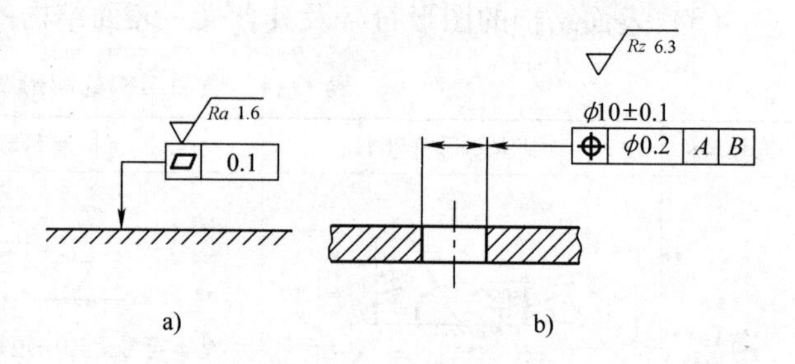

图 11-35　在几何公差框格上标注表面结构要求

4）当零件的大部分表面具有相同的表面结构要求时，对其中使用最多的一种符号可以统一标注在图样的标题栏附近，如图 11-36 所示。当所有相同表面结构要求都一致时，可以统一标注。例如，当某工件的表面结构要求全部为 Ra 12.5μm 时，可以在图样上统一标注“Ra 12.5”。

5）圆柱和棱柱表面的表面结构要求只标注一次，如图 11-37 所示。

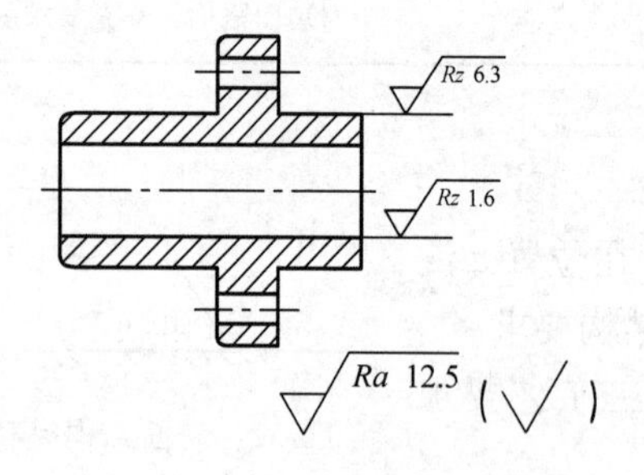

图 11-36　多数表面有相同表面结构要求时的简化注法

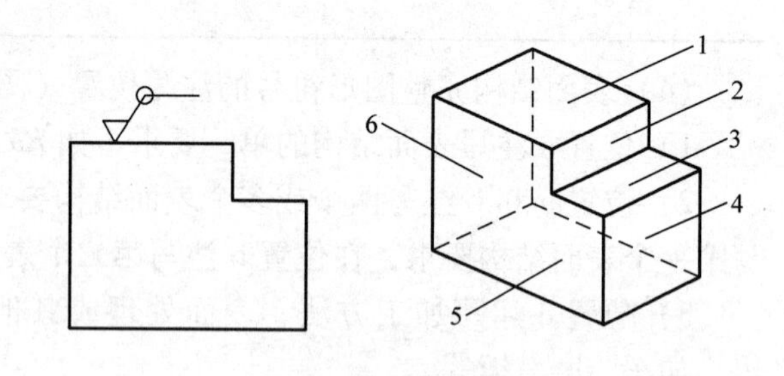

图 11-37　封闭轮廓六个面的共同要求

6）当多个表面具有相同的表面结构要求或图样空间有限时，可以采用完整图形符号和 a、b、c、…、x、y、z 等字母代替相应的表面结构参数的方式标注，并在图样上统一以等式的形式说明其所代表的表面结构要求，如图 11-38 所示，或以图 11-39

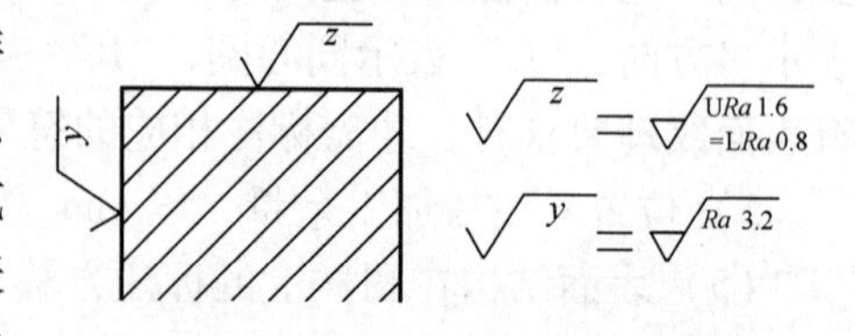

图 11-38　图样空间有限时的简化注法

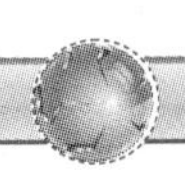

所示简化的方式标注。

7）在图样中一般采用上述图形法标注表面结构要求，但在文本中采用图形法表示表面结构要求则较麻烦。为了书写方便，国家标准允许用文字的方式表达表面结构要求。本标准

$\sqrt{\ } = \sqrt{Ra\ 3.2}$　　$\sqrt{\ } = \sqrt{Ra\ 3.2}$　　$\sqrt{\ } = \sqrt{Ra\ 3.2}$

图 11-39　几个表面有相同表面结构要求时的简化注法

规定，在报告和合同的文本中可以用文字 APA、MRR、NMR 分别表示允许用任何工艺获得表面、允许用去除材料的方法获得表面以及允许用不去除材料的方法获得表面。例如，对允许用去除材料的方法获得表面、其评定轮廓的算术平均偏差为 0.8μm 这一要求，在文本中可以表示为“MRR *Ra* 0.8”。

2. 极限与配合

（1）零件的互换性　在日常生活中，自行车或汽车的零件坏了，可以买个新的零件换上，并能很好地满足使用要求。之所以能这样方便，是因为这些零件具有互换性。

所谓零件的互换性，是指同一规格的任一零件在装配时不经选择或修配，就能达到预期的配合性质，满足使用要求。要实现零件的互换性，就要求有配合关系的尺寸在一个允许的范围内变动，并且在制造上又是经济合理的。零件具有互换性，不但给装配、修理机器带来了方便，还可用专用设备生产，提高产品数量和质量，同时降低产品的成本。

（2）有关术语　在加工过程中，不可能把零件的尺寸做得绝对准确。为了保证互换性，必须将零件尺寸的加工误差限制在一定的范围内，规定出加工尺寸的可变动量。公差的有关术语如图 11-40 所示。

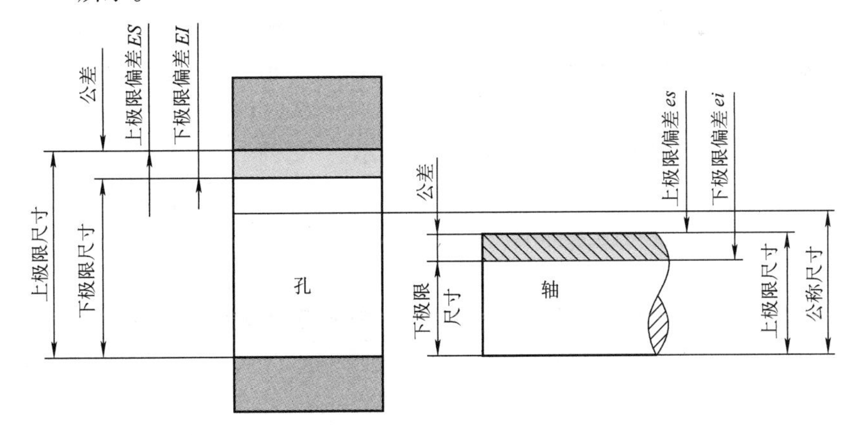

图 11-40　公差的有关术语

1）公称尺寸。根据零件强度、结构和工艺性要求，设计确定的尺寸称为公称尺寸。

2）实际尺寸。通过测量所得到的尺寸称为实际尺寸。

3）极限尺寸。允许尺寸变化的两个界限值称为极限尺寸，它以公称尺寸为基数来确定。两个界限值中较大的一个称为上极限尺寸，较小的一个称为下极限尺寸。

4）尺寸偏差（简称偏差）。某一尺寸减其相应的公称尺寸所得的代数差称为尺寸偏差。尺寸偏差有：

$$上极限偏差 = 上极限尺寸 - 公称尺寸$$

下极限偏差 = 下极限尺寸 - 公称尺寸

上、下极限偏差统称极限偏差。上、下极限偏差可以是正值、负值或零。

国家标准规定：孔的上极限偏差代号为 ES，孔的下极限偏差代号为 EI；轴的上极限偏差代号为 es，轴的下极限偏差代号为 ei。

5）尺寸公差（简称公差）。允许实际尺寸的变动量称为尺寸公差。

尺寸公差 = 上极限尺寸 - 下极限尺寸 = 上极限偏差 - 下极限偏差

因为上极限尺寸总是大于下极限尺寸，所以尺寸公差一定为正值。

6）公差带和公差带图。公差带是表示公差大小和相对于零线位置的一个区域。零线是确定偏差的一条基准线，通常用零线表示公称尺寸。为了便于分析，一般将尺寸公差与公称尺寸的关系按放大比例画成简图，称为公差带图，如图 11-41 所示。在公差带图中，上、下极限偏差的距离应成比例，公差带方框的左右长度根据需要任意确定。

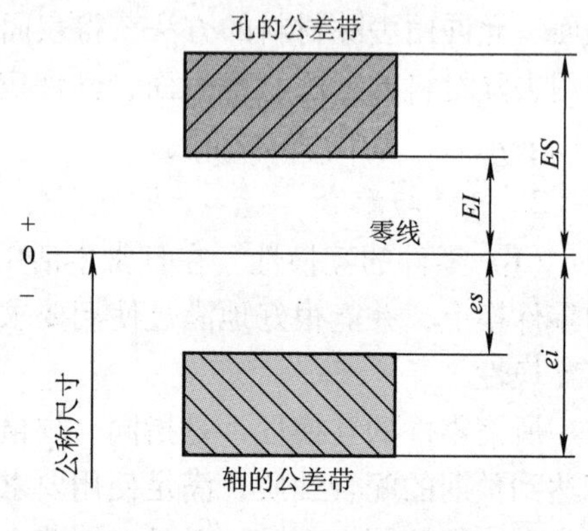

图 11-41　公差带图

7）公差等级。确定尺寸精确程度的等级称为公差等级。国家标准将公差等级分为 20 级：IT01、IT0、IT1 ~ IT18。IT 表示标准公差，公差等级的代号用阿拉伯数字表示。从 IT01 到 IT18，公差等级依次降低。

8）标准公差。标准公差是用以确定公差带大小的任一公差，它是公称尺寸的函数。对于一定的公称尺寸，公差等级越高，标准公差值越小，尺寸的精确程度越高。公称尺寸和公差等级相同的孔与轴，它们的标准公差值相等。国家标准把不大于 500mm 的公称尺寸范围分成 13 段，按不同的公差等级列出了各段公称尺寸的公差值，为标准公差。

9）基本偏差。基本偏差是用以确定公差带相对于零线位置的上极限偏差或下极限偏差，一般是指靠近零线的那个偏差，如图 11-42 所示。

根据实际需要，国家标准分别对孔和轴各规定了 28 个不同的基本偏差（见图 11-42）。轴和孔的基本偏差数值见有关国家标准。

由图 11-42 可知，基本偏差用英文字母表示，大写字母代表孔，小写字母代表轴。

轴的基本偏差从 a ~ h 为上极限偏差，从 j ~ zc 为下极限偏差，js 的上、下极限偏差分别为 +IT/2 和 -IT/2；孔的基本偏差从 A ~ H 为下极限偏差，从 J ~ ZC 为上极限偏差，JS 的上、下极限偏差分别为 +IT/2 和 -IT/2。

轴和孔的另一偏差可根据其基本偏差与标准公差，按以下公式计算。

轴的上极限偏差（或下极限偏差）：

$$es = ei + \mathrm{IT} \text{ 或 } ei = es - \mathrm{IT}$$

孔的另一偏差（或下极限偏差）：

$$ES = EI + \mathrm{IT} \text{ 或 } EI = ES - \mathrm{IT}$$

10）孔和轴的公差带代号。孔和轴的公差带代号由基本偏差与公差等级代号组成。例如，ϕ50H8 的含义是：

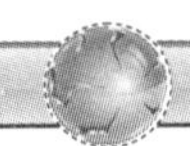

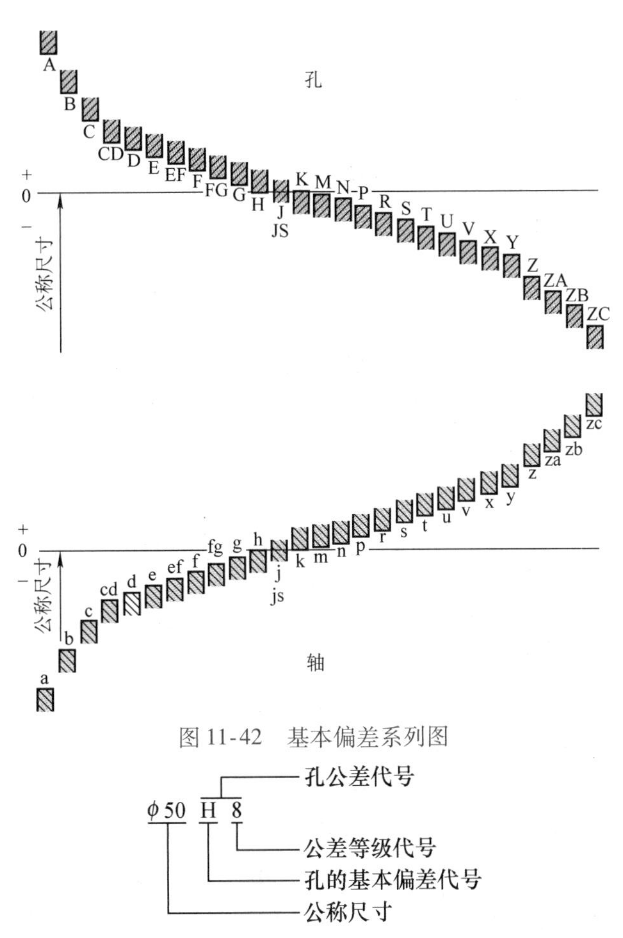

图 11-42　基本偏差系列图

此公差带的全称是：公称尺寸为 ϕ50mm、公差等级为 8 级、基本偏差为 H 的孔的公差带。

又如，ϕ50f7 的含义是：

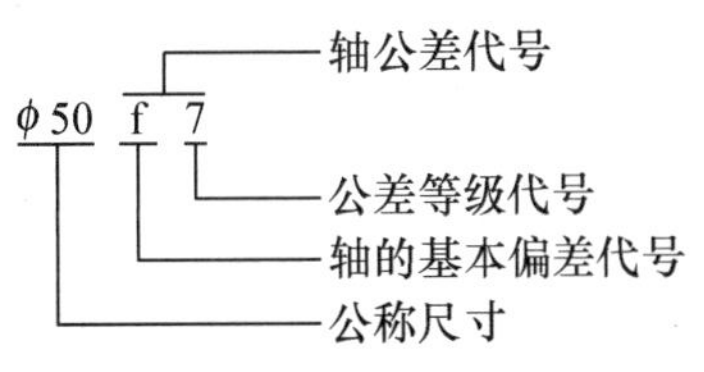

此公差带的全称是：公称尺寸为 ϕ50mm、公差等级为 7 级、基本偏差为 f 的轴的公差带。

（3）配合的有关术语　在机器装配中，将公称尺寸相同的、相互结合的孔和轴公差带之间的关系，称为配合。

1）配合种类。根据机器的设计要求和生产实际的需要，国家标准将配合分为以下三类：

① 间隙配合。孔的公差带完全在轴的公差带之上，任取其中一对轴和孔相配都成为具有间隙的配合（包括最小间隙为零），如图 11-43a 所示。

② 过盈配合。孔的公差带完全在轴的公差带之下，任取其中一对轴和孔相配都成为具有过盈的配合（包括最小过盈为零），如图 11-43b 所示。

③ 过渡配合。孔和轴的公差带相互交叠，任取其中一对孔和轴相配合，可能具有间隙，

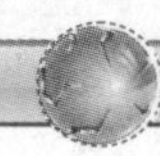

也可能具有过盈的配合，如图 11-43c 所示。

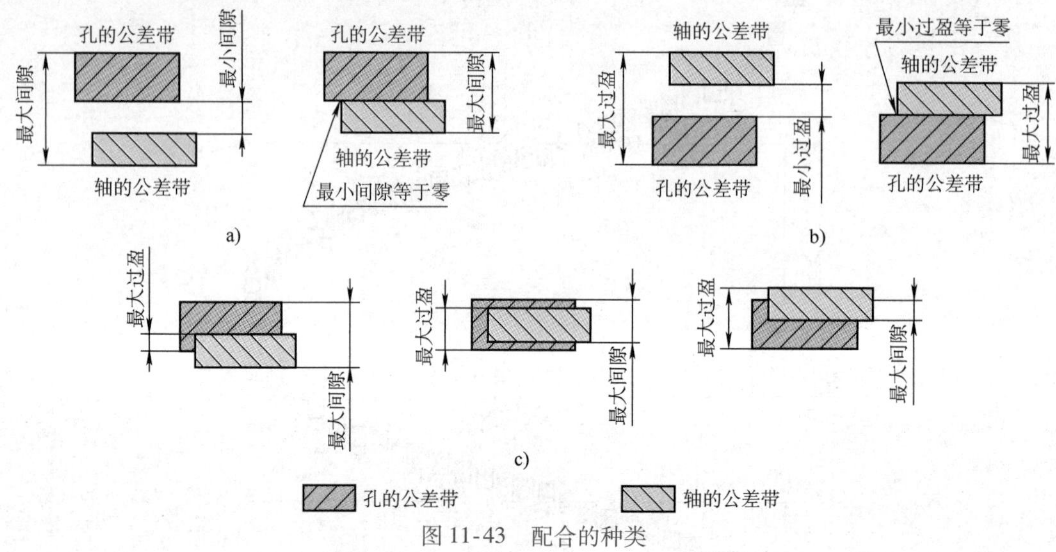

图 11-43　配合的种类

a）间隙配合　b）过盈配合　c）过渡配合

2）配合的基准制。国家标准规定了两种基准制：

① 基孔制。基本偏差为一定的孔的公差带，与不同基本偏差的轴的公差带构成各种配合的一种制度称为基孔制。这种制度在同一公称尺寸的配合中，是将孔的公差带位置固定，通过变动轴的公差带位置，得到各种不同的配合，如图 11-44a 所示。

基孔制的孔称为基准孔。国家标准规定基准孔的下极限偏差为零，基本偏差为 H。

② 基轴制。基本偏差为一定的轴的公差带与不同基本偏差的孔的公差带构成各种配合的一种制度称为基轴制。这种制度在同一公称尺寸的配合中，是将轴的公差带位置固定，通过变动孔的公差带位置，得到各种不同的配合，如图 11-44b 所示。

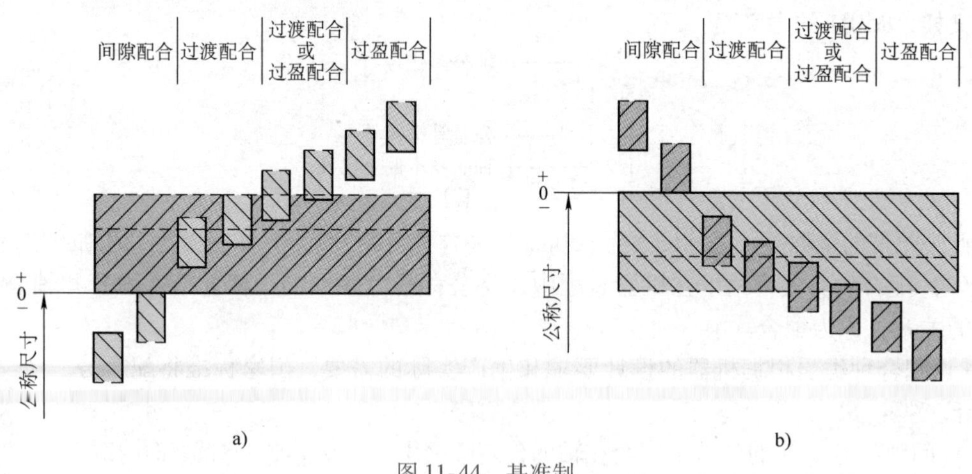

图 11-44　基准制

a）基孔制　b）基轴制

基轴制的轴称为基准轴。国家标准规定基准轴的上极限偏差为零，基本偏差为 h。

从图 11-44 中可以看出：基孔制（基轴制）中，a ~ h（A ~ H）用于间隙配合；j ~ zc（J ~ ZC）用于过渡配合和过盈配合。

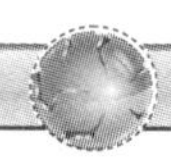

（4）极限与配合的选用

1）选用优先公差带和优先配合。国家标准根据机械工业产品生产使用的需要，考虑到定值刀具、量具的统一，规定了一般用途孔公差带 105 种、轴公差带 119 种以及优先选用的孔、轴公差带。国家标准还规定轴、孔公差带中组合成基孔制常用配合 59 种、优先配合 13 种；基轴制常用配合 47 种、优先配合 13 种。应尽量选用优先配合和常用配合。

2）选用基孔制。一般情况下优先采用基孔制。这样可以限制定值刀具、量具的规格和数量。基轴制通常仅用于有明显经济效果和结构设计要求，且不适合采用基孔制的场合。例如，使用一根冷拔圆钢做轴，轴与几个具有不同公差带的孔配合，此时，轴就不另行机械加工；一些标准滚动轴承的外环与孔的配合也采用基轴制。

3）选用孔比轴低一级的公差等级。在保证使用要求的前提下，为减少加工工作量，应当使选用的公差为最大值。由于加工孔较困难，一般在配合中选用孔比轴低一级的公差等级，如 H8/h7。

（5）极限与配合的标注

1）在装配图中的标注方法。配合的代号由两个相互结合的孔和轴的公差带代号组成，用分数形式表示，分子为孔的公差带代号，分母为轴的公差带代号，标注的通用形式如图 11-45a所示。

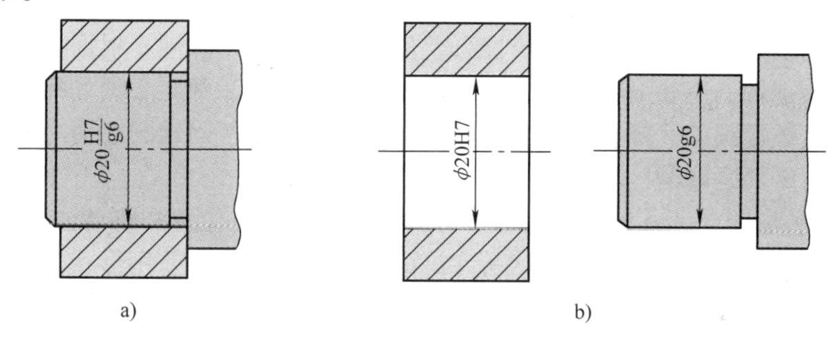

图 11-45　配合的标注

2）在零件图中的标注方法。

① 标注公差带的代号，如图 11-45b 所示。这种注法可和采用专用量具检验零件统一起来，以适应大批量生产的要求。它不需要标注偏差数值。

② 标注偏差数值，如图 11-46 所示。上（下）极限偏差注在公称尺寸的右上（下）方，偏差数字应比公称尺寸数字的字号小 1 号。当上（下）极限偏差数值为零时，可简写为“0”，另一偏差仍标在原来的位置上。如果上、下极限偏差的数值相同，则在公称尺寸数字后标注“ ± ”符号，再写上偏差数值。这时数值的字体与公称尺寸字体同高，如图 11-47所示。这种注法主要用于小批量或单件生产，以便加工和检验时减少辅助时间。

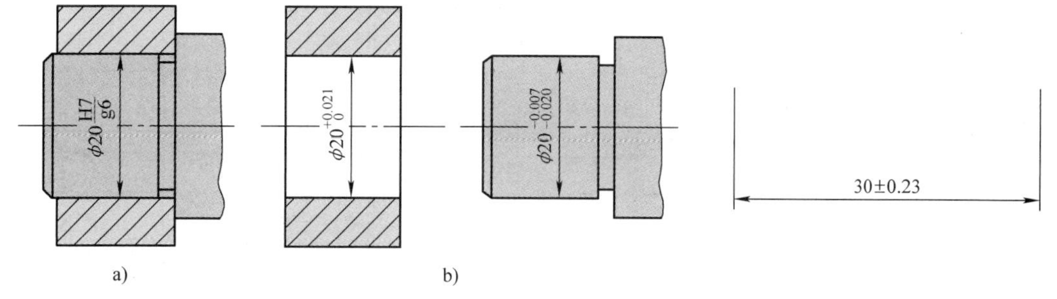

图 11-46　标注偏差数值（一）　　图 11-47　标注偏差数值（二）

③ 公差带代号和偏差数值一起标注，如图 11-48 所示。

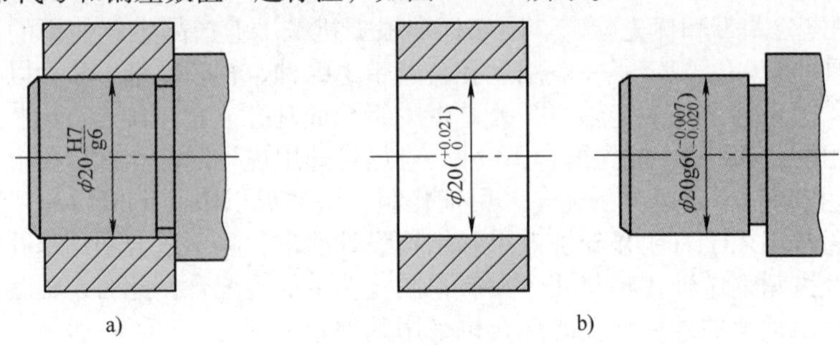

图 11-48　公差带代号和偏差数值一起标注

3. 几何公差

视频讲解

机械零件在加工中的尺寸误差，根据使用要求用尺寸公差加以限制；而对零件的几何形状和相对几何要素的位置误差，则由几何公差加以限制。因此，几何公差和表面结构要求、极限与配合共同成为评定产品质量的重要技术指标。

（1）几何公差的概念

1）几何公差由公差带及其形状构成。公差带是由公差值确定的，它是由一个或几个理想的线或面所限定的、由线性公差值表示其大小的区域。根据公差的几何特征及其标注方式，公差带的主要形状如下：①一个圆内的区域；②两同心圆之间的区域；③两等距线或两平行直线之间的区域；④一个圆柱面内的区域；⑤两同轴圆柱面之间的区域；⑥两等距面或两平行平面之间的区域；⑦一个圆球面内的区域。

2）几何公差的分类。几何公差具体可分为形状、方向、位置和跳动公差四类。

形状公差是指单一实际要素的形状所允许的变动量。形状公差用形状公差带表达，形状公差带包括公差带形状、方向、位置和大小四要素。形状公差项目有直线度、平面度、圆度、圆柱度、线轮廓度和面轮廓度。

位置公差是指关联实际要素的位置对基准所允许的变动量。

方向公差是指关联实际要素对基准在方向或位置上允许的变动量。

跳动公差是以特定的检测方式为依据而给定的公差项目。跳动公差可分为圆跳动公差与全跳动公差。

（2）几何公差的符号　形状、方向、位置、跳动公差的符号见表 11-5。

表 11-5　几何公差符号

分类	项目	符号	分类	项目	符号	分类	项目	符号
形状公差	直线度	—	位置公差	位置度	⌖	方向公差	平行度	//
	平面度	▱		同轴度	◎		垂直度	⊥
	圆度	○		同心度	◎		倾斜度	∠
	圆柱度	⌭		对称度	⌯		线轮廓度	⌒
	线轮廓度	⌒		线轮廓度	⌒		面轮廓度	⌓
	面轮廓度	⌓		面轮廓度	⌓	跳动公差	圆跳动	↗
							全跳动	⌰

（3）标注几何公差的方法　国家标准中规定，标注几何公差时应使用公差框格。

1）公差框格用细实线画出，可画成水平的或垂直的，框格高度是图样中尺寸数字高度的两倍，其长度视需要而定。框格中的数字、字母、符号与图样中的数字等高。图11-49所示为形状公差和位置公差的框格形式。

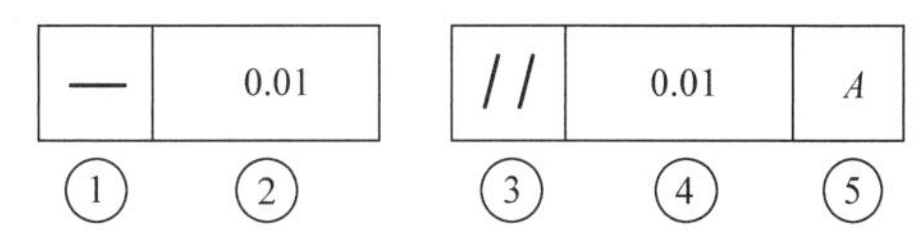

图11-49　公差框格的形式
①—形状公差符号　②、④—公差值
③—位置公差符号　⑤—基准

2）用带箭头的指引线将被测要素与公差框格一端相连，指引线箭头指向公差带的宽度方向或直径方向。指引线箭头所指部位为：

① 当被测要素为整体轴线或公共中间平面时，指引线箭头应与该要素的尺寸线对齐，如图11-50a所示。

② 当被测要素为轴线、球心或中间平面时，指引线箭头应与该要素的尺寸线对齐，如图11-50b所示。

③ 当被测要素为线或表面时，指引线箭头应指在该要素的轮廓线或其引出线上，并应明显地与尺寸线错开，如图11-50c所示。

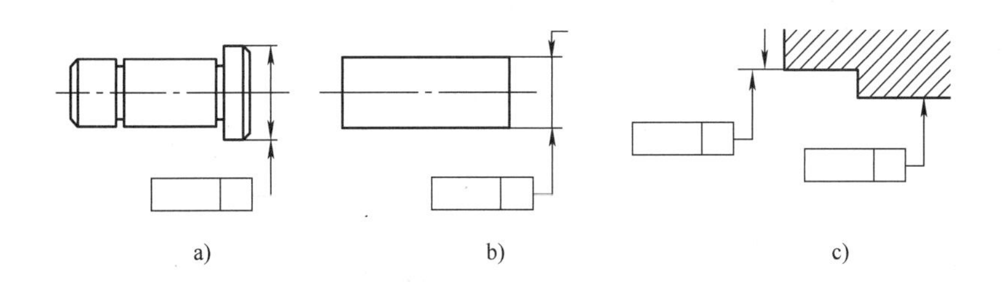

图11-50　被测要素标注

3）与被测要素相关的基准用一个大写字母表示，字母标注在基准方格内，与一个涂黑的或空白的三角形相连来表示基准，如图11-52a所示。

① 当基准要素为轮廓线或轮廓面时，基准符号应靠近该要素的轮廓线或引出线标注，并应明显地与尺寸线箭头错开，如图11-51a所示。

② 当基准要素是某尺寸线确定的轴线、球心或中心平面时，基准符号应与该要素的尺寸线箭头对齐，如图11-51b所示。如果无足够位置标注基准要素尺寸的两个尺寸箭头，则其中一个尺寸箭头可用基准三角形代替，如图11-51c所示。

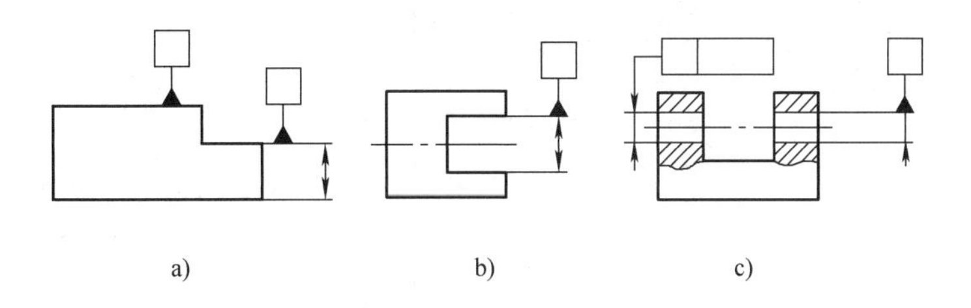

图11-51　基准要素的标注方法

（4）几何公差标注实例　图11-52所示为零件图上几何公差的标注示例。

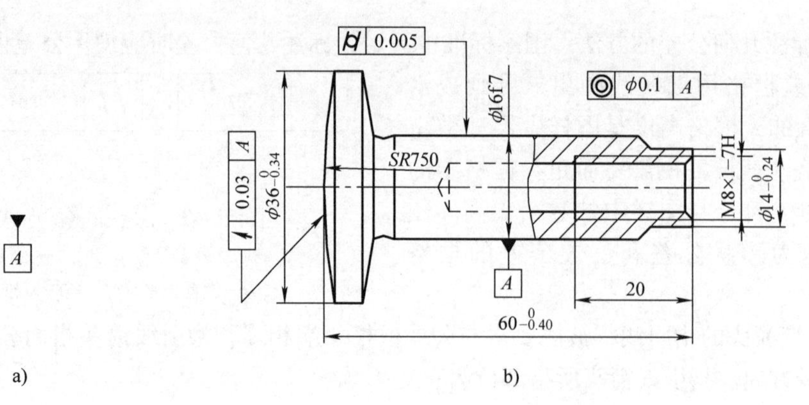

图 11-52　零件图上几何公差的标注实例

11.1.5　读零件图

1. 读零件图的要求

读零件图时，应达到如下要求：

1）了解零件的名称、材料和用途。

2）了解组成零件各部分结构形状的特点、功用，以及它们之间的相对位置。

3）了解零件的制造方法和技术要求。

2. 读零件图的方法

现以图 11-53 为例来说明读零件图的方法和步骤。

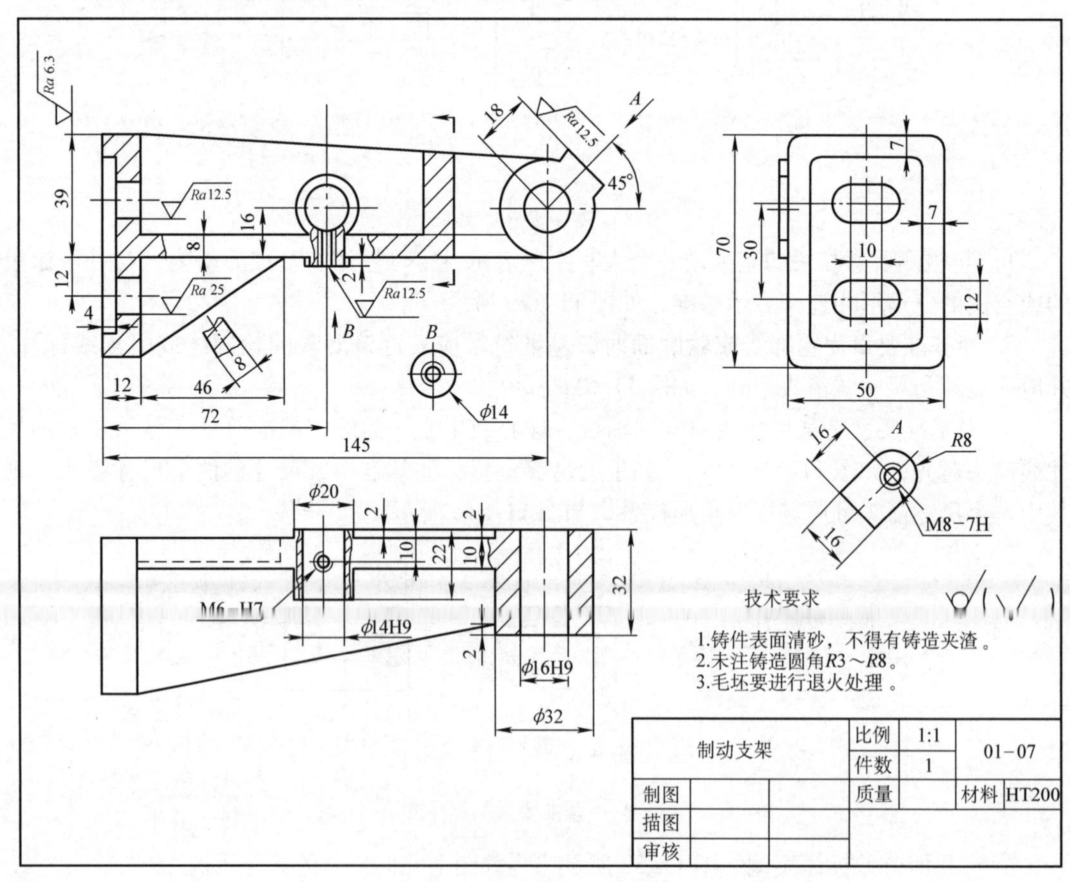

图 11-53　制动支架图样

（1）看标题栏　从标题栏中了解零件的名称（制动支架）、材料（HT200）等。

（2）表达方案分析　可按下列顺序进行分析：

1）找出主视图。

2）确定用多少视图、剖视、断面等，找出它们的名称、相互位置和投影关系。

3）凡有剖视、断面处要找到剖切平面的位置。

4）有局部视图和斜视图的地方必须找到表示投影部位的字母与表示投射方向的箭头。

5）看有无局部放大图及简化画法。

该支架零件图由主视图、俯视图、左视图和向视图组成。主视图上用了局部剖视和重合断面，俯视图上也用了局部剖视，左视图只画外形图，用以补充表示某些形体的相互位置。

（3）形体分析和线面分析

1）先看大致轮廓，再分几个较大的独立部分进行形体分析，逐一看懂。

2）逐个分析外部结构。

3）逐个分析内部结构。

4）对不便于形体分析的部分进行线面分析。

（4）尺寸分析

1）在形体分析和结构分析的基础上，了解定形尺寸和定位尺寸。

2）据零件的结构特点，了解基准和尺寸标注形式。

3）了解功能尺寸与非功能尺寸。

4）了解零件总体尺寸。

这个零件各部分的形体尺寸按形体分析法确定。标注尺寸的基准：长度方向以左端面为基准，从它注出的定位尺寸有72mm和145mm；宽度方向以右圆筒端面和中间圆筒端面为基准，从它注出的定位尺寸有2mm和10mm；高度方向的基准是右圆筒与左端底板相连的水平板的底面，从它注出的定位尺寸有12mm、16mm。

把零件的结构形状、尺寸标注、工艺和技术要求等内容综合起来，就能了解零件的全貌，也就读懂了零件图。

11.2　装　配　图

表达装配体（机器或部件）的图样，称为装配图。

11.2.1　装配图的作用和内容

1. 装配图的作用

装配图表示装配体的基本结构、各零件之间的相对位置、装配关系和工作原理，是生产中的主要技术文件。在设计过程中，首先要画出装配图，然后按照装配图设计并拆画出零件图，该装配图称为设计装配图。在使用产品时，装配图又是了解产品结构和进行调试、维修的主要依据。此外，装配图也是进行科学研究和技术交流的工具。

2. 装配图的内容

图11-54所示为由9种零件组成的千斤顶，而图11-55所示为其装配图。从图11-55中

可以看出，装配图一般包括以下四项内容：

（1）一组视图　用来表示装配体的结构特点、各零件的装配关系和主要零件的重要结构形状。

（2）必要的尺寸　用来表示装配体的规格、性能、装配尺寸、安装尺寸和总体尺寸等。

（3）技术要求　在装配图的空白处（一般在标题栏、明细栏的上方或左边），用文字、符号等说明对装配体的工作性能、装配、检验或使用等方面的有关条件或要求。

（4）标题栏、零件序号和明细栏　说明装配体及其各组成零件的名称、数量和材料等一般概况。

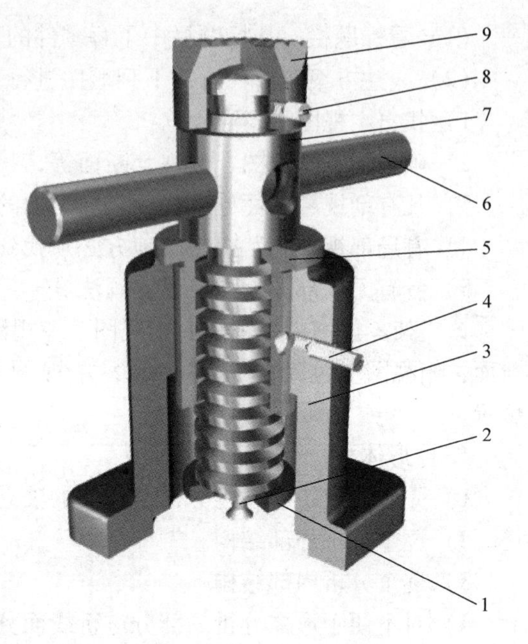

图11-54　千斤顶立体图

1—垫圈　2、4、8—螺钉　3—底座　5—套螺母　6—扳杆　7—螺杆　9—顶头

应当指出，由于装配图的复杂程度和使用要求不同，以上各项内容并不是在所有的装配图中都必须表现出来，而是要根据实际情况来决定。例如，图11-54所示的千斤顶，如果是绘制设计装配图，则在一组视图中，需要如图11-55所示那样画出；如果是绘制装配工作图，则只需画出图11-55中的主视图（全剖）和俯视图。因为这种装配图只用于指导装配工作，重点在于表明装配关系，无须详细表明各组成零件的结构形状。因此，在视图数量上就较少。在尺寸等方面也有类似的情况。

11.2.2　装配图的规定画法和特殊画法

在零件图上所采用的各种表达方法，如视图、剖视图、断面图、局部放大图等也适用于装配图。但是画零件图所表达的是一个零件，而画装配图所表达的则是由许多零件组成的装配体（机器或部件等）。因为两种图样的要求不同，所表达的侧重面也不同。装配图应该表达出装配体的工作原理、装配关系和主要零件的主要结构形状。因此，国家标准《机械制图》对绘制装配图制定了规定画法、特殊画法和简化画法。

1. 规定画法

在装配图中，为了便于区分不同的零件，正确地表达出各零件之间的关系，在画法上有以下规定：

（1）接触面和配合面的画法　相邻两零件的接触表面和公称尺寸相同的两配合表面只画一条线，如图11-55中底座3与套螺母5之间所示；而公称尺寸不同的非配合表面，即使间隙很小，也必须画成两条线，如图11-55中扳杆6与孔之间所示。

（2）剖面线的画法　在装配图中，同一个零件在所有的剖视图、断面图中，其剖面线应保持同一方向，且间隔一致，如图11-55中顶头9在主视图和局部放大图中的剖面线所示。相邻两零件的剖面线则必须不同，即方向相反，或间隔不同，或互相错开，如图11-55中相邻零件底座3、套螺母5、螺杆7之间的剖面线画法所示。当装配图中零件的面厚度小于2mm时，允许将剖面涂黑以代替剖面线。

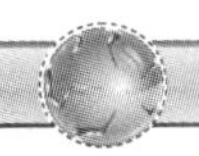

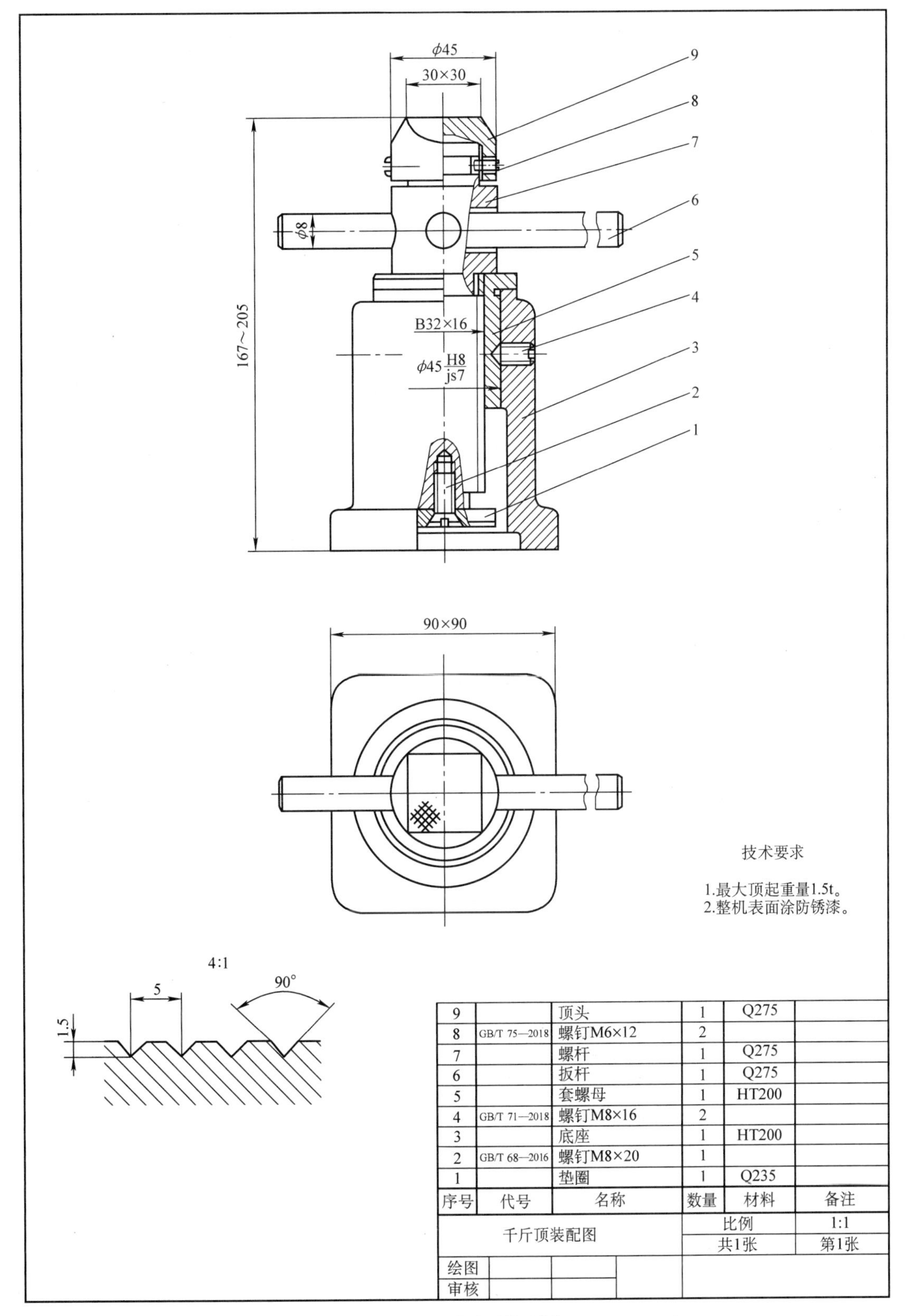

序号	代号	名称	数量	材料	备注
9		顶头	1	Q275	
8	GB/T 75—2018	螺钉M6×12	2		
7		螺杆	1	Q275	
6		扳杆	1	Q275	
5		套螺母	1	HT200	
4	GB/T 71—2018	螺钉M8×16	2		
3		底座	1	HT200	
2	GB/T 68—2016	螺钉M8×20	1		
1		垫圈	1	Q235	

千斤顶装配图			比例	1:1
			共1张	第1张
绘图				
审核				

图 11-55 千斤顶装配图

（3）实心件和某些标准件的画法　在装配图的剖视图中，当剖切平面通过实心零件（如轴、杆等）和标准件（如螺栓、螺母、销、键等）的基本轴线时，这些零件按不剖绘制，如图11-55主视图中的螺钉2、4、8所示。当其上的孔、槽等结构需要表达时，可采用局部剖视，如图11-55主视图中的螺杆7所示。当剖切平面垂直于其轴线剖切时，则需画出剖面线。

2. 特殊画法

（1）拆卸画法

1）在装配图的某个视图上，如果有些零件在其他视图上已经表示清楚，而又遮住了需要表达的零件，则可将其拆卸掉不画而画剩下部分的视图，这种画法称为拆卸画法。为了避免看图时产生误解，常在图上加注“拆去零件×、×等”。

2）在装配图中，为了表示内部结构，可假想沿着某些零件的接合面剖开。在图11-78中，齿轮泵左视图的左半个投影，就是沿着零件接合面剖切的画法。其中，由于剖切平面对螺栓、螺钉和圆柱销是横向剖切，故对它们应画剖面线；对其余零件则不画剖面线。

（2）单独表示某个零件　在装配图中，当某个零件的形状未表达清楚，或对理解装配关系有影响时，可另外单独画出该零件的某一视图，如图11-56中*A—A*视图所示。

（3）夸大画法　在装配图中，对于一些薄片零件、细丝弹簧、小的间隙和小的锥度等，可不按其实际尺寸作图，而适当地夸大画出，如图11-60中垫片的画法所示。

（4）假想画法

1）对于运动零件，当需要表明其运动极限位置时，可以在一个极限位置上画出该零件，而在另一个极限位置用双点画线来表示，如图11-56中支承销1最高位置和图11-57中手柄另一位置的画法所示。

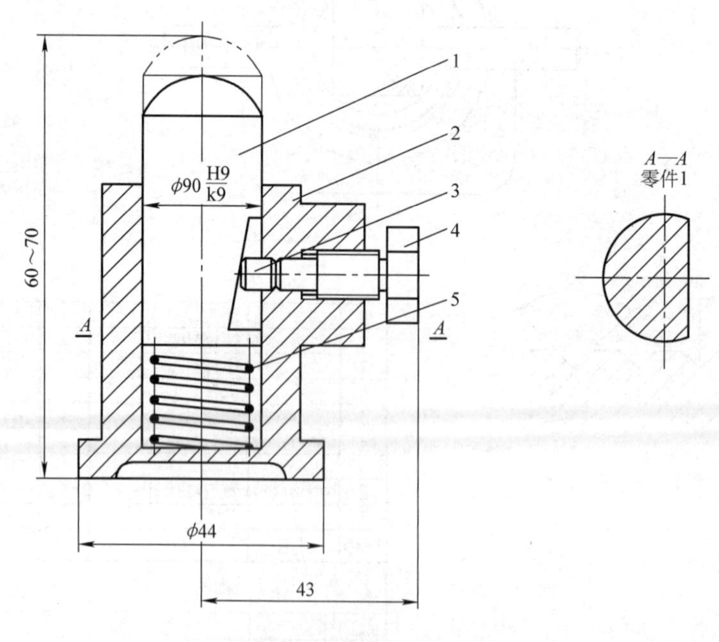

图11-56　浮动支承装配图

1—支承销　2—壳体　3—紧固螺栓　4—紧固手柄　5—弹簧

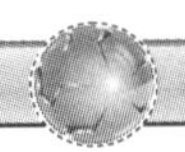

2）为了表明本部件与其他相邻部件或零件的装配关系，可用双点画线画出该部件的轮廓线，如图 11-58 中辅助相邻零件和图 11-78 主视图中右侧齿轮和销的画法所示。

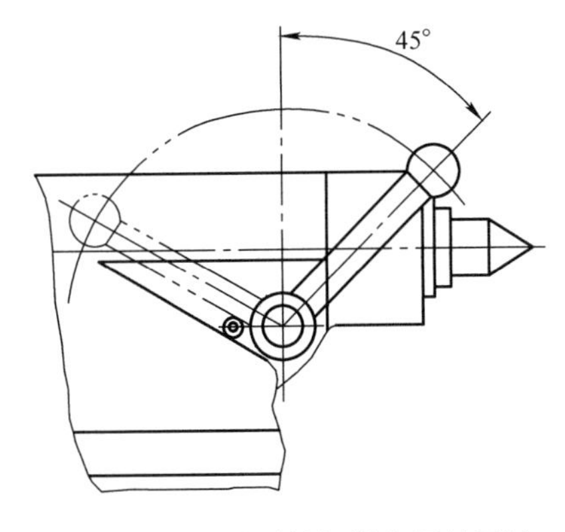

图 11-57　运动零件极限位置的画法

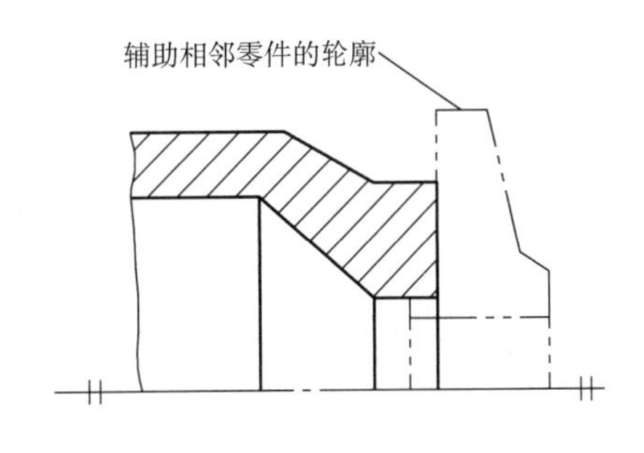

图 11-58　辅助相邻零件的画法

3. 简化画法

1）在装配图中，对若干相同的零件组（如螺栓、螺钉联接等），可以仅详细地画出一处或几处，其余只需用细点画线表示其位置。例如，图 11-60 主视图中的四组螺栓联接只画了一组，图 11-59 所示的相同零件组也采用了简化画法。

2）图 11-60 所示为滚动轴承的简化画法。当只需表达滚动轴承的主要结构时，可采用示意画法。

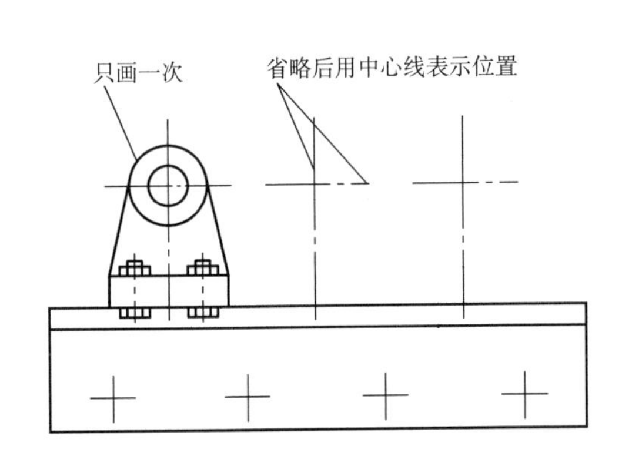

图 11-59　简化画法（一）

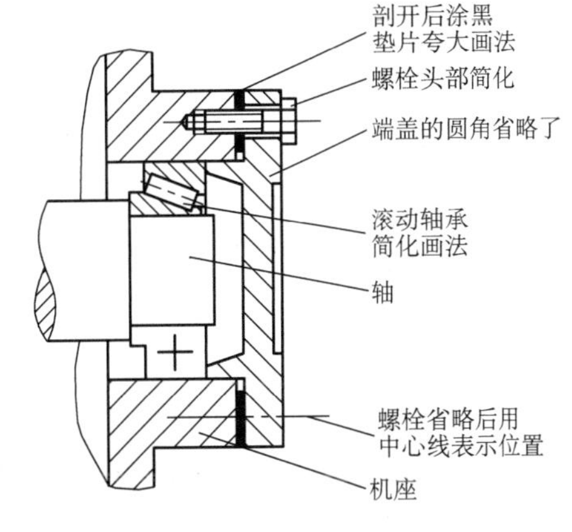

图 11-60　简化画法（二）

3）在装配图中，对于零件上的一些工艺结构，如小圆角、倒角、退刀槽和砂轮越程槽等可以不画。

11.2.3　装配图的尺寸标注

装配图的作用与零件图不同，因此，在图上标注尺寸的要求也不同。在装配图上，应该按照对装配体的设计或生产的要求来标注某些必要的尺寸。一般常注的有下列几方面的尺寸。

1. 性能（规格）尺寸

装配体性能（规格）尺寸是设计时确定的，它也是了解和选用该装配体的依据，如图

11-55 中的螺纹尺寸 B32×16。

2. 装配尺寸

装配尺寸是表示装配体中各零件之间相互配合关系和相对位置的尺寸。这种尺寸是保证装配体装配性能和质量的尺寸。

(1) 配合尺寸　配合尺寸是表示零件间配合性质的尺寸，如图 11-55 中的尺寸 ϕ45H8/js7。

(2) 相对位置尺寸　相对位置尺寸是装配时需要保证的零件间相互位置的尺寸。

3. 安装尺寸

安装尺寸是将装配体安装到其他装配体或地基上所需的尺寸，如图 11-78 中对安装螺栓的通孔所注的尺寸 70mm。

4. 外形尺寸

外形尺寸是表示装配体外形的总体尺寸，即总的长、宽、高。它反映了装配体的大小，提供了装配体在包装、运输和安装过程中所占的空间尺寸。

5. 其他重要尺寸

其他重要尺寸是在设计中确定的，而又未包括在上述几类尺寸之中的主要尺寸，如运动件的极限尺寸、主体零件的重要尺寸等。例如，图 11-55 所注尺寸 167～205mm 即为运动件的极限尺寸，扳杆 6 的直径 ϕ8mm、顶头 9 的尺寸 ϕ45mm 是这两个零件的重要尺寸。

上述五类尺寸之间并不是互相孤立无关的，实际上有的尺寸往往同时具有多种作用。此外，在一张装配图中，也并不一定需要全部注出上述五类尺寸，而是要根据具体情况和要求来确定。如果是设计装配图，所注的尺寸应全面些；如果是装配工作图，则只需把与装配有关的尺寸注出就即可。

11.2.4　装配图中的零件序号、明细栏和标题栏

为了便于在装配时看图查找零件，便于进行生产准备和图样管理，必须对装配图中的零件进行编号，并列出零件的明细栏。

1. 零件序号

(1) 一般规定　装配图中所有的零件都必须编写序号，且相同的零件只编一个序号。如图 11-55 中，螺钉 4、螺钉 8 都有两个，但只编一个序号。

(2) 零件编号的形式（图 11-61）　零件编号是由圆点、指引线、水平线或圆（均为细实线）及数字序号组成的。序号写在指引线末端、水平线上或小圆内，序号字高应比图中尺寸数字大一号或两号。指引线应从所指零件的可见轮廓内引出，并在其起始端画一圆点；若所指的部分不宜画圆点，如很薄的零件或涂黑的剖面等，可在指引线的起始端画一箭头，并指向该部分的轮廓。如果是一组紧固件，以及装配关系清楚的零件组，可以采用公共指引线，如图 11-61b 所示。指引线应尽可能分布均匀且不要彼此相交，也不要过长。指引线通过有剖面线的区域时，要尽量不与剖面线平行，必要时可画成折线，但只允许折一次。

(3) 序号编排方法　应按水平或垂直方向排列整齐，并按顺时针或逆时针方向顺序编号，如图 11-55、图 11-56 所示。

2. 明细栏和标题栏

在装配图的右下角必须设置标题栏和明细栏。明细栏位于标题栏的上方，并和标题栏连

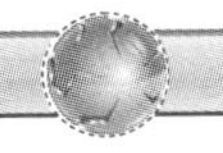

在一起。图 11-62 所示格式可供学习和作业中使用。

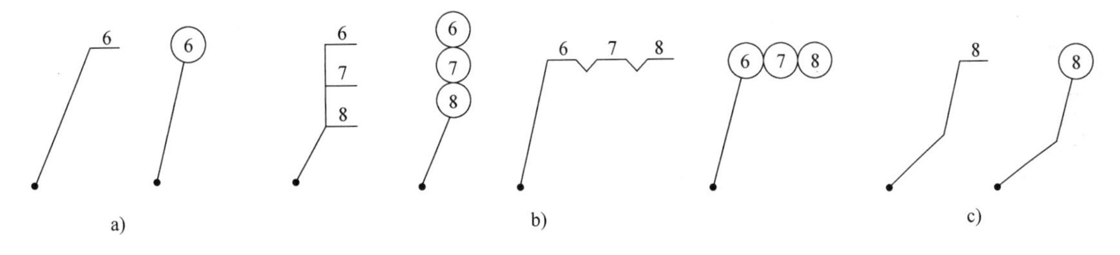

图 11-61　序号编排

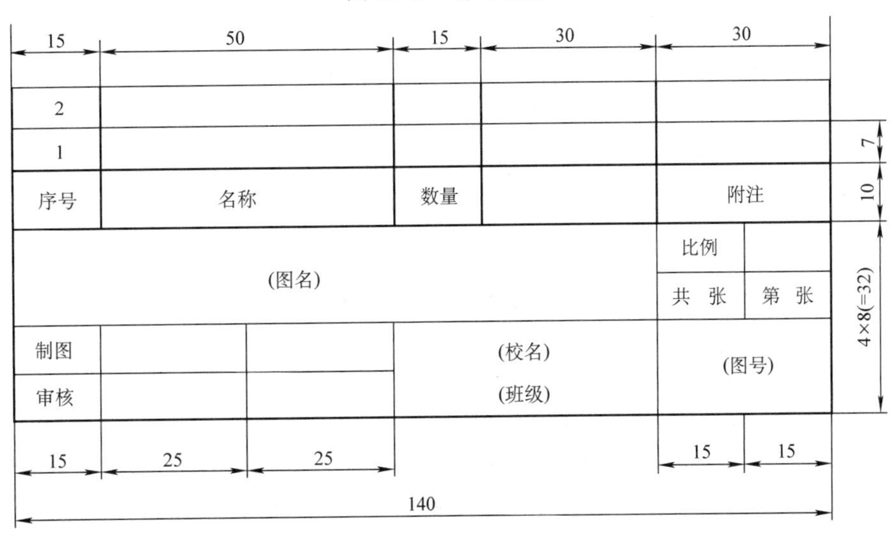

图 11-62　标题栏及明细栏格式

明细栏是装配体全部零件的目录，其序号填写的顺序是由下而上。如果位置不够时，可移至标题栏的左边继续编写（图 11-63）。

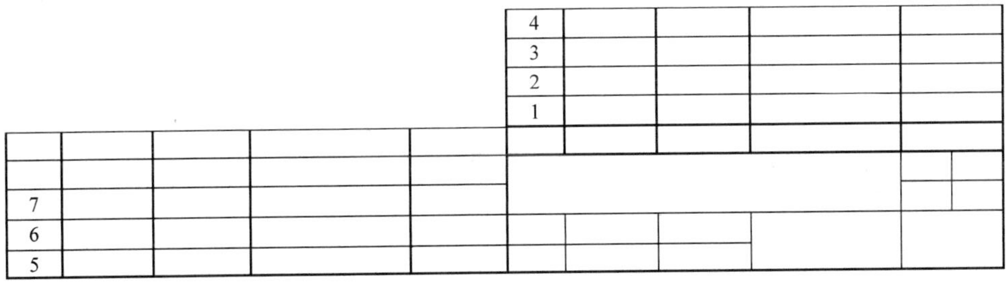

4				
3				
2				
1				

7				
6				
5				

图 11-63　明细栏

11.2.5　技术要求

在装配图中，还应在图的右下方空白处，写出部件在装配、安装、检验及使用过程等方面的技术要求，如图 11-55 所示。

11.2.6　常见的装配工艺结构

除了应根据设计要求确定零件结构外，还要考虑加工和装配的合理性，否则会给装配工作带来困难，甚至不能满足设计要求。下面介绍几种最常见的装配工艺结构。

1. 螺纹联接件

(1) 螺纹联接件的种类及用途 常用的螺纹联接件有螺栓、双头螺柱、螺钉、螺母和垫圈等，如图11-64所示。

图11-64 常用的螺纹联接件

螺栓、双头螺柱和螺钉都是在圆柱上切削出螺纹，起联接作用，其长短取决于被联接件的厚度。螺栓用于被联接件允许钻成通孔的情况，如图11-65所示。双头螺柱用于被联接零件之一较厚或不允许钻成通孔的情况，故两端都有螺纹，一端螺纹用于旋入被联接零件的螺孔内，如图11-66所示。螺钉则用于不经常拆开和受力较小的联接，按其用途可分为联接螺钉（图11-67）和紧定螺钉（图11-64）。

(2) 螺纹联接件的规定标记 标准的螺纹联接件都有规定的标记，标记的内容有：名称、标准编号、螺纹规格×公称长度。举例如下：

1) 螺栓。GB/T 5782 M11×80 表示螺纹规格 d = M11、公称长度 l = 80mm、性能等级为8.8级、表面不经处理、产品等级为A级的六角头螺栓。

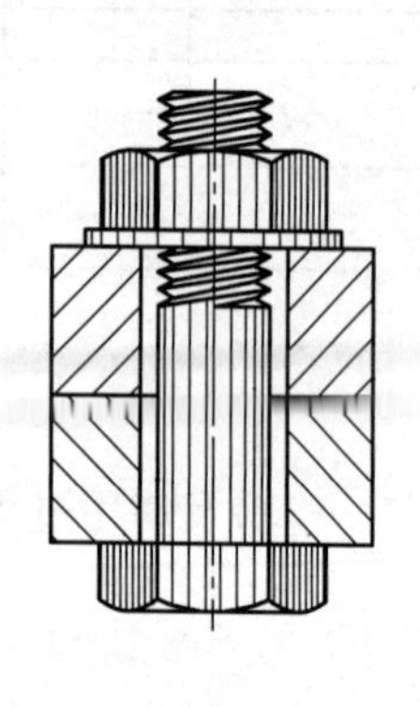

图11-65 螺栓联接

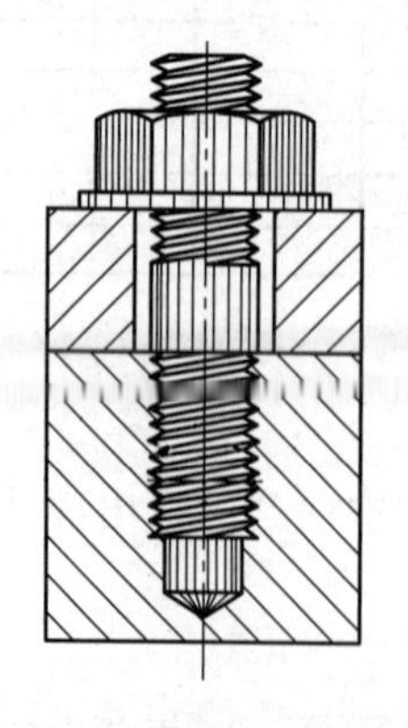

图11-66 双头螺柱联接

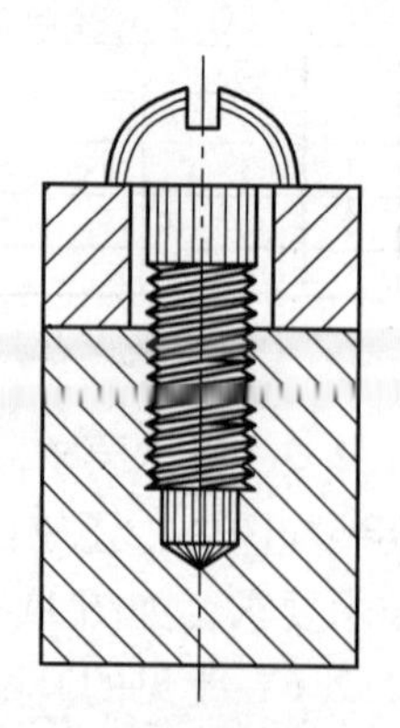

图11-67 联接螺钉

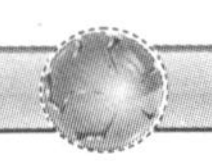

2）螺柱。GB/T 897　M10×50 表示两端均为粗牙普通螺纹、螺纹规格 d = M10、公称长度 l = 50mm、性能等级为4.8级、不经表面处理、A型、$b_m = d$ 的双头螺柱。

3）螺钉。GB/T 65　M5×20 表示螺纹规格 d = M5、公称长度 l = 20mm、性能等级为4.8级、不经表面处理的A级开槽圆柱头螺钉。

4）螺母。GB/T 6170　M12 表示螺纹规格 D = M12、性能等级为8级、不经表面处理、产品等级为A级的1型六角螺母。

5）垫圈。GB/T 97.1　8 表示公称规格 d = 8mm、由钢制造的硬度等级为200HV、不经表面处理、产品等级为A级的平垫圈。

（3）螺纹联接件的画法

1）按国家标准规定的方法画图。

例11-5　画螺母 GB/T 6170　M24 的两个视图。

解　画法如下：

① 查国家标准。由国家标准查出：D = 24mm、D_1 = 20.752mm、c = 0.8、d_s = 25.9mm、d_w = 33.2mm、e = 39.55mm、m = 21.5mm、m' = 16.2mm、s = 36mm。

② 画图。按所查出的数据画图，其步骤如下：

a. 以 s = 36mm 为直径作圆，如图11-68a 所示。

b. 作圆的外切正六边形，并以 m = 21.5mm 作六棱柱，如图11-68b 所示。

c. 以 D = 24mm 画3/4圆（螺纹大径），并以 D_1 = 20.752mm 画圆（螺纹小径），如图11-68c 所示。

d. 以 d_w = 33.2mm 为直径画圆，找出点1′、2′，过点1′、2′作与端面成30°角的斜线，并作出截交线，如图11-68d 所示。

e. 描深，如图11-68e 所示。

所有螺纹联接件都可用上述方法画出零件工作图。

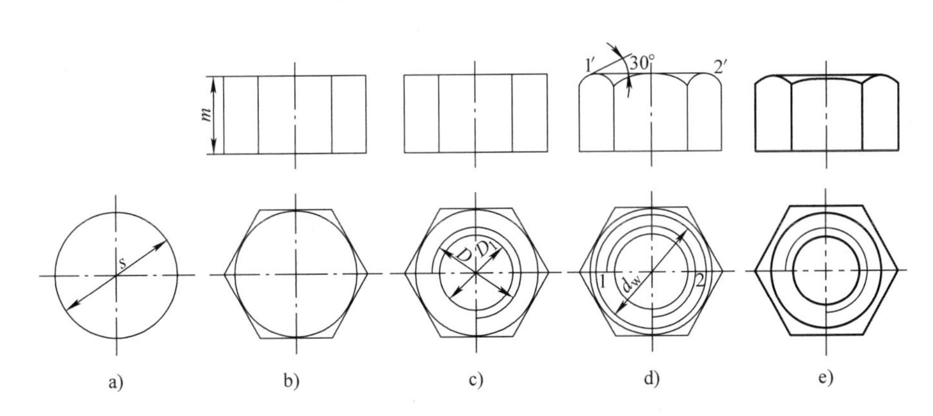

图11-68　螺母的查表画法

2）按比例画图。为了提高画图速度，螺纹联接件各部分的尺寸（除公称长度外）都可按 d（或 D）的一定比例画出，称为比例画法（也称简化画法）。画图时，螺纹联接件的公称长度 l 仍由被联接零件的有关厚度决定。各种常用螺纹联接件的比例画法见表11-6。

图11-69 所示为三种螺纹联接（螺栓联接、双头螺柱联接、螺钉联接）的三视图。

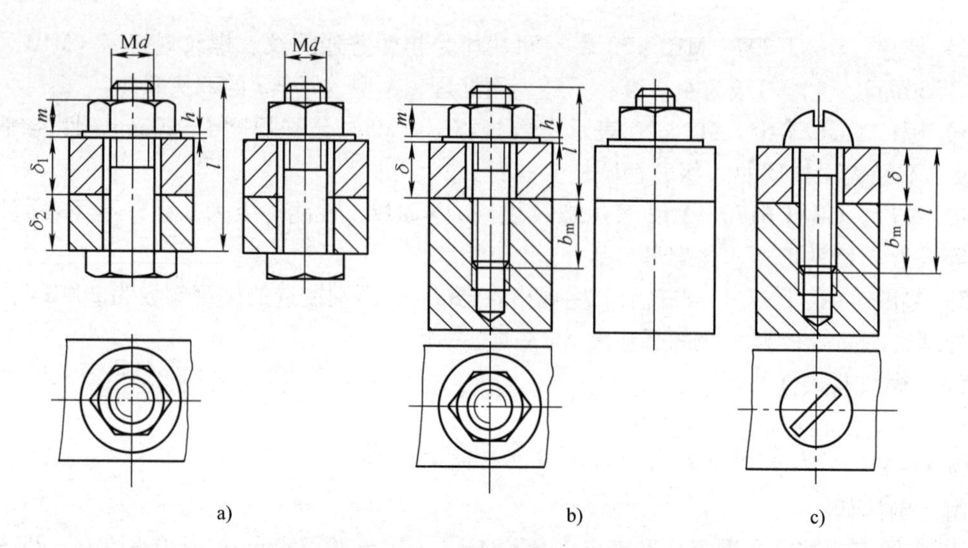

图 11-69　三种螺纹联接的三视图

a）螺栓联接　b）双头螺柱联接　c）螺钉联接

表 11-6　各种常用螺纹联接件的比例画法

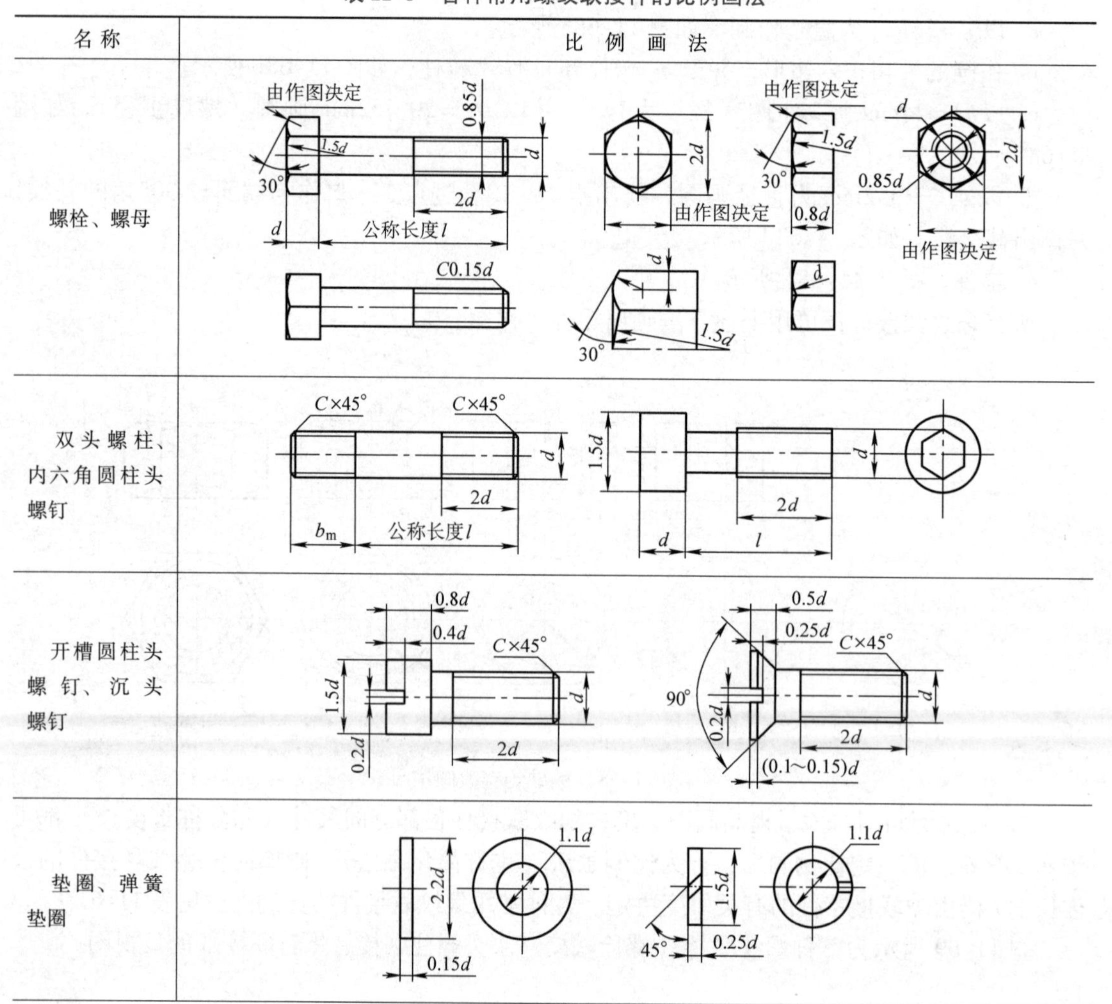

名称	比例画法
螺栓、螺母	由作图决定　0.85d　1.5d　30°　d　2d　公称长度l　C0.15d　2d　由作图决定　1.5d　30°　0.8d　d　1.5d　30°　d　0.85d　2d　由作图决定
双头螺柱、内六角圆柱头螺钉	C×45°　C×45°　d　2d　b_m　公称长度l　1.5d　d　2d　d　l
开槽圆柱头螺钉、沉头螺钉	0.8d　0.4d　C×45°　1.5d　d　0.2d　2d　0.5d　0.25d　C×45°　90°　0.2d　d　2d　(0.1～0.15)d
垫圈、弹簧垫圈	2.2d　1.1d　0.15d　1.5d　1.1d　45°　0.25d

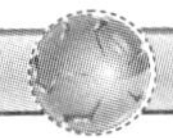

（续）

名称	比例画法
钻孔、螺孔和光孔尺寸	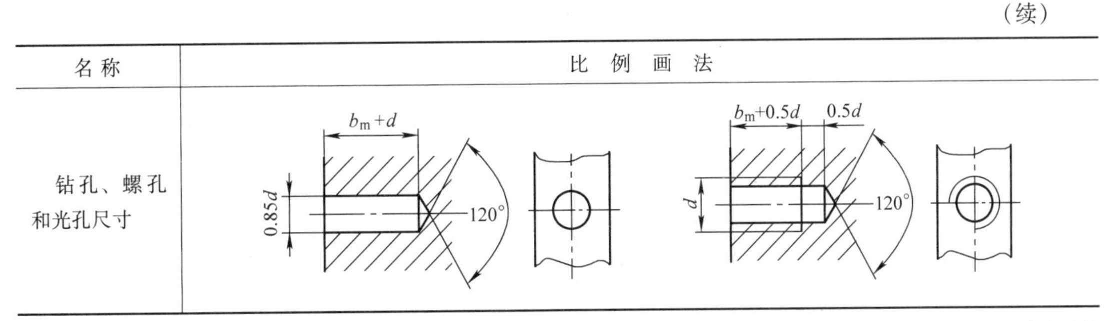

3）画螺纹联接时的注意事项。螺纹联接的画法比较繁琐，容易出错。下面以双头螺柱联接的画法为例进行正误对比（图11-70）。

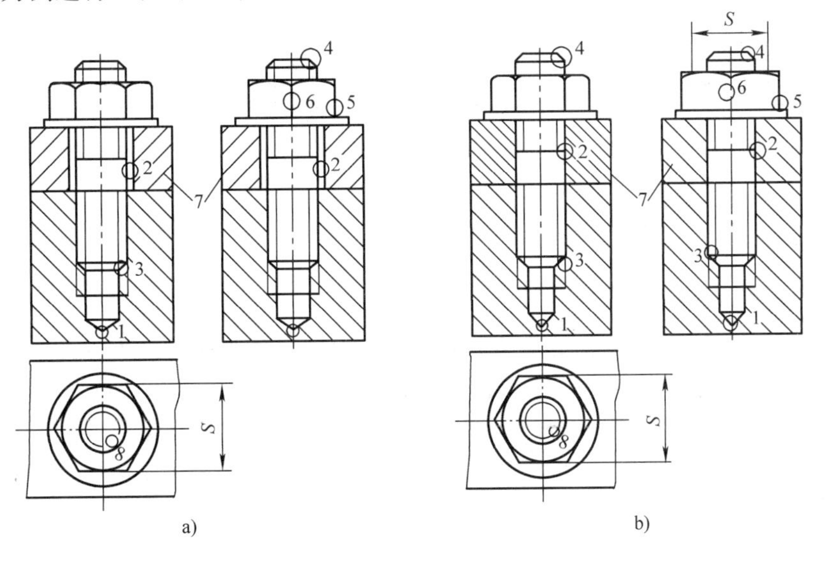

图11-70　双头螺柱联接画法的正误对比

a）正确　b）不正确

① 钻孔锥角应为120°。

② 被联接件的孔径为1.1d，此处应画两条粗实线。

③ 内外螺纹大、小径应对齐，小径与倒角无关。

④ 应有螺纹小径（细实线）。

⑤ 左、俯视图宽应相等。

⑥ 应有交线（粗实线）。

⑦ 相邻两零件剖面线方向或间隔应不同。

⑧ 应有3/4圈细实线，倒角圆不画。

2. 两零件接触面的数量

两零件装配时，在同一方向上，一般只应有一个接触面，否则会给制造和配合带来困难，如图11-71所示。

3. 接触面转角处的结构

两配合零件在转角处不应设计成相同的尖角或圆角，否则既影响接触面之间的良好接触，又不易加工，如图11-72所示。

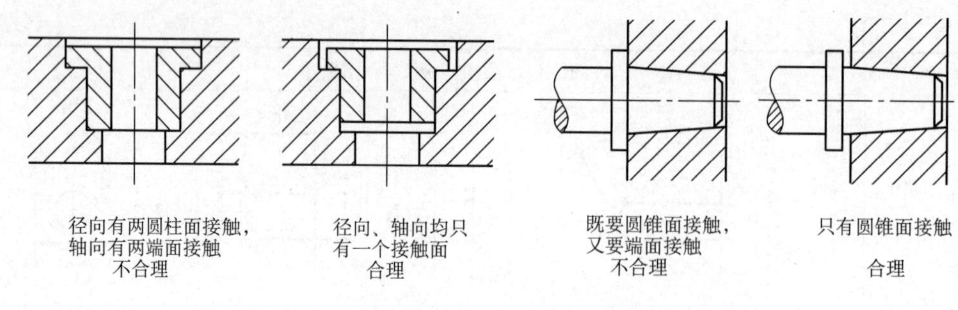

图 11-71　同一方向上一般只应有一对装配接触面

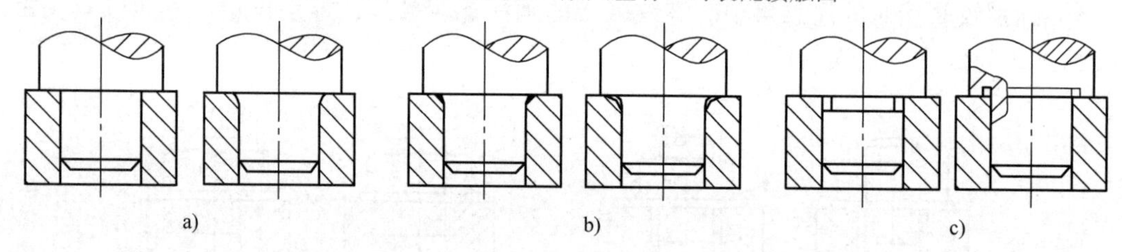

图 11-72　接触面转角处的结构

a）孔轴具有相同的尖角或圆角，不合理　b）孔边倒角或倒圆，合理

c）轴根切槽，合理

4. 密封装置的结构

在一些部件或机器中，常需要有密封装置，以防止液体外流或灰尘进入。图 11-73 所示的密封装置是用在泵和阀上的常见结构。通常用浸油的石棉绳或橡胶做填料，拧紧压盖螺母，通过填料压盖即可将填料压紧，起到密封作用。但填料压盖与阀体端面之间必须留有一定间隙，这样才能保证将填料压紧；轴与填料之间也应有一定的间隙，以免转动时产生摩擦。

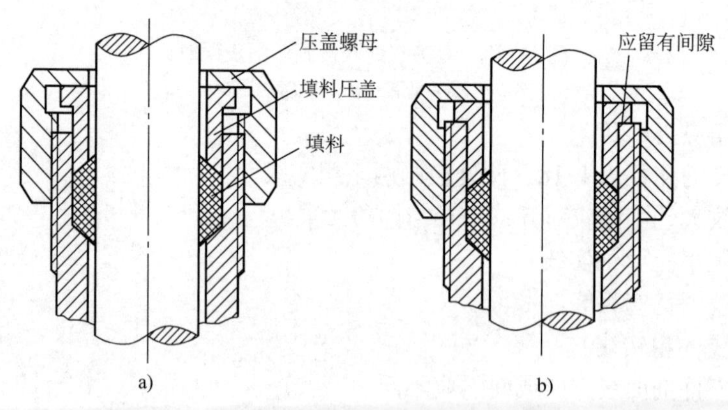

图 11-73　填料与密封装置

a）正确　b）错误

5. 零件在轴向的定位结构

装在轴上的滚动轴承及齿轮等一般都要有轴向定位结构，以保证在轴线方向不产生移动。如图 11-74 所示，轴上的滚动轴承及齿轮靠轴的台肩来定位，齿轮的一端用螺母、垫圈来压紧，垫圈与轴肩的台阶面间应留有间隙，以便压紧。

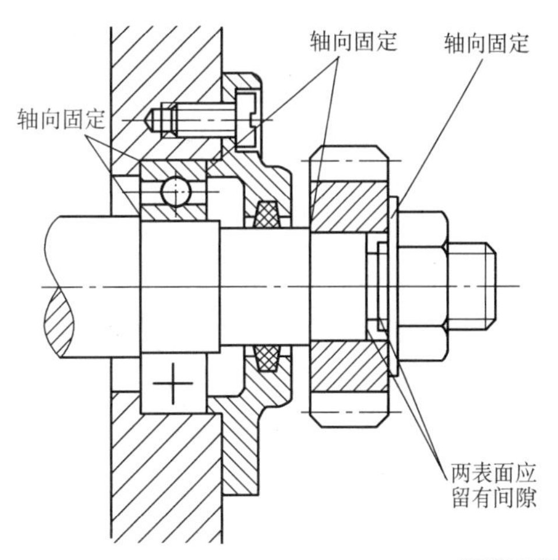

图 11-74　轴向定位结构

6. 考虑维修、安装、拆卸的方便

如图 11-75 所示，滚动轴承和衬套装在箱体轴承孔及轴上时，应考虑便于拆卸。

在安排螺钉位置时，应考虑扳手的活动范围，图 11-76a 中所留空间太小，扳手无法使用，图 11-76b 所示为正确的结构形式。

如图 11-77 所示，应考虑螺钉放入时所需要的空间，图 11-77a 中所留空间太小，螺钉无法放入，图 11-77b 所示为正确的结构形式。

11.2.7　读装配图

在设计和实际生产中，经常需要阅读装配图。例如，在设计过程中，要按照装配图来设计和绘制零件图；在安装机器及其部件时，要按照装配图来装配零件和部件；在技术学习或技术交流中，则要参阅有关装配图来了解、研究一些工程、技术问题。

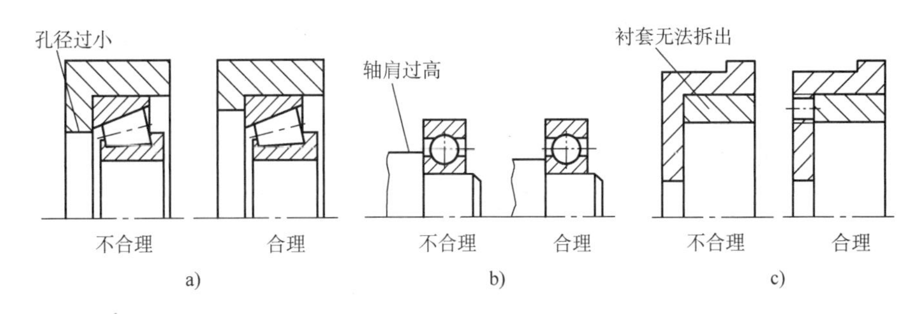

图 11-75　滚动轴承和衬套的定位结构

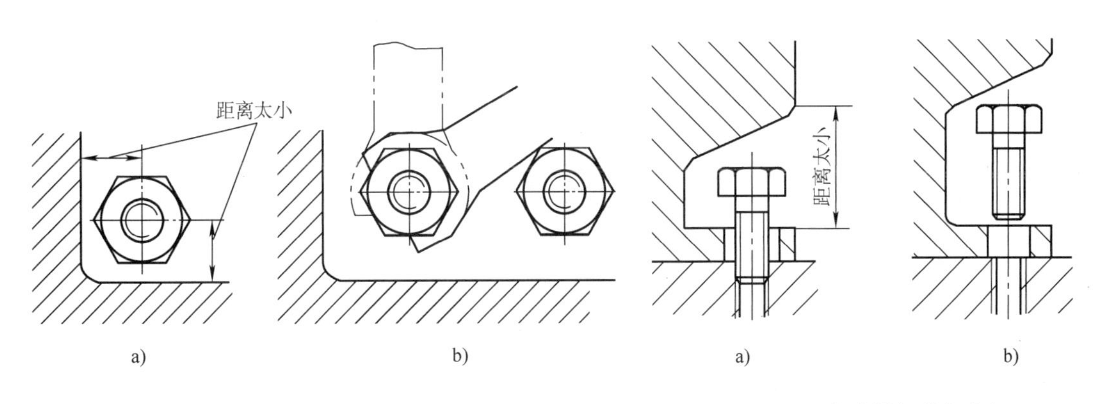

图 11-76　留出扳手活动空间
a）不合理　b）合理

图 11-77　留出螺钉装卸空间
a）不合理　b）合理

1. 读装配图的一般要求

1）了解装配体的功用、性能和工作原理。

2）弄清各零件间的装配关系和装拆次序。

3）看懂各零件的主要结构形状和作用。

4）了解技术要求中的各项内容。

2. 读装配图的方法和步骤

现以图 11-78 所示齿轮泵装配图为例来说明读装配图的方法和步骤。

（1）了解装配图的内容

1）从标题栏中可以了解装配体的名称、大致用途及图样的比例等。

2）从零件编号及明细栏中，可以了解零件的名称、数量及在装配体中的位置。

3）分析视图，了解各视图、剖视图、断面图等相互间的投影关系及表达意图。

在图 11-78 的标题栏中，注明了该装配体是齿轮泵，从明细栏中可知其共由 10 种零件组成。从图的比例为 1∶1 可以对该装配体的大小有一个明确了解。

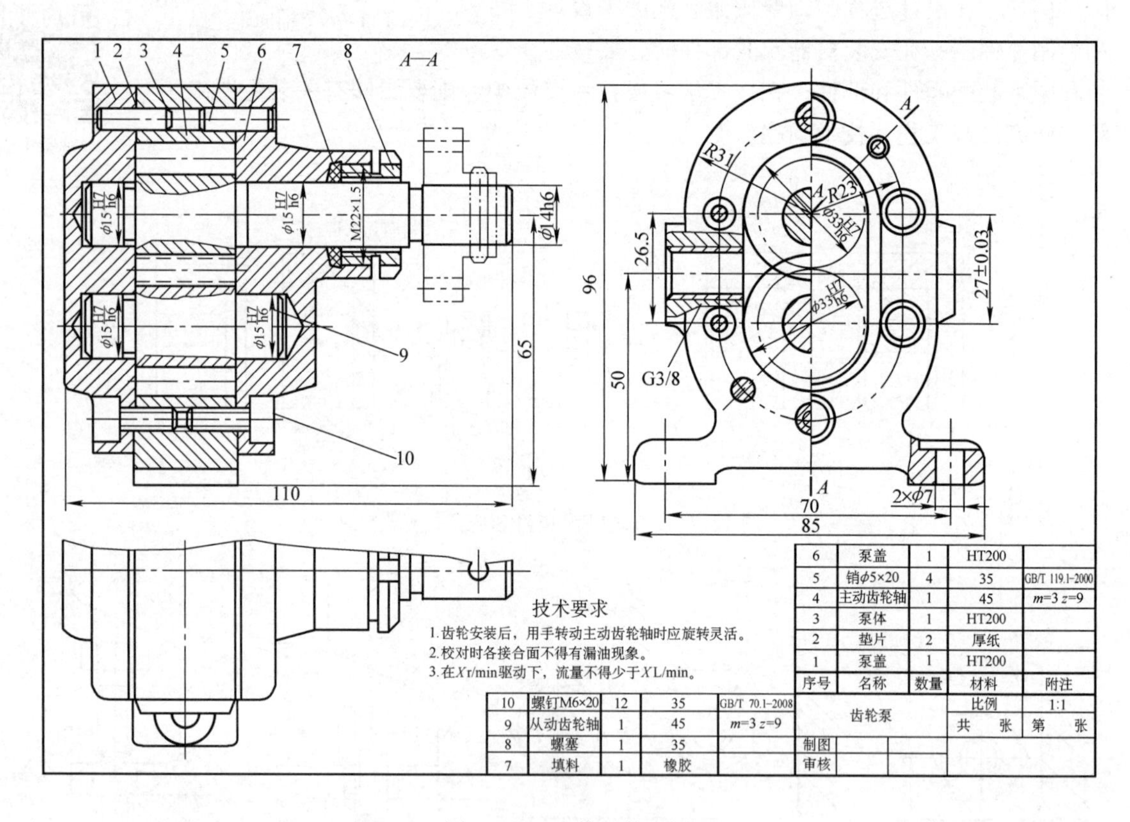

图 11-78　齿轮泵装配图

在装配图中，主视图采用 A—A 剖视，表达了齿轮泵的装配关系。左视图沿左泵盖与泵体接合面剖开，并采用了局部剖视，表达了一对齿轮的啮合情况及进出口油路。由于齿轮泵在此方向内外结构形状对称，故此视图采用了一半拆卸剖视和一半外形视图的表达方法。俯视图是齿轮泵俯视方向的外形图，因其前后对称，为合理利用图纸和使整个图面布局合理，只画了略大于一半的图形。

（2）分析工作原理及传动关系　分析装配体的工作原理时，一般应从分析传动关系入手，通过阅读图样及参考设计说明书进行了解。例如：当外部动力经齿轮传至主动齿轮轴 4

时，即产生旋转运动；当主动齿轮轴按逆时针方向（从左视图观察）旋转时，从动齿轮轴 9 则按顺时针方向旋转。此时右边啮合的轮齿逐步分开，空腔体积逐渐扩大，油压降低，因而油池中的油在大气压力的作用下，沿吸油口进入泵腔中（图 11-79）。齿槽中的油随着齿轮的继续旋转被带到左边；而左边的各对轮齿又重新啮合，空腔体积缩小，使齿槽中的油成为高压油，并由压油口压出，然后经管道输送到需要供油的部位。

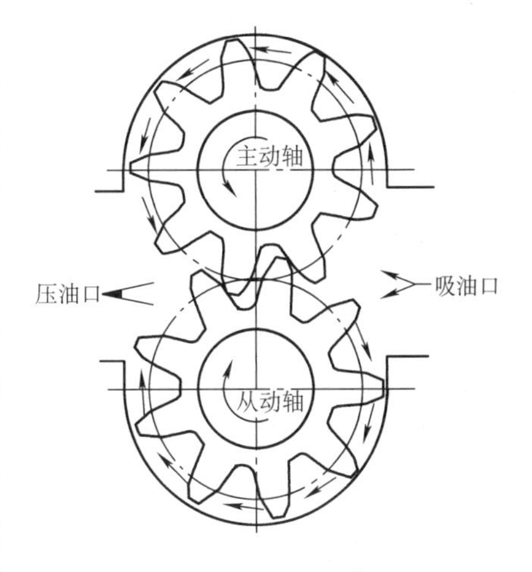

图 11-79　齿轮泵工作原理

（3）分析零件间的装配关系及装配体的结构　这是读装配图进一步深入的阶段，需要把零件间的装配关系和装配体结构搞清楚。齿轮泵主要有两条装配线：一条是主动齿轮轴系统，主动齿轮轴装在齿轮泵的左泵盖及右泵盖的轴孔内，在主动齿轮轴右边伸出端装有填料及螺塞；另一条是从动齿轮轴系统，从动齿轮轴也是装在齿轮泵的左泵盖及右泵盖的轴孔内，与主动齿轮啮合在一起。

对于齿轮轴的结构可分析下列内容：

1）连接和固定方式。在齿轮泵中，左泵盖和右泵盖都是靠内六角螺钉与泵体连接，并用销来定位。填料由螺塞拧压在右泵盖相应的孔槽内。两齿轮轴向定位，靠两泵盖端面及泵体两侧面分别与齿轮两端面接触。

2）配合关系。凡是配合的零件，都要弄清基准制、配合种类、公差等级等，这可由图 11-78 所标注的极限与配合代号来判别。如两齿轮轴与两泵盖轴孔的配合均为 ϕ15H7/h6，两齿轮与两齿轮腔的配合均为 ϕ33H7/h6。它们都是间隙配合，都可以在相应的孔中转动。

3）密封装置。泵、阀之类的部件为了防止液体或气体泄漏以及灰尘进入内部，一般都有密封装置。在齿轮泵中，主动齿轮轴伸出端有填料及压填料的螺塞；两泵盖与泵体接触面间有垫片，它们都是防止泄漏的密封装置。

4）利于装拆。装配体在结构设计上都应有利于各零件能按一定的顺序进行装拆。齿轮泵的拆卸顺序：先拧下左、右泵盖上各 6 个螺钉，两泵盖、泵体和垫片即可分开；再从泵体中抽出两齿轮轴；然后把螺塞从右泵盖上拧下；销和填料可不必从泵盖上取下。如果需要重新装配，可按与拆卸相反的次序进行。

（4）分析零件，看懂零件的结构形状　分析零件，首先要会正确地区分零件。区分零件的方法主要是依靠不同方向和不同间隔的剖面线，以及各视图之间的投影关系。区分好零件之后，便要分析零件的结构形状和功用。分析时一般从主要零件开始，再看次要零件。例如，分析齿轮泵的结构形状：首先，从标注序号的主视图中找到齿轮泵，并确定该件的视图范围；然后找清投影关系，并根据同一零件在各个视图中剖面线应相同这一原则来确定该件在俯视图和左视图中的投影。这样就可以根据从装配图中分离出来的属于该件的三个投影进行分析，想象出它的结构形状。齿轮泵的两泵盖与泵体装在一起，将两齿轮密封在泵腔内；同时对两齿轮轴起着支承作用。所以需要用圆柱销来定位，以保证左泵盖上的轴孔与右泵盖上的轴孔能够很好地对中。

（5）总结归纳　想象出整个装配体的结构形状，图 11-80 所示为齿轮泵立体图。

以上所述是读装配图的一般方法和步骤，事实上有些步骤不能截然分开，而要交替进行。再者，读图总有一个具体的目的，在读图过程中应该围绕着这个目的去分析、研究。只要这个目的能够达到，那就可以不拘一格、灵活地解决问题。

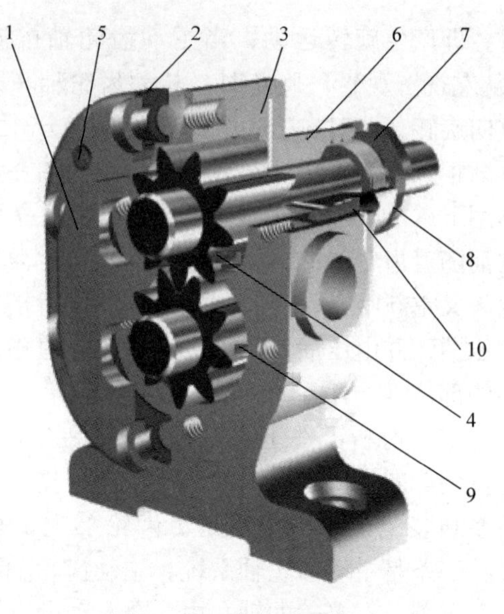

图 11-80　齿轮泵立体图

1、6—泵盖　2—垫片　3—泵体　4—主动齿轮　5—销　7—填料　8—螺塞　9—从动齿轮　10—螺钉

11.2.8　由装配图拆画零件图

设计过程的一般规律是先画出装配图，然后根据装配图画出零件图。所以，由装配图拆画零件图是设计工作中的一个重要环节。

拆图前必须认真读懂装配图。一般情况下，主要零件的结构形状在装配图上已表达清楚，而且主要零件的形状和尺寸还会影响其他零件。因此，可以从拆画主要零件开始。对于一些标准零件，只需要确定其规定标记，可以不拆画零件图。

在拆画零件图的过程中，要处理好下列几个问题。

1. 对于视图的处理

装配图的视图选择，主要是从表达装配体的装配关系和整个工作原理来考虑的。而零件图的视图选择，则主要是从表达零件的结构形状这一方面来考虑。由于表达的出发点和主要要求不同，所以在选择视图方案时，就不应强求与装配图一致，即零件图不能简单地照抄装配图上该零件的视图数量和表达方法，而应该重新确定零件图的视图选择和表达方案。

2. 零件结构形状的处理

在装配图中对零件上某些局部结构可能表达不完全，而且对一些工艺标准结构还允许省略（如圆角、倒角、退刀槽、砂轮越程槽等），但在画零件图时均应补画清楚，不可省略。

3. 零件图上的尺寸处理

拆画零件时应按零件图的要求注全尺寸。

1）装配图已注的尺寸，在有关的零件图上应直接注出。对于配合尺寸，一般应注出偏差数值。

2）对于一些工艺结构，如圆角、倒角、退刀槽、砂轮越程槽、螺栓通孔等，应尽量选用标准结构，查有关标准标注尺寸。

3）对于与标准件相连接的有关结构尺寸，如螺孔、销孔等的直径，要从相应的标准中查取标注在图中。

4）有些零件的某些尺寸需要根据装配图所给的数据进行计算才能得到（如齿轮分度圆、齿顶圆直径等），应进行计算后标注在图中。

5）一般尺寸均按装配图的图形大小、图的比例，直接量取标注。

应该特别注意，配合零件的相关尺寸不可互相矛盾。

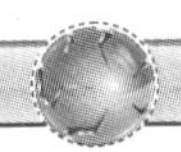

4. 对于零件图中技术要求等的处理

要根据零件在装配体中的作用和与其他零件的装配关系，以及工艺结构等要求，标注出该零件的表面粗糙度等方面的技术要求。

在标题栏中填写零件的材料时，应和明细栏中的一致。

图 11-81 所示为根据齿轮泵装配图所拆画的 6 个零件图。

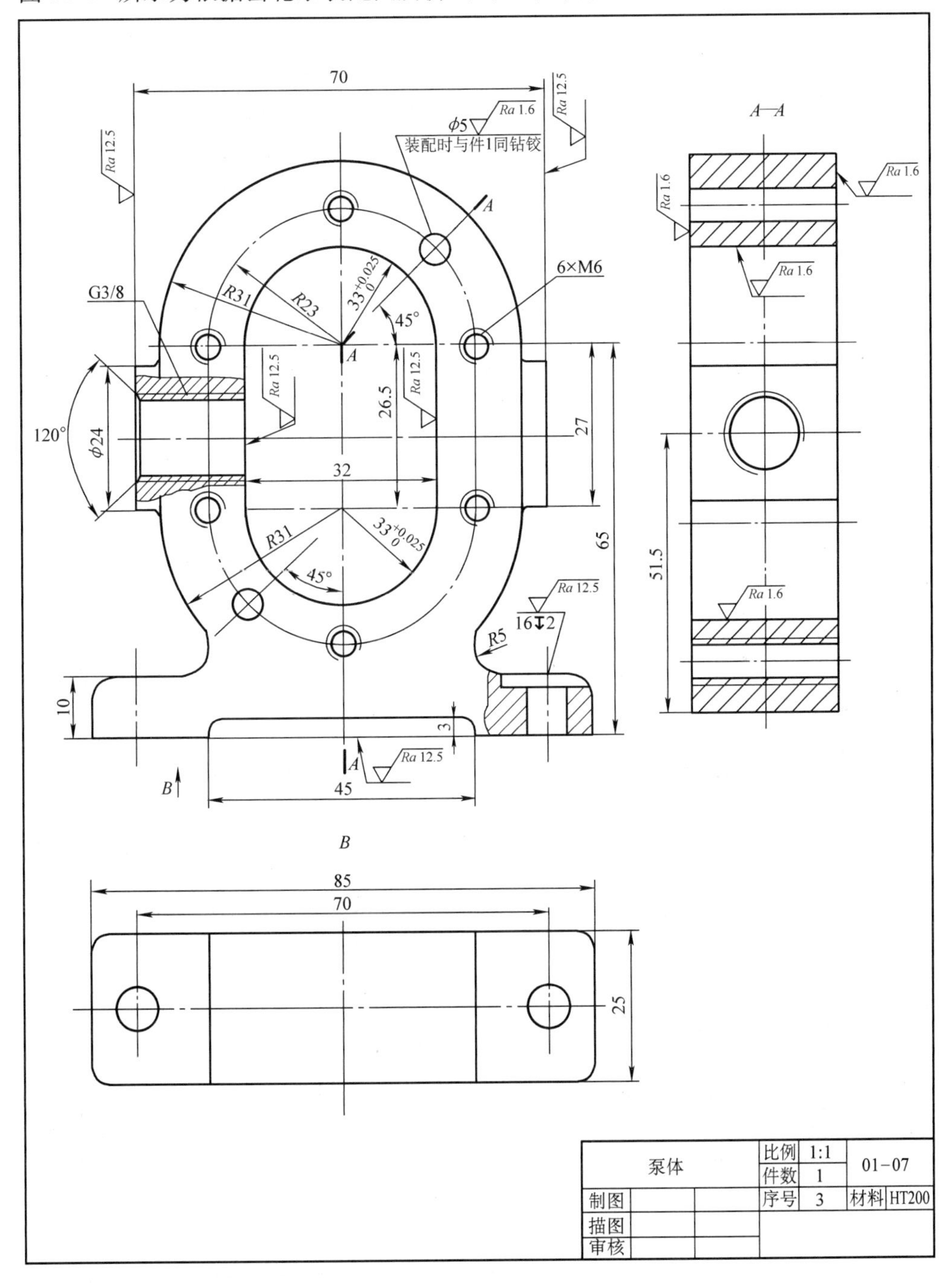

图 11-81 齿轮泵零件图

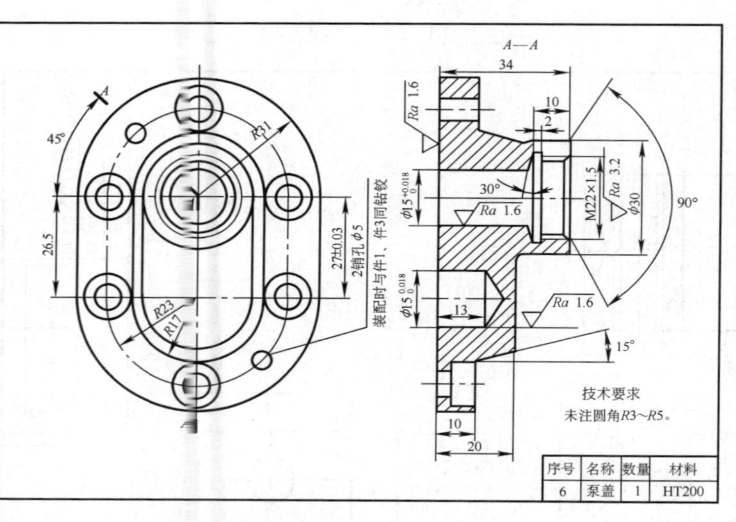

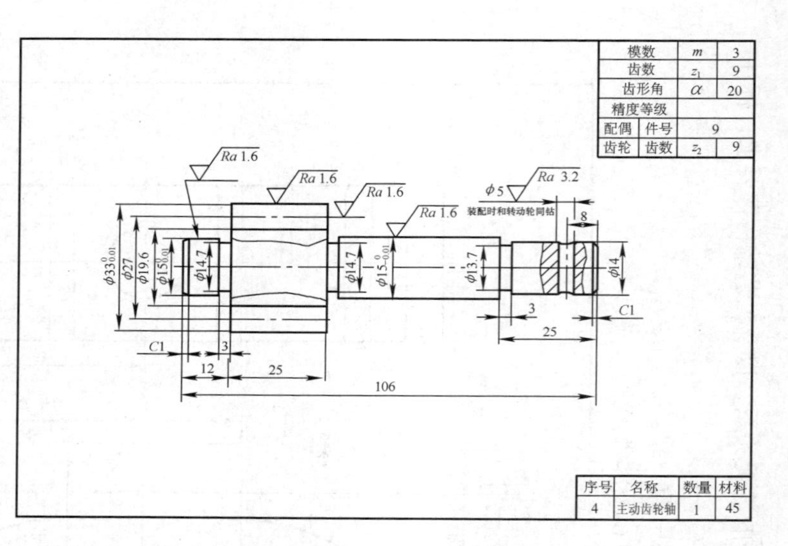

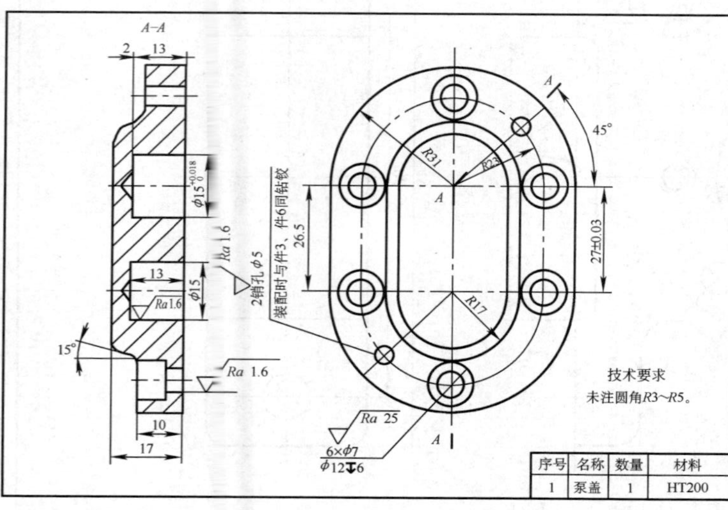

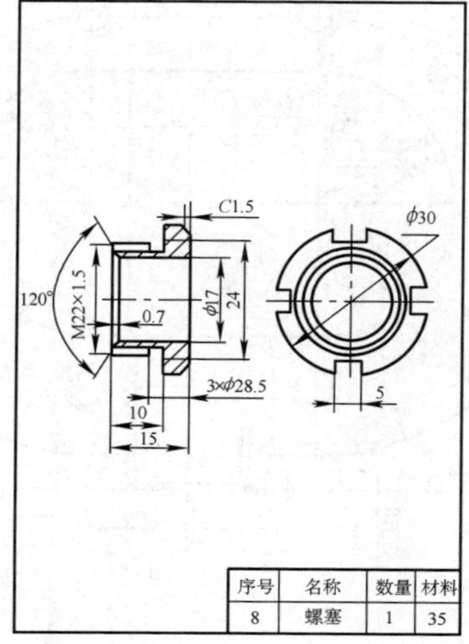

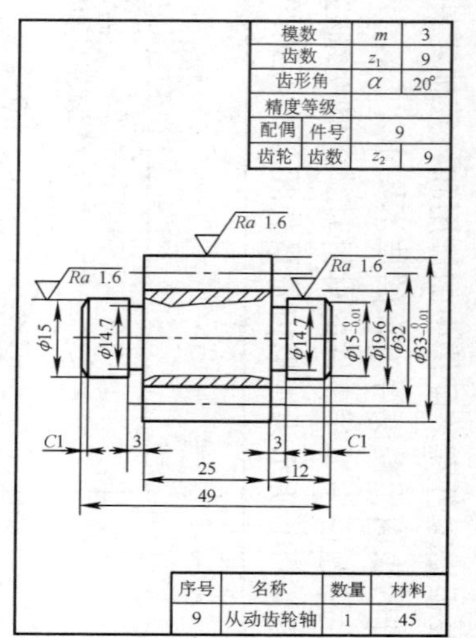

图 11-81　齿轮泵零件图(续)

第4篇　工业产品生产加工

第12章　产品加工方法——热加工

热加工包括铸造、锻压、焊接、热切割、热处理等工艺，是有着悠久历史的金属加工方法，也是近现代机械制造业的基础工艺。早在二三千年前，我国劳动人民就已经采用这些工艺制造了器物、工具和兵器等。例如，商代后母戊鼎重达875kg，表明我国当时的青铜铸造工艺已达到相当高的水平；商代在金箔锤制过程中已采用了退火处理；战国后期的一些锻剑等武器，许多都经过了淬火硬化处理。

12.1　铸　　造

视频讲解

铸造是机械制造业中取得成形毛坯和制造零部件的常用方法，是人类掌握较早的一种金属热加工工艺。早在二千多年前，我们的祖先就创造了用砂子和黏土炼制的泥范，成功地铸造了各种大型、复杂、精美的青铜器。19世纪60年代末至70年代初，洋务运动早期兴办了许多规模较小的军工厂。比如，江南制造总局有13个分厂，其中铸铜铁厂人数仅59名。19世纪70年代开始兴办民用企业。最早开办的机器厂是1866年设立的上海发昌钢铁机器厂，初期是一个手工锻铁作坊，19世纪70年代中期逐渐发展到已能制造小火轮、车床和汽锤。19世纪中期开始，由于西方科学技术的输入，我国传统铸造技术受到了冲击，以熔炼鼓风为例，传统方法是手拉风箱，劳动强度很大，自蒸汽机和电动机使用后，便大大提高了送风效率，减轻了劳动强度。

我国古代劳动人民创造了泥型、金属型和石蜡型三大铸造技术，对世界铸造工艺发展有卓越贡献。新中国成立后，随着大规模经济建设和机械工业的蓬勃发展，铸造业也呈现出新的局面，陆续新建、扩建和改造了一大批铸造专业厂和车间，培养造就了一大批铸造专业人才，铸造新材料、新工艺、新设备的开发应用不断取得进展。

铸造是熔炼金属、铸造模型，并将熔融金属浇入铸型，凝固后获得一定形状和性能铸件的成形方法。铸件一般为毛坯，经切削加工等成为零件。精度要求较低和表面粗糙度值较大的零件可直接铸造使用。熔融金属的方法是使用冲天炉、电炉等熔炼，金属浇注温度一般为1200～1500℃。

铸造方法分为砂型铸造（图12-1）和特种铸造。

砂型铸造是利用具有一定性能的原砂作为主要造型材料的铸造方法。其适应性强，几乎不受铸件材质、形状尺寸、质量及生产批量的限制，因此，它是目前最基本、应用最普遍的铸造方法之一。但有铸件精度低、表面粗糙度差、内部质量不理想、生产过程不易实现机械

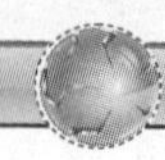

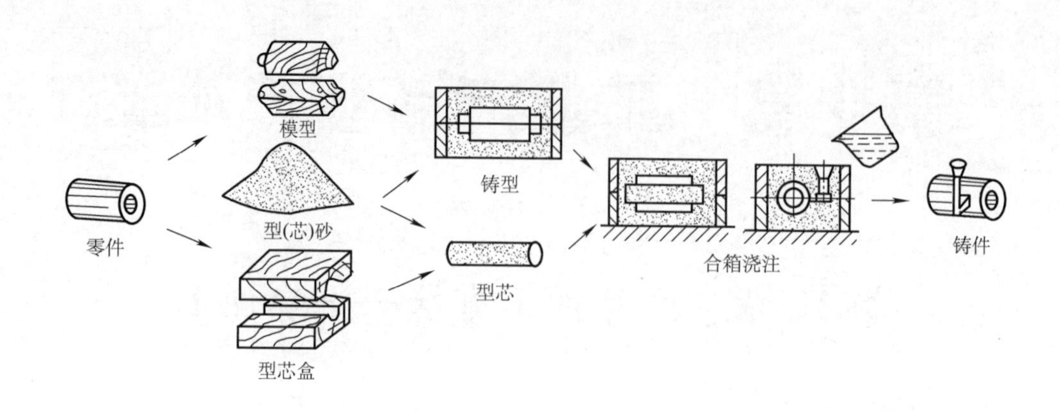

图 12-1 砂型铸造工艺过程

化等缺点。

对于一些有特殊要求的铸件，不用砂型铸造铸出，而采用特种铸造，如熔模铸造、离心铸造、壳型铸造、压力铸造、低压铸造、金属型铸造、陶瓷型铸造、磁型铸造等。这些铸造方法在提高铸件精度和表面质量、改善合金性能、提高劳动生产率、改善劳动条件和降低铸造成本等方面各有其优越之处。近些年来，特种铸造在我国发展相当迅速，其地位和作用日益提高。

熔模铸造（图 12-2）也称失蜡铸造或精密铸造，是指用易熔材料（通常用蜡料）制成模样，然后在模样上涂挂耐火涂料，经硬化后，再将模样熔化，排出型外，从而获得无起模斜度、无分型面、带浇注系统的整体铸型的方法。

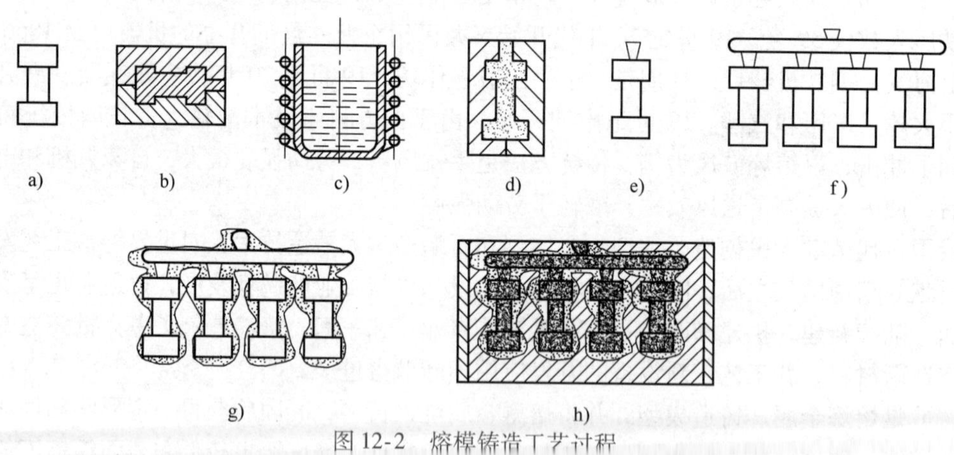

图 12-2 熔模铸造工艺过程
a）母模 b）压型 c）熔蜡 d）充满压型 e）一个蜡模 f）蜡模组
g）结壳、倒出熔蜡 h）填砂浇注

离心铸造（图 12-3）是将液态合金浇入高速旋转（250～1500r/min）的铸型中，使其在离心力作用下充填铸型并结晶的铸造方法。离心铸造可以用金属型，也可以用砂型、熔模壳型；既适合制造中空铸件，也能生产成形铸件（图 12-4）。

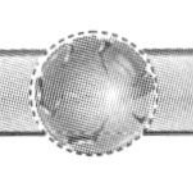

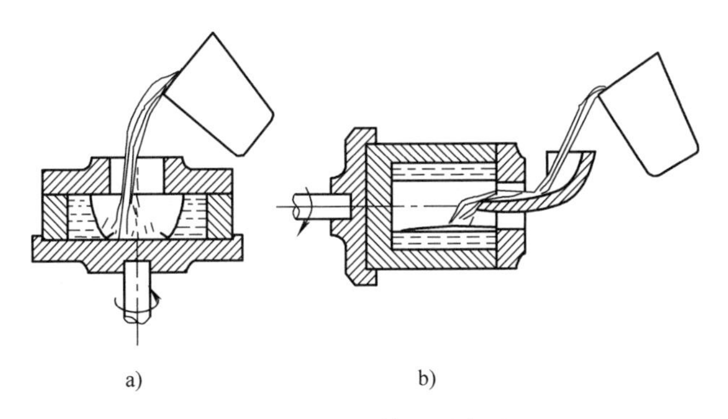

图 12-3 离心铸造示意图

a）立式离心铸造机 b）卧式离心铸造机

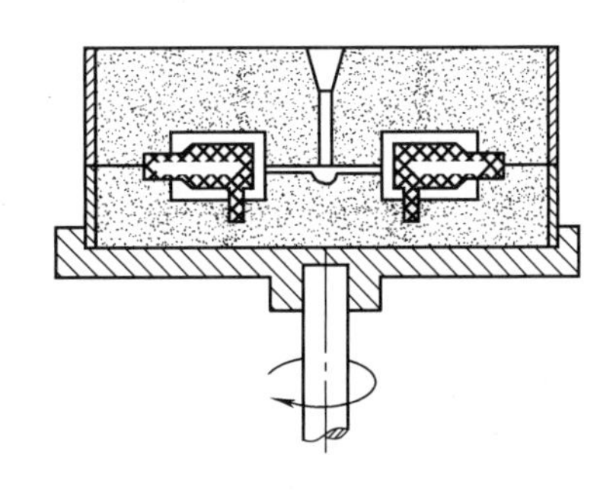

图 12-4 成形铸件的离心铸造

金属型铸造是在重力作用下将液态合金浇入金属铸型，以获得铸件的铸造方法(图12-5)。由于金属铸型可反复使用多次（几百次到几千次），故有永久型铸造之称。

另外，还有以下铸造方法：

(1) 自硬型铸造（陶瓷型铸造） 这种铸造工艺所用的型砂是化学自硬砂（硬度比黏土砂型的硬度要高得多），其黏结剂一般都是在硬化剂作用下发生分子聚合，成为立体结构的物质（结构轻巧）。自硬型铸造的工艺特点：制得的铸件尺寸精度高、生产率高（铸件容易和型砂分离，铸件的清理工作量减少）、用过的大部分砂可回收再生使用。

(2) 实型铸造（消失模铸造） 浇注时利用高温液态金属将模样汽化的一种铸造方法。一次使用，只适用于单件或少量生产的铸件。

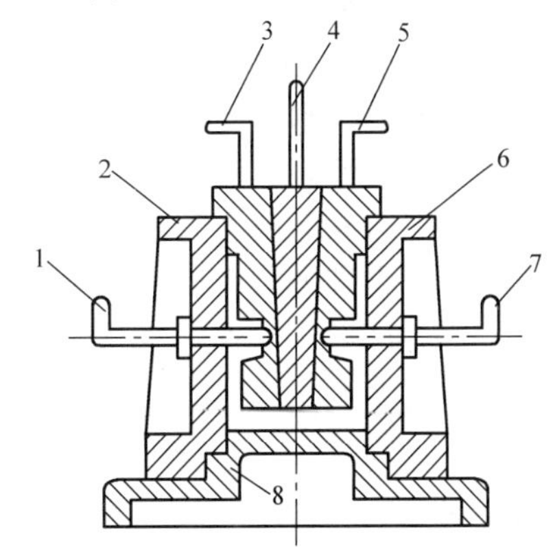

图 12-5 铸造铝活塞简图

1、7—销孔金属型芯 2、6—左右半型

3、4、5—分块金属型芯 8—底型

(3) 连续铸造 利用贯通的结晶器在一端连续地浇入液态金属，从另一端连续地拔出成形材料的铸造方法，适用于铁、钢、铜、铅、镁等断面形状不变且长度较大铸件的生产。连续铸造使用的设备和工艺都很简单，生产率和金属利用率高。当它与轧机组成生产线时，可节省大量能源。

12.2 压力加工

压力加工是使金属坯料在外力作用下产生塑性变形，以获得所需形状、尺寸及力学性能的原材料、毛坯或零件的加工方法。凡具有一定塑性的金属，如钢和大多数非铁金属及其合金等，都可以进行压力加工。

压力加工方法主要有轧制、挤压、拉拔、自由锻造、模型锻造和冲压等。前三种方法以生产金属原料为主，如金属型材、板材、管材和线材；后三种方法以生产毛坯或零件为主。

压力加工在机械制造中占有重要的地位。各类机械中受力复杂的重要零件，如传动轴、机床主轴、重要齿轮、起重机吊钩等，大都采用锻件做毛坯。对于飞机，锻压件制成的零件约占各类零件总质量的85%，而汽车、拖拉机、火车则占60%～80%。各类仪器、仪表、电器以及生活用品中的金属制件绝大多数都是冲压件。

压力加工之所以能获得广泛应用，是因为其具有以下优点：

(1) 力学性能好　金属铸锭经塑性变形后，其内部缺陷（如微裂纹、气孔等）得到改善，并可获得较致密的细晶组织，从而改善了金属的力学性能。承受重载的零件一般都采用锻件做毛坯。

(2) 节省金属　由于提高了金属的力学性能，在同样的受力和工作条件下，可以缩小零件的截面尺寸，减轻重量，延长使用寿命。

(3) 易实现机械化和自动化，生产率高　多数压力加工方法，特别是轧制、挤压、拉拔等，金属连续变形，变形速度很高，故生产率高。很多压力加工方法都可达到每台机器每分钟生产几十个甚至上百个零件。

压力加工与铸造相比也有不足之处，由于是在固态下成形，因此制造形状复杂的零件，特别是具有复杂内腔的零件较困难。另外，压力加工设备投资大，成本比铸造高。

12.2.1　锻压

锻压是对坯料施加外力，使其产生塑性变形、改变尺寸形状及改善性能，用以制造机械零件、工件或毛坯的成形加工方法，包括锻造和冲压。锻压不能加工脆性材料（如铸铁）和形状复杂的零件毛坯。

锻造时，初锻温度为1000～1400℃，终锻温度为700～900℃。冷却方法有空冷、炉冷或灰砂冷。锻造方法有自由锻和模锻。自由锻的设备有空气锤和水压机。

1. 自由锻

自由锻是利用冲击力或压力使金属在上下砧铁之间产生变形，从而得到所需形状及尺寸的锻件。金属坯料在砧铁间受力变形时，可以朝各个方向自由流动，不受限制。锻件形状和尺寸由锻工的操作技术来保证。

自由锻分手工锻造和机器锻造两种。手工锻造只能生产小型锻件，生产率也较低。机器锻造是自由锻的主要生产方法。由于自由锻工具简单、通用性强、灵活性大，因而应用较为广泛，锻件可从数十克到二三百吨。对于大型锻件，自由锻是唯一的锻造方式。所以，自由锻在重型机械制造中具有特别重要的作用。

根据自由锻对坯料作用力的性质，其所用的设备分为锻锤和压力机两大类。锻锤产生冲击力使金属坯料变形。生产中使用的锻锤有空气锤和蒸汽-空气锤（图12-6）。空气锤的吨位（落下部分的质量）较小，故只用来锻造小型件。蒸汽-空气锤的吨位稍大（最大吨位可达5t），可用来生产质量小于1.5t的锻件。液压机产生压力使金属坯料变形。生产中使用的液压机主要是水压机，它的吨位（产生的最大压力）较大，可以锻造质量达500t的锻件。液压机在使金属变形的过程中没有振动，并能很容易地达到较大的锻透深度，所以液压机是巨型锻件的唯一成形设备。

2. 模锻

模锻是在高强度金属锻模上预先制出与锻件形状一致的模膛，使坯料在模膛内受压变形，锻造终了得到和模膛形状相符的锻件。

模锻与自由锻相比有如下优点：

1）生产率高，劳动强度小，操作简便，易实现机械化和自动化，适用于大批量的中、小锻件生产。

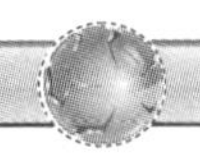

2）模锻件尺寸精度高，加工余量和公差小，可节约材料和加工工时。

3）由于有模膛引导和限制金属流动，可以锻造出形状比较复杂的锻件（图 12-7）。如果用自由锻来生产，则必须加大量敷料来简化形状。

4）锻件内部流线较完整，从而提高了零件的力学性能和使用寿命。

但是，由于模锻生产受模锻设备吨位的限制，模锻件不能太大（一般小于 0.15t）。又由于制造锻模成本高、周期长，所以模锻不适用于小批和单件生产，批量一般都在数千件以上。

由于现代化大生产的要求，模锻生产越来越广泛地应用在国防工业和机械制造业中，如飞机制造厂、坦克厂、汽车厂、拖拉机厂、轴承厂等。

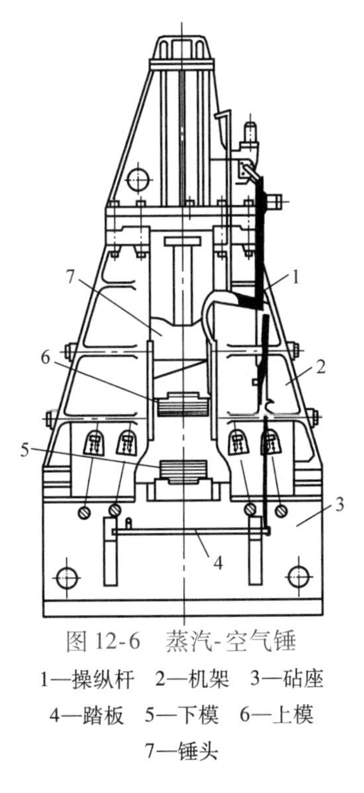

图 12-6　蒸汽-空气锤

1—操纵杆　2—机架　3—砧座

4—踏板　5—下模　6—上模

7—锤头

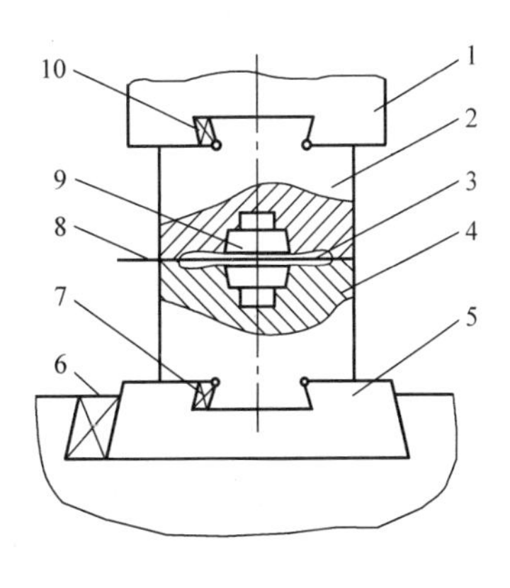

图 12-7　锤上模锻

1—锤头　2—上模　3—飞边槽　4—下模

5—模垫　6、7、10—紧固楔铁

8—分模面　9—模膛

12.2.2　板料冲压

板料冲压是利用冲模使板料分离或变形的加工方法。这种加工方法通常是在冷态下进行的，所以又叫冷冲压。只有当板料厚度超过 8～10mm 时，才采用热冲压。

冲压加工的应用范围较广，既适用于金属材料，也适用于非金属材料；既可加工仪表上的小型制件，也可加工汽车覆盖件等大型制件。它在汽车、拖拉机、航空、电器、仪表及日常生活用品等行业中，都占有极其重要的地位。

板料冲压具有下列特点：

1）材料利用率高，可以冲压出形状复杂的零件，废料较少。

2）产品尺寸精度高、表面粗糙度值低、互换性好，一般不再加工或只进行一些钳工修整即可作为零件使用。

3）能获得质量小、材料消耗少、强度和刚度较高的零件。

4）冲压生产操作简单，便于实现机械化和自动化，生产率高。

5）冲模结构复杂，精度要求高，制造费用高。只有在大批量生产的条件下，这种加工方法的优越性才显得较突出。

冲压生产中常用的设备是剪床和压力机。剪床用来把板料剪切成一定宽度的条料，以供下一步的冲压工序用。压力机用来实现冲压工序，制成所需形状和尺寸的成品零件供使用。压力机的最大吨位可达4000t。

12.2.3　少无切削锻压工艺简介

锻压件通常用作毛坯，经切削加工才能成为零件。若采用特种锻造、挤压、轧制等少无切削锻压加工方法，则可提高锻压件的尺寸精度，减小表面粗糙度值，从而减少切削加工工时、节省原材料和能源消耗，有利于降低生产成本和提高生产率。

1. 特种锻造

精密模锻是锻制高精度锻件的一种工艺。精密模锻件表面光滑，尺寸精度高，因此一般不需切削加工或只需少量的切削加工。精密模锻多用于中小型零件的大批量生产，如汽车、拖拉机中的直齿锥齿轮，发动机连杆，汽轮机叶片，飞机操纵杆，自行车、缝纫机零件，医疗器具以及日用品等。

2. 挤压

坯料在三向不均匀压应力作用下，从模具的孔口或缝隙挤出，使其横截面积减小、长度增加，成为所需制品的加工方法称为挤压。挤压是在专用挤压机上进行的，也可在经适当改进后的通用曲柄压力机或摩擦压力机上进行。这种成形方法起初只用于生产金属型材，自20世纪50年代以来，逐步扩大到用来制造各种零件或毛坯。

按挤压温度可分冷挤、温挤和热挤；按坯料从模孔中流出部分的运动方向与凸模运动方向的关系可分为正挤压、反挤压、复合挤压和径向挤压，如图12-8所示。

3. 轧制

金属坯料在旋转轧辊的碾压作用下产生连续的塑性变形，使横截面积减小、长度增加，以获得所要求截面形状制件的加工方法称为轧制。

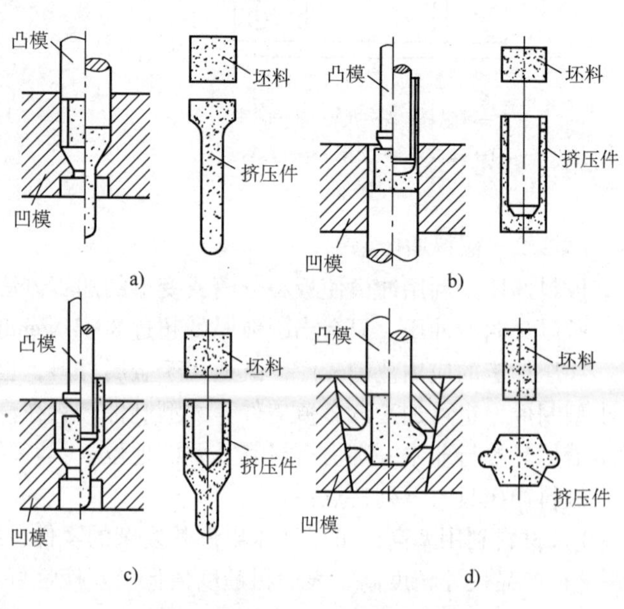

图12-8　挤压方式

a）正挤压　b）反挤压　c）复合挤压　d）径向挤压

按轧辊的转向关系和轧辊轴线与轧制件轴线之间关系的不同，轧制可分为纵轧、横轧、斜轧等，如图12-9所示。

轧制成形和挤压成形一样，除了生产各种型材（图12-10）、板材和无缝钢管等原材料外，现已广泛用来生产各种零件，如火车轮毂、轴承圈、连杆、叶片、丝杠、齿轮及钻头等。它具有生产效率高、质量好、节省金属材料和能源

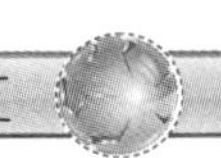

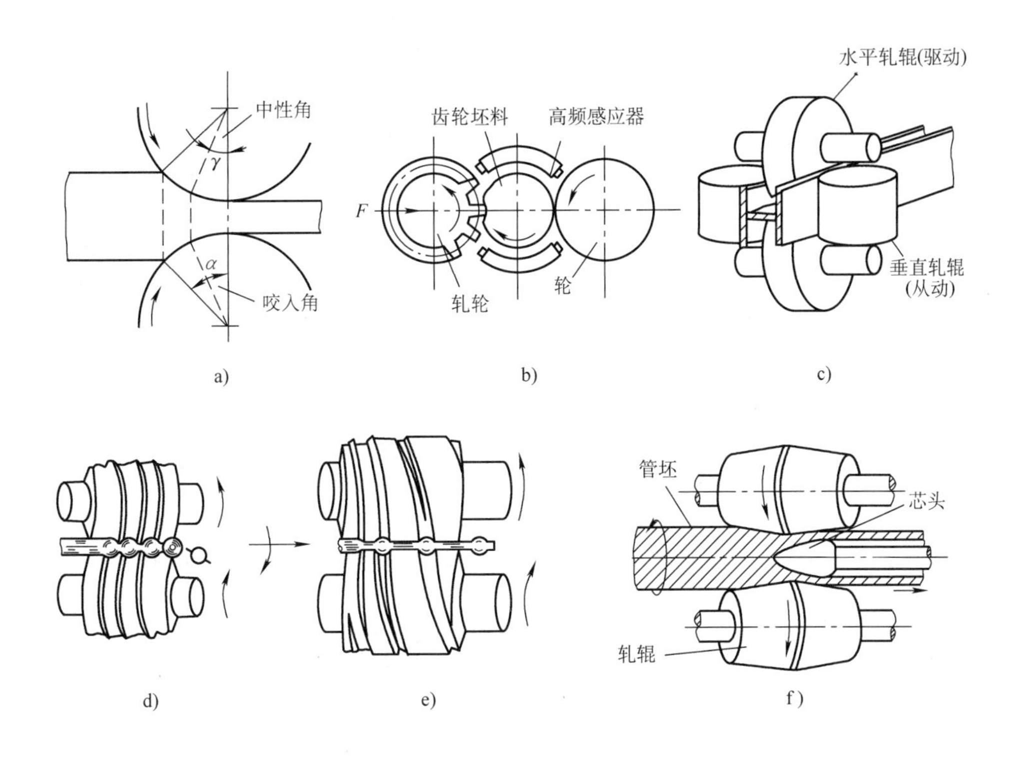

图 12-9　轧制种类示例

a）纵轧板材　b）热横轧齿轮　c）H 型钢轧制　d）螺旋斜轧钢球

e）周期螺旋斜轧　f）无缝钢管轧制

消耗，易实现机械化、自动化等优点。但通用性差，一般只适用于大批量生产。

4. 拉拔成形

坯料在牵引力作用下通过模孔拉出，使其产生塑性变形而得到横截面积减小、长度增加的制品的工艺称为拉拔（图 12-11）。

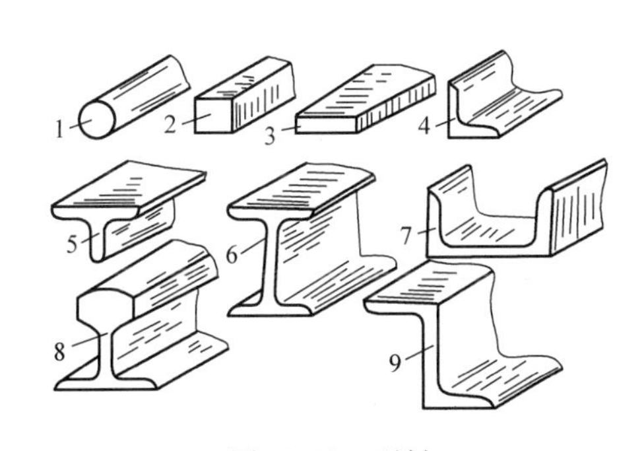

图 12-10　型材

1—圆钢　2—方钢　3—扁钢　4—角钢

5—T 字钢　6—工字钢　7—槽钢

8—钢轨　9—Z 字钢

目前，拉拔制品主要有线材、棒材、型材和管材。线材拉拔主要用于各种金属导线、工业用金属线以及电器中常用的漆包线的拉制成形。此时的拉拔也称为拉丝。拉拔生产的最细金属丝直径可达 0.01mm 以下。线材拉拔一般要经过多次成形，且每次拉拔的变形程度不能过大，必要时要进行中间退火，否则会将线材拉断。

拉拔生产的棒料可有多种截面形状，如圆形、方形、矩形、六角形等。

型材拉拔多用于特殊截面或复杂形状截面的异形型材（图 12-12）的生产。

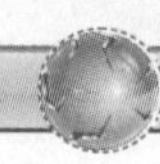

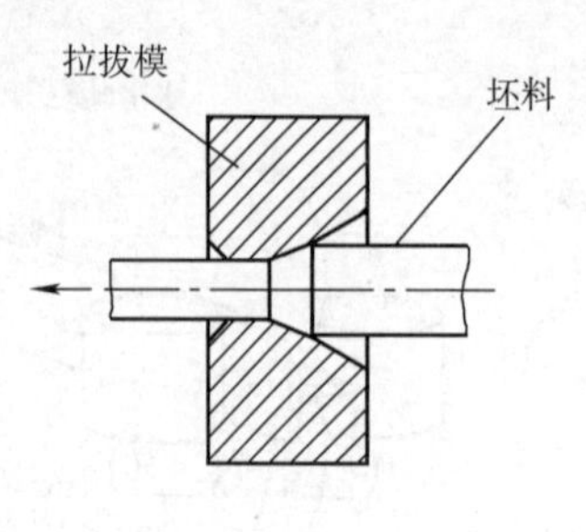

图 12-11　拉拔示意图

图 12-12　拉拔型材截面形状

12.3　焊　　接

焊接是利用局部加热或加压等手段，使分离的两部分金属通过原子的扩散与结合而形成永久性连接的工艺方法。

焊接方法的种类很多，根据实现金属原子间结合的方式不同，可分为熔焊、压焊和钎焊三大类（图 12-13）。

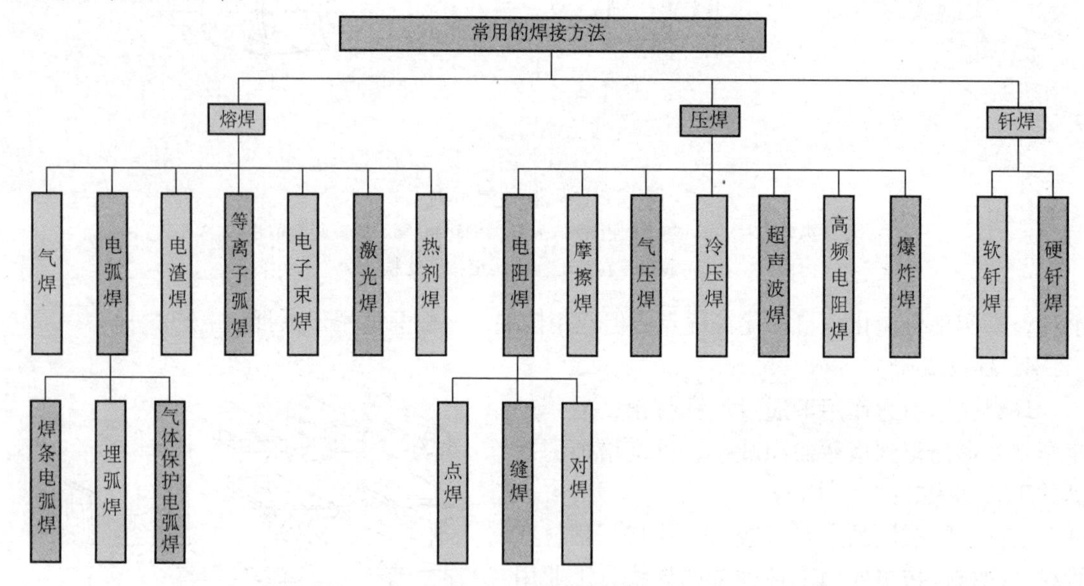

图 12-13　焊接方法分类

熔焊是利用外加热源将焊件局部加热至熔化状态，一般还同时熔入填充金属，然后冷却结晶成一体的焊接方法。熔焊的加热温度较高，焊件容易变形；但接头表面的清洁程度要求不高，操作方便，适用于各种常用金属材料的焊接，应用较广。

压焊是对焊件加热（或不加热）并施压，使其接头处紧密接触并产生塑性变形，从而形成原子间结合的焊接方法。压焊只适用于塑性较好的金属材料的焊接。

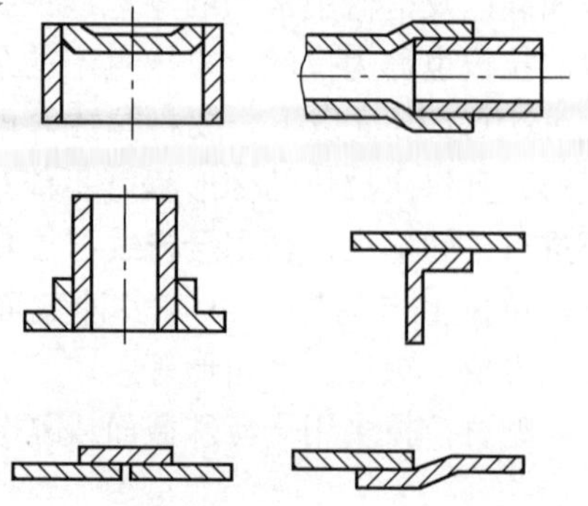

图 12-14　钎焊的接头形式

钎焊（图 12-14）是将低熔点的钎料熔化，填充

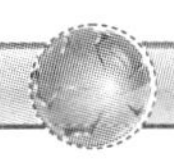

到接头间隙中，并与固态母材（焊件）相互扩散实现连接的焊接方法。钎焊不仅适用于同种或异种金属的焊接，还广泛用于金属与玻璃、陶瓷等非金属材料的连接。

焊接方法具有以下优点：

(1) 成形方便　焊接方法灵活多样，工艺简便，能在较短的时间内生产出复杂的焊接结构。在制造大型、结构复杂的零件时，可结合采用铸件、锻件和冲压件，化大为小，化复杂为简单，再逐次装配焊接而成。例如，万吨水压机的横梁和立柱的生产便是如此。

(2) 适应性强　采用相应的焊接方法，既能生产微型、大型和复杂的金属构件，也能生产气密性好的高温、高压设备和化工设备；既适应单件小批量生产，也适应大批量生产。同时，采用焊接方法，还能连接异类金属和非金属。例如，核反应堆中金属与石墨的焊接、硬质合金刀片与车刀刀杆的焊接。现代船体、车辆底盘、各种桁架、锅炉、容器等都广泛采用了焊接结构。

(3) 生产成本低　与铆接相比，焊接结构可节省10%～20%的材料，并可减少划线、钻孔、装配等工序。另外，采用焊接结构能够按使用要求选用材料。在结构的不同部位，按强度、耐磨性、耐蚀性、耐高温等要求选用不同材料，具有更好的经济性。

但是，目前的焊接技术尚存在一些问题：生产自动化程度较低，结构不可拆，更换修理不方便；焊接接头组织性能不稳定；存在焊接应力，容易产生焊接变形、焊接缺陷等。焊接接头往往是锅炉压力容器等重要容器的薄弱环节，实际生产中应特别注意。焊接生产过程的质量只能靠焊后无损检测，甚至是破坏性的定时定量抽查来加以检验。

12.3.1 焊条电弧焊

焊条电弧焊（图12-15）使用的设备有直流弧焊机和交流弧焊机，需要的材料主要是焊条。

1. 直流弧焊机

直流弧焊机的电源分焊接发电机和弧焊整流器两种。

(1) 焊接发电机　焊接发电机由交流电动机和直流电焊发电机组成。其电弧稳定，能适应各种焊条，但结构复杂、噪声大、成本高。

(2) 弧焊整流器　弧焊整流器是一种将交流电通过整流转换为直流电的直流弧焊机。其结构简单、维修容易、使用普遍。

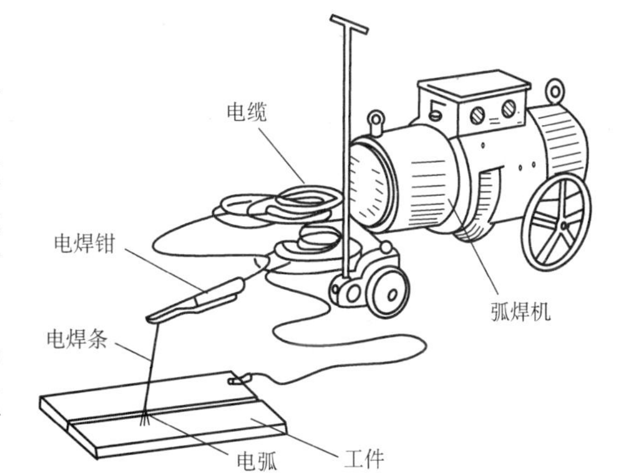

图12-15　焊条电弧焊示意图

2. 交流弧焊机

交流弧焊机又称弧焊变压器，它是符合焊接要求的降压变压器。其结构简单、制造方便、成本低廉、节省电能、使用可靠、维修方便，缺点是电弧不够稳定。

3. 焊条

焊条是涂有药皮的供焊条电弧焊用的熔化电极。焊条的组成包括：

(1) 焊芯　焊芯是焊条中被药皮包覆的金属芯，起导电和填充金属的作用。焊芯的化学成分和杂质直接影响着焊缝质量。

(2) 药皮　药皮是压涂在焊芯表面的涂料层。它的作用是稳定电弧，形成保护性气体和熔渣，使焊缝脱氧和添加化学元素，保证焊缝质量，提高焊接生产率。

12.3.2　埋弧焊

埋弧焊（图12-16）也称熔剂层下自动焊。它因电弧埋在焊剂下，看不见弧光而得名。埋弧焊机由焊接电源、焊车和控制箱三部分组成。

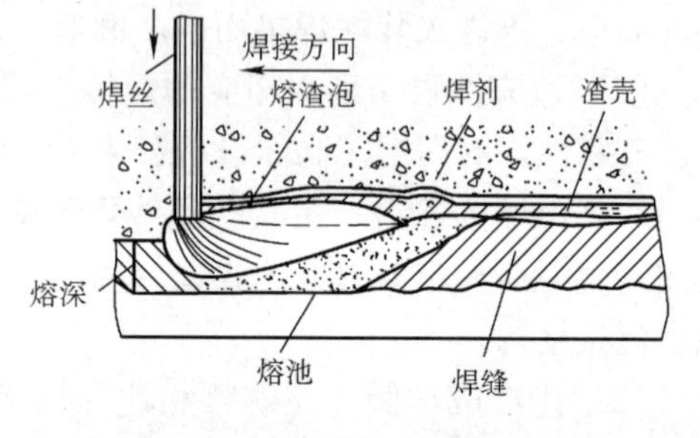

图12-16　埋弧焊的焊缝形成过程

12.3.3　气体保护电弧焊

用外加气体作为电弧介质并保护电弧和焊接区的电弧焊，简称气体保护电弧焊，常用的有氩弧焊和二氧化碳气体保护焊两种。

1. 氩弧焊

氩弧焊是以氩气为保护气体的电弧焊。氩气是惰性气体，在高温下不和金属起化学反应，也不溶于金属，可以保护电弧区的熔池、焊缝和电极不受空气的有害作用，是一种较理想的保护气体。氩气电离势高，引弧较困难，但一旦引燃就很稳定。氩气纯度要求达到99.9%。

2. 二氧化碳气体保护焊

用二氧化碳气体作为保护气体的电弧焊称为二氧化碳气体保护焊，它以焊丝为电极，靠焊丝和焊件之间产生的电弧熔化金属与焊丝，以自动或半自动方式进行焊接（图12-17）。

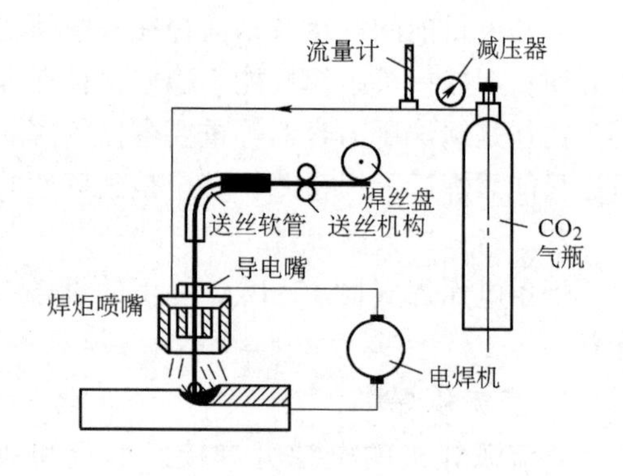

图12-17　二氧化碳气体保护焊示意图

12.3.4　电阻点焊

电阻点焊（图12-18）是将焊件装配成搭接接头并压紧在两电极之间，利用电阻热熔化母材金属，形成焊点的电阻焊方法，广泛用于制造汽车车厢、飞机外壳和仪表等轻型结构。

为提高焊接质量和焊接生产率，利用传统的电阻点焊焊接方法组织生产线，实现机械化，使焊接过程自动化、智能化是重点发展方向。目前，全世界50%以上的工业机器人被用于焊接技术。

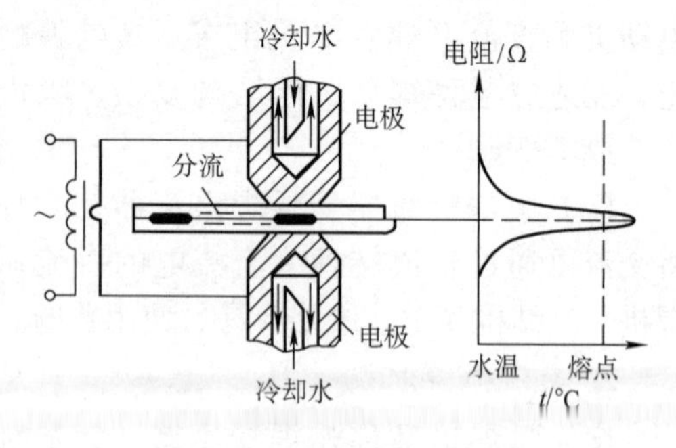

图12-18　电阻点焊示意图

12.3.5　高能束焊接方法

1. 电子束焊

电子束焊是利用加速和聚焦的电子束轰击置于真空或非真空中的工件所产生的热能进行焊接的方法。现代电子束焊机装备先进的控制系统，焊接过程和焊接参数全部由计算机控制，焊接速度快，生产率高；又因电子束电流小，焊件的热影响区和变形极小；焊缝深而窄，焊缝金属纯净，故在火箭、飞机、汽车的部件连接中逐步推广使用。

2. 等离子弧焊

等离子弧焊是借助水冷喷嘴对电弧的拘束作用，获得较高能量密度的等离子弧进行焊接的方法。其能量集中、弧柱温度高、电弧柔性好，焊接质量非常稳定，广泛用于不锈钢、钛合金薄板的拼接和筒体纵缝的焊接及各种管件环缝的焊接。

3. 激光焊

激光焊是以聚焦的激光束作为能源轰击工件，利用所产生的热量进行焊接的方法。激光束能量密度大，加热范围小，焊接速度高；焊缝可极为窄小，可以焊接所有金属，能在任何空间进行焊接，多用于仪器、微电子工业中超小型元件及空间技术中特种材料的焊接。

12.3.6　特种焊接方法

1. 超声波焊

超声波焊是利用超声波的高频振荡能对工件接头进行局部加热和表面清理，然后施加压力实现焊接的一种压焊方法。它可以焊接一般焊接方法难以焊接或无法焊接的焊件和材料，如铝、铜、镍、金、银等的薄件。目前超声波焊广泛应用于无线电、仪表、精密机械及航空工业等行业。

2. 扩散焊

扩散焊是将工件在高温下加压，但不产生可见变形和相对移动的固态焊接方法。它能焊接同种和异种金属材料，特别是不适于熔焊的材料，还可用于金属与非金属间的焊接，将小件拼成力学性能均一且形状复杂的大件，以代替整体锻造和机械加工。

3. 爆炸焊

爆炸焊是利用炸药爆炸产生的冲击力造成焊件的迅速碰撞以实现焊件连接的一种压焊方法。美国阿波罗登月宇宙飞船的燃料箱用钛板制成，它与不锈钢管的连接就采用了爆炸焊方法。日本则利用爆炸焊方法维修舰船。

第 13 章　产品加工方法——金属切削加工

13.1　金属切削加工的基本知识

切削加工是指使用切削刀具从工件上切除多余材料，以获得几何形状、尺寸精度和表面质量等都符合要求的零件或半成品的加工方法。切削加工是在材料的常温状态下进行的，包括机械加工和钳工加工两种类型，其主要形式有车削、钻削、刨削、铣削、磨削、齿形加工、锉削和锯削等。习惯上常说的切削加工是指机械加工。

机械零件的形状很多，但从几何学的角度来看，它们都是由圆柱面、圆锥面、平面和各种成形面组成的。例如：圆柱面与圆锥面是以直线为母线、以圆为运动轨迹做旋转运动时所形成的表面；平面是以一条直线为母线、另一条直线为运动轨迹做平移运动时所形成的表面；成形面是以曲线为母线、以圆或直线为运动轨迹所形成的表面，如图 13-1 所示。

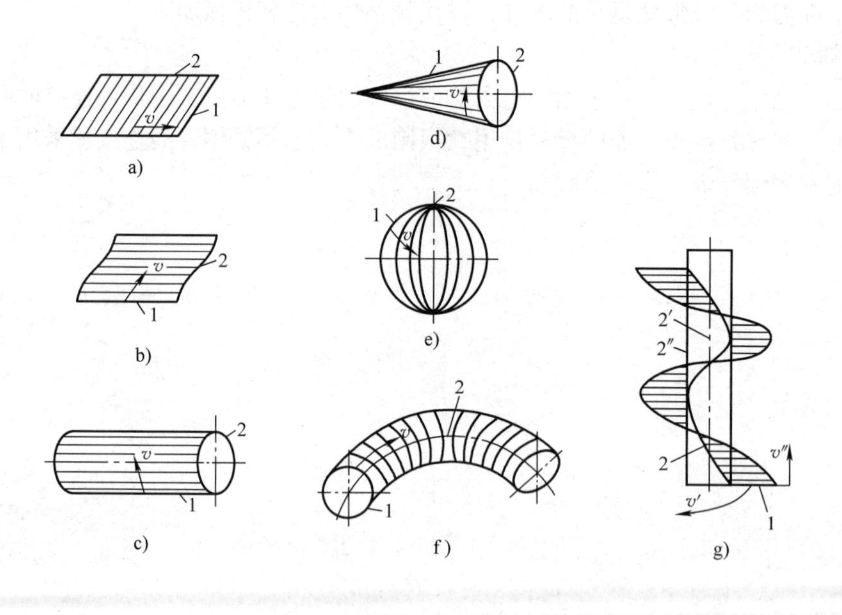

图 13-1　切削运动形成的零件表面

1—母线　2—导线

13.1.1　切削运动

切削运动是指切削过程中加工刀具与工件间的相对运动，包括主运动和进给运动两种基本运动，如图 13-2 和图 13-3 所示。主运动只有一个，可以是旋转或者移动；进给运动可以有一个或者几个，运动形式有平移的、旋转的，连续的、间歇的。

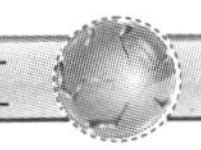

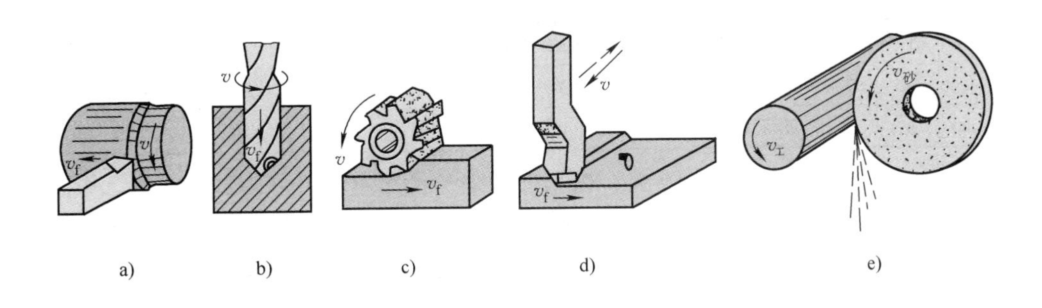

图 13-2　切削运动示意图

13.1.2　刀具

刀具种类很多，其形状各不相同。刀具材料应具备以下基本特性：

（1）高硬度　高于工件材料的硬度，常温硬度必须在 62HRC 以上，并且要求保持较高的高温硬度（热硬性）。

（2）足够的强度和韧性　刀具必须有足够的强度和韧性，以便承受切削力、冲击和振动。

（3）高耐磨性　耐磨性是抵抗机械磨损、磨料磨损、黏结磨损、热电磨损等的能力，是刀具力学性能、组织结构和化学性能的综合反映。

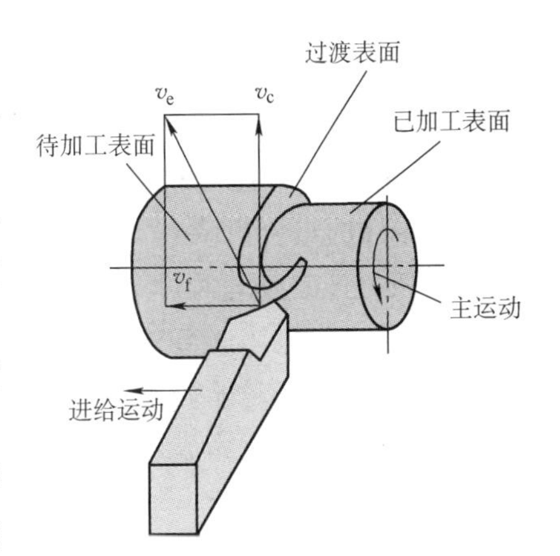

图 13-3　切削要素示意图

（4）良好的导热性　刀具材料的热导率越大，其导热能力越强，越有利于降低切削温度，提高耐热性能和刀具使用寿命。

（5）良好的工艺性　为了便于制造，要求刀具材料有较好的可加工性。

（6）经济性好　刀具材料分摊到每个加工零件上的成本低，材料符合本国资源国情，推广容易。

13.2　金属切削加工方法及其设备

13.2.1　机床概述

机床设备包括金属切削机床、木工机床、特种加工机床、锻压机械等。下面主要介绍使用最广、数量最多的金属切削机床。金属切削机床的品种很多，为便于选用、开发和管理，需要对机床设备进行分类。

1. 机床设备的分类

（1）按加工方式、工作原理和所用刀具分类　这是最基本的分类方法，我国将机床设备分为 11 类，即车床（C）、钻床（Z）、镗床（T）、磨床（M）、齿轮加工机床（Y）、螺纹加工机床（S）、铣床（X）、刨插床（B）、拉床（L）、锯床（G）和其他机床（Q），我国金属切削机床型号的编制就是按这种方法进行的，见表 13-1。

表13-1　机床的类代号

类别	车床	钻床	镗床	磨床			齿轮加工机床	螺纹加工机床	铣床	刨插床	拉床	锯床	其他机床
代号	C	Z	T	M	2M	3M	Y	S	X	B	L	G	Q
读音	车	钻	镗	磨	二磨	三磨	牙	丝	铣	刨	拉	割	其

（2）按工件大小和机床重量分类　按工件大小和机床重量可分为仪表机床、中小型机床（<10t）、大型机床（≥10t）、重型机床（≥30t）和超重型机床（≥100t）。

（3）按加工精度分类　按加工精度可分为普通精度级（P）（精度指标与现行国际标准或国外先进标准的技术水平相当）、精密级（M）和高精度级（G）。

（4）按工艺范围的宽窄分类

1）通用机床是可加工多种工件、完成多种工序、使用范围较广的机床。

2）专门化机床是用于加工形状相似而尺寸不同的工件的特定工序的机床（如滚齿机、曲轴磨床、凸轮车床、精密丝杠车床）。

3）专用机床是用于加工特定工件的特定工序的机床（如解放牌汽车发动机气缸镗床、加工专门零件的组合机床）。

（5）按机床自动化程度分类

1）手动操作机床（普通机床）是必须在工人操作下才能完成加工过程的机床。

2）半自动机床是能完成半自动循环的机床（需要工人装卸毛坯、工件）。

3）自动机床是能完成自动循环的机床。

2. 机床设备的型号

我国机床设备型号是由汉语拼音字母及阿拉伯数字组成的，用以简明表示机床类型、主要技术参数、性能和结构特点的机床产品代号。在GB/T 15375—2008《金属切削机床　型号编制方法》中，介绍了各类通用机床和专用机床型号的表示方法。

3. 机床设备的选择

机床设备选择要从机床质量、价格、寿命、灵活性等方面考虑。一般情况下，用户都是遵循好看、好听、好用、好修、好买的原则来选择机床设备的。

好看的机床设备，是技术与艺术的完美结合，是满足物质功能需要的实用性与满足精神功能需要的审美性的完美结合，是产品与艺术品的完美结合。人对美的追求，在一定程度上能衬托出他的文化内涵。随着社会发展和文明程度的不断提高，人们对机床设备的造型也提出了越来越高的要求。好看的机床设备造型能拉近人机之间的距离，能提起操作的欲望，能引起对设备更多的关爱。另一方面，机床设备的外观质量要好，在它的外露表面没有磕碰划伤和扭曲变形；加工面光洁，没有锈蚀、拉毛和毛刺；涂镀层没有漏涂、泛色、起皮等缺陷。好的外观质量，在一定程度上能反映出其精工细作的内在质量，能反映出生产企业的管理和生产的文明程度。因此人们在选择机床设备时，对外观质量提出了越来越高的要求。

好听就是要求机床设备在运行时的噪声很低。噪声是反映机床设备质量的重要综合指标，它能或多或少地反映出设计质量、零件加工质量、外购件的选用质量、零部件结构刚度、装配质量、润滑方式、运行时发热的可能性、使用后工件加工质量的稳定性等。好听的第二层意思是在进行用户调研时，其他用户对该机床设备的使用评价要好听。若调研后发现其他用户使用后对该机床都是怨声载道，后来的用户则不愿去重蹈覆辙。好听的第三层意思

是在进行市场调研后，去购置市场声誉好的名牌机床设备。一般说来，声誉好的名牌机床设备，其质量稳定可靠，服务网点多，受到广大用户欢迎和信赖。

好用是选择机床设备的最重要准则。所选机床设备一定要满足使用功能要求，满足加工工艺要求。它能高效、经济地加工出满足质量要求的工件，工件加工质量稳定；机床设备的附件、备件及相关技术资料齐全，有拓展功能的余地；机床操作轻巧、方便、简单，对操作者的能力要求不是很高；劳动条件好，不污染环境，对使用环境质量的要求低；符合操作使用习惯，运行费用低；设备安全性、可靠性好，不易发生操作事故，寿命长，维护保养容易等。

好修就是要求机床的售后服务好，响应速度快，故障诊断方便迅速，备件供应充足，维修更换简便，维护费用低，无后顾之忧等。

好买是指机床设备的性价比高，售前提供的资料充分翔实，有很大选择余地，购买手续简便，渠道通畅，占用资金少，信誉度好，供货及时等。

13.2.2　金属切削加工方法及其设备

1. 车床及车削加工

车床是切削加工中应用最广泛的一种机床设备，在一般机械制造厂中，车床约占金属切削机床总台数的20%～35%。车床主要用车刀对旋转工件表面进行车削加工，通常以工件旋转为主运动，以车刀的移动为进给运动。

在金属切削加工中，车削加工是最基本和应用最广的切削加工方法，其加工范围很广，如图13-4所示。

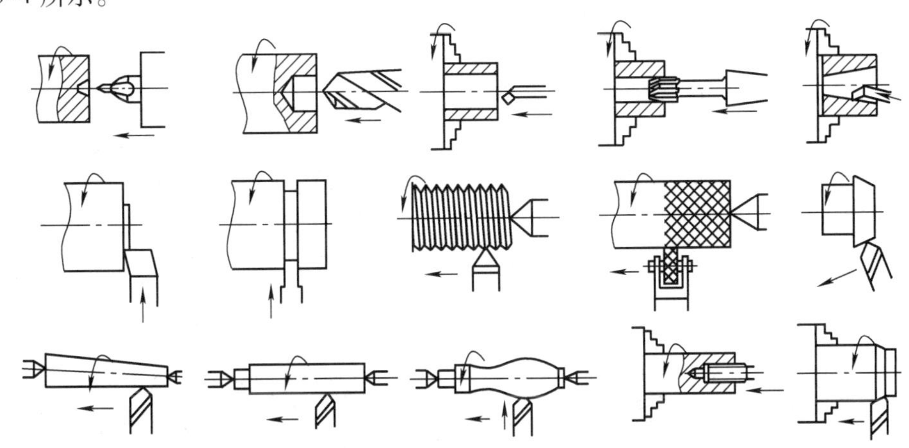

图13-4　卧式车床典型加工范围

按用途和结构的不同，车床的主要类型有卧式车床、立式车床、转塔车床（曾称为六角车床）、单轴自动车床等，此外在大批量生产中，还使用各种专用车床。在各种类型的车床中，最常见的是卧式车床。根据功能要求的不同，这类车床又可分为卧式车床（曾称为普通车床）、马鞍车床、精密车床、无丝杠车床、卡盘车床、落地车床、球面车床等。CA6140型车床是我国20世纪70年代研制成功的普通精度级卧式车床。经过长期实践考验和不断改进完善，其工艺性能又有了一定提高。

CA6140型卧式车床（图13-5）采用齿轮有级变速，变速范围较宽，加工范围大，可用来低速加工大模数蜗杆，并有高速小进给量。主轴孔径较大，可通过较粗的加工棒料。床身较宽，具有较高的结构刚度、传动刚度和较好的抗振性，适用于强力高速切削。车床控制位集中，操作方便。溜板设有过载保护、碰停机构、快移机构，采用单手操作，备有刻度盘照明。尾座有快速夹紧机构。车床导轨面、主轴锥孔和尾座套筒锥孔都经过中频淬火，耐磨性好。主轴箱、进给箱采用箱外循环、集中润滑，有利于降低主轴箱的温升，减少热变形，提高工作稳定性。

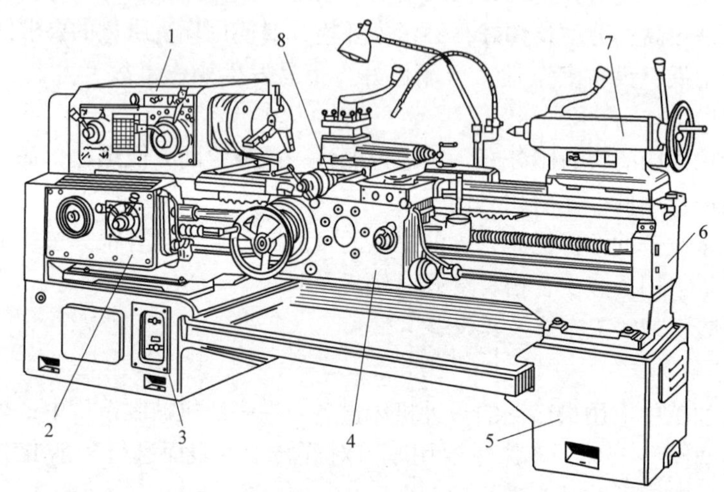

图 13-5 CA6140 型卧式车床外形

1—主轴箱 2—进给箱 3—左床腿 4—溜板箱
5—右床腿 6—床身 7—尾座 8—刀架

2. 铣床及铣削加工

铣削的切削速度高，而且是多刃连续切削，生产率高。铣削加工在机械零件切削和工具生产中占相当大的比重，仅次于车削。铣削加工是在铣床上以铣刀的高速旋转运动做主运动，与工件或铣刀的进给运动相配合，实现平面或成形面的加工。

铣床是用铣刀对工件进行加工的机床。铣床除了能铣平面、沟槽、齿轮、螺纹和外花键外，还能加工较复杂的型面，如图 13-6 所示。铣床的加工效率比刨插床高，在机械制造和修理部门得到了广泛应用。

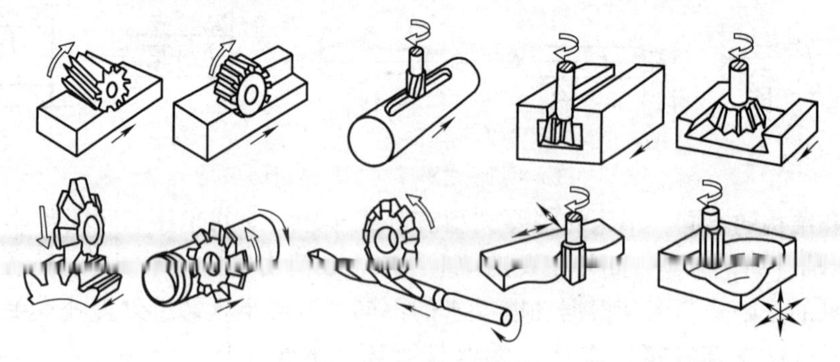

图 13-6 铣削加工范围

铣床的类型很多，主要以布局形式和适用范围加以区分。它的主要类型有升降台铣床、龙门铣床、单柱铣床、悬臂铣床、仪表铣床、工具铣床和专门化铣床等。

升降台铣床具有可沿床身导轨垂直方向移动的升降台，安装在升降台上的工作台和滑座

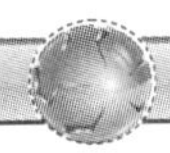

可分别做纵向、横向移动。升降台铣床有万能式、卧式（图 13-7）和立式等类型，是一种应用很广的铣床。万能升降台铣床床身上的主轴为水平布置，上面可安装由主轴驱动的立铣头、插头等附件；工作台除了能做纵、横方向运动外，还能在水平面内回转一定的角度（±45°）。立式升降台铣床（图 13-8）床身上的主轴为垂直布置，可沿轴向进给调整，铣头可在垂直平面内调整角度。

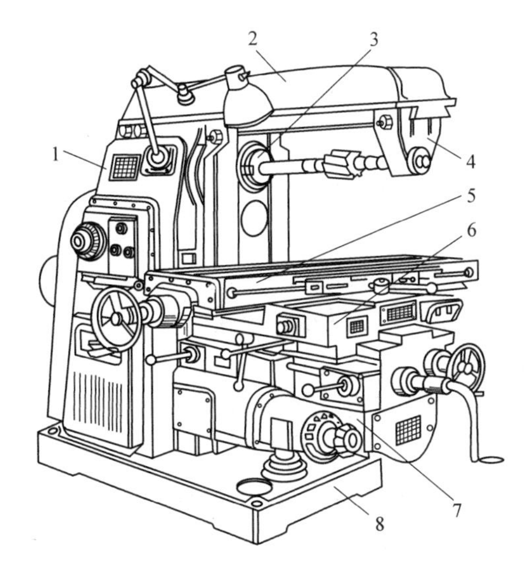

图 13-7　卧式升降台铣床外形图

1—床身　2—悬梁　3—主轴　4—刀轴支架
5—工作台　6—滑座　7—升降台　8—底座

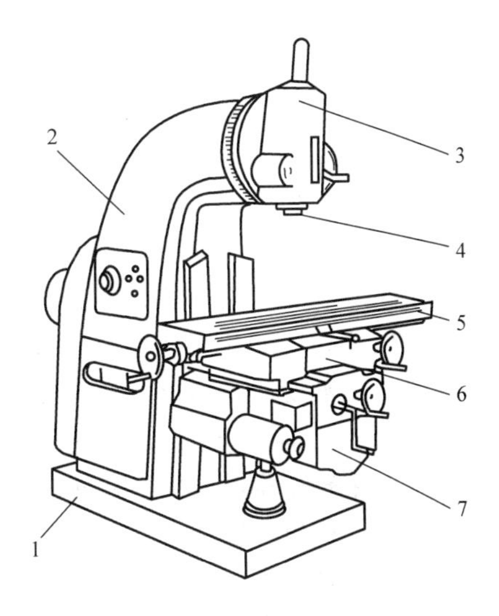

图 13-8　立式升降台铣床外形图

1—底座　2—床身　3—铣头　4—主轴
5—工作台　6—滑座　7—升降台

3. 钻床及钻削加工

加工孔的刀具种类很多，有麻花钻、扁钻、深孔钻及中心钻等，这些都是能从实体材料上加工出孔的刀具。此外，还有扩孔钻、锪钻、铰刀和镗刀等，这些都是在已有孔上进行再加工用的刀具。其中，麻花钻是孔加工时用得最广的刀具。

（1）麻花钻的结构　麻花钻通常是用高速钢制成的。标准麻花钻由柄部、颈部和工作部分组成，其结构如图 13-9 所示。

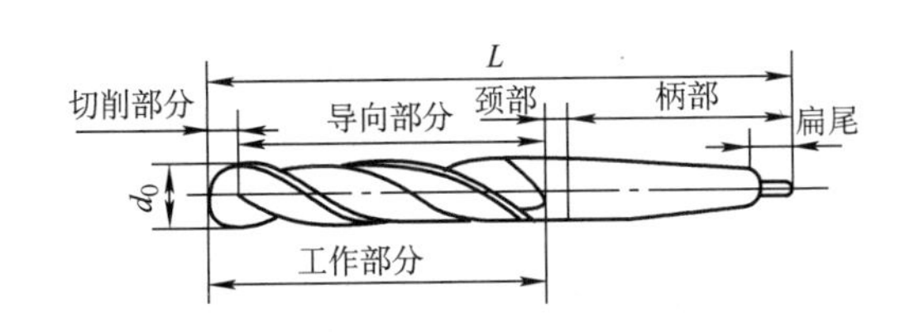

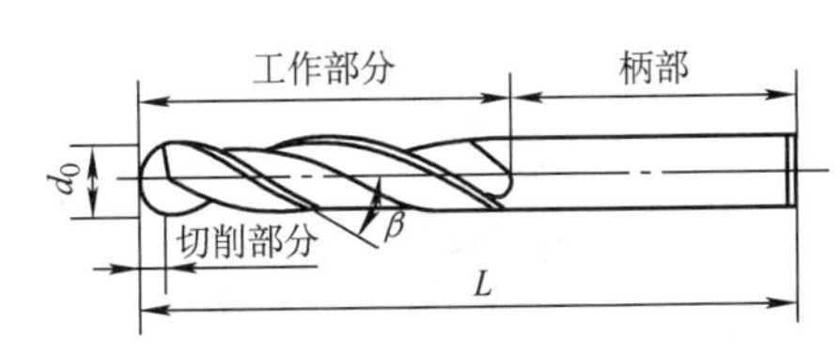

图 13-9　麻花钻结构图

（2）钻床　钻床一般用于钻削孔径不大、精度要求不高的孔。加工时，工件固定不动，刀具做旋转主运动，同时还做轴向进给运动。在钻床上一般可对工件进行钻孔、扩孔、铰孔、攻螺纹、锪孔等加工，如图 13-10 所示。

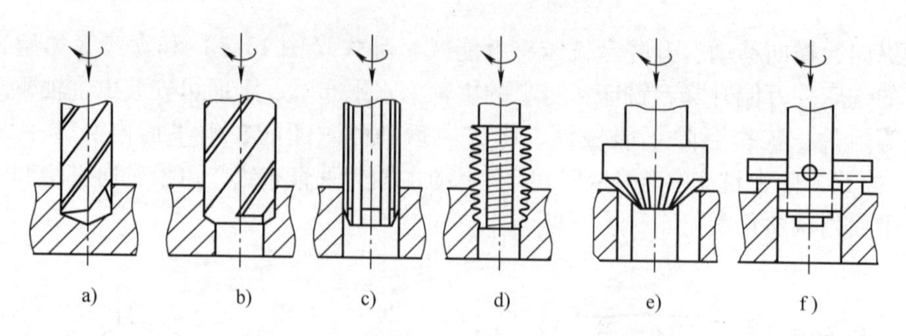

图 13-10　钻床的各种不同加工方法

a）钻孔　b）扩孔　c）铰孔　d）攻螺纹　e）锪孔　f）刮平面

钻床的主要类型有台式钻床、立式钻床、摇臂钻床、深孔钻床、中心孔钻床、铣钻床、卧式钻床等。

台式钻床（台钻）是一种放在桌上使用的小型钻床。台钻的钻孔直径一般在 ϕ13mm 以下，最小可加工 ϕ0.1mm 的孔。台钻小巧灵活、使用方便，是钻小直径孔的主要设备。其进给是手动的，主轴变速是通过改变 V 带在塔形带轮上的位置来调节的。

立式钻床由主轴、进给箱、变速箱、立柱、工作台和底座等部分组成，如图 13-11 所示。电动机使主轴获得需要的各种转速，主轴由主轴套筒带动做直线进给运动，主轴可机动进给，也可手动进给。为适应加工不同高度工件的需要，进给箱和工作台可沿立柱导轨调整上下位置。立式钻床的主轴轴线是固定的，要使钻头与工件孔的中心重合，必须移动工件。因此，立式钻床只适合加工中小型工件。

摇臂钻床（图 13-12）有一个能绕立柱回转的摇臂，上面装有主轴箱，主轴箱可沿摇臂水平导轨移动，从而可将主轴调整到机床加工范围内的任何一个位置，因此，它适合加工大型工件和多孔工件。工件通常安装在工作台上加工，如果工件很大，也可直接放在底座上加工。根据工件高度不同，摇臂可沿立柱上下移动来调整加工位置。加工时，要锁紧摇臂及主轴箱，以免加工振动影响工件质量。

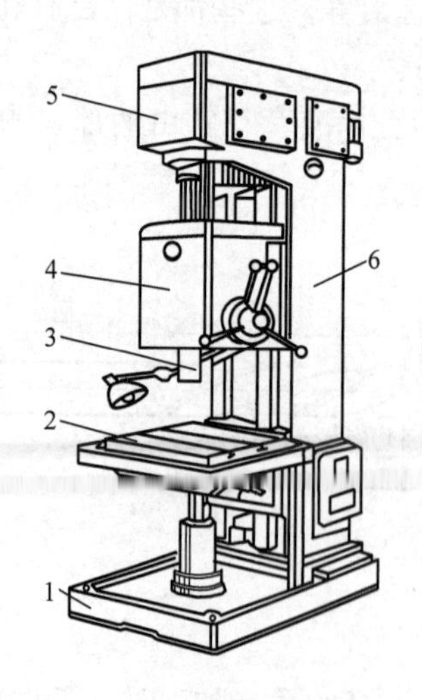

图 13-11　立式钻床外形图

1—底座　2—工作台　3—主轴

4—进给箱　5—变速箱　6—立柱

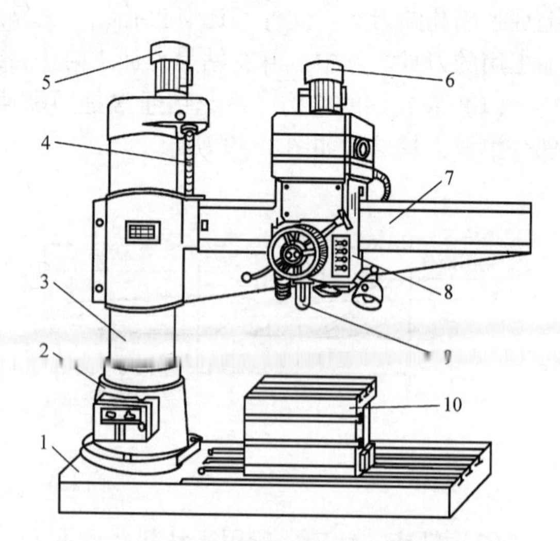

图 13-12　摇臂钻床外形图

1—底座　2—内立柱　3—外立柱　4—丝杠　5、6—电动机

7—摇臂　8—主轴箱　9—主轴　10—工作台

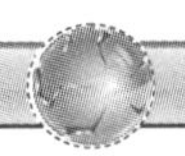

4. 刨插床及刨削加工

刨削加工是在刨插床上，使刨刀（工件）相对工件（刨刀）做水平直线往复运动来实现平面或槽的加工，如图 13-13 ~ 图 13-15 所示。

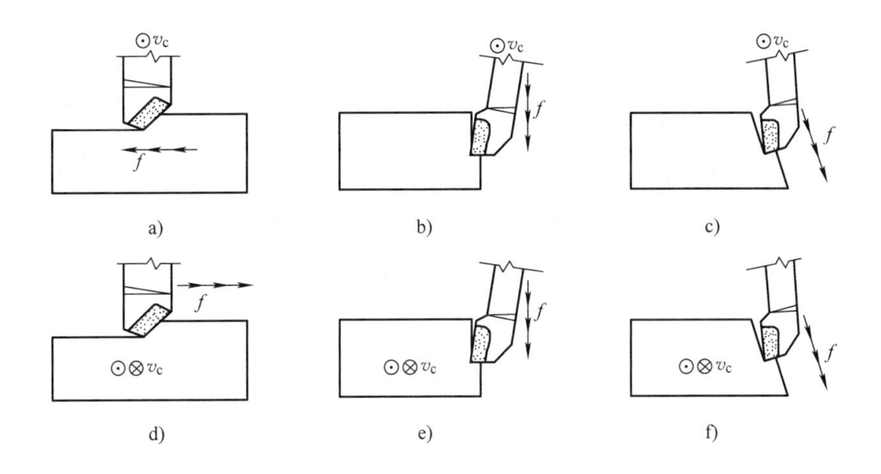

图 13-13　刨平面

a）牛头刨插床刨水平面　b）牛头刨插床刨垂直面　c）牛头刨插床刨斜面
d）龙门刨插床刨水平面　e）龙门刨插床刨垂直面　f）龙门刨插床刨斜面

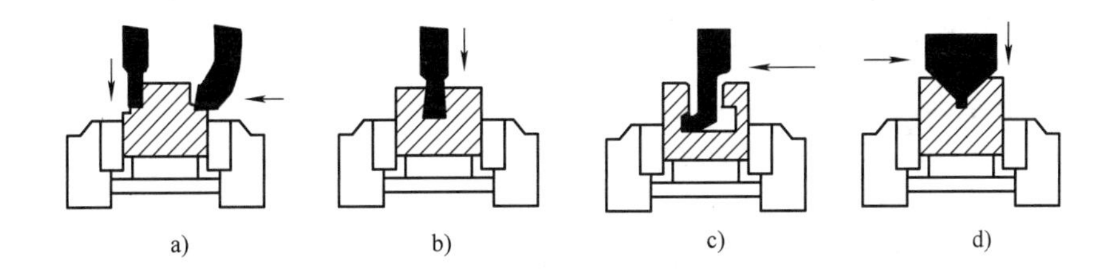

图 13-14　刨槽

a）刨台阶　b）刨直角沟槽　c）刨 T 形槽　d）刨 V 形槽

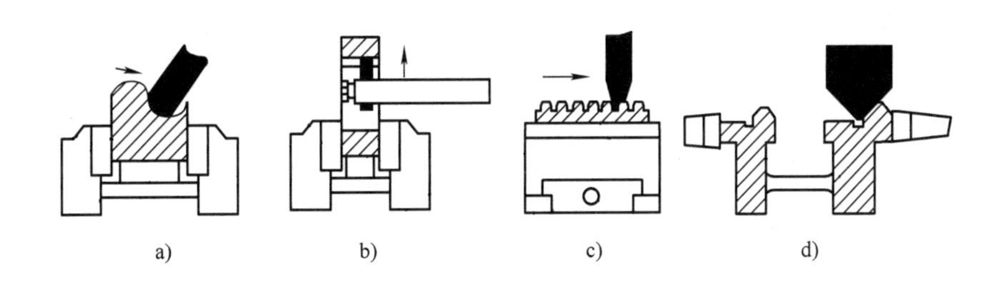

图 13-15　刨复合面

a）刨曲面　b）孔内加工　c）刨齿条　d）刨复合表面

牛头刨床（图 13-16）适合加工小型零件，龙门刨床（图 13-17）适合加工大型或重型零件。

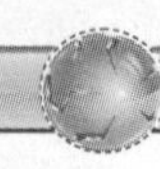

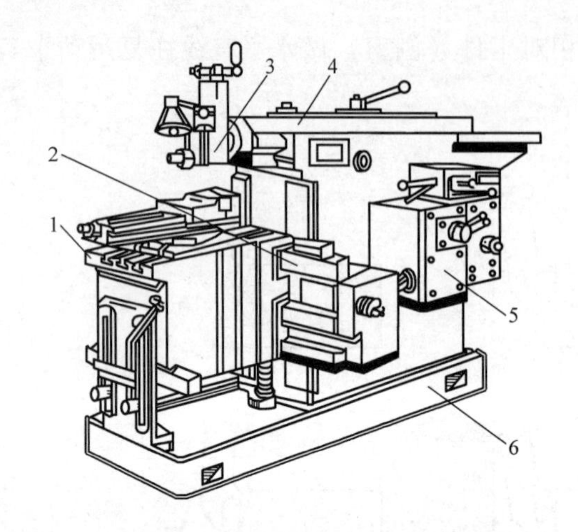

图 13-16　牛头刨床

1—工作台　2—滑座　3—刀架
4—滑枕　5—床身　6—底座

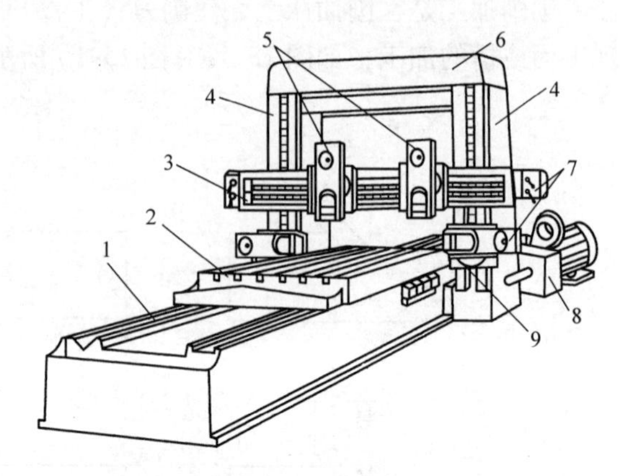

图 13-17　龙门刨床

1—床身　2—工作台　3—横梁　4—立柱　5—立刀架
6—顶梁　7—进给箱　8—变速箱　9—侧刀架

牛头刨床装有刀架的滑枕可沿床身上的导轨在水平方向做往复直线运动，使刨刀实现主运动。刀架座可绕水平轴线调整一定角度；刀架可沿刀架座上的导轨做上、下移动，以调整切削深度。工件直接用螺栓、压板装夹在工作台上，或装夹在工作台上的夹具中。加工时，工作台带动工件沿横梁做间歇的横向进给运动。横梁还可沿床身的竖直导轨做上、下移动，以调整工件与刨刀的相对位置。

5. 磨床及磨削加工

磨削加工是在磨床上采用砂轮作为切削工具，以砂轮的高速旋转运动为主运动，与工件的低速旋转运动或直线运动（或磨头移动）即进给运动相配合，切除工件上多余材料层的一种加工方法。其主要加工形式如图 13-18 所示，常见的 M1432A 型万能外圆磨床如图 13-19所示。

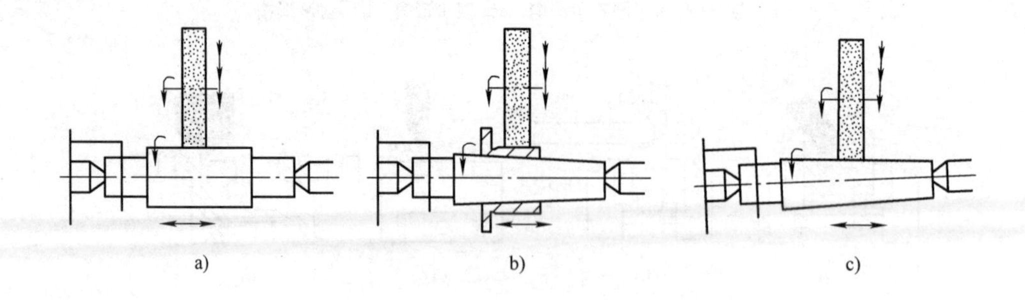

图 13-18　磨削的加工形式

a）磨削轴类零件外圆　b）磨削盘套类零件外圆　c）磨削轴类零件锥面

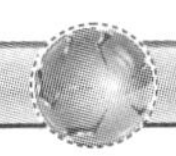

6. 镗床及镗削加工

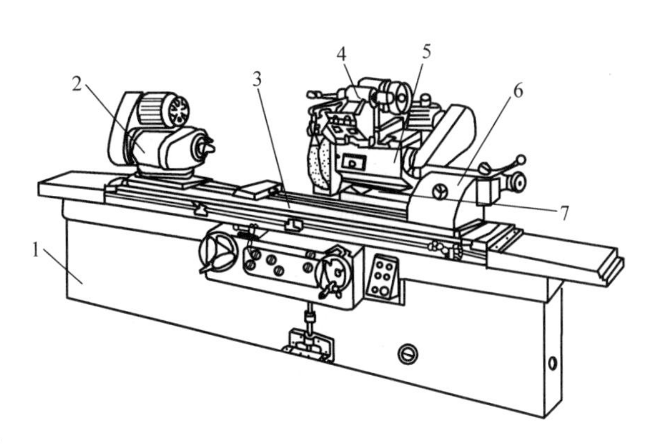

图 13-19　M1432A 型万能外圆磨床

1—床身　2—头架　3—工作台　4—内圆磨具　5—砂轮架　6—尾座　7—滑座

镗削加工是以镗刀旋转为主运动，工件或镗刀做进给运动的切削加工方法，其中，镗孔是主要的加工工艺之一。镗孔是把工件上的预制孔扩大到一定尺寸，使之达到要求的尺寸精度和表面粗糙度。镗削加工特别适合精密长孔和大孔的孔系加工。

镗削使用镗杆和支承，适合加工大型零件、箱体零件和非回转体畸形零件的孔系。镗削一般在镗床、加工中心和组合机床上进行。镗床加工的万能性较强，它可以镗削箱体、支架和机座等工件上的圆柱单孔和孔系，锪平面，镗止口及端面等。当配备各种附件、专用镗杆和相应装置后，还可加工螺纹孔、孔内沟槽、端面、内外球面、锥孔等。镗床主要用于加工质量较大、尺寸较大的工件上的大直径孔系。有些孔还分布在工件的不同表面上，它们不仅有较高的尺寸和形状精度要求，而且相互之间有着较严格的位置精度（如同轴度、平行度、垂直度）要求。镗孔以前的预制孔可以是铸孔，也可以是粗钻后的孔。镗床除用于镗孔外，还可用于钻孔、扩孔、铰孔、镗螺纹、铣平面等加工，如图 13-20 所示。

镗床的主要类型有卧式铣镗床、精镗床和坐标镗床等，其中卧式铣镗床是一种应用较广泛的镗床。在卧式铣镗床上除了镗孔以外，还可完成切槽、车端面等多种加工。图 13-21 所示为卧式铣镗床的结构。要进行其中的某些加工，需要使用与该机床配套的基本附件，如万能镗刀架、平旋盘镗孔刀架、平旋盘铣刀座、精进给刀架、车螺纹刀架等。

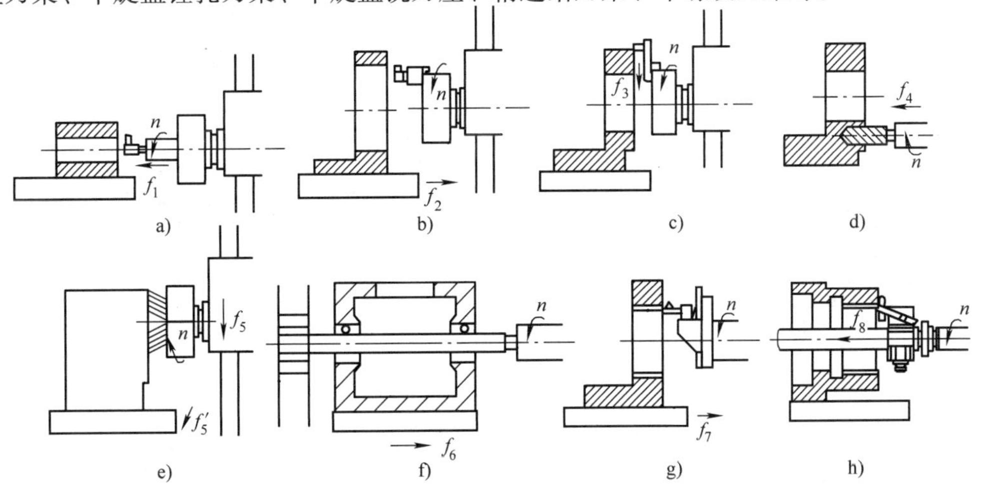

图 13-20　镗床的加工形式

a）用装在镗轴上的悬伸刀杆镗孔　b）用平旋盘上的悬伸刀杆镗孔　c）用平旋盘上的单刀铣端面　d）用装在镗轴上的钻头钻孔　e）用装在镗轴上的面铣刀铣面　f）用装在镗轴上的镗杆镗同轴孔系　g）用装在平旋盘上的车螺纹刀架车内螺纹　h）用装在镗轴上的附件镗内螺纹

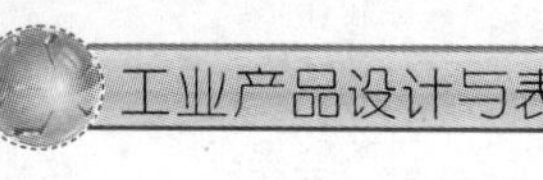

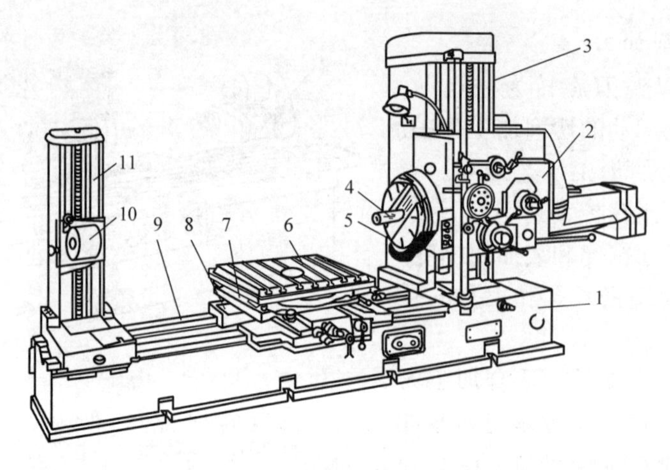

图 13-21　卧式铣镗床的结构

1—床身　2—主轴箱　3—前立柱　4—主轴　5—平旋盘　6—工作台

7—上滑座　8—下滑座　9—导轨　10—支承架　11—后立柱

7. 数控机床

人们把用数字化的指令（脉冲指令）控制机床动作的技术称为数字控制技术，简称数控（NC）。采用数控技术控制的机床，或者说装备了数控系统的机床称为数字控制机床，简称数控机床（NC 机床）。随着计算机技术的发展，数控装置采用了小型通用计算机，称为计算机数控（CNC）。今天已普遍采用微型计算机，称为微机数控（MNC），但习惯上仍称为 CNC。

数控机床是综合应用了电子技术、计算机技术、自动控制、精密测量和机床设计等领域的先进技术成就而发展起来的一种新型自动化机床，具有广泛的通用性和较大的灵活性。图 13-22 和图 13-23 所示分别为某 NC 车床和某 NC 铣床的外形图。

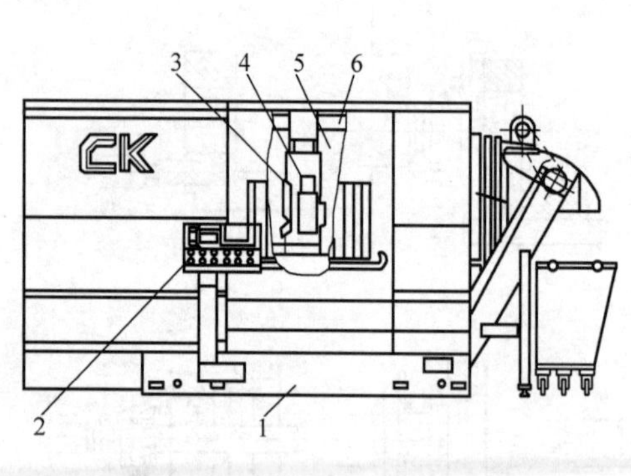

图 13-22　某 NC 车床的外形图

1—底座　2—操作台　3—转塔刀架

4—刀架　5—后斜床身　6—导轨

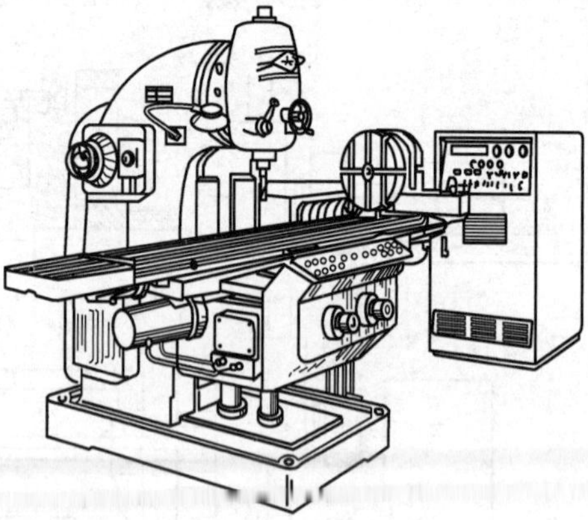

图 13-23　某 NC 铣床的外形图

（1）数控机床的组成和工作原理

1）数控机床的组成。数控机床一般由控制介质、数控装置、伺服系统和机床本体组成。

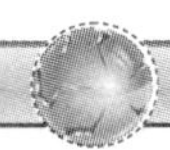

① 控制介质。数控机床是在自动化控制下工作的。数控机床工作时，所需的各种控制信息要靠某种中间载体携带和传输，这种载体称作控制介质。

② 数控装置。数控机床是在以数控装置为核心的数控系统的控制下，按给定的程序自动地对机械零件进行加工的设备。自 20 世纪 50 年代数控机床问世以来，数控装置已由 NC 发展到 CNC。特别是微处理机和微型计算机在数控装置上成功地应用后，使计算机数控装置的性能和可靠性不断提高，成本不断下降，其高性价比，促进了数控机床的迅速发展。

③ 伺服系统。伺服系统是数控机床的执行机构，包括驱动和执行两大部分。伺服系统接收数控装置的指令信息，并按照指令信息的要求带动机床的移动部件运动或使执行部分动作，以加工出符合要求的零件。由于伺服系统是直接控制工作台的移动，所以它应满足进给速度范围大、位移精度高、工作速度响应快以及工作稳定性好等要求。数控机床常用的伺服驱动组件有功率步进电动机、宽调速直流伺服电动机和交流伺服电动机等。

④ 机床本体。机床本体就是数控机床上完成各种切削加工的机械部分，它是数控机床的主体，为保证数控装置和伺服系统的功能更好地实现，数控机床主体的结构有以下特点：

a. 采用高性能的主轴及伺服传动系统，其机械传动结构简单，传动链短。

b. 具有较高的刚度、阻尼和耐磨性，热变形小。

c. 更多地采用高效、精密传动部件，如滚珠丝杠副和直线滚动导轨等，以减少摩擦，提高传动精度。

除上述四个主要部分外，数控机床还有一些辅助装置和附属设备，如电气、液压、气动系统，冷却、排屑、润滑、照明、储运装置，以及编程机、对刀仪等。

2）数控机床的工作原理。用数控机床进行加工，首先必须将被加工零件的几何信息和工艺信息数字化，按规定的代码和格式编制数控加工程序，然后用适当的控制介质将加工程序输入数控系统。数控装置根据输入的加工程序进行信息处理、计算出理想轨迹和运动速度，计算刀具（或工件）轨迹的过程称为插补。然后将处理的结果输出到机床的伺服系统，控制机床运动部件按预定的轨迹和速度运动。当加工对象改变时，除了重新装夹工件和更换刀具外，只需更换一个事先准备好的控制介质，无须对机床做任何调整，就能自动加工出所需的零件。数控机床的加工过程如图 13-24 所示。

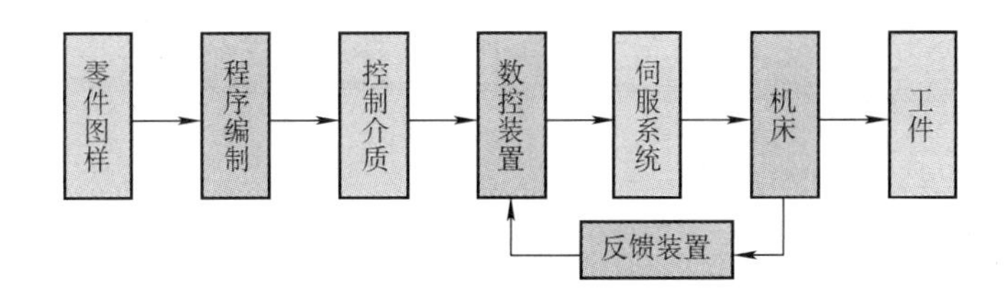

图 13-24　数控机床的加工过程

（2）数控机床的特点　与普通机床相比，数控机床有以下优点：

1）具有充分的柔性，只需更换零件程序就能加工不同零件。

2）加工精度高，产品质量稳定。

3）生产率高，生产周期较短。

4）可以加工形状复杂的零件。

5）大大降低了工人劳动强度。

数控机床也存在以下问题：

1）成本比普通机床高。

2）需要专门的维护保养人员。

3）需要熟练的零件编程技术人员。

8. 加工中心

加工中心比数控机床具有更高的集成度，往往配有刀库、换刀机械手、交换工作台、多动力头等装置。图 13-25 所示为 JCS－018 型立式镗铣加工中心，它实质上是一种具有自动换刀装置的 CNC 立式镗铣机床，主要用于加工板类、盘类、模具及小型壳体件等复杂零件，特别适用于多品种生产的机器制造厂。工件经一次装夹后，即可自动连续完成钻、镗、铣、铰及攻螺纹等多种工序，其加工质量，尤其是表面间的位置精度得到了更好的保证。由于工件装夹、换刀、对刀等辅助时间大为减少，生产率也大为提高。

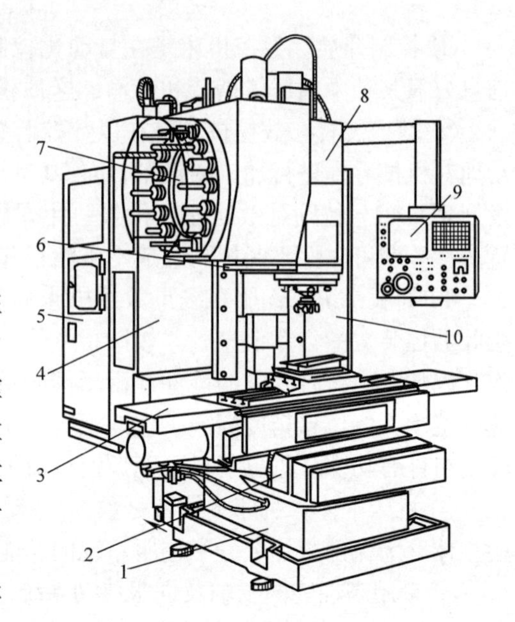

图 13-25　JCS－018 型立式镗铣加工中心
1—床身　2—滑座　3—工作台　4—立柱
5—数控柜　6—机械手　7—刀座
8—主轴箱　9—操纵面板　10—驱动电柜

第 14 章　现代先进制造技术

制造业是国民经济的支柱产业，制造业的发展离不开先进制造技术的支持。为了适应现代机械产品高速、精确、灵活、小型化的需要和世界经济市场多变的特点，以提高机械产品生产率和加工质量为主要目标，机械制造技术的发展出现了许多新技术。根据当代机械制造技术的发展趋势，本章主要介绍先进制造工艺技术、先进工程设计技术和先进制造管理技术。

14.1　先进制造工艺技术

按照产品结构设计方案，将原材料转化为实际产品的过程即为制造工艺过程。制造工艺对产品质量、成本、生产周期等都具有重要的影响。当前制造工艺的发展方向主要有精密与超精密加工、微细加工与纳米技术、特种加工。

14.1.1　精密与超精密加工

1. 精密与超精密加工的概念

精密加工是指在一定的发展时期，加工精度和表面质量达到较高程度的加工工艺。现阶段精密加工的误差范围为 0.1～1μm，表面粗糙度值 $Ra<0.1\mu m$，又称为亚微米加工；超精密加工则是指在一定的发展时期，加工精度和表面质量达到最高程度的加工工艺，现阶段超精密加工的误差可以控制到小于 0.1μm，表面粗糙度值 $Ra<0.01\mu m$，已发展到纳米加工的水平。

2. 精密与超精密加工方法

根据加工过程中加工对象材料质量的增减，精密与超精密加工方法可分为去除加工（加工过程中工件质量减小）、结合加工（加工过程中工件质量增加）和变形加工（加工过程中工件质量基本不变）。精密与超精密加工方法根据其机理和能量性质可分为力学加工（利用机械能去除材料）、物理加工（利用热能去除材料或使材料结合、变形）、化学及电化学加工（利用化学和电化学能去除材料或使材料结合、变形）和复合加工（上述加工方法的复合）。精密与超精密加工的分类、机理与方法见表 14-1。

表 14-1　精密与超精密加工的分类、机理与方法

分　类	加工机理	加工方法示例
去除加工	物理加工	线切割、电火花加工
	电化学加工	电解加工、蚀刻、化学机械抛光
	力学加工	切削、磨削、研磨、抛光、超声波加工
	热蒸发（扩散、溶解）	电子束加工、激光加工

（续）

分　类	加工机理		加工方法示例
结合加工	附着加工	化　学	化学镀覆、化学气相沉积
		电化学	电镀、电铸
		热熔化	真空蒸镀、熔化镀
	注入加工	化　学	氧化、氮化、化学气相沉积
		电化学	阳极氧化
		热熔化	掺杂、渗碳、烧结、晶体生长
		物　理	离子注入、离子束外延
	连接加工	热物理	激光焊接、快速原型
		化　学	化学粘结
变形加工	热流动		精密锻造、电子束流动加工、激光流动加工
	黏滞流动		精密铸造、压铸、注塑
	分子定向		液晶定向

3. 精密与超精密加工的特点

与一般加工方法相比，精密与超精密加工具有如下特点：

（1）进化加工原理　采用一般加工方法时，机床的精度总是高于被加工零件的精度，这一规律称为蜕化原理。对于精密与超精密加工，可利用低于零件精度的设备、工具，通过工艺手段和特殊的工艺装备，加工出精度高于母机的零件，这种方法称为直接式进化加工，常用于单件、小批量生产。

（2）微量切削原理　与传统切削机理不同，精密与超精密加工中，背吃刀量一般小于晶粒大小，切削在晶粒内进行，必须克服分子与原子之间的结合力，才能形成微量或超微量切屑。

（3）综合制造工艺　精密与超精密加工中，要达到加工要求，需要综合考虑加工方法、加工设备与工具、检测手段、工作环境等多种因素。

（4）与自动化技术联系紧密　在精密与超精密加工中，广泛采用计算机控制、自适应控制、在线自动检测与误差补偿技术，以减少人为因素影响，保证加工质量。

（5）加工与检测一体化　精密检测是精密与超精密加工的必要条件，常成为精密与超精密加工的关键。

（6）特种加工与复合加工　传统切削与磨削方法加工精度有限，精密与超精密加工常采用特种加工与复合加工等新的加工方法。

14.1.2　微细加工与纳米技术

1. 微细加工

（1）微细加工的概念　微细加工通常是指1mm以下微细尺寸零件的加工，其加工误差为0.1～10μm。超微细加工通常是指1μm以下超微细尺寸零件的加工，其加工误差为0.01～0.1μm。

根据加工过程中加工对象材料质量的增减，微细加工可分为去除加工、结合加工和变形加工；根据其原理和能量性质，可分为力学（机械）加工、物理（热能）加工、化学和电

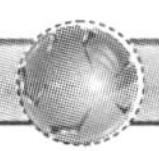

化学加工以及复合加工。

（2）几种代表性的微细加工

1）微细机械加工。微细机械加工主要采用铣、钻、车三种形式，可加工平面、型腔、内外圆柱表面。

2）微细电加工。对于一些刚度小的工件和特别微小的工件，用机械加工很难实现，必须使用电加工、光刻化学加工或生物加工的方法，如线放电磨削或线电化磨削。图 14-1 所示为线放电磨削加工微型轴的原理图。线放电磨削加工的各种工件如图 14-2 所示。

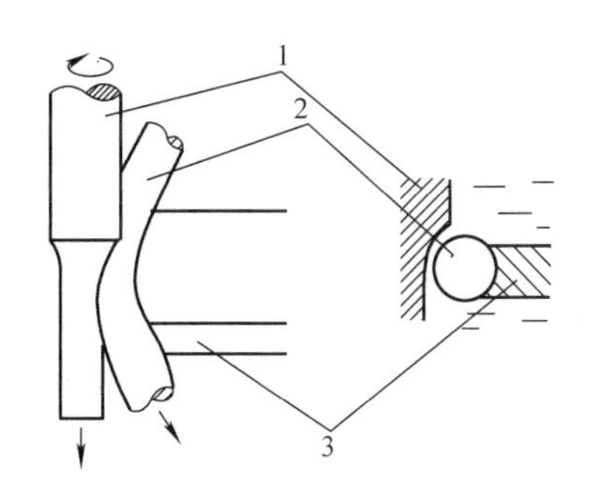

图 14-1　线放电磨削加工微型轴的原理图
1—工件　2—金属丝　3—导丝器

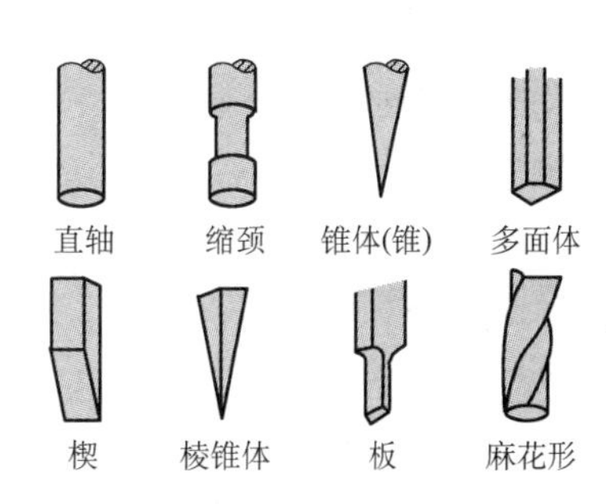

图 14-2　线放电磨削加工的各种工件

3）光刻加工。光刻加工是微细加工中广泛使用的一种加工方法，主要用于制造半导体集成电路以及塑料模具型腔表面等。光刻加工的主要过程（图 14-3）如下：

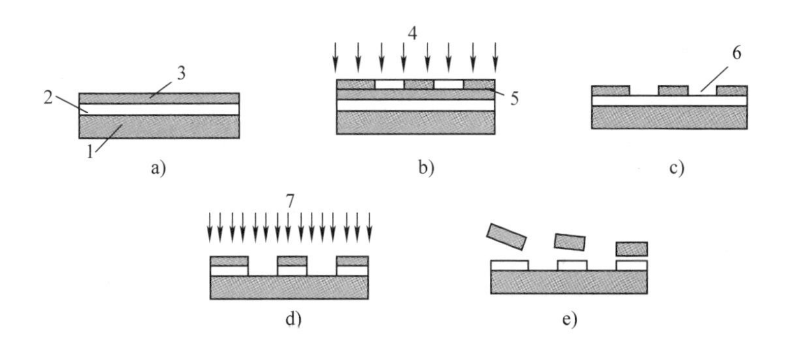

图 14-3　光刻加工过程
a）涂胶　b）曝光　c）显影与烘片　d）刻蚀　e）剥膜
1—基片　2—氧化膜　3—光致抗蚀剂　4—光源（电子束）　5—掩膜　6—窗口　7—离子束

① 涂胶。涂胶是把光致抗蚀剂涂敷在已镀有氧化膜的半导体基片上。

② 曝光。曝光方法有两种：一种是由光源发出的光束经掩膜在光致抗蚀剂涂层上成像，称为投影曝光；另一种是将光束聚焦成细小束斑，通过扫描在光致抗蚀剂涂层上绘制图形，称为扫描曝光。常用的光源有电子束、离子束等。

③ 显影与烘片。曝光后的光致抗蚀剂在一定的溶剂中将曝光图形显示出来，称为显影。显影后进行 200～250℃的高温处理，以提高光致抗蚀剂的强度，称为烘片。

④ 刻蚀。利用化学和物理方法，将没有光致抗蚀剂部分的氧化膜除去并形成沟槽，称为刻蚀。常用的刻蚀方法有化学刻蚀、离子刻蚀、电解刻蚀等。化学刻蚀常用于塑料模具型腔表面加工，以形成塑料制品表面各种花纹或图案。

⑤ 剥膜（去胶）。用剥膜液去除光致抗蚀剂，然后进行水洗和烘干处理的步骤称为剥膜。

半导体集成电路光刻加工设备要求有很高的定位精度，一般要求定位误差小于0.1μm，重复定位误差要求小于0.01μm。

2. 纳米技术

纳米技术通常是指纳米级（0.1～100nm）材料的设计、制造、测量和控制技术。纳米技术涉及机械、电子、材料、物理、化学、生物、医学等多个领域。

纳米技术主要包括纳米测量技术、纳米加工技术、纳米材料、纳米级传感与控制技术和纳米级的微型机械。

14.1.3　特种加工

1. 特种加工基本概念

特种加工是指非传统的机械加工，加工时不需要利用工具对工件直接施加作用力，如电火花成形加工、电火花线切割加工、激光加工、超声波加工、离子束加工等。

（1）特种加工的特点

1）特种加工不是依靠刀具和磨料来进行加工，而是利用电能、热能、光能、声能、化学能来去除金属或非金属材料，工件和工具之间无明显的机械作用力，因此加工时工件变形小，加工精度高。

2）特种加工的方法包括去除加工和结合加工。去除加工即分离加工，如电火花加工时，从工件上去除部分材料。结合加工又可分为附着加工、注入加工和接合加工。附着加工是使工件被加工表面覆盖一层材料，如镀膜等；注入加工是将某些元素的离子注入工件表层，以改变工件表层的材料性质，如离子注入等；接合加工是使两个工件或两种材料接合在一起，如激光焊接、化学粘结等。

3）特种加工时，工具的强度和硬度可以低于工件的强度和硬度，同时工具的损耗很小，甚至无损耗，如激光加工、电子束加工等。

4）特种加工中的能量易于转换和控制，工件一次装夹可以实现粗、精加工，有利于保证加工精度，提高生产率。

（2）特种加工的方法　特种加工的方法类别很多，根据加工机理和所采用的能源可以分为以下几类：

1）力学加工。力学加工是应用机械能进行加工，如超声波加工、喷射加工等。

2）电物理加工。电物理加工是利用电能转换成热能、光能等进行加工，如电火花成形加工、电火花线切割加工、电子束加工、离子束加工等。

3）电化学加工。电化学加工是利用电能转换为化学能进行加工，如电解加工、电镀加工等。

4）激光加工。激光加工是利用激光能转换为热能进行加工。

5）化学加工。化学加工是利用化学能或光能转换为化学能进行加工，如化学腐蚀加工（化学铣削）、化学刻蚀（光刻加工）等。

6）复合加工。复合加工是将机械加工和特种加工叠加在一起进行加工，如电解磨削等。

2. 几种典型的特种加工方法

（1）电火花成形加工　电火花成形加工原理如图14-4所示。自动进给调节装置能使工件和工具电极经常保持一定的放电间隙。由脉冲电源输出的电压加在液体介质中的工件和工具电极上，当电压升高到间隙中介质的击穿电压时，介质在绝缘强度最低处被击穿，产生火花放电。瞬间高温使工件和电极表面都被腐蚀（熔化、汽化）掉一小块材料形成凹坑而去除材料，一次脉冲放电过程可分为电离、放电、热膨胀、抛出金属和消电离等几个连续阶段。一次脉冲放电之后，两极间的电压急剧下降到接近于零，间隙中的电介质立即恢复到绝缘状态。此后，两极间的电压再次升高，又在另一处绝缘强度最低的地方重复上述放电过程，多次脉冲放电不断地去除材料，达到成形加工的目的。

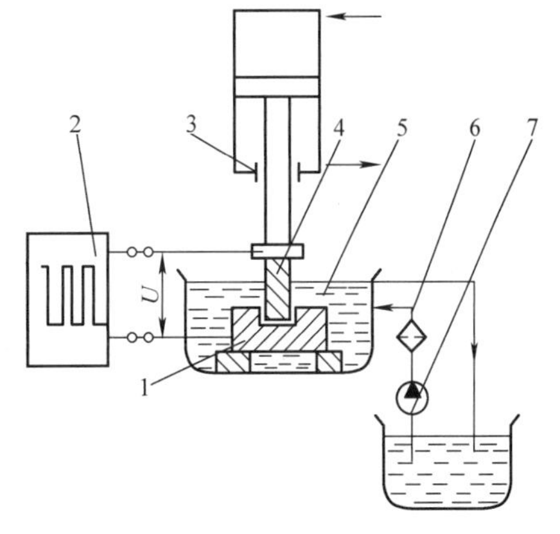

图14-4　电火花成形加工原理
1—工件　2—脉冲电源　3—自动进给调节装置　4—工具电极　5—工作液　6—过滤器　7—泵

（2）电火花线切割加工　电火花线切割加工也是通过工具电极和工件之间脉冲放电时的电腐蚀作用对工件进行加工。电火花线切割加工采用连续移动的金属丝做电极，接脉冲电源负极，工件接脉冲电源的正极，如图14-5所示。工件（工作台）相对电极丝按预定的要求在平面内作 x、y 方向运动，从而使电极丝沿着所要求的切割路线进行电火花放电，实现切割加工，加工中的电蚀产物由循环流动的工作液带走。

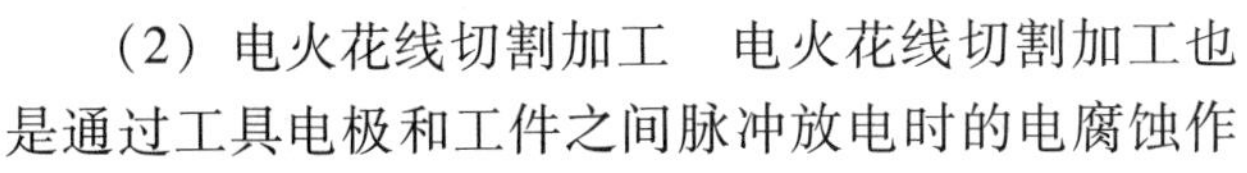

（3）电解加工　电解加工是在工具和工件之间接上直流电源，工件接正极，工具接负极，两极间外加直流电压24～63V，极间间隙保持0.1～1mm，间隙处通以高速流动电解液，形成极间导电通路，产生电流。工件正极表面材料不断产生溶解，溶解物被高速流动的电解液及时冲走，工具电极不断进给以保持极间间隙，其加工原理如图14-6所示。

（4）超声波加工　超声波加工是利用工具做超声振动，通过工具与工件之间的磨料悬浮液进行加工，如图14-7所示。加工时工具以一定的力压在工件上，由于工具的超声振动，使悬浮磨粒以很大的速度、加速度和超声频撞击工件，工件表面受击处产生破碎、裂纹并脱离而成微粒，磨料悬浮液受工具端部的超声振动作用，产生液压冲

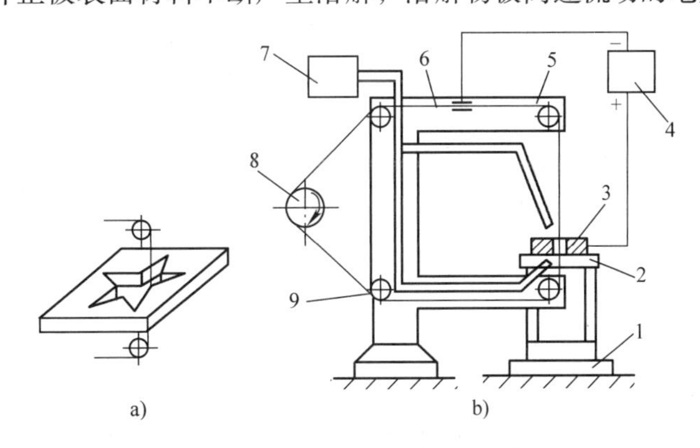

图14-5　电火花线切割加工示意图
a）切割工件　b）加工示意图
1—工作台　2—夹具　3—工件　4—脉冲电源　5—丝架　6—电极丝　7—工作液箱　8—卷丝筒　9—导丝轮

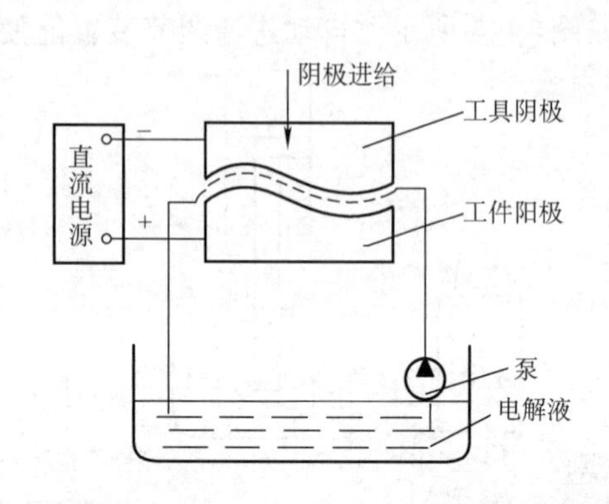

图 14-6　电解加工

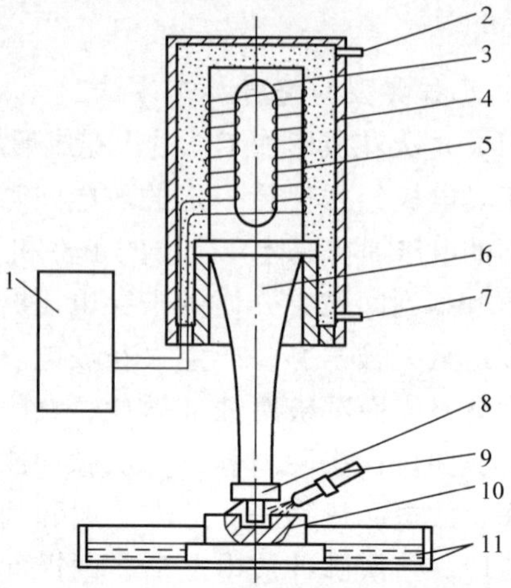

图 14-7　超声波加工原理图

1—超声波发生器　2—冷却水入口　3—换能器　4—外罩　5—循环冷却水　6—变幅杆　7—冷却水出口　8—工具　9—磨料悬浮液　10—工件　11—工件槽

击和空化现象，促使液体渗入被加工材料的裂纹处，加强了机械破坏作用，液压冲击也使工件表面损坏而蚀除，达到去除材料的目的。

（5）激光加工　激光是一种通过受激辐射而得到的加强光。其特点是强度高、亮度大；波长频率确定，单色性好；相干性好，相干长度长；方向性好，几乎是一束平行光。

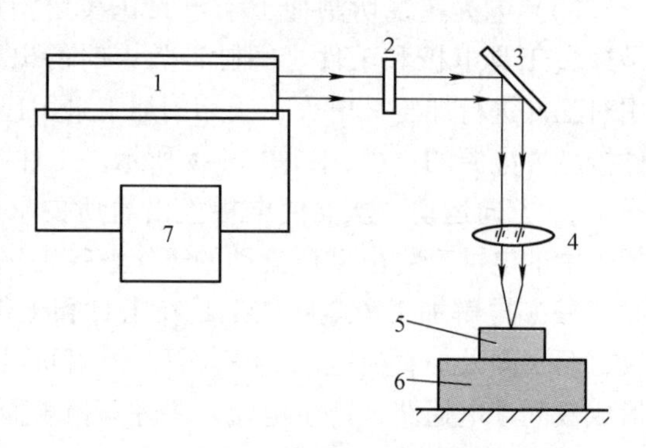

图 14-8　激光加工原理图

1—激光器　2—光阑　3—反射镜　4—聚焦镜　5—工件　6—工作台　7—电源

如图 14-8 所示，由激光器发出的激光，经光学系统聚焦后，照射到工件表面上，光能被吸收，转化为热能，使照射斑点处局部区域温度迅速升高，材料被熔化、汽化而形成小坑。由于热扩散，使斑点周围材料熔化，小坑内材料蒸汽迅速膨胀，产生微型爆炸，熔融物高速喷出并产生一个方向很强的反冲击波，于是在加工表面打出一个上大下小的孔。

14.2　计算机辅助设计与制造技术

产品设计信息化是指将信息技术用于产品的设计开发全过程，即在网络和计算机辅助下，通过产品数据模型，全面模拟产品的设计、制造、装配、分析等过程。产品设计信息化集成了现代设计制造过程中的多项先进技术，包括计算机辅助设计、计算机辅助工程分析、计算机辅助工艺规划、计算机辅助制造、产品数据管理等。本节主要介绍计算机辅助设计与制造的相关内容。

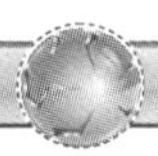

14.2.1　计算机辅助设计与制造

1. 计算机辅助设计与制造相关概念

计算机辅助设计（Computer Aided Design，CAD）是指技术人员在人和计算机组成的系统中以计算机为辅助工具，完成产品的设计、分析、绘图等工作，并达到提高产品设计质量、缩短产品开发周期、降低产品成本的目的。CAD 系统的功能一般包括草图设计、零件设计、装配设计、复杂曲面设计、工程图样绘制、工程分析、真实感渲染、数据交换接口等。

计算机辅助工艺过程设计（Computer Aided Process Planning，CAPP）是指在人和计算机组成的系统中，根据产品设计阶段给出的信息，通过人机交互或自动确定产品加工方法和工艺的过程。CAPP 的功能一般包括毛坯设计、加工方法选择、工艺路线制订、工序设计、刀夹具设计等。其中，工序设计又包含机床和刀具选择、切削用量选择、加工余量分配以及工时定额计算等。

计算机辅助制造（Computer Aided Manufacturing，CAM）有广义和狭义两种定义。广义 CAM 一般是指利用计算机辅助完成从生产准备到产品制造整个过程的活动，包括工艺过程设计、工装设计、数控自动编程、生产作业计划、生产控制、质量控制等。狭义 CAM 通常是指数控程序编制，包括刀具路径规划、刀具文件生成、刀具轨迹仿真及数控代码生成等。

2. CAD/CAM 系统组成

一个完善的 CAD/CAM 系统应具有快速数字计算及图形处理能力、大量数据和知识的存储及快速检索与操作能力、人机交互通信功能、输入输出信息及图形功能等。为实现这些功能，CAD/CAM 系统应由人、硬件、软件三大部分组成。其中，电子计算机及其外围设备称为 CAD/CAM 系统的硬件；操作系统、数据库、应用软件称作 CAD/CAM 系统的软件。不言而喻，人在 CAD/CAM 系统中起主导作用。

由人、硬件、软件组成的 CAD/CAM 系统，将实现设计和制造各功能模块之间信息的传输与存储，并对各功能模块的运行进行管理和控制。一般其总体结构如图 14-9 所示。

3. CAD/CAM 系统的支撑软件

CAD/CAM 系统的支撑软件主要指那些直接支撑用户进行 CAD/CAM 的通用性功能软件，一般可分为集成型和单一功能型。集成型 CAD/CAM 系统的支撑软件提供了设计、分析、造型、数控编程及加工控制等多种模块，功能比较完备，如美国 PTC 公司的 Pro/Engineer、EDS 公司的 UG、SDRC 公司的 I-DEAS、洛克希德飞机公司的 CADAM、法国 Dassault System 公司的 CATIA 等系统；单一功能型支撑软件只提供用于实现 CAD/CAM 中某些典型过程的功能，如 SolidWorks 系统只是完整的桌面 CAD 机械设计系统，ANSYS 主要用于分析计算，Oracle 则是专用的数据库系统。

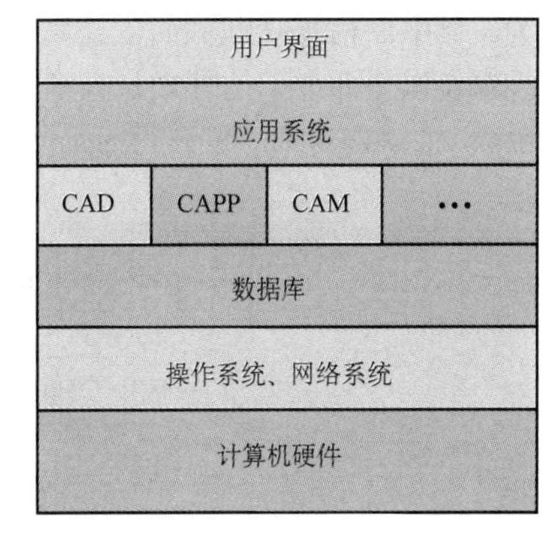

图 14-9　CAD/CAM 总体结构图

CAD/CAM 系统的支撑软件通常都是已商品化的软件，一般由专门的软件公司开发。用户在组建 CAD/CAM 时，要根据使用要求来选购配套的支撑软件，形成相应的应用开发环境，既可以以某个集成型系统为主来实现，也可以选取多个单一功能支撑软件的组合来实现，在此基础上进行专用应用程序的开发，以实现既定的CAD/CAM系统的功能。

4. CAD/CAM系统的应用与发展

从20世纪60年代初第一个CAD系统问世以来，经过几十年的发展，CAD/CAM系统在技术和应用上已日趋成熟。目前CAD/CAM软件已发展成为一个受人瞩目的高技术产业，并广泛应用于机械、电子、航空、航天、船舶、汽车、纺织、轻工、建筑等行业。据统计，美国100%的大型汽车业、60%的电子行业和建筑行业都采用CAD/CAM技术，例如，美国的波音777客机已100%实现数字化三维实体设计，实现了无图样制造。

随着市场竞争的日益激烈，用户对产品的质量、成本、上市时间提出了越来越高的要求。事实证明，CAD/CAM技术是加快产品更新换代、增强企业竞争能力的最有效手段，同时也是实施先进制造和CIMS的关键和核心技术。目前，CAD/CAM技术的应用已成为衡量一个国家工业现代化水平的重要标志。

14.2.2　快速原型制造

1. 快速原型制造技术的概念

快速原型（Rapid Prototype，RP）制造技术是20世纪80年代后期出现的一种新型加工技术。RP是一种基于离散/堆积成形思想的新型成形技术，它是在计算技术、数控技术、激光技术以及三维实体零件制造技术的基础上诞生的。快速原型制造（Rapid Prototype Manufacturing，RPM）则是指采用RP技术，由CAD模型直接驱动的快速完成复杂形状三维实体零件制造技术的总称。

RPM被认为是制造技术领域里的一次重大突破，有人将其与数控技术相提并论，可见其对制造业的影响多么重大。利用RPM技术可以自动、直接、快速、精确地将设计思想物化为具有一定功能的原型或直接制造零件，从而可以对产品设计进行快速评价、修改及功能试验，有效地缩短了产品的研发周期。

RPM的基本过程如图14-10所示，首先由CAD软件设计出所需零件的计算机三维曲面（三维虚拟模型），然后根据工艺要求，将其按一定的厚度进行分层，将原来的三维模型转变为二维平面信息（即截面信息），将分层后的信息进行处理（离散过程）产生数控代码；数控系统以平面加工的方式，有序连续地加工出每个薄层，并使它们自动粘结成形（堆积过程）。这样就将一个复杂物理实体的三维加工离散成一系列的层片加工，大大降低了加工难度。

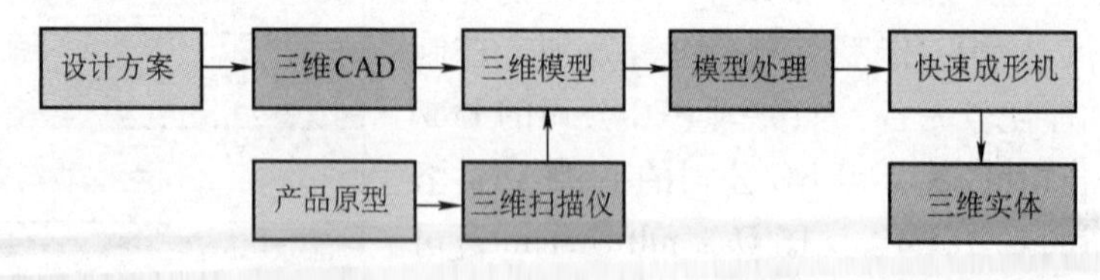

图14-10　RPM的基本过程

2. 快速原型制造技术的特点及应用

（1）RPM技术的特点

1）特别适用于形状复杂、不规则零件的制造。

2）是一种自动化的成形过程，无须人员干预或只需较少干预。

3）没有或极少废弃材料，是一种绿色制造技术。

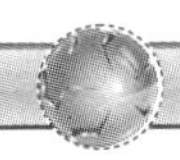

4）系统柔性高，只需改变 CAD 模型就可成形各种不同形状的零件。

5）CAD/CAM 一体化。

6）具有广泛的材料适应性。

7）不需专用的工艺装备，大大缩短了新产品试制时间。

8）零件的复杂程度与制造成本关系不大。

（2）RPM 技术的应用　鉴于以上特点，RPM 主要应用于新产品开发、快速单件及小批量零件制造、复杂形状零件（原型）的制造、模具设计与制造等。以下是 RPM 技术的一些常见应用情况：

1）用于产品设计评估与校审。RP 技术可使 CAD 的设计构想得以快速生成可视的、可触摸的物理实体。因此，设计人员可借助 RP 技术更快也更容易地发现设计中的错误，此外，设计人员还可及时体验其新设计产品的使用舒适性和美学品质。RP 生成的模型也是设计部门与非技术部门更好的交流中介物。

2）用于产品工程功能试验。在 RP 系统中使用新型光敏树脂材料制成的产品零件原型具有足够的强度，可用于传热、流体力学试验，用某些材料制成的模型还具有光弹特性，可用于产品的应力应变试验分析。

3）用于与客户的交流。RP 原型现已成为制造厂家争夺订单的有效手段。

4）用于快速模具制造。采用 RPM 生成的实体模型制作凸模和凹模，可以快速制造出企业所需要的功能模具，其制造周期与数控切削相比可缩短 1/3 以上，而成本却下降了 1/3 ~ 2/3。

5）用于快速零件制造。RPM 技术利用材料累加法可直接制造零件，如制造塑料、陶瓷、金属及各种复合材料零件。

14.3　制造自动化技术

14.3.1　工业机器人（ROBOT）技术

1. 工业机器人的概念

机器人是一种可编程序的通过自动控制来完成某些操作和移动作业的机器；而工业机器人则是在工业生产上应用的机器人。美国机器人工业协会把它定义为："工业机器人是用来进行搬运材料、零件、工具等可再编程序的多功能机械手，或通过不同程序的调用来完成各种工作任务的特种装置。"工业机器人一般可理解为：工业自动化应用领域中的一种能自动控制、可重复编程、多功能、多自由度的操作机（固定式的或移动式的），用于搬运材料、工件、操持工具或检测装置，完成各种作业。表面看起来，工业机器人虽然与人完全不一样，但它具有人的手和脚的运动功能，能够完成人所做的某些工作。

机器人技术是集计算机科学、控制工程、人工智能、传感技术、机械工程学和机构学等多门学科为一体的一项综合技术。

2. 工业机器人的特点

工业机器人之所以得到广泛应用，是因为它有以下几个显著的特点：

（1）可编程序　生产自动化的进一步发展是柔性自动化。工业机器人可随其工作环境变化的需要而再编程，因此它在小批量多品种、具有均衡高效率的柔性制造过程中能发挥很好的功用，是柔性制造系统（Flexible Manufacturing System，FMS）中的一个重要组成部分。

（2）拟人化 工业机器人在机械结构上可完成类似人的行走、转身、抓取等动作，在控制上有类似于人脑的计算机。此外，工业机器人还有许多类似人类五感的传感器，如皮肤型接触传感器、力传感器、负载传感器、视觉传感器、声觉传感器等。传感器提高了工业机器人对周围环境的自适应能力。

（3）通用性 除了专门设计的专用工业机器人外，一般工业机器人在执行不同的作业任务时具有较好的通用性。例如，只要更换工业机器人手部末端操作器（手爪、工具等），便可执行不同的作业任务。

（4）机电一体化 工业机器人技术涉及的学科相当广泛，但归纳起来是机械学和微电子学的结合——机电一体化技术。第三代智能机器人不仅具有获取外部环境信息的各种传感器，而且具有记忆能力、语言理解能力、图像识别能力、推理判断能力等人工智能。这些都和微电子技术的应用特别是计算机的应用密切相关。因此，机器人技术的发展必将带动其他技术的发展，机器人技术的发展和应用也可以从一个方面验证一个国家科学技术和工业技术的发展和水平。

3. 工业机器人的应用

工业机器人在机械制造业得到了广泛的应用，可完成物料搬运、涂装、焊接、检测和装配等工作，特别适合做单调、繁重的重复性工作和在有害、有毒、危险等恶劣的环境下工作。在现代制造系统中，工业机器人是以多品种、小批量生产自动化为服务对象的，因此，它在柔性制造系统（FMS）、计算机集成制造系统（Computer Integrated Manufacturing System，CIMS）和其他机电一体化系统中获得了广泛的应用，成为现代制造系统不可缺少的组成部分。

另一方面，随着科学技术的进步，机器人的应用已深入生产领域的各个方面。例如：工业机器人在农业上进行水果和棉花的收摘，农产品和肥料的搬运储藏、施肥和农药喷洒等；在医疗领域上，美国 Long Beach 医疗中心使用机器人成功地进行了脑部肿瘤外科手术等。

我国对工业机器人的研究起步较晚，技术水平相对落后，在 20 世纪 80 年代起步之初，主要机型为涂装、弧焊、点焊、搬运等，应用领域主要局限于汽车、摩托车、工程机械等；进入 20 世纪 90 年代，机型和应用领域有了很大的扩展，已研制成功众多型号的机器人。由于工业机器人具有一定的通用性和适应性，能适应多品种中、小批量生产，从 20 世纪 70 年代起，常与数字控制机床结合在一起，成为柔性制造单元或柔性制造系统的组成部分。

14.3.2 柔性制造系统

柔性制造系统（FMS）是 20 世纪 70 年代末发展起来的先进机械加工系统。FMS 是一种由计算机集中管理和控制的灵活多变的高度自动化的加工系统。无论是简单的柔性制造单元（FMC）还是较复杂的 FMS，都必须包括三个基本部分：加工系统、传输系统和计算机控制系统，其区别仅在于各个子系统的功能和规模等有所不同。

1. 加工系统

加工系统又称加工单元或制造单元，通常以加工中心或数控机床为核心，辅之以托盘自动交换装置或工业机器人上下料机构等其他加工设备。能完成多种工件及多种工序的自动加工、自动检测、自动上下料，能与物流系统设备衔接，并能实现与管理系统的通信。

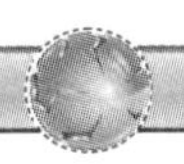

2. 传输系统

传输系统又称物料储运系统或立体仓库，实现对毛坯、夹具、工件等的出入库和装卸等工作，由它们组成物流。所需设备主要是立体仓库和自动上下料装置、传送带、自动小车和随行夹具系统等。FMS 的传输系统必须是自动分配系统，运送工具应有一定的智能，如机器人应具备柔性抓取和夹紧功能，自动小车能实时地把工件改送到其他适宜的加工站等。

3. 计算机控制系统

计算机控制系统是 FMS 的核心，控制系统实施对整个 FMS 的控制和监督，实际上由中央控制计算机与各设备的控制装置组成分级控制网络，由它们组成信息流，实现对机床等加工设备、传输系统和中央刀库的管理与控制。控制系统除上述功能外，还必须实施对机床、刀具和工件的监控，利用专用传感器和信息网络监控刀具状态、计算和监控刀具寿命、监控工件的实际加工尺寸等。

FMS 适用于中小批量、多品种零件的自动化生产，具有较好的经济效果，它的主要优点有：

1）提高中小批量零件制造的生产率。

2）缩短新产品试制的准备时间。

3）减少工厂的零件库存。

4）节约生产劳动成本。

5）提高产品质量。

6）改善制造加工的工作条件。

7）保证操作人员的安全。

14.4 现代制造系统

14.4.1 计算机集成制造系统

计算机集成制造系统（CIMS）是在自动化技术、信息技术和制造技术的基础上，通过计算机及其软件将制造工厂全部生产活动所需的各种分散的自动化系统有机地集成起来，是适用于多品种、中小批量生产的高效益、高柔性的智能制造系统。

1. CIMS 的构成

CIMS 的构成可以从功能、层次结构和学科等不同角度来分析。

（1）功能构成 CIMS 包含了工程设计、制造和经营管理三种主要功能，在分布式数据库、计算机网络和指导集成运行的系统技术等所形成的支持环境下将三者集成起来，如图 14-11 所示。

1）工程设计功能模块的目标是使产品开发活动能够高效、优质、自动地进行。它主要包括以下几方面：计算机辅助设计（CAD）、计算机辅助工艺过程设计（CAPP）、计算机辅助制造的工程设计（CAE）（如夹具、刀具、检具等）和分析工作。

2）产品制造功能模块的目标是使产品制造活动优化、周期短、成本低、柔性高。它主要包括以下几方面：由加工工作站、物料输送及存储工作站、检测工作站、夹具工作站、刀具工作站、装配工作站、清洗工作站等完成产品的加工制造；同时应有工况监测和质量保证系统，以便稳定可靠地完成加工制造任务；加工过程中，物流与信息流交汇，将加工制造的信息实时反馈给相应部门。

3）经营管理功能模块的目标是通过信息集成，缩短产品生产周期，降低流通资金占用，提高企业应变能力。CIMS 中的经营管理主要应用制造资源计划（MRPⅡ）、准时生产（JIT）等技术。经营管理还包括市场预测及制订企业长期发展战略规划。

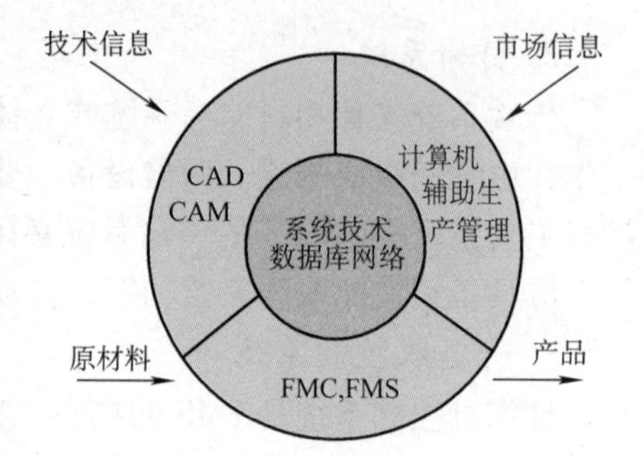

图 14-11　CIMS 的功能构成

（2）层次结构　任何企业都存在层次结构，但各层次的职能及信息特点可能不同。CIMS 可以由公司、工厂、车间、制造单元、工作站和设备六个层次组成。工厂、车间、制造单元、工作站和设备各层的职能分别为计划、管理、协调、控制和执行。层次越高，信息越抽象，处理信息的周期也越长；层次越低，信息越具体，处理信息的时间要求越短。

2. CIMS 的发展与应用

在我国于 1986 年开始制订的国家高技术研究发展计划（即 863 计划）中，将 CIMS 确定为自动化领域的主要研究项目之一，并规定了我国 863/CIMS 的战略目标：跟踪国际 CIMS 有关技术的发展；掌握 CIMS 关键技术；在制造业中建立能获得综合经济效益并能带动全局的 CIMS 示范工厂，通过推广应用及产品化促进我国 CIMS 高技术产业的发展。

我国 863 计划 CIMS 课题的研究和开发进程证明：CIMS 是现代制造领域中卓有成效的技术，是加快我国企业适应市场经济、促进企业经济增长方式向集约型转变的重要技术手段。

必须指出，由于投资大、技术要求高、管理难度大，CIMS 不论是硬件还是软件，目前仅在少数有条件的工厂中应用，包括飞机、机床、汽车、家电以及钢铁、化工等行业。

14.4.2　绿色制造技术

1. 概述

（1）绿色制造技术的产生和发展　在生产力高度发展和物质产品空前丰富的今天，世界却面临着令人忧虑的问题：产品更新换代加快使得产品生命周期越来越短，产生越来越多的废弃物；资源过快地开发和过量消耗，造成资源短缺并面临衰竭；环境污染和自然生态的破坏已严重威胁到人类的生存条件。

在经历了几百年工业发展之后，人类逐渐认识到工业文明所带来的负面影响已明显显现：人类赖以生存的地球遭到了日益严重的破坏，如果不采取有效措施，后果将不堪设想。在这种背景下，绿色制造技术应运而生。

20 世纪 90 年代提出的绿色制造（Green Manufacturing，GM）又称为清洁生产（Clean Production，CP），或面向环境的制造（MFE）。绿色制造技术是指在保证产品的功能、质量、成本的前提下，综合考虑环境影响和资源效率的现代制造模式。它使产品从设计、制造、使用到报废的整个产品生命周期中节约资源和能源，不产生环境污染或使环境污染最小化。

随着人们环保意识的不断加强，绿色制造受到越来越普遍的关注。特别是近年来，国际标准化组织提出了关于环境管理的 ISO14000，使绿色制造的研究与应用更加活跃。可以预计，21 世纪的制造业将是清洁化的制造业，谁掌握了清洁化生产技术，谁的产品符合“绿

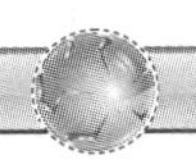

色产品”标准，谁就掌握了主动权，就会在激烈的市场竞争中取得成功。

（2）绿色制造技术的内容　联合国环境保护署对绿色制造技术的定义是：“将综合预防的环境战略，持续应用于生产过程和产品中，以便减少对人类和环境的风险。”

根据上述定义，绿色制造包括清洁化制造过程和绿色产品两个方面，如图14-12所示。对于清洁化制造过程而言，绿色制造涵盖从原材料投入到产品产出的全过程，包括节约原材料和能源，替代有毒原材料，将一切排放物的数量与有害性削减在离开生产过程之前，对报废产品进行回收与再利用；对于绿色产品而言，清洁生产覆盖构成产品整个生命周期的各个阶段，即从原材料提取到产品的最终处置，包括产品的设计、生产、包装、运输、流通、消费及报废等，以减少对人类和环境的不利影响。

（3）绿色制造的原则　联合国环境保护署提出了绿色制造技术的三项基本原则：

1）“不断运用”原则。绿色制造技术持续不断运用到社会生产的全部领域和社会持续发展的整个过程。

2）预防性原则。对环境影响因素从末端治理追溯到源头，采取一切措施最大限度地减少污染物的产生。

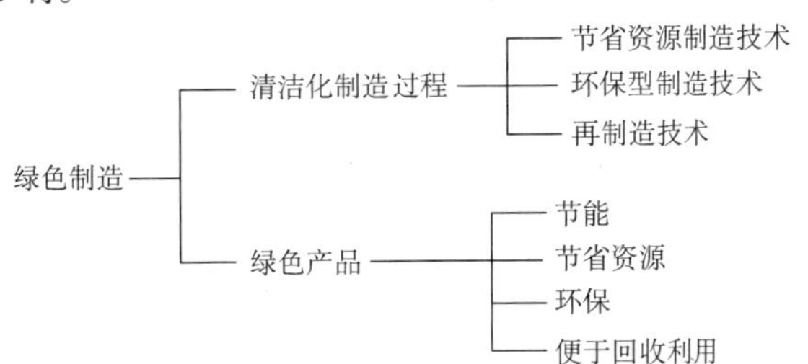

图14-12　绿色制造的内容

3）一体化原则。将空气、水、土地等环境因素作为一个整体考虑，避免污染物在不同介质之间转移。

2. 绿色制造过程

绿色制造过程主要包括三个方面的内容：减少制造过程中的资源消耗，避免或减少制造过程对环境的不利影响以及报废产品的再生与利用。相应地发展三个方面的制造技术，即节省资源制造技术、环保型制造技术和再制造技术。

（1）节省资源制造技术　节省资源制造技术包括：减少制造过程中的能源消耗、减少原材料消耗和减少制造过程中的其他消耗。

1）减少制造过程中的能源消耗。制造过程中消耗掉的能量除一部分转化为有用功之外，大部分能量都转化为其他能量而遭到浪费。例如，普通机床用于切削的能量仅占总消耗能量的30%，其余70%的能量则消耗于空转、摩擦、发热、振动和噪声等。

减少制造过程中能量消耗的措施如下：

① 提高设备的传动效率，减少摩擦与磨损。例如，采用电主轴，消除主传动链传动造成的能量损失；采用滚珠丝杠和滚动导轨代替普通丝杠和滑动导轨，减少运动副的摩擦损失。

② 合理安排加工工艺，合理选择加工设备，优化切削用量，使设备处于满负荷、高效率运行状态。例如，粗加工时采用大功率设备，精加工时采用小功率设备。

③ 改进产品和工艺过程设计，采用先进成形方法，减少制造过程中的能量消耗。例如，零件设计尽量减少加工表面；采用净成形（无屑加工）制造技术，以减少机械加工量；采用高速切削技术，实现以车代磨等。

④ 采用适度自动化技术。不适度的全盘自动化，会使机器设备结构复杂，运动增加，

从而消耗过多的能量。

2）减少原材料消耗。产品制造过程中使用的原材料越多，消耗的有限资源就越多，并会加大运输与库存工作量，增加制造过程中的能量消耗。减少制造过程中原材料消耗的主要措施如下：

① 科学地使用原材料，尽量避免使用稀有、贵重、有毒、有害材料，积极推行废弃材料的回收与再生。

② 合理设计毛坯，采用先进的毛坯制造方法（如精密铸造、精密锻造、粉末冶金等），尽量减少毛坯加工余量。

③ 优化排料、排样，尽可能减少边角余料。

④ 采用无屑加工技术。例如，采用冷挤压成形代替切削加工成形；在可行的条件下，采用快速原型制造技术，避免传统的去除加工所带来的材料损耗。

3）减少制造过程中的其他消耗。制造过程中除能源消耗、原材料消耗外，还有其他辅料消耗，如刀具消耗、液压油消耗、润滑油消耗、切削液消耗、包装材料消耗等。

减少刀具消耗的主要措施：选择合理的刀具材料，选择合理的切削用量，采用不重磨机夹刀具，选择适当的刀具角度，确定合理的刀具寿命等。

减少液压油与润滑油消耗的主要措施：改进液压与润滑系统的设计与制造，保证不渗漏；使用良好的过滤与清洁装置，延长油的使用周期；在某些设备上可对润滑系统进行智能控制，减少润滑油的浪费。

减少切削液消耗的主要措施：采用高速干式切削，不使用切削液；选择性能良好的高效切削液和高效冷却方式，节省切削液的使用；选用良好的过滤和清洁装置，延长切削液的使用周期等。

（2）环保型制造技术　环保型制造技术是指在制造过程中最大限度地减少环境污染，创造安全、舒适的工作环境。包括减少废料的产生，使废料有序地排放；减少有毒、有害物质的产生，对有毒、有害物质进行适当处理；减少振动与噪声，实行温度调节与空气净化；对废料进行回收与再利用等。

1）杜绝或减少有毒、有害物质的产生。杜绝或减少有毒、有害物质产生的最好方法是采用预防性原则，即对污水、废气的事后处理转变为事先预防。仅对机械加工中的冷却而言，目前已发展了多种新的方法，如采用水蒸气冷却、液氮冷却、空气冷却以及采用干式切削等。

2）减少粉尘与噪声污染。粉尘污染与噪声污染是毛坯制造车间和机械加工车间最常见的污染，它严重影响着劳动者的身心健康以及产品加工质量，必须严格加以控制，主要措施如下：

① 选用先进的制造工艺及设备。例如，采用金属型铸造代替砂型铸造，可显著减少粉尘污染；采用压力机锻压代替锻锤锻压，可使锻压噪声大幅下降；采用快速原型制造技术代替去除加工，可以减少机械加工噪声等。

② 优化机械结构设计，采用低噪声材料，最大限度地降低设备工作噪声。

③ 选择合适的工艺参数。在机械加工中，选择合理的切削用量可以有效地防止切削振动和切削噪声。

④ 采用封闭式加工单元。对加工设备采用封闭式单元结构，利用抽风和隔声降噪技术，

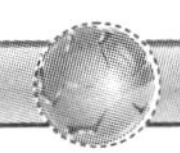

可以有效地防止粉尘扩散和噪声传播。

3）工作环境设计。工作环境设计即研究如何给劳动者提供一个安全、舒适宜人的环境。舒适宜人的工作环境包括作业空间足够宽大，作业面布置井然有序，工作场地温度与湿度适中，空气流畅清新，没有明显的振动与噪声，各种控制机构、操作手柄位置合适，工作环境照明良好、色彩协调等。

安全环境包括各种必要的保护措施和操作规程，以防止工作设备在工作过程中对操作者造成伤害。

（3）再制造技术　再制造的含义是指产品报废后，对其进行拆卸和清洗，对其中的某些零件采用表面工程或其他加工技术进行翻新和再加工，使零件的形状、尺寸和性能得到恢复与再利用。

再制造技术是一项对产品全生命周期进行统筹规划的系统工程，其主要研究内容包括：产品的概念描述，再制造策略研究和环境分析，产品失效分析和寿命评估，回收与拆卸方法研究，再制造设计、质量保证与控制、成本分析，再制造综合评价等。

3. 绿色产品

绿色产品要求在制造过程中节省资源，在使用中节省能源、无污染，产品报废后便于回收和再利用。

（1）节省资源　绿色产品应是节省资源的产品，即在完成同样功能的条件下，产品消耗资源数量要少。例如，采用机夹式不重磨刀具代替焊接式刀具，就可大量节省刀柄材料。

（2）节省能源　绿色产品应该是节能产品。在能源日趋紧张的今天，节能产品越来越受到重视，例如，采用变频调速装置，可使产品在低功率下工作时节省电能。

（3）减少污染　减少污染包括减少对环境的污染和对操作者的危害两个方面。为了减少污染，绿色产品应该选用无毒、无害材料制造，严格限制产品有害排放物的产生和排放数量。为了避免对操作者产生危害，产品设计应符合人机工程学的要求。

（4）报废后的回收与再利用　随着社会物质的不断丰富和产品生命周期的不断缩短，产品报废后的处理问题变得越来越突出。传统的产品生命周期从设计、制造、销售、使用到报废是一个开放系统；而绿色产品设计则要充分考虑产品报废后的处理、回收和再利用，将产品设计、制造、销售、使用、报废作为一个系统，融为一体，形成一个闭环系统，如图14-13所示。

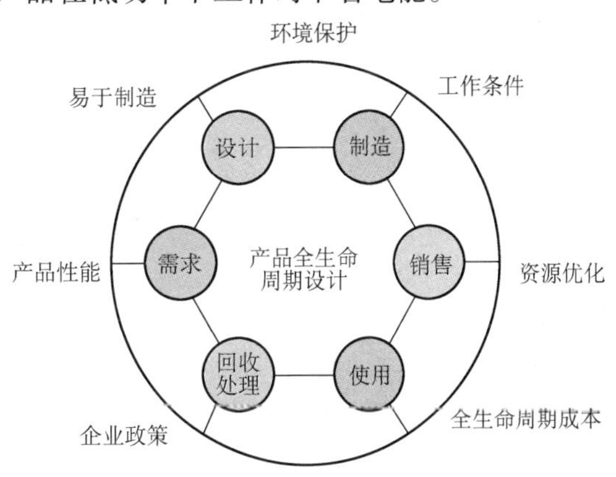

图14-13　绿色产品设计制造控制系统

参考文献

[1] 谢守忠．市场营销［M］．武汉：华中科技大学出版社，2004.

[2] 简召全．工业设计方法学［M］．3版．北京：北京理工大学出版社，2011.

[3] 卢世主，韩吉安，况宇翔．产品设计方法［M］．南京：江苏美术出版社，2007.

[4] 李亚军，姚江，卢世主．产品设计基础［M］．南京：江苏美术出版社，2007.

[5] 诸鸿．新产品开发及其商品化［M］．北京：中国人民大学出版社，1997.

[6] 孙靖民．现代机械设计方法［M］．哈尔滨：哈尔滨工业大学出版社，2003.

[7] 罗仕鉴，朱上上．用户体验与产品创新设计［M］．北京：机械工业出版社，2010.

[8] 黄沛．新编营销实务教程［M］．北京：清华大学出版社，2005.

[9] 哈特．新产品开发经典读物［M］．闵丛民，译．北京：机械工业出版社，2003.

[10] 犹里齐，埃平格．产品设计与开发［M］．杨德林，译．大连：东北财经大学出版社，2009.

[11] 吴健安，聂元昆．市场营销学［M］．6版．北京：高等教育出版社，2017.

[12] 胡琳，娄燕．工业产品设计概论［M］．2版．北京：高等教育出版社，2014.

[13] 邱宣怀，郭可谦，吴宗泽，等．机械设计［M］．4版．北京：高等教育出版社，1997.

[14] 谭建荣，张树有．图学基础教程［M］．3版．北京：高等教育出版社，2019.

[15] 陆国栋，张树有，谭建荣，等．图学应用教程［M］．2版．北京：高等教育出版社，2010.

[16] 黄健求，韩立发．机械制造技术基础［M］．3版．北京：机械工业出版社，2021.

[17] 孙根正，王永平．工程制图基础［M］．4版．北京：高等教育出版社，2019.

[18] 段齐骏．设计图学［M］．北京：机械工业出版社，2003.

[19] 施岳定．工程制图及计算机绘图［M］．2版．杭州：浙江大学出版社，2001.

[20] 焦永和，张彤，张京英．工程制图［M］．2版．北京：高等教育出版社，2015.

[21] 刘美华．产品设计原理［M］．北京：北京大学出版社，2008.

[22] 薛澄岐，裴文开，钱志峰，等．工业设计基础［M］．3版．南京：东南大学出版社，2018.

[23] 张宪荣．工业设计理念与方法［M］．北京：北京理工大学出版社，1996.

[24] 张世昌．先进制造技术［M］．天津：天津大学出版社，2004.

[25] 黎震，朱江峰．先进制造技术［M］．3版．北京：北京理工大学出版社，2012.

[26] 孙树栋．工业机器人技术基础［M］．西安：西北工业大学出版社，2006.

[27] 窦忠强，陈锦昌，曹彤，等．工业产品设计与表达［M］．3版．北京：高等教育出版社，2016.

[28] 付廷龙，张洪涛．工程材料与机加工概论［M］．2版．北京：北京理工大学出版社，2010.

[29] 韩永生．工程材料性能与选用［M］．北京：机械工业出版社，2013.

[30] 戈晓岚，许晓静．工程材料与应用［M］．西安：西安电子科技大学出版社，2007.

[31] 郭万林．机械产品全生命周期设计［J］．中国机械工程，2002，13（13）：1153-1158.

[32] 彭继忠，黄利平，冯升华，等．虚拟企业并行化产品开发模式研究［J］．中国机械工程，2001（z1）：85-87.

[33] 汪明艳．融合产品数据管理技术的MRPⅡ/ERP系统集成研究［J］．上海工程技术大学学报，2003，17（2）：116-120.

[34] 陈晶，杜栋．PDM与ERP集成的技术及其实现［J］．河海大学常州分校学报，2003，17（2）：31-35.

[35] 王晰巍，裘建新，范晓春．异地协同设计中PDM与ERP的信息集成［J］．吉林大学学报（工学版），2003，33（3）：86-91.

[36] 沈建新，周儒荣．产品全生命周期管理系统框架及关键技术研究［J］．南京航空航天大学学报，2003，35（5）：565-571.

[37] 刘晓冰，米小珍，关宏志，等．基于PDM的集成化产品开发与企业技术创新［J］．机械科学与技术，2001，20（6）：957-959.

[38] 顾新建，祈国宁，陈子辰．网络化制造的战略和方法［M］．北京，高等教育出版社，2001.

[39] 谢小轩，张浩，谢模轩，等．基于远程服务实现大批量定制生产的网络化系统［J］．高技术通讯，2003，13（5）：69-73.

[40] 马士华．顾客化大量生产环境下生产管理的新问题及其对策研究［J］．管理工程学报，2000，14（3）：73-75.

[41] 孙国梓，姜澄宇，王宇生．面向虚拟企业的PDM系统研究［J］．计算机应用研究，2002，19（5）：15-17.

[42] 朱爱红，余冬梅，包仲贤．支持动态联盟的网络化产品开发系统的研究［J］．机械，2003，30（4）：54－56；77.

[43] 田凌，童秉枢．网络化产品协同设计支持系统的设计与实现［J］．计算机集成制造系统，2003，9（12）：1097-1104.

[44] 黄双喜，范玉顺．产品生命周期管理研究综述［J］．计算机集成制造系统，2004，10（1）：1-9.

[45] 战洪飞，顾新建．异地产品协同设计系统的构建方法研究［J］．计算机辅助设计与图形学学报，2003，15（7）：795-799.

[46] 楼锡银．基于全生命周期的机电产品绿色设计［J］．机电工程，2008，25（10）：107-109.

[47] 刘娜．关于产品的安全性设计的研究［D］．南京：南京航空航天大学，2007.

[48] 项媛媛．基于QFD的顾客导向产品功能设计方法研究［D］．杭州：浙江大学，2009.

[49] 李梦君．面向环境设计的金属材料选择研究［J］．科技创新导报，2010（24）：16.

[50] 郭伟祥．绿色产品概念设计过程与方法研究［D］．合肥：合肥工业大学，2005.

[51] 廖林清，郑光泽，刘玉霞，等．现代设计方法［M］．重庆：重庆大学出版社，2000.